安徽师范大学教材建设基金资助

当代广告学
系列丛书

DANGDAI GUANGGAOXUE
XILIE CONGSHU

主 编
黎泽潮

广告

网络公共关系

黎泽潮 郭丽 等/编著

合肥工业大学出版社

图书在版编目(CIP)数据

网络公共关系/黎泽潮,郭丽等编著.—合肥:合肥工业大学出版社,2011.7
ISBN 978-7-5650-0416-2

Ⅰ.①网… Ⅱ.①黎…②郭… Ⅲ.①计算机网络—公共关系学:传播学
Ⅳ.①TP393②C912.3

中国版本图书馆 CIP 数据核字(2011)第 042433 号

网络公共关系

黎泽潮 郭 丽 等编著　　　　责任编辑 朱移山 霍俊檣 郭娟娟

出 版	合肥工业大学出版社	版 次	2011 年 7 月第 1 版
地 址	合肥市屯溪路 193 号	印 次	2011 年 7 月第 1 次印刷
邮 编	230009	开 本	710 毫米×1000 毫米 1/16
电 话	总编室:0551-2903038	印 张	23.25
	发行部:0551-2903198	字 数	442 千字
网 址	www.hfutpress.com.cn	印 刷	合肥现代印务有限公司
E-mail	press@hfutpress.com.cn	发 行	全国新华书店

ISBN 978-7-5650-0416-2　　　　定价:38.00 元

总 序

黎泽潮

当这套丛书最终定稿、交付出版之际,我一声长叹,难以用语言描述此刻的心情,既为编写者们的辛勤工作而感动,也为我国广告教育事业的艰难历程而慨叹。

广告事业的发展与国家经济的稳定与发展是密不可分的。新中国建国之后的30年间,尤其是在"文革"时期,广告被视为"资产阶级的附庸",始终得不到社会与大众的认可,广告事业长期处于停滞甚至倒退的困境。改革开放之后,当我们重新树立了正确的广告观念,展望世界,却发现,我国的广告事业已经落后太多太多。中国的广告学者不断学习、不断求进、不断创新,在"一穷二白"的广告环境中逐渐探索符合自己国情的发展之路。

1983年5月,厦门大学创办第一个广告专业并于次年9月招生,时至今日,我国新时期的广告教育已经走过26个春秋。不可否认,这20多年,广告教育的发展成果是喜人的,全国已有300多家本、专科广告学高等教育专业教学点,为国家培养、输送了大量的广告人才,我国广告总体水平的提高乃至社会经济的高速发展,其中也凝聚着广告学者们的心血。然而,"量"的飞跃往往并不能代表"质"的提升,相对于传统学科而言、且与发达国家相比,我国的广告事业仍然显得那么落后、那么不成熟:广告学科的理论构架尚欠完善,高素质的广告专业人才仍然欠缺,社会对广告的认可度依然不高……我们要走的路还很长很长。

2008年5月的广告教育年会,张金海先生就中国广告学科的发展问题提出了令人深省的见解:是并入总体的营销传播流程,还是在坚持广告学专业核心内涵的基础上扩大外延、走持续的独立发展之路。我们认为,广告学科无论是从其理论内涵上,还是从其现实需求上,都是我国不可或缺的重要学科构建。广告具有的意义,不仅在于其经济层面的推动作用,还包括其社会价值,而后者的发挥即要求广告应具有艺术性、要有人看、喜欢看,只有这样,才能具备产生经济效益的前提。

科学与艺术之争的硝烟似乎已经散去，但其影响是深远的，“广告是科学与艺术的结合”这一观点已被学界、业界广为认可。广告的科学性，主要体现在广告调研的必要性、广告经营的效益性、广告策划的合理性等方面；而广告的艺术性，则主要体现在广告创意的新颖性、广告表现的独特性、广告传达的形象性等方面。广告与艺术的结合，要求广告既能实现效益的最大化、亦能给人带来美的享受，在体现其经济价值的同时，担负起社会教化、美育人性的重任。因此，广告学科的构建、广告专业教材的编写亦应从这两个方面着手。

广告学科是一门独立学科，但始终受到多种学科的影响，如心理学、美学、传播学、营销学等，广告学对相关学科的借鉴并在此基础上的创新，是构建与完善广告学科的必由之路。现有的广告专业教材，侧重点仍然在经济功效层面，即强调的是广告的经济功能，而学生对广告的艺术功能、社会价值的认识仍然不够。我们对学生的教育，重点不能只停留在营销、策划、制作等领域的所谓“安身立命”之本的思想上，也要注重对学生的美学、文学、艺术鉴赏等领域的熏陶，以完善学生的理论框架、培育全面发展的人格。这也是我们编写这套丛书的出发点和最终目的。

这套丛书的编写整合了国内多家广告教育单位的师资，凝聚了中国广告教育界众多学者的心血，并积极倾听学生的意见。我们在写作过程中多次对框架推翻重建、几易其稿，目的只有一个，即使这套丛书真正成为切合中国现有国情、切合用人单位需求、切合学生需要之作。

在经济上，安徽省是相对落后的省份，与发达省份相比，安徽广告教育水平也亟须进一步的发展。目前，全省已有多家高校开办广告本、专科教学点，是省内广告事业发展的摇篮与支柱。但是，教学水平与师资力量却明显参差不齐，严重阻碍了省内广告人才的培养。在编写本丛书的过程中，我们结合省内国情、整合省内广告专业的知名学者、积极征询广告专业教师的意见，符合省内广告教育需求、服务省内广告事业发展，亦是本丛书编写的目的与特色之一。

十年磨一剑。这套丛书的编写者多是在广告教育第一线奋战多年的教师，也不乏后起之秀，其中所体现的不仅是他们长年积累的教育、研究成果，亦体现其呕心沥血、精益求精的专业精神。

关于这套丛书的问世，我们不敢企望其成为中国广告教研领域的经典，但愿能够为中国广告教育事业贡献自己的力量，使我国广告的教育与研究工作能够在前辈的基础上更进一步，足可聊以自慰。

我们是编写者、是老师，在广告界的众多学者面前也是学生。关于自己对丛书的评价，岂敢轻言“完美”之说，只是尽心、尽力而为，难免偏颇、遗漏之处，敬请前辈、同仁指正，让我们一同为中国广告事业的发展与繁荣精诚团结、进献进策。希望在不久的将来，我国的广告事业可以被人尊重、借鉴与学习，这也是本丛书编写者的共同心愿。

丛书在撰写中得到了我校领导及同仁的支持和合肥工业大学出版社编辑朱移山博士的大力帮助，在此表示衷心感谢。本系列丛书在撰写过程中参考了大量学者的研究成果及上百种报刊和书籍上的文章和观点，引文在书中已作了注释，在此向刊物作者表示敬意与感谢。当然也有疏漏之处，还请作者谅解！

2008 年 8 月于芜湖赭山

（黎泽潮，安徽师范大学传媒学院副院长、教授、博士、传播学硕士点负责人，中国广告协会学术委员会委员）

目录 ▶MULU

导　论

网络正日益影响和改变着人们的工作和生活方式，并且此种影响呈现不断扩大的趋势。网络是人类历史上最有力、最具备革命性的沟通媒介。请看下面数据：

中国互联网络信息中心（CNNIC）发布《中国互联网络发展状况统计报告》显示：1998 年年底，中国只有网络用户数 210 万；2002 年上网用户数约 5910 万；2006 年年底、2007 年 6 月底，中国网民数就分别达到了 1.37 亿和 1.62 亿；2007 年 12 月，中国内地网民数达到 2.1 亿（以宽带接入的网民数达到 1.63 亿，以手机为终端无线接入网民数达到 5040 万），仅次于美国近 2.2 亿的网民数。也就是说按照 2007 年上半年 2500 万的增速计算，每 1 分钟中国就新增近 100 个网民；按照下半年网民增长量达 4800 万计算，则意味着每 1 分钟新增网民接近 200 人。[①] 截至 2010 年 12 月底，我国网民规模达 4.57 亿，较 2009 年年底增加 7330 万人，互联网普及率攀升至 34.3%，较 2009 年提高 5.4 个百分点。

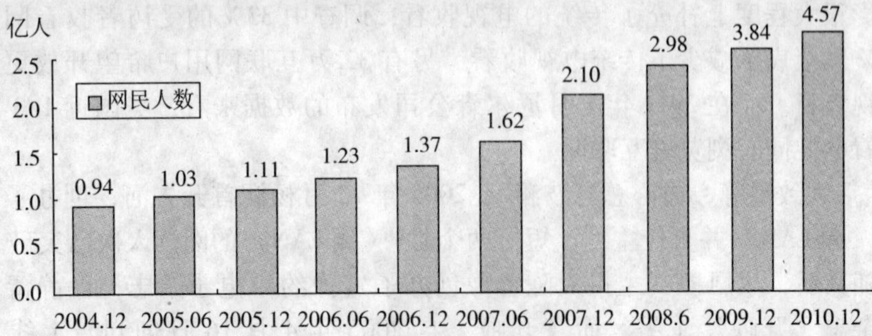

2011 年 1 月 19 日，《第 27 次中国互联网络发展状况统计报告》显示：搜索

① 有关数据来自中国互联网协会：http：//www. isc. org. cn

引擎服务占网络应用的主流。网络购物、网上支付、网上银行等商务类应用的重要性进一步提升。娱乐类型使用率普遍下降。团购用户规模达1875万，在网民中占比为4.1%。

网络应用		使用率	用户规模（万人）
互联网基础应用	搜索引擎	81.9%	37453
	电子邮件	54.6%	24969
	即时通信	77.1%	35258
网络媒体	网络新闻	77.2%	35304
	更新博客/个人空间	64.4%	29450
数字娱乐	网络游戏	66.5%	30410
	网络音乐	79.2%	36218
	网络影视	62.1%	28398
电子商务	网络购物	35.1%	16051
	网上支付	30.0%	13719
	网上银行	30.5%	13948
其他	团购	4.1%	1075
	网上炒股票基金	15.5%	7088
	微博客	13.8%	6311

在美国，尼尔森公司2007年7月发布的数据表明：上网浏览和收看电视节目与电影很大程度上补充了传统的电视收看；调查中33%的受访者收看网上视频，13%民众表示减少了传统电视收看，另有32万互联网用户希望开放更多的在线电视节目。而在2011年1月尼尔森公司发布的数据来看，美国近1/3的家庭在收看电视同时浏览着互联网。

“生活大致平静，内心总有波澜”，2005年12月杨澜首开先河，创办了电子双周刊《澜LAN》并自任主编。短短两个月，《澜LAN》的阅读人次已突破5000万。紧随其后，凤凰卫视主持人陈鲁豫创办了《豫约》电子杂志，徐静蕾当上了电子杂志《开啦》主编。而《开啦》自2006年4月16日创刊号上线直至2007年9月25日第11期出版，总下载量和在线阅读总量之和就轻松过亿。

网络也正不断改变商业原有的性质：

1996年2月27日，外经贸部中国国际电子商务中心才正式成立。2007年，中国互联网用户消费规模已达3988亿元人民币，比2006年增长了7.7%，2007年度互联网消费人均总规模为2191.2元，人均月度互联网消费182.6元人民币。

2002年，中国网络购物总额只占全国消费品销售总额的0.04%，而到2006年，这一比重已经达到0.41%，增长了9倍；2007年上半年，这一比重快速升到0.6%。位居国内个人电子商务网站第一位的淘宝网发布了《2007年上半年淘宝网购物报告》，其2007年半年总成交额已突破157亿人民币，接近2006年全年成交额（169亿人民币）；和2006年上半年相比，成交额增长了近200%。网络购物消费日益赶超传统消费模式，甚至招致了许多传统行业的进入。2007年7月，浙江报喜鸟集团宣布斥资成立了BONO电子商务公司，推出全新的网络直销男装品牌“BONO”，BONO于2007年10月开始上线，该品牌将投入亿元以上的资金进行初期市场培养；雅戈尔也在上海组建好了网络直销团队，新网站正密切筹备中；海螺服饰也建立了自己的直销品牌iconch。①

2007年11月6日，阿里巴巴B2B（1688.HK）在香港挂牌上市，并创下香港股市有史以来冻结资金最高纪录（1600亿美元）、国内互联网公司融资之最（17亿美元）、国内最大市值互联网公司（200亿美元左右）及国内IT业上市公司最大规模造富运动等多项纪录高调上市。2010年初，京东商城获得老虎环球基金领投的总金额超过1.5亿美元的融资，京东、当当、卓越等B2C企业相继进军“百货”。团购网站迅速风行，成为电子商务行业融资升温的助推器。

思科系统公司（以下简称“思科”）是一家生产网络基础设备的传统型制造企业。今天，互联网上，80%以上的数据都是通过思科的骨干设备来传送。通过网络，思科这样一家传统企业，更多地将“员工至上”文化的基本点最大程度地转化为企业的核心竞争力。首先，思科将公司大部分培训内容搬到了网上，希望能让员工更满意，并节省员工的培训费用和免去参加培训的旅途劳顿之苦。同时，这一方法也使培训内容更易于更新。此外，公司还把大量企业情况以声音或图像的形式在内部网上张贴出来，让全体员工随时了解公司的最新信息。在一个信息公开、透明的环境里，员工快速决策，灵活应对，这极大地提高了效率。结果是，思科每个员工平均所创造的收入高达60万美元，而作为竞争对手的传统公司只有22万美元。另外，电子文化也渗透到思科公司的每一个角落。通过员工在线，思科公司的内部管理效率大大提高。从财务报销、为员工办理健康保险甚至到组织员工参加高尔夫球赛，思科都是通过网上完成。② 在思科美国总部，两名审计员可以在两天内为1.6万名员工完成报销复核工作，因为上网填报完数

① 李黎：《衬衫的网络泡沫》，《IT经理世界》2007年11月22日

② 吴志华、韦志勇：《世界知名企业利用网络提升竞争力》，《公关世界》2005年第5期

值之后，只需将发票放在信封中交给财务人员，而财务人员并不核对。一个星期后，钱就会汇到员工银行账户上。因为思科公司相信，员工不会欺骗公司。如果不信任员工而设置重重的监督，成本会更高。现在公司建立了以员工为中心的思科员工在线（CEC），并投资数以亿计。在网络技术不断完善的今天，越来越多的类似思科的公司看上去更像网络公司。

以上种种，只是互联网改变我们生活世界的一个角落。20 世纪末、21 世纪初，互联网的广泛应用，导致了人类在传播沟通领域突飞猛进的革命。在这样一个急速发展中，网络媒体在传播上的影响力是以惊人的速度在增长，成为公共关系的一个新平台，二者逐渐整合，形成了一个新的子学科——网络公共关系。网络公共关系应运而生了。美国公关学者马洛在《电子化的公共关系》一书中提出，电子化的公共关系是实施公共关系活动的途径，未来的问题将不是公共关系专业人员要不要利用电子媒体，而是能够多么有效地利用这些媒体。《新技术与公共关系：面向未来》一书作者卡罗威（Calloway）写道："在许多情况下，公共关系能否生存下去，要看公共关系从业人员是否具备应用新技术的能力。不能快速访问数据库并获取客户所需资料将是妨碍 21 世纪公共关系发展的不利条件"。[①]

网络是一种传播途径，事实上又远非如此简单。网络的"透明性"、"多孔性"和"中介性"带来了其覆盖面广和内容丰富的特点，这改变了传播的性质。网络是一种传播工具，更是一场沟通原则的革命，一个被称之为"电子沟通者"的群体诞生了。[②]大卫·菲利普斯（David Philips）在《网络公关》一书中更是提出，网络在本质上改变了公共关系中基本构成元素"公众"与"社区"等的看法。[③]

【案例链接】

电子沟通者（e-communicator）[④]

电子沟通者指组织从传统形态向网络过渡中出现的一个新的公共关系人员群体。我们把这种混合了传统公共关系与网络沟通所创造出来的对客户具有前瞻性

---

① "The future of public relations is on the internet", The Public Relations Strategist, No1. 5, No. 1 (Spring, 1999): 7-10. 转引自《公共关系造势与技巧 通向 21 世纪的桥梁》［美］弗兰·迈克特等著，欧阳旭东译，中国人民大学出版社 2005 年版，第 16 页

② ［美］唐·米德伯格著：《成功的公共关系——Winning Pr in the Wired World》，牛宇闳等译，机械工业出版社 2002 年版，第 21 页

③ ［英］大卫·菲利普斯著，陈刚、袁泉译，《网络公关》，北京大学出版社 2005 年 10 月出版，序言中语

④ 根据［美］唐·米德伯格著：《成功的公共关系——Winning Pr in the Wired World》第 21 页整理

的、一体化的商业活动的主体定义为电子沟通者（e-communicator）。

不管你是一名新进入公共关系领域的成员，还是一位富有经验的全方位管理专家，或者是一位长期从事媒体关系的公共关系人员，在网络环境下，过去的做事方法已经不复存在，你需要按照电子沟通人员的规则做事。

电子沟通者主要包括：公共关系构建者、记者、技术人员、财务人员、信息搜集人员、律师、网络顾问、教育家、市场人员、试验人员等。

网络是最可以过分宣传、过度使用和被滥用的媒体，米德伯格在《成功的公共关系》一书中大声说出了这样的看法。那么网络带给公共关系的是什么？这是我们需要思考的问题。

网络是公共关系专家最难控制和驾驭的中介。[①] 网络是今天世界上最接近完全竞争模型的场所。从本质上讲，公共关系已经被五个受网络增长而催生的重要商业趋势所影响，即速度、途径、交互作用的新规则、品牌的重新界定以及作为流通的商业伙伴。我们必须也迫切需要梳理网络公共关系的相关内容。

本书将从网络传播、公共关系和管理学的相关理论思想入手，以整合的视角逐步考查公共关系在网络发展中的变化，全面探讨网络公共关系的基本概念、发展历史以及网络公共关系的传播状况和应用实施策略等问题，并尽量通过鲜活的案例与您一起分享网络公共关系的魅力。

---

① ［美］唐·米德伯格著：《成功的公共关系——Winning Pr in the Wired World》，牛宇闳等译，机械工业出版社2002年版，序言中语

第一章 网络公共关系概说

【本章提要】网络媒体是如何影响公共关系发展的？本章从互联网发展的状况入手，从数字化沟通的原则着眼讨论网络公共关系的基本概念和知识。网络公共关系的基本构成要素以及传播模式、特性和传播手段是本章的重点。

第一节 网络媒体与网络公共关系

今天，网络在不断进步的市场经济环境中呈现出一派勃勃生机。以 Web 2.0 为特征的博客、SNS、RSS、分类信息、P2P 等新业务和经营模式成长迅速，网络正朝着更加个性化和增强互动的方向发展。与此同时，网络也加快了向传统行业和服务领域的渗透：垂直门户、个人网站迅速成长，网络经济正在不断创新中快速成长。

网络媒体的传播方式不同于一般传统方式，非常突出的特征是：个性化、互动性、信息共享性和资源无限性。可见，网络信息传播是集合了个人传播（如电子邮件）、组织传播（如 BBS 论坛和新闻组）和大众传播为一体的传播。作为一个拥有各种传播形式的集大成者，网络的每一次技术变革都赋予了公共关系新的能力。曾几何时，公共关系从业者需要灵活掌握的是印刷、展示和展览等过程；在网络时代，每个公关从业者的必备知识变成了组建网站，使用讨论列表、聊天室、互动电子游戏、电子邮件和实时聊天工具等，而这样的必备知识还在不断增加中：网络会议、手机短信、博客应用、病毒复制等。网络媒体的发展呼唤着网络公共关系的诞生。

一、网络的兴起与发展

1. 网络

什么是网络？这一概念在专业技术上比较宽泛，即计算机网络的简称。它是现代通信技术和计算机技术相结合的产物。网络给予用户共享软件、共享信息、共享设备和相互通信的能力。从信息传播角度看，网络是媒介，相对原有媒介，被称为“新媒介”（new media）；因具有数字化特点，又被称为“数字媒介”（digital media）；因具有广义的媒介平台效应，又被称为“泛媒介”（pan-media）。[①] 1995 年美国联邦委员会一致通过决议，接受了“互联网”这个词（在本书中如涉及网络、互联网等名称，则直接简称为网络）。定义原文如下：Internet refers to the global information system that—（i）is logically linked together by a globally unique address space based on the internet protocol（IP）or its subsequent extensions/follow-ons；（ii）is able to support communications using the transmission control protocol/internet protocol（TCP/IP）suite or its subsequent extensions/follow-ons；and/or other IP-compatible protocols；and（iii）provides，uses or makes accessible，either publicly or privately，high level services layered on the communications and related infrastructure described herein.

Internet 能够提供使用者访问公众或私人的高级信息服务。在这一定义中，我们看到，这是 Internet 建构在通讯协议和相关基础设施之上的最重要的应用特性。我们对网络的关注，也更多的是在这个层面上。它使得网络具有了传统媒体所不具有的许多特性，并在此特征基础上显示了应用层面的多样性。

2. 网络的发展阶段

我们现在所使用的网络是在 1993 年下半年登上历史舞台的。和其他新技术一样，它最初也是被用来重复旧有技术的。比如，早期许多网页被开发为网络出版物，兼有印刷出版物和杂志、新闻报告和指导手册等作用。甚至很多人把网络当做一种新电视，在网络上不遗余力地推销娱乐节目。收音机发明 30 年后进入 400 万美国家庭，电视机花了 13 年，而网络只用了 4 年时间。网络真正发展的时间只有十几年，但它却经历了三个阶段。

第一阶段：1996—2000 年，互联网第一轮浪潮。以门户网站为绝对主导，网民普及率不到 1%，由于网络刚刚诞生，网站很少，信息资源很匮乏，只要你接入了，就可以得到丰厚的回报。这个阶段也可以称为接入为王期，但在这个时

① 杜骏飞主编：《网络传播概论》，福建人民出版社 2004 年第 2 版，第 4 页

期接入需要的是：专业知识、技能、资金。

第二阶段：2001—2003 年，网络步入冬天。随着互联网的发展日益成熟，网站也随之越来越多，信息资源量也越来越庞大，这时就看谁的内容好了。内容再好，收益不足也不行，资金便成了困扰网站生存的瓶颈。80% ~90% 的网站公司开始吸纳风险资金。这个时期可以称为内容为王期。但在这个时期接入需要的仍然是：专业知识、技能、资金。其资金多用于网站宣传和推广。此阶段网民普及率不到 10%。

第三阶段：2004 年之后，Web 2.0 概念开始兴起，很多企业从资本到商业模式全面转向，网络的市场力量逐渐崛起，诞生了一批新兴的网络实力派公司。

在这个阶段，人们开始在探讨研究 Web 2.0 的同时回望走过的 Web 1.0 时代。对 Web 1.0 和 Web 2.0 的探讨使得网络应用层面的价值不断提升。什么是 Web 1.0、Web 2.0？Web 2.0 是第二代互联网的习惯说法。20 世纪 90 年代开始，人们习惯上把以门户网站为主要形式、以信息控制为主要特征的网络传播方式称为 Web 1.0 时代，而把以注重个人参与和信息聚合为特征的网络应用时代称为 Web 2.0。这一概念的最早提出者是美国 IT 界的传奇人物 Tim Reilly。

中国互联网协会对 Web 2.0 是这样定义的：Web 2.0 是网络的一次理念和思想体系的升级换代，由原来的自上而下的由少数资源控制者集中控制主导的网络体系转变为自下而上的由广大用户集体智慧和力量主导的互联网体系。IT 人士李开复对此的理解是：Web 1.0 是一个发布内容给很多人看的时代；Web 2.0 是把发布的权利同时向普通人开放的时代。

可以说，Web 2.0 不再单纯是技术或者解决方案，而是一套可执行的理念体系，实践着网络社会化和个性化的理想，使个人成为真正意义上的主体，实现互联网生产方式的变革从而解放生产力。

Web 2.0 的内在动力来源是将互联网的主导权交还个人，从而充分发掘了个人的积极性，使其参与到体系中来，众多个人所贡献的影响和个人联系形成的社群的影响不断替代了原来少数人所控制和制造的影响（Web 1.0 时代），从而极大释放了个人的创造和贡献的潜能，使得网络的创造力上升到了新的量级。这种网络创造力在 20 世纪 90 年代中期就显现了商业化的特质，比如用户贡献价值、长尾理论和网络传播的效果，等等。真正引爆 Web 2.0 的还不是这些，而是另外一些实践成型的应用元素，包括：博客（blog，让个人成为主体）以及 RSS（简易聚合）、Wiki（维客）、tags（分类分众标签）、bookmark（社会型书签）和

SN（社会网络）等等。[1] 搜狐的张朝阳说："Web 2.0 时代把社会权威降低了，个人权利得到极大的提升。"[2] 个人用户成为了 Web 2.0 时代的网络主体，他们主动创造、消费和传播，并形成了以用户为中心的媒体环境。这一变化也丰富了网络的营销手段，如何把品牌放在用户多对多的状况下变成了营销的关键。于是体验营销、病毒营销、社群营销等多种手段应运而生了。与此相对应的是，网络上涌现出了大量新颖别致的草根网站，绝大多数都以为用户提供个性化和针对性的产品为卖点。

3. 中国网络发展历程

中国网络的发展同样经历了以概念引入、内容炒作和应用繁荣为特征的三个阶段。

第一阶段：概念引入。这是网络在中国发展的初始阶段。最初阶段普及了一个概念，即"网络"这个概念。随着 1995 年 12 月中国教育和科研计算机网示范工程的建设完成，全国性的四大骨干网络初具规模，并相继开展全国性的服务业务。到 1997 年 10 月，中国公用计算机互联网实现了与其他三个互联网络，即中国科技网、中国教育和科研计算机网、中国金桥信息网的互联互通，更促进了各项互联网业务的快速发展。互联网基础设施的建成，保障了一些互联网基本业务的顺利推出，互联网开始被人们所认识，但是还没有出现"网络经济"（商业应用）的状况。

第二阶段：内容炒作。1999 年，中国的"网络产业"开始形成规模。但是，这一次"网络经济"形成的过程，本质上是崇尚"内容为王"和不求盈利模式、只为吸引眼球的"烧钱壮举"。门户网站根本不谈什么收入，互联网上的企业广告比比皆是，花钱如流水。但这些门户网站都单纯依赖吸引眼球而带来的网络广告来生存。为吸引更多的眼球，各网站竭尽全力，但实践证明，仅凭网络广告，网站无法实现盈利。随着纳斯达克股价暴跌，网络泡沫宣告破灭，中国网络产业经历了惨痛的重生。

第三阶段：应用繁荣。随着电子商务、无线、宽带等企业对发展核心要义和产业主题的探索逐渐深入，随着主流经济网络化速度的急剧加快，网络中越来越多的新应用元素不断涌现，网络的商业模式开始成熟，中国迎来了互联网发展的第三阶段。从宽度与广度来看，第三阶段的社会基础要远远超过前两个阶段。从促进生产力要素重新配置、产业结构升级，推动生产关系围绕市场、资本、新技

① 张艳：《基于 Web 2.0 的整合营销传播策略探讨》，《广告大观》2007 年第 1 期

② http://report.internetdigital.org/，2006 年 4 月 6 日，中国互联网协会《中国 Web 2.0 发展现状与趋势调查报告》

术大幅度调整，实现体制内存量、增量与体制外存量、增量之间的对接与盘活，以及实现国民经济、社会发展的历史转型等意义上讲，网络开始成为中国改革、发展的新动力。回归务实经营后，留存下来的网络企业逐步认识到发展新经济必须遵循经济活动的基本规律。他们一方面控制成本、降低支出，一方面推出丰富多彩的网络应用和服务，并探索有效的盈利模式。进入2005年以来，放眼整个互联网产业，我们发现，电子商务、即时通信、移动互联网、搜索引擎、网络游戏等都已经形成了较为成熟的盈利模式，并引起了新一轮风险资本的青睐。而P2P、互联网电话、blog等新兴应用也在迅速扩张用户规模，商业前景不可限量。

4. 网络传播的特点

和其他媒体相比，网络是一个充满崭新特点、极具魅力的传播平台，是一个相对完善的综合传播通道。网络在信息传播方面具有鲜明的特征，主要包括：

（1）传播范围广

网络是一个高开放性、全球化的系统。网络是由各种大大小小的计算机网络按照统一的通信协议共同构成的一个全球性的信息传输和沟通交流网络。美国学者布拉曼将地区性（locality）划分为三种形式：第一层是传统地质学、物质和社会力量所构建的世界；第二层是在文化范围内；第三层则存在于网络空间（cyberspace）里面。她认为前两者的界限在网络空间里已经完全被打破了。[①] 在网络的虚拟世界，人们能够轻易跨越国界，可以自由交流、交换信息，从事网上活动而且不受地域限制。网络延伸到哪里，信息就能传播到哪里。

（2）信息容量大

网络传播的信息具有广容性和集成性特点。广容性，指网络传播的信息容量几乎无限，对信息来源也没有限制。网络采用了比传统信息处理方式先进的数字化记录、传输和处理方式，将所有的声音、文字、图像等转化为数字化形式并经过高密度存储，且可以将不同媒体形式的信息资源分散地存贮在与网络相连的各个节点客户服务器上。集成性，指网络传播在包容了来源于各处的海量信息的同时，还体现出高度的集成化优势。网络信息的大容量，对我们进行网络信息资源管理提出了挑战。从企业角度来说，网络的低成本大容量，有利于企业尽可能将文件和资料进行存档保管，特别是以建立网站和设立链接的方式让社会公众通过网络获得较多的信息。

---

① 转引自杜骏飞著：《网络传播概论》，第72页，原文出自刘骏州等《台湾互联网使用的全球化特征》

（3）传播速度快

速度是网络具有的得天独厚的优势，尤其表现在信息发布、组织和检索上。一旦社会组织有了新的信息，就可以立即发布给公众。网上信息自发布的那一刻起就呈现几何级传播下去。

（4）信息发布的自主交互性

网络媒体的开放性、互动性、全民性、隐匿性，使得信息很难被控制，传递信息成为每一个网民的权利，无论信息是对是错，一旦在网上发布信息都会以N次方的速度在网络世界广为散布。信息传播方式已经发生了深刻的变化——舆论的批评权利开始从机构向个人过渡。

交互性是指网络中的信息交流方式表现为交互操作。互动性是传播与生俱来的特性。网络的交互表现出来的是一种“多元动态”，这是真正全面体现网络特色的动态交流。各种受众开始广泛参与信息交流，自由沟通，高高在上的主流媒体不再是信息的唯一发布源，其他网络媒体和平面媒体都拥有发布信息的权力。无论你的职业、年龄、文化水平如何，网络都公平地向每一个人敞开。有调查数据显示，网民上网的主要地点是在家中，主要的上网设备是台式计算机，主要的上网方式是宽带。但是网民上网的场所正不断扩展，新的上网设备和上网方式正在逐渐被网民所接受和使用。可以预计，随着网络技术的不断发展，网络的进一步发展普及，网民的上网途径不断扩展，人们开始在多种场所、利用多种设备、通过多种方式，更方便地使用网络。①

（5）网络传播的去中心化

正如尼葛洛庞帝所说，我们处于一个“个人抬头”、“消解中心主义”时代。② 在网络传播的特点中，“去中心化”是一个鲜明的特征。网络的去中心化，具体表现在以下几个方面：一是技术逻辑的无中心化；二是传播主体的消解；三是网民的去中心化的思维意识。

网络技术消解了中央控制技术。网络技术本身就经历了一个从大到小、从隔离到兼容、从集中到分散化的过程。分散多元而矛盾的网络主体呈现出了与传统媒体不同的权力思想，从主机型电脑到网络个人电脑，本身就是一个挑战独断、权力、集中控制的过程。网络互动方式取代了传统媒介的播报方式，权力精英的把关人已被网络这个具有机械性功能的角色取代。网络化的个人电脑成为冲击传统媒介中心话语权的先锋。

传统传播主体的消解与多元化是传统媒体与网络的一个根本性的区别。在

---

① 第十八次中国互联网报告，来源：搜狐IT，http：//it.sohu.com/20060719/n244341476.shtml

② 尼葛洛庞帝著，胡泳等译：《数字化生存》，海南出版社，第25页

传统传播主体把关人权力瓦解后，无数个体化传播主体浮出水面。网络主体较之传统传播主体，经历了一个从真实走向虚拟、由确定走向随意不稳定，由单一走向多重，由集中走向分散的过程。分散、多元、矛盾的主体带来的是网络传播自由、多元和开放的优势。当然，网络主体身份个人化和分散化，虽然排斥了传统媒体单一化的负面效果，但也使得网络传播呈现无政府状态、个人主义的色彩。网络主体一方面对传统政治和身份认同态度冷漠；另一方面，也容易失落与现实世界的关系，更容易消解专家、权威对现存社会、生活领域的主导权。

网民去中心化的思维意识。这主要指在网络传播这样一个谁也无法占据中心地位的去中心结构下，信息本身的力量在发挥着独特的作用。人们在信息的共享中，都很难形成现实的权威力量，无论是观点独特、个性鲜明还是另类怪异，网民往往更看重观点、态度本身，而对任何现有权威、现成观点保持怀疑态度，去中心化的思维意识鲜明。

（6）负面信息扩散度高

网络媒体现有的负面特点，集中表现在负面信息的传播。而这也是网络公共关系兴起的一个诱因。传统媒体报道负面信息不会一而再、再而三地重复，做几期跟踪报道和深度分析之后，就会转向其他方面。网络媒体不同，只要有任何传统媒体发布了这个负面信息，它都可以以原文的方式转载，二次传播率特别高，而且速度很快。

在传统媒体中传播负面信息需要媒体负责，而网络的匿名性可以隐藏传播者的真实身份，网络对诚信的要求相对低得多，真实与虚假无从把握，所以负面信息可以无门槛地流通。

总体上来说，网络的发展是一个用户增加、技术进步的过程，更是一个商业运用不断成熟的过程。这些奠定了网络公共关系的基础。

二、网络媒体呼唤网络公共关系

在互联网网页总数超过 5500 万，网民达 4 亿人的世纪之交，网络公共关系应运而生。以网络媒体为基础的全球经济一体化、计划经济国家市场化、全球政治民主化和社会危机全球化的交织融合，进一步推动了公共关系理论的新发展。“网络公共关系”，就是这一时期兴起的代表。现代商业活动，包括公共关系最深层次的本质已经因为互联网的出现而发生了根本性的变化。“从本质上看，公共关系已经被 5 个受互联网增长而催化的重要的商业沟通趋势影响，它们是速度、途径、交互作用的新规则、品牌的重新界定以及作为沟通的商业伙伴。”①于是，网络公共关系在本质上更多地表现为沟通和沟通设计。

1. 速度

今天，我们生活在一个变化发生在鼠标点击之间的时代。这个时代要求组织无论是对来自现实世界还是来自虚拟世界中的挑战都要在几个小时甚至更短的时间内做出迅速反应。这是公共关系一直拥有的优势，同样也是挑战，缓慢的行动和不明确的信息状况会使谣言等迅速传播，公众期待组织对质疑信息的回复，任何的不及时和缺乏针对性的反应都能在极短时间内毁坏组织和组织的形象等。

在网络时代，原有的长期战略计划制定已经变得不再适合需要。公共关系需要重新审视战略的意义。战略依然处于组织经营管理舞台的中心，只是这样的战略更多地是以每周甚至是每天的速度在被修改着。在这个时代，敏捷显得尤为重要了。公共关系行业也不断认识到以一个低成本、高效率的方式及时做出反应在网络时代是一个最大的优势。组织从事网络公共关系活动时需要和社会公众保持密切的视听接触，需要与创新者有紧密的联系，需要对社会和网络发展趋势有深刻的理解。

2. 途径

这里的途径主要指的是公共关系所发挥的通往决策层的通路。一直以来，公共关系发挥着作为沟通工具的作用。在网络时代，公共关系比传统的广告等对价值链的贡献更大，公共关系的从业者更多地保持了和高层的密切联系。他们开始为网络的商业规则提供更重要的决策建议，从而对决策层有了更大的影响力。

3. 全新的客户相互作用规则

网络时代，公共关系需要打交道的顾客体系在迅速变化着。除了媒体，公共关系还对包括行业分析家、风险投资者、个人投资者以及金融机构等在内的诸多人士产生影响。这样一些新加入的沟通对象，使得公共关系在进行信息发布的时候必须同时取得线上和线下的联系，和全新的客户体系发挥相互作用，实现诸如顾客忠诚度和员工稳定性等目标。网络公共关系所完成的不仅仅是我们所熟悉的战略顾问、研究、新闻发布会、专家咨询会等工作，更多的是创造网络和实现合作关系的建立，于是实施在线新闻发布、建立网站、化解网络危机等新问题摆在了网络公共关系专家的面前。

---

① ［美］唐·米德伯格著：《成功的公共关系——Winning Pr in the Wired World》，牛宇闳等译，机械工业出版社 2002 年版，第 8 页

表1-1 新旧沟通的区别

昨天	今天
1. 单方面的沟通	1. 顾客导向的沟通循环
2. 当地或是地区性的沟通	2. 即时的全球化顾客
3. 计划好的新闻	3. 对于新闻的快速反应
4. 实现准备好新闻发布会，通过大众媒体发布	4. 战略性的独家新闻，支持新闻媒体的在线新闻发布
5. 媒体导向的沟通战略	5. 具有关键作用的多样顾客
6. 新闻的集中控制	6. 广泛的具有病毒般的言论扩散
7. 1~3年的计划	7. 1~3个月的计划
8. 长期的循环研究	8. 快速并具有适应性的研究循环
9. 广告宣传	9. 企业的沟通设计
10. 先例、严格的规则以及工作方式	11. 有创意的快速战略，不论你身在何处的执行

4. 在线企业和品牌的新时代

互联网在改变原有商业原则的同时也催生了一个新的概念，那就是互联网的新生品牌（也称之为“e”品牌或互联网“土著”品牌）。他们的迅速发展既对传统企业发起了挑战，并促使了传统企业的数字化转变，也带来了建立品牌的新时代。于是，成功的互联网品牌建立要求更多的内容、更丰富的信息以及通过互联网发展更多的联系。对于公共关系来说，也就有了比传统广告公司更多的创造新品牌的机会。实现互联网品牌的定位和价值链，网络公共关系在建立品牌的可靠性上显得更重要了。公共关系意味着创造品牌的完整性和可靠性。

5. 作为沟通的商业伙伴

由于互联网的出现，公共关系对组织的利润实现产生了巨大作用。网络时代，速度+点击率成为了很多传统组织无法超越的极限，于是，公共关系成为了有效的营销工具。

公共关系通过与客户之间保持密切的合作关系成就了网络时代的商业沟通。懂得并利用新的发展趋势，在网络的沟通计划中，公共关系从未忽略新闻媒体的影响和价值，于是通过公共关系，在网络中发挥影响作用的人或事物以各种形式和状态存在并成为了一个集合体，他们的思考方式、他们的观点和态度等都是公共关系人员必须去关注的。这个集合体的存在，加速了从昨天的企业实体到今天互联网组织的过渡，于是一种融合了传统公共关系与网络沟通所创造出来的对客户具有前瞻性的、一体化的商业活动的主体诞生了，我们称之为电子沟通者

(e-communicator)。我们需要按照新的电子沟通者的规则去做事。

电子沟通者的出现，也改变了我们对原有的相关利益者的理解。相关利益人(stakeholder)理论由英国经济学家查尔斯·汉迪提出，他认为组织就像是在"一种六棱形圈里运营"，承受来自各种利益相关者的压力。[①] 六棱圈指的是——出资人、雇员、顾客、供货商、环境、社区。查尔斯·汉迪认为，组织不是"一种在股市上卖来卖去的财产"，"不是一种工具"，"不是某种产权"，……组织是"一个拥有自己财产的共同体"，这个共同体应当是"活着并且不断成长着"的。为了朝着具有独立使命的自我完善方向发展，企业必须平衡各方的利益。可见，利益相关者是组织外部环境中受组织决策和行动影响的任何相关群体，相关利益人对组织提出了多种需求。

雇员利益、消费者利益、债权人利益、中小竞争者利益、当地社会利益、环境利益、社会弱者利益等都是组织需要去关注的。在网络时代，相关利益人群体不断扩大，出资人、雇员、顾客、供货商之外，组织的直接相关利益者也在拓展，自然环境、社区利益（特别是虚拟社区）、社区生活以及产品带给消费者的精神、伦理和健康等方面的利益开始成为了组织直接相关利益的组成部分，并对组织生存施加压力。

互联网是一个巨大、平等的传播平台，在这个平台上任何可以影响一个组织（一种品牌）成功或失败的第三方都需要组织或行业对其进行分析和预测。不可否认，媒体及其从业者依然是影响组织（品牌）的利益团体，但是这样的相关利益者已经拓展到了无法明确定义的群体，其中包括名人、行业分析师、学者、作家、消费代表甚至是政治人物等；同时，对于组织（品牌）来说，仅有一个利益群体是不够的，取得成功需要将那些有助于组织发展的各种第三方利益群体集合起来并得到他们的帮助。

公关人员通过网络与客户、公众、媒体甚至是政府机构进行沟通；必要的时候还运用网络的传播特性即时、互动、双向、快速地进行有效的信息传递，从而为组织和相关利益者建立长久的、持续性的沟通关系。可以说，网络媒体呼唤了网络公共关系的发展，它使得公共关系在传统沟通渠道下，又多了一个更有力的信息传递通道，通过联系电脑和资料数据库形成了一个组织可以对内对外进行双向沟通的渠道；从新闻发布上看，网络为公共关系争取了可以容纳更多内容的媒体曝光机会；公共关系人员甚至可以通过网站实现和客户、媒体或是公众的直接沟通。当公共关系遇到网络的时候，它带来的发展是必然的。

---

① 查尔斯·汉迪：《超越确定性——组织变革的观念》，华夏出版社2000年版，第75页

三、网络公共关系定义与内涵

1. 公共关系

公共关系理念的形成，至今已有100多年的历史，可是迄今仍然未有统一的定义。美国公共关系新闻（Public Relations News）为“公共关系”所下定义是：公共关系乃指测定公众态度，使个人或团体的政策及措施符合公众利益，并切实实施计划，以争取公众的了解与接纳。因此，公共关系具有管理功能。

国际公共关系协会为“公共关系”所下定义是：“公共关系是指公司机构衡量公众意见，运用有计划的收集大量的资料，力求政策上或措施上的配合，争取并维持公众之了解，接纳与支持，用以获得共同利益。”因此，公共关系不仅具有管理功能，也有持续性的功能。①

公共关系可以使用的媒体有许多，这些媒体公关的操作形态各有不同，但是却有一个共同特色，就是以传递信息的本质而言，其均属于单向沟通的媒体。②传播科技的迅速发展，已经改变了许多媒介使用者的工作、娱乐、购物等生活形态，也深深地改变了公共关系、营销等的本质。

虽然关于公共关系的定义多样，我们还是比较认同这样的理解：公共关系主要是经由沟通，增进组织与公众间相互了解并从中建立长久良好的互动关系。

2. 网络公共关系

美国公关协会1999年一项调查显示，那时候几乎100%的公关公司就已在应用互联网来进行公关活动。何为网络公共关系？目前业界还没有一个统一的定义。大多学者认为网络公关指企业借助联机网络、电脑通信和数字交互式媒体的威力来实现公关目标的行为。下面是几种有代表性的定义：

——网络公关即PR on line，又叫线上公关或e公关，它利用互联网的高科技表达手段营造企业形象，为现代公共关系提供了新的思维方式、策划思路和传播媒介。③

——网络公关，就是指企业在网络空间的公众关系。网络的空间存在着形形色色的“大众群体”，企业通过其网络上的各种存在形式，以及通过采取各种方式与网络公众增进了解，进而维持与公众的良好关系与互动，以此来加强品牌的影响力，促进品牌的推广。④

---

① 孙秀蕙：《因特网与公共关系：理论与实务运用模式的思考》，《广告学研究》1997年7月第九集，第159-181页

② 黄深勋、郑自隆、孙秀蕙、王方平著：《企业公共关系》，1997年版

③ 拓之林网络营销顾问，http：//www. to-dream. com/wlgongguan. as

④ 《网络公关的模式与技巧》，中国商业论坛

——网络公关是由于计算机网络的迅猛发展而给传统公关带来的一种创新形式，它以因特网作为信息传播的手段来开展公关活动，为企业改善自身形象、提升市场知名度创造了更多商机。

以上三个定义，有的指出了网络公关的手段是互联网，公关的目的是营造企业形象，但没有涉及网络公关对象。有的定义对公关的三个基本要素主体、客体和手段都有所描述，尤其是对客体阐述比较详细，但是这些定义都不够准确、全面。网络公关的主体，企业主体是重要组成部分，但不是唯一主体，还应包括政府等各种社会组织以及个人，可以统称为网络化的社会组织；企业网络公关是网络公关发展的动力，是探索网络公关发展的“先锋”。从字面意思上来理解，网络公关的媒介是网络，从技术角度来看，网络包括电信网络、有线电视网络和计算机网络，并且这三种网络中的每一种都是公共关系的重要传播手段，因此，网络公关的媒介不仅包括计算机网络，也包括电信网络和有线电视网络。网络公关的客体是网络公众，公关对象是有针对性的目标受众，网络公关也不例外。因此，网络公关的客体就是经常浏览网页的、与网络组织有实际或潜在利害关系或相互影响的个人或群体的总和。

与此相对，目前国内比较认可的网络公共关系定义是：网络公共关系是指网络化的社会组织借助联机网络、计算机通讯和数字交互式媒体在网络环境下实现组织与内外公众双向信息沟通与网上公众协调关系的实践活动。

国外对此的定义最早在 1998 年由 Spataro 提出：网络公共关系应该是 Net Relations；即“网络公关”，乃为一种实时传播方式，是对网络在企业形象建立，以及可到达全球地域的公众的功能（functionality）的利用。[①]

如何看待国内外的定义？

我们还是要站在公共关系发展的历史高度来认识它。

自 1923 年，现代公共关系学之父爱德华·伯纳斯的经典著作——《舆论明鉴》（*Crystallizing Public*）揭开了现代公共关系理论研究的序幕以来，公共关系理论研究已经有 80 多年的历史。在公共关系学理论上，一系列重要理论陆续出现，比较有影响的有卡特利普和布鲁姆的调整—适应理论模型，格鲁尼格公共关系的实践四模式，布鲁姆“关系发展三阶段模型”等，从而形成了丰富的公共关系学科思想。公共关系研究领域逐步形成了四大理论流派：管理学派、语艺（修辞）学派、整合行销传播学派和关系管理学派。[②] 但是，长期以来公共关系从业人员甚至专家多

---

① Spataro，Mike. （1998，August）. Net Relations：A fusion of direct marketing and public relations. *Direct Marketing*，61（4），pp. 16–19

② 陈先红：《基于关系生态管理的公共关系理论研究》，2004 年博士论文

把自己局限在如何做和如何做得更好这类应用问题研究中。如果我们也过多站在应用角度看待网络公共关系，也就很难跳出应用领域的局限。

“双向沟通”和“关系”是我们认识网络公共关系的关键点。早在20世纪90年代末期，有关“关系”主题的相关研究在美国公共关系学界已经成为显学，“关系管理”（Relationship Management）已经成为公共关系领域的新兴理论典范。从沟通和关系角度看，将网络公共关系理解为网络关系可能更为贴切（1998年Spataro提出对网络公共关系也比较认可这样的观点）。于是，本文提出：

网络公共关系，是网络化的社会组织将传统的直销营销、公共关系与网络技术相结合，利用互联网的传播功能和目标公众建立双向信息沟通的关系过程。

通过沟通建立关系，这一个观点有利于我们和20世纪90年代末期有关“关系”主题的相关研究实现对接，也有利于我们突破过多地在应用和技术层面去理解网络公共关系的局限。

3. 网络公共关系内涵

从网络公共关系的定义我们可以看出：

（1）理解网络公共关系的第一个层面是沟通。网络公共关系是一门沟通的艺术

相较于其他的沟通形式，网络公共关系本质上就是利用网络的沟通优势达成不同群体之间的协议的过程。（如表1－2所示）可以说，网络公共关系相对于传统公共关系只能以单向传播方式与目标公众进行沟通，是一种理想的双向对等沟通模式。

表1－2 不同公共关系中的沟通工具比较

特性 / 沟通工具	平均沟通成本	互动方式	同步性	沟通	资料获取分享/对话	沟通之推力/拉力
网络/全球资讯	低	单向/双向	同步/非同步	一对一 一对多	资料获取 分享/对话	推力/拉力
电话	低	双向	同步	一对一 一对多	资料分享/对话	推力
传真	低	单向	非同步	一对一	资料分享	推力
电子邮件	低	单向/双向	非同步	一对一 一对多	资料分享/对话	推力
广播电视	稍高	单向	同步	多对多	资料分享	推力

（资料来源：郭书棋：《企业运用网络公关之研究初探——从电脑中介传播谈起》，国立交通大学硕士论文，第114页）

公共关系重视沟通，不论在组织内部还是面对社会大众，灵活运用小众传播和大众传播媒体达到双向沟通的目的，已经成为了公共关系人员最重要的专业职能。网络公共关系如能充分利用网络信息科技并透过网络双向的沟通特性，将能达到优势公关的效果。

（2）理解网络公共关系的第二个层面是关系过程

"关系应该成为公关研究的焦点领域"，这一提法最早是由玛丽·佛格森（Mary A. Ferguson）于1984年提出的。她指出，1975—1984年间公共关系研究有三个焦点：社会责任和伦理、社会议题和议题管理，以及公众关系（public relationships）。它们自身又都发展出一些理论。但总体而言，公共关系并没有发展出太多的建设性理论。因此她提出"以关系为研究单位的组织公众关系——public relationships，为范式的集中提供最多的机会，它将会加速公共关系领域的理论发展。"在这篇论文中，她对公共关系领域的理论发展机会进行如下预测：①通过把研究重点放在"关系"上，而不是组织或者公众上，将会使研究者、组织和公众更好地理解这些关系的重要性。②这种宏观层面的聚焦能够带来一些研究公众关系现象的新方法，既不研究组织，也不研究公众，而是研究关系。③将公共关系学者的关注点集中在公众关系上将会创造一个小的生态环境或这个领域的研究范畴，所有的公共关系学都应该拥有同样的假设和知识。④新模型中的组织和公众连同传播变量一起都应该接受来自许多领域的整合，以增强对公众关系的理解。⑤以关系为分析单位的理论能够扩大或者缩小研究者的期望。⑥当我们把研究范式集中在组织和公众之间关系研究时，将会促进公共关系领域合法化，并会对按照开展活动来定义公共关系领域做出较大贡献。[①]

佛格森的观点迅速被卡特利普、森特和布鲁姆所采用，他们在1987年出版的《有效公共关系》一书中把"关系"加入到公共关系的定义中去："公共关系是一种管理功能，它建立和维持组织与决定其成败的公众之间的互惠关系"。[②]

越来越多的公共关系学者和从业者，认识到关系是成功公共关系的重要指标。例如，艾林在1996年的一次演讲中大声疾呼"把关系还给公共关系"。她解释道："我认为，公共关系事业整体上正在离关系越来越远，正变得更加非个人化和技术化。我们考虑布局，正确的用词，可以灌装的故事，我们偏偏忘记了

① Ferguson, M. A. (1984, August). 'Building theory in Public Relations: Interorganizational Relationships', paper presented to the Association for *Education in Journalism and Mass Communication*, Gainesville, FL

② Cutlip, S. M., Center, A. H., & Broom, G. M. (1987). *Effective public relations* (6th ed.). Englewood Cliffs, NJ: Prentice-Hall

人，但是，公共关系基础的含意就是人们之间的联结……记住，人们不会因为我们的技术响应我们，而是因为关系才与我们沟通，仔细想想，我们与一半的家庭成员交流的唯一原因就是关系。”

佛格森对关系概念的强调，对我们理解网络公共关系同样有启示。特别是她所强调的关系的相互性、情感性和关系质量。

再次借用艾林的话语，结束对网络公共关系概念的理解，网络公共关系的落脚点是关系，不是技术促使人们在响应，而是因为关系我们才在网络中不断沟通。

【案例链接】

公共关系沟通理论

美国马里兰大学教授，公共关系传播管理学派的代表格鲁尼格以单向/双向、对等/不对等两个变项来区分公共关系的实际操作，依照这两个变项，现有的公共关系操作可以包含在四种公共关系模式中，它们分别是：

1. 新闻代理（press agentry）模式。此模式以单向沟通为主，以宣传（propaganda）为目的，所传递的通常是不完整的信息。信息的传递以告知为主，并不主动探知接受者的反应。以影视体育等娱乐性新闻为代表。

2. 公共信息（public formation）模式。此模式也为单向沟通方式，主要进行对外的信息发布，主要目的为告知，次要目的为说服。遵循此模式的公共关系人员很少对公众意见做深入研究。

3. 双向不对等（two-way asymmetric）模式。此模式以双向沟通为主，以说服为主要目的。公共关系人员与受众之间有信息交流的产生，不过沟通结果仅有利于一方而已（通常为资源占优势的企业组织）。此模式所执行的研究较为深入，许多大企业的公共关系部门多遵循这一模式。

4. 双向对等（two-way symmetric）模式。此模式以双向沟通为主，以促进沟通了解为目标。沟通双方现在进行互动时，不但有信息交流与反馈，而且沟通的结果也以互惠双赢为主。执行研究的目的在于了解沟通对象或目标对象（target public）对于企业组织的看法、立场与态度，以作为沟通决策制定的依据。评估的标准也是以是否增进双方彼此的了解为主，沟通的目的在于促进了解而非说服。可以说，格鲁尼格的以双向平等出发点的是沟通是公共关系发展的重要因素。

第二节　网络公共关系的构成

网络为公共关系提供了新天地，网络公共关系拥有自身的优势、特点和微妙的规则。其应用领域也更加丰富多样。

一、网络公共关系的优势

较之传统公共关系形态，网络公共关系自身拥有许多独特优点，主要表现为：

第一，网络公共关系突破了传统公共关系的时空限制，赋予组织更大的主动权，能够使组织直接对公众产生影响，能够即时发布各种企业信息而不必借助于传统媒体中介，从而绕开新闻媒体严格苛刻的审查，以避免贻误商机。同时，网络公共关系可以充当企业的新闻发言人，成为媒体获知组织最新信息的新闻源。网络公共关系即时、迅速的反应速度为企业的信息传播提供了有力的工具，为向组织提供更多人性化的增值服务创造了更大的可能性。当组织发生危机时，网络公共关系这种迅捷的反应速度更是有助于企业在第一时间内摆脱危机困扰，重塑良好形象。

第二，通过网络虚拟社区，网络公共关系有助于建立组织与公众“一对一”的良好合作关系。二者可以通过电子信件、电子留言板或企业 QQ 群等方式相互沟通。借此，组织可以很容易得到消费者对产品及服务的评价，获悉消费者的个性化需求。为组织的发展方向提供宝贵的思路，消费者也可以从与企业组织的沟通中获得更细致的解答和更周到的服务。

第三，网络公共关系可以培养公众对组织的忠诚度。按照美国学者阿里德安·佩恩等在其著作《关系营销——形成和保持竞争优势》中的观点，发展新客户的成本要高于维持老客户的成本，而客户保持率直接关系到企业的盈利情况。数量仅占客户总量20%的“金卡”客户（具有长期合作关系的老客户）却可以为企业带来80%的利润。美国学者塞利弗（Sherif）和肯切尔（Cantrel）在研究社会判断理论时提出来的涉入理论指出，品牌忠诚只有在高涉入的情况下才会形成。因为受到“忠诚”的品牌是消费者经过广泛的信息收集、处理、评估之后选出的最合意的品牌，其背后有牢固的信念支持。要提高这种涉入度，企业就要充分发挥网络虚拟社区的作用。通过网络公关活动，吸引公众不断光顾自己的社区，成为其中稳定的一员。与公众不断进行深入沟通，并使公众在该社区内享受一定额外的增值服务，从而对社区产生一种归属感和认同感。

如上所述，网络公共关系拥有不拘一格的开展形式和得天独厚的自身优势，然而形式终究无法取代内容，优势并非等同于胜局。诚如华中科技大学陈先红教授在《新媒介推动下公共关系理论范式的创新》中所言："在网络社会，人们处在一个具有讽刺意味的囚徒困境当中：一方面，新型全球化社区通过传播传输技术正在或者已经形成，而另一方面整个社会可能变成一个'熟悉的陌生人社区'，技术可以超越空间，却不能够超越情感，技术可以促进沟通，但并不能保证建立信任。网络技术根本上改变了人际和社会关系的质、量、度，却削弱了社会作为一个共同体的内在和谐关系，关系频度虽然增加了，但关系信度降低了，关系长度虽然延长了，但关系效度却减少了"。无论是对于网络公共关系还是传统的公共关系，依然要坚持诚信的根本原则，必须像对待朋友一样善待组织所面对的公众，加强同公众及媒体之间的沟通合作与关系协调。否则，单纯依靠空洞的形式而无先进的理念，单纯凭借花哨的表象而无真诚的内涵，所有的优势都将在网络的虚拟中成为泡影。

二、网络公共关系的要素变化

在公共关系的理论文献中，公共关系的本质和角色问题一直受到格外关注。公关是组织与公众之间的关系，公关研究主要集中在三个领域：组织、公众、沟通。[①] 对组织研究侧重组织文化、结构对公关活动的影响；公众研究以情境理论为代表；沟通则以格鲁尼格的四种公共关系模式为代表。

在不断的发展中，网络公共关系较之传统的公共关系，其构成要素也出现了一些变化。

1. 主体的变化

公共关系的主体是社会组织，而网络公共关系的主体是网络化生存的组织，这样的组织与传统相比有了很大的变化：

（1）首先表现出来的是组织活动与经营领域的"全球化"。网络中的组织是"无国籍"的，活动范围是全球性的。组织能够通过信息高速公路在全球开展贸易活动，组织通过基于互联网的、综合业务数字网内部计算机网络世界以及虚拟专用（VPN）将组织的各种信息传递到地球的任一角落。比如，VISA 系统可以从全球范围的信息卡处理业务中收集、捕捉信息，为组织的全球化业务提供方便，并降低信息费用。

（2）其次，就是组织的数字化和信息化。网络中的组织对信息的需求、处

① ［英］桑德拉·奥利弗：《战略公关》，科学普及出版社 2004 年版

理和管理是数字化的。人们通过数据库存贮工具对大量的数据进行捕捉和开发，然后，决策者再使用数据分析工具对数据进行分析。网络公关的这一特点也在一定程度上强化了传统公共关系所具有的“软性”营销力。真实世界中，由于信息容量有限，组织公关资料中许多不重要的信息只好删除，网络中却没有对容量的限制，组织甚至可以通过“超链接”使得互动性公关资料远远超越现实世界中静态公关资料。网络，为组织建立了庞大、精准和动态的理想公共关系数据库。

正如美国著名咨询机构纽约富尔德公司副总裁哈立德博士指出的那样：“对一家企业来说，可以没有资金、没有技术，但决不能没有网络信息。缺少足够的信息，就会出现盲目性，即使有了资金和技术，也不一定能获得预期的效果，甚至会走向反面。”如何获得信息并能合理运用好信息资源呢？越来越多的企业开始意识到其中最重要的手段就是应用网络，并积极主动地从新崛起的、世界上最大的信息库——因特网获取信息资源，同时通过它实现企业与外界的信息交流。震惊全世界的“9.11 事件”发生后，当世贸中心许多大公司商务数据“灰飞烟灭”时，该中心最大主顾之一摩根斯坦利却在灾后第二天进入正常工作状态，世贸中心双子楼的轰然倒塌并没有给该公司和客户带来重大损失，这是因为网络没有中断；当灾难到来时，重要的业务信息已被完好无损地备份到几英里以外的一个办事处。

（3）组织反应迅速、变化快，自我调整能力强。电子技术的运用使得组织能够以极快速度对发生在一个地方的事件做出反应，发生在特定地点的事件也会迅速被远方的组织和个人知晓。在当今的信息社会，速度成为了组织竞争取胜的决定因素，如快速识别顾客的新需求。网络商业化的支柱之一电子商务使得很多组织不得不反应迅速，自我调整，以求在网络中生存发展。

2. 客体的变化

网络公共关系的客体是网上公众，是与网上组织有实际或者潜在利益关系或相互影响的个人或群体的综合。网上公众表现出的变化主要有：

（1）公众的个体性。网络中的组织所面对的市场是在全球范围内充满个性的公众市场乃至个人市场，因此要面对的公众也是个体性的，网络可以实现与公众真正的“一对一”交流。传统的公共关系研究的是组织与社会各类公众群体的协调沟通，公关活动也是面对一类人或一群人，利用大众化的媒体发起强大的传播活动，网络公共关系要针对的是差异性极大的个体公众，这为网络公关提出了新的课题。于是，对于网络公共关系来说，如何实现直接与公众的传播沟通变得很重要。谢尔·霍兹对此特别提出了直接传播交流的准则，分别是：①不要只是依赖网站；②尽量通过多种途径获取网站上的信息；③建立一个专门的网站或者为共同关心的问题建立公共网站；④以诚相待，同时要监控公众的反应。[①]

（2）公众的复杂性。网络化企业所面对的公众极为复杂，既有传统意义上的“大众”公众，又有网络文化下的“小众”公众乃至个体公众；既有本地同一文化条件下的公众，又有世界各地文化差异极大的公众。有学者把公众的复杂性归纳为各种属性的显著变化，比如生活方式的休闲化、价值观念的去中心化、行为模式的游戏化和信息接纳方式的体验化以及主体追求的精神化。组织面对网络所带来的公众复杂性，就必须研究对策，寻找合适模式，这是网络公关的当务之急。

（3）公众威力扩大化。由于互联网技术使得公众的威力大大地超过传统意义上的公众力量，有人说：“以前，如果我们的服务让一个顾客不满意，他可能告诉他的五个朋友，而在网络中，他可能会告诉五千人或更多。一个顾客不满意，就会出现因为失去一个顾客而导致失去一群顾客的后果。这对公共关系工作提出了更高的要求。网络中的公众威力甚至进一步发展成了两个极为需要公共关系的人员面对的对象，一个是网络谣言（借由网络快速、大量、低成本并具有互动和匿名性的未经证实而广为传播的消息，这种消息一旦形成，对组织或产品的负面消息就不是一般的可怕，而具有强大的威力和杀伤力），[②] 另一个是网络激进主义分子（具有特殊社会目的和使命的人和组织）。[③]

【案例链接】

网络受众：“facebook”一代

哈佛大学每年都会为新生提供一本 facebook（花名册），上面记录着每一个新生的基本情况，便于老师与学生、学生与学生之间认识。但是在 2004 年，学校没有发 facebook，大家都觉得很不方便。当新生们正在为此苦恼时，哈佛大学学生马克·扎克博格（Mark Zuckerberg）创办了在线的 facebook，于是以 facebook 为代表的社交网站影响了一代大学生。

facebook 最初的注册仅限于哈佛大学，两个月后迅速扩展到所有常春藤用户。之后一年，其他学校也加入进来。现在，facebook 正在以比特的速度传播，不经意间，周围的人都在用它。帮助人们维护和拓展社交关系，在与 E-mail、IM（备注：即时通讯聊天工具，比如 qq 和 msn）一样继续充当网络社交工具的同时，facebook 更是在不断塑造一种全新的社交方式。在 facebook 上，大家所做的

---

① ［美］谢尔·霍兹著，吴白雪等译：《网上公共关系》，复旦大学出版社 2007 年版，第 181 页

② ［台湾］徐志豪：《网络危机公关策略探讨》2004 年版，第 20 页

③ ［美］谢尔·霍兹著，吴白雪等译：《网上公共关系》，复旦大学出版社 2007 年版，第 137 页

可能远远不止相互认识，一个学校里，具有相同兴趣爱好的人还可以通过facebook这个平台联系起来，他们相互分享自己喜欢的电影，彼此推荐自己常去的餐厅，或者大家组织起来一起郊游等等。facebook已经远远超出了它创办时的作用。facebook一开始只是局限于大学生群体，提倡实名注册和真实社交，2007年开始向社会开放，但是仍然坚持这一原则，这种以实名注册为“结点”(node)，以真实社交为“纽带”（link）的社会化网络甚至形成了一个新的“facebook一代”。越来越多的人开始放弃了传统网络沟通方式，正如有人所感叹的“现在十几岁二十几岁的年轻人，正在越来越明显地逐步放弃自己的yahoo、hotmail账户，转向facebook，曾经是E-mail和IM改变了我们那一代人的交往方式，而现在改变年轻人交往方式的却是facebook”。

在美国，与facebook同样有影响力社交网站还有Myspace和friendster，三大网站被并称为美国社交网站（SNS）三大巨头。Myspace在2003年底上线，它最初吸引了很多独立制作乐队，形成了围绕音乐的社会网络。通过对Club、乐队和各种派对的赞助，使得Myspace影响力不断扩大，吸引了很多音乐迷和明星的追随者。2005年7月Myspace被美国新闻集团以5.8亿美元收购。friendster在三者中是成立最早的，在美国却仅排名第三。不过它在亚洲的扩张速度却是最快的，现在已经成为了亚洲第一大社交网站。

以个人真实信息注册，这使得美国大学生长期对facebook青睐有加。和大多数社交网站不同，在facebook上不是随意点击其他人的名字或者头像就可以看到其详细信息，你和你的朋友首先需要属于一个圈子或者是一个学校，或者你先poke（捅）他一下，他再poke你一下，双方才能看到彼此信息并开始交往。据美国相关媒体报道，在facebook覆盖的所有学校中，85%的学生有facebook档案。所有这些加入facebook的学生中，60%每一天都登录facebook，85%至少每周登录一次，93%至少每月登录一次。

2007年5月24日，facebook又开放了其API（应用编程接口），通过这个接口，第三方软件可以运行在facebook上了，这增加了用户的体验，也为facebook带来了更多的用户。

在中国facebook是否也同样受到欢迎呢？清华大学的几位学生在看到美国的facebook之后大受启发，把它移植到了中国，并命名为“校内网”，在最初的网站设计上，校内网俨然就是facebook的翻版。大学生有大量的闲暇时间，对电脑的使用比较熟悉，于是中国的社交网站选择这一群体作为主要传播群体。今天，校内网已经在1800所大学开通，几乎覆盖了中国的所有大学。为了加强用户对自身的认知度，校内网还在全国各大高校招聘校园大使。校园大使负责该校用户、组织本校活动。2007年，校内网还和中央电视台“慈善1+1”栏目合作，在暑假推出了公益慈善实践活动“青春 v 计划”，让大学生自主策划和组织公益活动，由校内网提供装备，中央电视台对一些优秀活动给予报道。这既激发了大学生参与校内网的积极性，也加深了其在校园的影响。

（资料来源：王瑞武《经济观察报》2007 年 12 月 1 日）

3. 传播方式变化

（1）传播的全球化。网络媒体突破了传统媒体的传播局限性，不论相隔多远都能如同近在咫尺般地迅速沟通和交流，为实现公共关系传播的全球化提供了技术支持，而全球经济一体化的趋势也推动着公共关系工作的全球化。

（2）传播的民主化。网络是迄今为止最民主的传播媒体，打破了传统媒体对信息发布的垄断，网络中的公众，没有了现实中的身份、地位、财富的“等级”，有的只是平等，所以西方学者把网络称为是“数字化的民主”。

（3）传播的低成本化。与传统的传播媒体相比，网络媒体有成本最低、信息量最大、传播速度快的特点。组织一旦注册了域名后，就能在极大的空间里发布自己的信息，它不受版面和时间的约束，也不需要昂贵的传播费用。

4. 网络公关人员的角色变化

传统上，我们对公关人员的角色理解是微观层面的；在网络形态下，公关人员的角色又发生了怎样的变化？通过网络，公共关系人员所扮演的角色也不同，在大卫·菲利普斯看来，这种角色扮演就是在构建“网络尊敬与信任”①。

（1）传统公关人员的角色定位

1997 年，全国公共关系职业审定委员会在对公共关系职业定义的关键词上达成了共识：将其定位为“信息传播、关系协调、形象管理”，应该说，这和国内学者提出的公共关系“组织形象说”、“管理协调说”、“传播沟通说”等是相吻合的；这在对公共关系从业者的职业资格进行鉴定时是有重要意义的。但，不可否认的是，它只是从微观层面对公关人员的角色进行了鉴定。

国内外关于公共关系从业人员的角色研究有一个不断发展的过程：一开始，美国学者卡特里普和森特提出了公共关系人员应该具有“专业诊断者”的角色观点；若干年之后，《有效公共关系》后加入者布鲁姆（Broom）和史密斯（Smith）又提出了公关人员的另外三种角色，即“沟通促进者”、“问题解决者”和“传播技术者”，这实现了现在今天我们在《有效公共关系》一书中见到的“公关人员角色四分法”；进入 20 世纪 80 年代，布鲁姆和《卓越公共关系》一书作者多齐尔（Dozier）进一步研究发现，“专家诊断者”、“沟通促进者”和

---

① ［英］大卫·菲利普斯著，陈刚等译：《网络公关》，北京大学出版社 2005 年版，第 36 页

“问题解决者”三种角色存在高度交叉与重叠，可互换并存于“传播管理者”角色中得到统一。因此，公关人员的四种角色被简化成“传播管理者”和“传播技术者”；20世纪80年代后期，美国当代著名公共关系学者格鲁尼格在他主持的耗资40万美元、长达10年之久的“卓越公共关系和传播管理研究”中肯定了这种人员的两分法。明确了公关人员在组织内的两种角色，即战略性的策划、制定传播计划的管理者角色和编写、制作传播材料的技术角色。

（2）作为边界扫描者的公关人员角色

关于公共关系人员在组织中所发挥的职能性作用，格鲁尼格曾经用“组织跨界者”（organizational boundary spinner）这一概念予以概括，我们认为这更形象、精练地表明了公共关系在网络形态下所发挥的角色作用。公关人员活动于组织的周围或边界，从事与组织相关的工作，联络组织本身与外在环境。[①] 在组织与公众关系上，公关人员发挥“对外代表组织，对内代表外在环境的组织跨界者角色”。这种角色定位，既体现了现有的作为管理和技术专家的公关角色分类，又观照了环境对组织和公众的意义。

曾经担任美国电话电报公司副总裁的阿瑟·佩奇就指出，公关人员要做顾问，做参谋，要参与到组织决策中去，而并非只去做传播。世界第一届公共关系大会所确立的《墨西哥声明》更是把“向组织的领导人提供咨询”作为公共关系的重要职能；现在，美国很多专业公司也往往在其名称上加上“顾问或咨询”字样，这些一定程度上都反映了公关人员所扮演角色的转变。

公共关系人员充分发挥自己作为“跨界者”的作用，就是在积极开展双向沟通，这有利于确保组织与相关利益者以及更广阔的、通常在媒体引导下的外部环境进行信息交换，从而使得组织与环境、公众之间的潜在冲突预先得到有效化解。由此看来，边界扫描的功能在管理与环境互动的过程中发挥着关键作用。公共关系作为一种边界扫描功能，正处在组织和环境的交界处，既从环境中搜集、设计、解释信息，又代表组织对外部世界做出反应。也就是说，公共关系站在既能够代表组织又能够代表环境的立场上为组织提供决策信息。所以，作为跨界者，公共关系人员在形成对环境的认知、组织决策者认知的过程中，发挥着重要作用。

对于“跨界者”角色，米德伯格在《成功的公共关系》一书中具体理解为：“职业公共关系人员在网络中应该扮演着顾问、战略家、预测人员、网络商务建

---

① ［台湾］黄懿慧：《公共关系之关系策略模式初探：在地文化的观点》，《新闻学研究》第79期，第143页

设者等职能，同时职业公关人员在媒体关系方面作用的重要性也要加强变化。”①大卫·菲利普斯则用“信息中心”和“知识库”与“智囊团”这样的关键词汇概括，他指出，“在全球化和全球社区推动下，组织和公共关系从业者需要对自身角色进行重新定位，公共关系不单纯是管理的参与者，而应成为管理的核心，公共关系行业需要以一种强有力的姿态向组织内的所有人指出实践中坚持道德原则、维护声誉等的重要”，“公共关系从业者需要通过深入细致的调查研究获取各方面的信息和知识，并且成为信息集散地，从业者要把从组织内部、信息伙伴和网络获得的信息进行汇总，实际充当一个组织的信息中心……他们从内部和外部收集到的前沿知识和信息，这种信息优势是竞争优势的核心”。②

5. 网络公共关系传播模式的构建

在传播沟通方面，网络代表着最先进的沟通方式，实现了公共关系的较大变革。与其他的传播方式相比，网络具有无可比拟的优势。

公共关系模式是以一定的公共关系目标和任务为核心，将若干种公共关系媒体的方法有机结合起来，形成一套具备特定公共关系功能的工作方法系统，它包括媒体的选用、活动方式的确定等。从上面我们可以看出，由于公共关系的三大要素都发生了变化，因此也要有一套新的公共关系模式与之相适应，才能有效地提升组织在网上的整体形象。网络公共关系以网络为载体，构建的是一个通过实时立体方式，实现网上组织与公众的双向交流的公关模式。

（1）确定传播内容。传播内容取决于传播目的。与传统公关目的相同，网络公关目的也存在于两个层面，一是组织层面，提升组织的知名度，塑造良好的组织形象；二是产品层面，宣传组织的产品特色、优势，促进产品销售。

（2）确定传播对象。“向谁传播”即确定网络公关的受众。网络公关的受众大致可分为两大类型：一种是围绕组织由利益驱动形成的垂直型网络用户，包括投资者、供应商、分销商、顾客、雇员及目标市场中的其他成员；另一种是围绕某一主题形成的横向网络用户，包括竞争对手、行业协会、联合会，等等。由于网络媒体的双向互动性，公关的对象更加明确、具体，出现受众细分化趋势。

目前网络公关逐渐成为组织与内外公众沟通的主要方式。通过网络，组织可以及时向内部发布各方面的运作情况，并广泛征求员工的意见和建议，及时反馈给领导决策层，从而增强员工的责任感和组织的凝聚力。组织的外部公众会随着组织规模和经营范围的扩大而越来越难以把握和沟通，因特网的广泛运用使这个

---

① ［美］唐·米德伯格：《成功公共关系——Winning Pr in the Wired World》，牛宇闳等译，机械工业出版社 2002 年版，第 79 页

② ［英］大卫·菲利普斯著，陈刚等译：《网络公关》，北京大学出版社 2005 年版，第 37 页

问题迎刃而解。

（3）选择合适的媒体。“在何处传播”是媒体选择的问题。一般来说，网络公关的媒体是互联网，但是为了取得最佳传播效果，目前许多企业组织采取网络媒体与传统媒体相结合的方式。而两者结合又有两种模式，一是先传统媒体后网络媒体；二是先网络媒体后传统媒体。

常用的是第一种模式。先传统媒体后网络的媒体方式是，传播从少部分平面媒体开始，到网络媒体的转载，通过网络高强度的传播力，把消息迅速扩大，从而引发相关媒体的关注和跟踪，形成又一轮的平面媒体聚焦，形成“逆向二次传播”，实现最大的传播效果。使网络媒体避免以转载平面媒体报道为主原创内容比较少的短处，充分发挥了其互动性强、时效性强、传播形式多样、受众广泛等优势。以企业为例，同一个企业的新闻题材给多家传统媒体发布，可能会被拒绝，并且可能出现一部分竞争激烈的媒体一家发了另一家就拒绝刊登的情况。难以形成大范围传播。如果先选择传统媒体做独家新闻，随后大量转载，通过传统媒体和网络媒体的配合，利用传统媒体的攻心力和网络媒体的传播力，既扩大影响又节约成本。

第二种模式主要用于特殊事件和信息，如尚未最终核实的信息或太新太快的信息，可以先实施网络传播，寻找合适的关键信息，在最恰当的网络媒体上发布。通过专业网站的第一时间发布，随后报纸等其他传统媒体根据网络开始新闻跟踪，一周后周报周刊刊登综合评述，月刊则会从不同角度有故事性地报道相关内容，期间网络又不断转载反馈，实现传播的最大化，成为一段时间内的聚集热点。①

总体上，网络公共关系在媒体的选用上，多采用以网络媒体为主、传统媒体为辅的方式。由于网络中的经营活动是全球性的，它所进行的公共关系活动也要面对全球性这个现实，而传统的媒体受其影响面的限制，不能很好地做到全球化。而且传统媒体的费用昂贵，组织只能适可而行。

（4）网络公关的渠道及形式。总体上有两种渠道：一是建立组织自身的网站，二是利用其他新闻服务商和媒体。组织拥有自己的网站，便等于拥有了一个具备很强自主性的宣传媒体，依靠这个媒体，组织可以通过网络发布组织信息、及时与其公众进行互动交流等等，但组织的站点建设需要不断地维护、更新，添加能够吸引受众的新鲜内容才能达到最初的建站目的。由于受众对事物的认知需要一个过程，在组织网站建立初期，组织可以在相关宣传媒介上（如组织报纸、产品说明书、产品宣传活页等）来推广组织网站，这一时期，组织的网络公关可

① 《如何做好网络公关传播》，中国商业论坛，http：//www. bokee. net/forummodule/view/ForumThread/view/10/106163. html

以借助专业门户网站或影响大的综合性网站来进行，依靠这些网站的人气来提升组织的认知度，并且为组织的网站聚集人气。组织网站建成后，传统媒体和其他网站的辅助公关功能也是不可或缺的。

具体来说，主要网络公关有四种形式：

——发送新闻　通过在组织本身网站、有影响力的门户网站或是与传统媒体相结合发送新闻来实施网络公关。通过传统媒体发布新闻时，更应注意与新闻记者建立友好关系，原则是开诚布公，成为其可依赖的有效信息来源，因为记者利用网络更容易查清组织公布的信息是否真实。

——论坛　论坛是网络上一种广泛应用的信息交流工具，不论是公开浏览方式还是管理严格的远程登录方式，对公共关系而言，都具有特殊的传播沟通功能。首先是信息发布功能，组织和受众都可以通过 BBS 发布信息；其次是非实时讨论功能。组织可以将要发表的信息写成文章后，以比较有条理和完整的方式发表在 BBS 相应的讨论区；最后是实时讨论功能，组织可与公众在“聊天区”进行实时交流，来拉进组织与公众之间的距离。

一则新闻可以在论坛的新闻库里保留很长时间，选择在与组织相关的论坛上贴新闻，可能会带来长达几年的效益。

——新闻组　新闻组中聚集着有共同话题的公众，他们就共同感兴趣的问题进行讨论、评论和分析。新闻组可以建立和巩固组织与新老顾客的关系、开展公关所需的市场调查研究，通过信息监测，可以进行危机预防与控制。目前新闻组已成为国际公关界交流中最重要的一个渠道。

——电子邮件　个性化的电子邮件会增加人情味，实现一对一传播。

此外，组织可以通过网络开展专题公关活动、公益性活动，如帮助网络社区成员解决问题，以提高组织形象、建立组织的网上信誉；为社区成员安排活动，吸引网民。公关活动如举办网上新闻发布会或网上年会等。①

开展有特色的公共关系专题活动是公共关系人员的一项重要工作，组织特别注重通过网络来提升网上美誉度。由于网络的全天候和零距离，通过网络开展公共关系专题活动和传统方式有很大的区别。如在品牌宣传方面，可将原来用于形象宣传介绍和产品品牌广告的材料实时动态地移到网上，配上悦耳的音乐、Flash动画，将组织的理念、行为、视觉、听觉、环境等识别系统一体化，以收到良好的宣传效果。也可以在网上开展新产品发布会，开设产品展示厅等等，通过客户的意见反馈栏，及时了解和掌握客户的需求。

---

① 艾露斯·库佩著，时启亮译：《网络营销学》，上海人民出版社 2007 年版

三、网络公共关系的原则

早在 1985 年，美国公共关系大师格鲁尼格就领导一支由 6 名成员组成的团队研究如何使组织工作变得更加有效，据此提出了卓越公共关系的概念。概括起来，卓越公关就是必然在组织中发挥着战略管理的作用或者有着相当的地位。也就是公共关系是和组织的战略管理发生关系的，它与组织的长远目标联系在一起，参与组织的重要决策。①

那么，网络公共关系如何对组织发挥功效呢？网络公共关系传播，既遵循公共关系传播的原则，比如战略性和透明性，同时还要遵循网络下特有的原则，特别是要具有平衡性（网络礼节）和互动性。

1. 战略性

网络公共关系只是一种单纯的营销工具，还是具有从战略性的高度管理组织整体公共关系行为的能力？虽然，网络公共关系实践中有很多从营销角度的操作和演绎，但网络公共关系战略地位的提升仍是不可回避的事实，在第一节中我们也提到了这一点。实际上，这种变化早在公共关系的基本理论模型中就有所反映（如表 1－3 所示）：

表 1－3　公共关系基本理论模型

特征	基本理论模型		
	古典式公共关系	职业式公共关系	组织沟通
职能边界	控制源	分散	集中
任务	公众控制	系统管理	利益相关者关系管理
与高层当局关系	提供行政支持	提建议、负责执行	提供战略支持
职责范围	公关事务	公共关系	全方位沟通
从业人员地位	下属	雇员	专家（跨界者）
与媒体性质	社交性交往	合法性交往	精神共鸣、合作
社会团体	无足轻重	冲突摩擦与对抗	合作共进发展
变革	缓慢	适度	持续
市场地位	受到保护	相对稳定	持续
组织对环境态度	利益至上	相对稳定	竞争合作
价值实现	自利	互利	他利（公利）

（资料参考来源：桑德拉·奥利弗：《战略公关》）

① 郭惠民著：《当代国际公共关系》，复旦大学出版社 1998 年版，第 302 页

从古典式公共关系到职业式公共关系再发展到组织沟通高度的公共关系。在表1－3中，3种公关理论在11个特征量上表现不同，但是最为特别的变化还是在与高层当局关系、从业人员地位、与社会团体关系、组织对环境态度以及价值实现这五点上。应该说，有了第一节对网络公共关系内涵在“沟通”和“关系”层面的理解，我们很容易在组织沟通这个高度理解网络公共关系，即网络公共关系的直接指向是在战略的高度发挥作用：为组织提供战略支持、以专家的身份介入组织的决策，维持组织与环境的竞争合作态势，最终在社会利益（他利）的实现中获得组织的永续发展。

过去，管理者倾向于认为公共关系主要是一种战术传播功能，主要与信息收集技术和外部表现有关，因此，很少有公共关系管理者进入组织的权力联盟。事实上，网络公共关系从战略上对组织与外部环境的相互作用进行管理，这有利于两者最佳适应状态的保持。当然，在具体战略实施中我们已经提到，网络公共关系的战略意义已不是制定1～3年的长期计划，它被缩短到1～3个星期，甚至每天都有新的变化。

2. 透明性

网络中存在着大量的冲突，我们需要更多的分享和合作（表1–3中的所说的合作共进发展），因此，网络公共关系传播的透明性就显得尤为重要了。

所谓的透明性，首先表现出来的就是在信息发布中确保公开性。网络中，公众的参与是一种常态，和他们发生情感沟通是一种必然。于是，信息的提供者在提供信息的同时就要确保信息的透明。这样，新闻媒体等才能更便捷地获得相关内容，这是新闻和公共关系真实性对网络传播的共同要求。透明，也是网络媒体关系的基本要求。

网络公共关系透明度，还进一步表现为网络各方信任关系的建立。早在1999年的第三届“互联网和社会”年会上，研究网络社区的专家科洛克就强调了建立“信任架构”的重要性。[①] 科洛克把网络的信息交换上升到了商业交易的层面，他指出，“收集到准确的信息并在商业交易伙伴中间散布……如果交换的信息不准确，如果一个人可以隐藏他的身份，那么对于组织的声誉管理就很难发挥作用”。

埃克森·克拉克在为公共关系联合学会和公关顾问协会网络委员会准备的论文中，进一步对“信任”做了精彩的表述（如图1－1）。网络是一个巨大的专业知识库，网络关系造就了一个有着相同年龄层、共同兴趣爱好的群体，所以网络需要在信息传输和组织受到信赖之间保持良好的关系。通过网络力量来建立信

① ［英］大卫·菲利普斯著，陈刚等译：《网络公关》，北京大学出版社2005年版，第30–31页

任，组织可以建立起强有力的关系。得到信任的合作伙伴可以比一般人做更多的事情，例如改变价格、增加服务、流水作业等。当然，信任不止在网络中建立，同时也包括在组织内部得到贯彻。

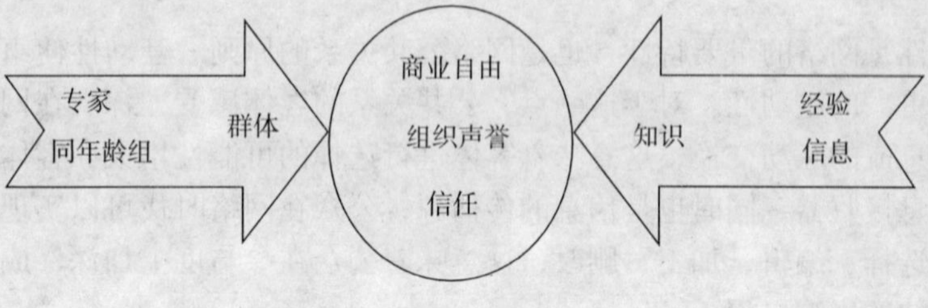

图1－1　克拉克的“信任”图

3. 平衡性

对公共关系传播来说，组织和受众之间的双向对等（平衡）沟通是一种理想的状态。网络，为我们提供了一个独特的机会，我们可以直接和公众对话而无需其他媒介的过滤。

机会到来的同时也伴随着风险，正如德国社会学家贝克所说，“人类已经进入了一个风险社会”，因此，网络也存在着风险，这种风险既有知识风险也有经济风险、人气风险和利益风险。当然，对组织来说，可能更多看到的是经济风险和利益风险。于是，在机会和风险之间谋求平衡就摆在了网络公共关系的面前。

这种平衡性，首先表现出的是组织利益和公众利益的平衡，网络公共关系需要在对新的相关利益者的关系构建和管理中实现平衡。

这种平衡，也是对网络“多媒体”性质的更好把握，网络传播并不排除也不能排斥既有的传播形态，既有的传播形态也是整合传播的一个重要组成部分。线上公关和线下公关是一个同时存在并相互推进的过程。在网络公共关系中，信息传播的方式是全新的，它是个人传播（如电子邮件）、组织传播（如网络公共论坛）和大众传播的统一体。

这种平衡性，更是表现出对网络道德和网络礼仪的严格遵守，以及对网络既有秩序的尊重。网络也是人类社会的一个组成部分（前面我们已经从地域性对它作了划分），因此必然也受到人类社会道德规范的约束。美国《术语词典》对网络礼仪的定义是“在互联网中使用的表示礼貌的习惯行为，比如避免侵犯不相关的讨论组，以及不在商业讨论组外的讨论组中传播大量的商业信息”。同样是美国出版的《网络百科全书》则这样阐释：“这（网络礼仪）是针对在互联网上发布信息的礼节规范，尤其是在新闻组里面。网络礼仪建议人们使用简单的文本格式。通常情况下，如果违反了某条网络礼仪，其他的网络用户会强烈提出抗议，以此来要求人人都遵守网络礼仪”。随着网络社区的不断扩大，互联网的每个用户都在不同程度上接受了初步成型的网络社会中的文化习俗习惯。作为专业的公共关系人员更应该成为遵守网络礼仪的表率。

4. 互动性

互动性是网络的重要特性，也是网络公共关系的原则。互动性使组织和公众都拥有了更大的主动性。对于这一点，公共关系的客体感受尤深。在网上，存在着巨大信息流的互动交换，这意味着客体进行选择的可能性增大。客体不再只是单一的信息接收器，同时也是信息的传播源，公众在网络时代可以实现对网上信息的自我选择、编辑、加工、删改，这意味着公众在参与度上加深，成功的公共关系对客体的影响更深。

互动性特点还要求网络公共关系在决定权方面尽量做到实施主动传播。传统的传播中，组织虽然有选择媒体的权利，但这种权利与编辑、记者、导演等人的决定权相比要小得多，组织的新闻消息能否见诸报端、有多大版面、有多少精美的照片、有什么样的内容等都取决于他人——即使在单纯的广告行为中，这也会受到种种的限制。而在网上，只要是在法律允许的范围内，组织开展公共关系的活动将更有保障。以下文字是腾讯公关部在2006年为实施主动传播而撰写的一篇短文：

【案例链接】

“在线生活”捷报频传

2006年6月3日，腾讯公司宣布，据最新统计数据显示，腾讯QQ最高同时在线用户突破2000万，这是继2005年2月QQ最高同时在线突破1000万以来同时在线用户再次取得历史性的突破。腾讯公司表示，QQ每一阶段的发展以及每一次的突破都离不开广大互联网用户的信赖及支持。依托QQ这个最受中国用户喜爱的即时通信平台，腾讯将继续坚持“一切以用户价值为依归”的经营理念，为不同年龄阶段的用户提供适用于家庭、商务、学校等不同生活场景的一站式在线生活服务。

iResearch所做的“2005年中国网络用户喜欢的即时通信软件”专项调查结果显示，QQ已成为91.6%的用户最喜欢的即时通信软件，还有78.8%的用户表示QQ是他们经常使用的即时通信软件。QQ的发展已经深刻影响和改变了数以亿计网民的沟通方式和生活习惯，越来越多的用户依托于QQ的平台进行着信息传递、沟通、娱乐和商务的广泛应用。

谈及QQ最高同时在线用户突破2000万，腾讯CEO马化腾表示，为了更好地体现用户价值，给用户最好的体验，腾讯将继续为QQ产品在产品定义、研发和运营等三方面加强竞争力建设。他表示：“产品定义方面，腾讯实行体验式的产品定义立项机制，每一个版本的QQ产品必须经过市场调查、实地体验、深度用户研究、用户使用跟踪四个方面的完整工作，力求最准确地把握用户需求；研发方面，腾讯确立了分工明确的三级产品研发体系，继续强化其领先的技术优势；在运营上，腾讯将重点关注安全、稳定和网络质量三大方面。”据介绍，腾讯已经设立了广州研发中心、深圳研发中心、用户研究与体验设计中心等机构，专门为在线生活平台社区提供需求分析及技术支持。

有关业内人士表示，QQ最高同时在线用户突破2000万，进一步印证了在即时通信的应用领域，中国已经走在了世界的前列，依托QQ所形成的即时通信社区已经成为了全球最大的单一文化社区之一。基于即时通信社区的“在线生活”将在未来一段时间内成为中国互联网用户的应用主流。据悉，截至2007年3月底，QQ游戏平台最高同时在线已经超过280万，继续稳居中国休闲游戏平台之首；至5月，根据Alexa的监测数据显示，腾讯网的覆盖量已高居中文门户榜首，成为了国内最大的综合门户网站之一；腾讯旗下C2C电子商务平台拍拍网在2005年9月上线百天即进入Alexa“全球网站流量排名”前500强，创下了电子商务类网站入围全球网站500强的最短时间纪录。

网络公共关系代表着大众的广泛参与。过去公共关系只看重利用媒介进行传播，很少关注大众的参与，今天网络公共关系则必须通过组织和组织之间，组织和大众之间的互动式工作来完成。

四、网络公共关系主要运用领域

1. 企业网络公关

网络公共关系的兴起，首先表现出来的是对企业传统公关活动执行方式的巨大冲击。通过网络公共关系的应用，企业对外可以建立外在形象，并可与消费者等进行双向沟通；对内则可倡导企业精神、目标、文化并和各部门间进行沟通。由于互联网高效率、低成本等特点，企业还表现出了利用网络进行公益设计、建立在线服务和商业中心、开展网络危机管理等趋势。

【案例链接】

联想与戴尔的在线销售与“报价门”

2004年，IBM把2000元的笔记本康宝光驱错标成了1元出售，最后按照一元向订购用户发了货。2006年8月7日，戴尔中国网站价格出错，价值8000余元的双核服务器，有消费者通过自选配置以976.56元的价格订单成功。戴尔中国网站短短3小时内收到了3000余份类似订单。8月10日，订单客户接到戴尔的通知称，由于报价错误，订单被取消。戴尔表示将对每位客户提供原价基础上

25%的优惠，但每名客户得到优惠的台数不超过5台。

2008年1月9日，联想美国网站出现系统错误，售价1700美元的联想ThinkPadT61笔记本264美元便可以买到。联想的应对之策是发一封取消订单的邮件，然后便始终保持沉默。2月15日，戴尔官方网站爆出超低价显示器广告，原价8999元的27英寸液晶显示器标价2515元。网民们随后马上开始互传、抢购。2月26日，戴尔公司高调发布声明，对显示器售价出错正式道歉并按照错误的报价执行发货。

戴尔是全球最优秀的网络直营公司，两年内戴尔的网站上连续出现两次同样的重大报价失误问题。这是技术失误还是人为刻意制造出来的在线销售噱头？如果是技术失误，那么恐他们就离倒闭没有多远了。虽然各家企业都有事后的积极补救行为，或许更多的是在为企业做免费传播吧。

学者Miller早在1995年就指出，网络传播的主要目标是使所传递的信息对员工与顾客而言具有商业价值，满足他们的需求，增强与员工或顾客之间沟通的效率。然而，既然采取网络传播的方式，决策层就必须确保核准信息发布的效率与电子传播的效率是一样的。在构筑电子传播数据库时，决策层必须决定数据库的规模，包括内容、更新频次、目标对象等等。

Kent & Taylor在1998年也曾试图建立一个理论架构，说明组织如何通过互联网与大众进行对话以建立关系。企业公共关系的对象是大众，所谓大众又可分为内部大众及外部大众。内部大众是指员工及股东；外部的主要对象是消费者、金融界、地域社会、中间商、政府、议会、供货商及传播界等。

Meyer于1995年指出，企业大多意识到可以透过互联网来寻找新的市场机会，进行市场区隔。学者周冠中1997年10月就曾针对国内1000个大企业互联网使用现状展开调查，结果发现，当时国内企业使用互联网42%使用因特网是为了浏览及搜集数据，39%是传送电子邮件，其他有19%是设立符合企业特性的网站。此外，有59%的企业希望未来使用互联网可达到信息分享与传布之目的，这些部分都与企业公关息息相关。也有60%的企业希望通过网络增加营销渠道。

在企业网络公关方面，台湾学界较早地开展了针对台湾200家大企业应用网络公共关系现状的定性调查。①《台湾200大企业因特网公关应用现状调查》研究表明，台湾地区已有超过70%的企业链接互联网。电子邮件在台湾企业普及率亦成长到93%。此外，高达65%的企业计划建立网络，让消费者查询产品信

① 杨忠川、廖秋燕、陈桂香、詹咏萍、彭彦绮、曾琼玉：《台湾200大企业因特网公关应用现状调查》

息。举凡信息、金融、旅游等各行各业都开始在网络上架设起自己的网站，用来展示其企业的背景、产品介绍、活动举办、咨询服务、意见栏、员工招募到意见调查、在线购物，甚至参与社会公益活动的推广等。

对负责公司形象包装及内部沟通的公关部门来说，互联网是公司对外树立形象、与消费者沟通的最新工具，对内则是倡导企业精神、目标、文化以及与各部门间的沟通。目前，在许多企业提供的网站首页中已经包括了商标、座右铭、公司简介、产品信息以及新闻等。表1－4就是比较典型的企业网站功能模块。

表1－4　企业网站主要功能模块

主栏目	分栏目	说明
企业介绍	企业简介	企业介绍
	总裁致辞	总裁致辞
	公司历程	公司由小壮大的发展历程
	组织结构	公司组织结构
	公益事业	公益事业方面的活动
	公司荣誉	企业所获得的各项荣誉
新闻中心	企业新闻	企业新闻
	行业新闻	相关行业新闻
	媒体评论	各媒体对企业的报道
产品信息	产品分类	企业产品系列分类展示
	新品介绍	新产品推荐和介绍
	技术白皮书	产品技术文档查询
	说明书下载	相关产品资料下载
	产品荣誉	产品荣誉
企业文化	企业理念	企业的经营理念、价值观
商务中心	材料采购	企业生产材料公开采购
	网上招标	企业生产建设项目招标
	在线交流	访问者在线提交意见和建议
	商务预约	企业重要商务活动发布，客户可在线预约

（续表）

主栏目	分栏目	说明
企业之家	贺卡壁纸下载	主题的贺卡壁纸下载
	调查问卷	关于企业的调查问卷
	论坛	论坛
	趣味下载	各类趣味小游戏下载
	友情链接	各类同行业和知名网站互相链接
客服中心	销售网点	销售网点介绍
	在线报修	在线报修
	服务网点	服务网点介绍
	服务宗旨	服务宗旨介绍
人力资源	人才战略	人才战略规划
	职位空缺	现有职位空缺，可直接网上应聘
	加入人才库	访问者可填写资料，进入人才库
* 小栏目	网站导航、联系我们、法律声明、意见反馈、友情链接	

当然，企业网络公共关系的运用远不止这些。互联网和公共关系活动结合可以产生企业与网络使用者的互动性、数据与媒体的整合性、企业与网络使用者的信息共享性、缩短两者间所需要的时间与距离感、节省成本等。因此，企业网络公共关系大致还有几个方面值得注意：

（1）网页设计方面：以成本的观点而言，架设网页的成本比利用其他媒体的支出来得低，而且有许多的ISP（网络信息提供商）提供免费的网址服务。以网络未来的成长趋势与其带来的效益而言，互联网和网页设置是值得各企业使用的。

（2）对内公关方面：对内公关活动的设立可让员工表达意见，公司也可借此公布信息，达到与内部员工双向沟通的效果。而且企业网页必须输入密码才能进入，具有隐秘性与安全性。今天，很多企业已建立了类似内部沟通平台。

（3）对外公关方面：这是可以通过互联网来发挥公关活动的主要功能所在。特别是在实现发布最新的公关新闻、收集消费者在网络上所张贴的公司相关信息、主动提供公司最新产品信息给在线媒体、观察来自竞争对手或供货商所提供的在线信息，并加以响应等方面表现突出。例如，很多企业已经在网络上建立了媒体监测等制度。以下图片是2007年3月的一天，网络企业腾讯（Tencent）的媒体监测报告（如图1－2所示）。在这一张普通的报告中，我们看到企业把和自身形象相关以及各产品线相关的媒体报道都做了较为详细的梳理。

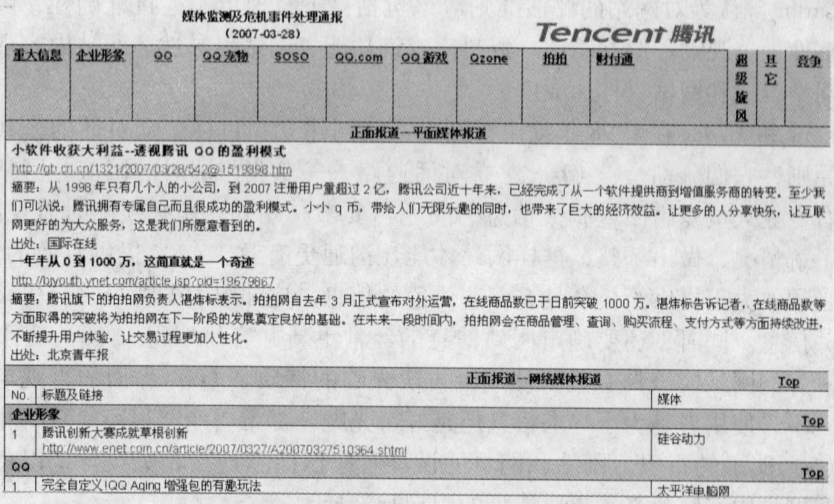

媒体监测及危机事件处理通报
（2007-03-28）

Tencent 腾讯

重大信息	企业形象	QQ	QQ宠物	SOSO	QQ.com	QQ游戏	Qzone	拍拍	财付通	超级旋风	其它	竞争

正面报道—平面媒体报道

小软件收获大利益--透视腾讯 QQ 的盈利模式

http://gb.cri.cn/1321/2007/03/28/542@1519398.htm

摘要：从 1998 年只有几个人的小公司，到 2007 注册用户量超过 2 亿，腾讯公司近十年来，已经完成了从一个软件提供商到增值服务商的转变。至少我们可以说：腾讯拥有专属自己而且很成功的盈利模式。小小 q 币，带给人们无限乐趣的同时，也带来了巨大的经济效益。让更多的人分享快乐，让互联网更好的为大众服务，这是我们所愿意看到的。

出处：国际在线

一年半从 0 到 1000 万，这简直就是一个奇迹

http://bjyouth.ynet.com/article.jsp?oid=19679867

摘要：腾讯旗下的拍拍网负责人湛炜标表示。拍拍网自去年 3 月正式宣布对外运营，在线商品数已于日前突破 1000 万。湛炜标告诉记者，在线商品数等方面取得的突破将为拍拍网在下一阶段的发展奠定良好的基础。在未来一段时间内，拍拍网会在商品管理、查询、购买流程、支付方式等方面持续改进，不断提升用户体验，让交易过程更加人性化。

出处：北京青年报

正面报道—网络媒体报道　Top

No.	标题及链接	媒体
企业形象		Top
1	腾讯创新大赛成就草根创新 http://www.enet.com.cn/article/2007/0327/A20070327510364.shtml	硅谷动力
QQ		Top
1	完全自定义!QQ Aging 增强包的有趣玩法	太平洋电脑网

图1－2　腾讯　每日媒体监测报告

（4）危机处理方面：网络具有广大、及时传播的效果，在危机发生时，网络是协助企业危机处理的最佳工具之一。未来国内企业应在企业网页设立危机处理网页，作为对外危机处理公布信息之用。

（5）设立中英文版方面：由于网络的讯息可以散布到国际的任一角落，企业应将眼光放远，设立英文的选择让本国语言以外的人也可观看，达到宣传至国际上的效果，争取更多商机。且在网页上设中英文让人有现代化、国际化的感觉。

（6）留言板及电子信箱方面：互联网与传统的媒体最大的不同是可以与大众做双向性互动的沟通，故因特网可说是企业和外界沟通的新桥梁。企业可以利用网页上的电子信箱或留言板来接受顾客对产品的建议，或是接收大众对公司对外活动的意见，也可以充当顾客的申诉管道。但就目前已上网的企业网页内容看，未使用电子信箱与留言板的公司仍有相当大的比例，在这网络公关来临的时代，企业应多多利用这种简易的方式来广纳民意。

（7）企业信息方面：因为网页有较强的宣传效果，所以企业应重视网页上信息发布的功能，就此点而言很多企业会利用网页来报导企业讯息，但其层面也多局限于公司在近期内的信息报导。事实上，就网页具有的宣传效果看，企业应更深入地报导其获奖的情况等具有公信力的认证与荣誉，以更好地建立公司知名度。

2. 网站建设与管理

早在1993年，Carter等人就研究提出了公共关系在网站建设和管理方面的优势。Carter等认为对网站的评估准则应该包括：下载速度、连接准确性、内容丰富完整性、美观设计、互动性、资料库查询功能、网站引导性、网站内容更新频率、网站目标和网站目标达成度。

Kent和Taylor在1998年提出了经由互联网建立和目标公众对话的公共关系五项原则，它们分别是：（1）建立对话通路——专业与即时的回应。网站管理端要有专业人员专门回应相关信息、问题与要求。此外，还必须随时监视网页，以便了解情况，做出调整，这样网站才能让沟通更有效。（2）提供有效的信息：网站必须致力于提供给公众具有普遍价值的信息，比如组织的背景、历史以及其他相关信息。同时，还要确定网站信息的经常更新并容易取得。（3）吸引访客回流。好的网站应该具有吸引使用者再次光临的特质。（4）界面的直观与简易使用。不管使用者是为了寻求信息还是好奇光顾，都希望能够很容易获得相关内容。（5）明确的指引。网站和网页的设计者应该注意连接相关设计，以免让使用者在网站中迷路，必须提供清晰的引导与选择。

【案例链接】

哈利波特的魔法公关

如果你登录罗琳的个人网站（www. jkrowling. com），就会发现这个网站暗藏“玄机”——在一堆杂乱的物品中点击一个不起眼的毛圈绳，一阵闪光过后，网页上会出现一道门，打开门，后面是一面墙，对这面墙“施点魔法”，“轰隆”一声，会冒出一个“密室”，打开密室中的“电扇”，一阵风就把壁橱里的手稿吹散了，而其中有一页手稿会飘到你的面前，上面写着“Harry Potter And The Half Blood Prince”——哈利·波特系列第6部的书名（图片截取自罗琳的官网）。是什么促使了哈利·波特获得了如此巨大的销售成功？

在不到10年的时间里面，罗琳的“哈利·波特”受到了上千万读者的欢迎

甚至是追捧，它在书架上获得无人能够媲美的位置。这样的空前态势在2007年7月21日达到了极点。“哈利·波特”的最后一集在短短的24小时内就卖出了800万份。

罗琳与哈利波特的成功是意料之中的，它本身就是一本魔法公关的图集。首先，哈利波特的公关魔法来自作者罗琳的公关悟性，很早的时候她就学会了在自己的个人网站中设计可以上让世界各地波特迷们猜测的话题。

其次，这不仅仅是使用传统广告、营销和公共关系的缘故，而是整合了所有的网络资源的成功。哈利波特出版方华纳电影既是全球最大娱乐与媒体公司，又是AOL——全美最大网络连线服务商；整个公关活动还很好处理了图书批发商业内宣传和分销设计的策划，比如签订保密协议，选择对经销商较有影响力的报纸等；另外，立足产品（图书），全球统一包装推介；间歇性系列产品设计—16k印刷，封面，附赠小礼物，现场人员模仿秀；系列相关文化（创意）产业的联动、连锁反应，电影、游戏等，实现系列多元开发等也是哈利波特系列书籍推荐成功的关键点。当然，我们也不能忘记哈利波特发行带个大家的零时举办狂欢策划；召开新闻宣传发布会；建立主题网站，实施网络预售服务等。

（资料来源：2007年11月30日根据根据网站和新闻资料整理）

3. 网络形象管理

这里说的形象管理，主要指的是公共关系对组织在线形象的管理。随着网络媒体在公关关系传播中的影响力不断提升，网络的舆论和聚焦力量不断加强，如何有效地利用网络媒体的传播力，更好地为组织塑造形象，就显得更加重要。

网络公关活动的实施必须根据组织特点的不同，有针对性地进行策划，最大限度地利用网络舆论和聚焦，让所有的刻意行为都成为一种发自内心的不经意，进而维持组织与公众的良好关系与互动，以此来加强组织形象的影响力。同时，我们还必须意识到网络公共关系不是简单地等同于网络广告，而是代表着塑造组织文化等能够更加长远的影响组织形象的活动。

公共关系的网络形象管理还包括建立组织形象的识别体系。这些内容在本书的第七章将予以详细展开，这里不赘述。

4. 网络公关的信息处理与反馈

公共关系在很早就建立了一套标准的信息格式，如新闻稿、记者招待会和内部刊物等。网络公共关系同样要完成信息处理和反馈等标准动作，做到信息传播与管理的完整、真实和准确，这是网络公共关系发挥作用的基础。

组织在网络上向公众传递的信息应考虑信息的质（信息真伪）、量（信息多少）和度（信息强弱）。从技术实现上看，还涉及如何运用网络公关进行社会调查和信息传播，这是组织在网络中能否竞争制胜的关键。

在经济全球化的背景下，网络可以使市场调查变得更广泛、深入而快捷，而且成本低廉。所谓“网络公关调查”，主要指在各地建立办事处、信息站、分公司、连锁店，或通过电脑联网，或先进的通讯设备，随时反馈信息、获取资料的方法，这已经不是临时运用的方法，而是长期运用的日常性的信息管理方法了。

在这方面，中国公关界也在不断努力实践。据悉，一套“企业公关信息管理平台解决方案”最近被北京博能顾问公司隆重推出，并已成功运行于知名跨国企业的市场部。这个系统的功能在于改善大型高科技企业公关信息流程与控制系统，以实现组织统一化、延续性与高度一致的公共关系传播活动。又如，始建于1971年的三井物产环球通讯系统，通过其设在东京、纽约、伦敦、悉尼和巴林的5个电脑控制中心连接着驻海外87个国家和地区的149个办事处，通讯线路总长达44万公里，可环绕地球11圈。从里约热内卢到相距最遥远的约翰内斯堡，一个信息行程4万公里只需5分钟。三井物产的情报信息中心面积达12.5万平方米，信息通讯系统昼夜24小时不停运转，每天传递信息在5万件以上。从1991年10月开始，“三井”已将情报调研部独立，升格为贸易经济研究所，并进一步完善各种职能。

网络公共关系的信息处理和反馈，具体到公共关系从业者的工作，更多落实为搜索、发现对组织有用的正面消息和网络中的有害信息，以及处理组织的错误信息等细节（如表1-5所示）。

今天，对大量中小型企业及社会组织来说，依靠自己的力量建立信息网络是不现实的，但信息的社会化、职业化将弥补其不足。通过咨询，任何组织或个人都可以间接地利用网络获得所需信息。无数的信息服务已经应运而生，正帮助企业和组织监控网上的讨论、信息、网站以及网络出版物等。

5. 网络公关中的整合营销

网络营销策略改变了传统营销渠道，使生产商与最终消费者直面相对成为可能，因此过去营销渠道的中间商的作用有所削减。网络营销对定价、品牌、广告策略也带来不容忽视的影响，它以多角度、多板块、多手法来开展营销与服务。

高露洁公司就认识到“争夺眼球的工作是第一位的”，因此，该公司网站在内容上除去一般企业皆有的公司介绍、历史回顾、全球业务分布、股东投资、经营实绩和企业新闻等栏目外，其主导板块放在儿童天地、护理咨询和专家培训等核心栏目上。仅以“儿童天地”栏目为例，就可以发现网络营销所带来的广告效应是传统营销不可比拟的。“儿童天地”栏目以“明亮的微笑，明亮的未来”为标题，设立以牙齿保健为内容的兔医生“没有蛀牙”俱乐部，网站通过各种游戏方案设计和编辑上的独具匠心来吸引儿童访问。这种网上教育营销手段更具威力，它通过没有语言障碍的绘画艺术来建立起与儿童交流的纽带，提高了组织网站品牌形象，强化了品牌辐射力和感召力，让网络使用者在游戏过程中潜移默化地完成了对产品信息和品牌的认识。

表1－5 网络公共关系中的信息处理

发现网络上的有害信息
一发现就立即处理的重要信息列表
对公司任何级别的员工都产生威胁的信息 任何影响顾客安全、具有威胁性的信息 公司员工张贴的任何机密的或不准确的帖子 粘贴在被广泛认可的版面上的负面影响的或不准确的信息 流传在不同类别的聊天人群、网站或讨论群体中的谣言并且似乎还得到了认可的消息
如何处理错误信息
正确的方式
告知用户和网络管理员信息中哪些地方是错误的 把广泛流传的错误信息告知重要的商业合作伙伴、雇员或媒体 如果问题已经传递到投资者，公司网站一定要作出反应 处理那些严重威胁到投资者信息的网上观点。特别还要关注有人费时费力地去贴评论或建立网站并寻求某种反应，这说明期待的反应还没有发生
错误的方式
反应过度 和律师解约，尽管他们没有提出超越危险的沟通解决方案 期待以一个合法的全面的胜利来解决网上形象问题 期待事情在一夜之间平息下去 因为它在网络上“没有人相信它”而忽视网上的谣言 试图去掩饰或者隐藏网上的形象问题，因为他们可能隐含了更大的问题。网上社区会迅速地对公共关系动机缺陷追根究底

组织还可以利用网站培养潜在消费者，通过网站传递企业文化，利用各种网络手段与消费者形成持续联系（如利用电子邮件定期发送服务信息、收集消费者意见、提供技术培训、在节日发去电子贺卡等），使消费者更好地融入组织中。

6. 网络公关中的危机处理

网络是双刃剑，网络的介入，使得危机造成的负面影响极易扩散，造成严重后果。如何通过网络建立组织危机预警—处理系统是网络公共关系的重要应用领域。在这个系统中，我们可以设想一下企业可能会发生什么样的危机，并做好相应的预防准备。有了这个系统，企业在面对突如其来的公关危机时，就能有条不紊地拿出应对策略，迅速摆脱危机。

例如1996年10月，欧瓦拉果汁公司生产的一批苹果汁不慎被“0517”大肠杆菌污染后流入市场，导致61人中毒，其中一名儿童死亡。传媒竞相报道此事，该公司的良好形象受损。面对这突如其来的危机事件，公司决策层想到了强大的互联网。他们聘请网络专家在事故发生后24小时内架起了该公司的全球信息网站，清楚地向公众传达了公司的道歉、声明以及补救措施，并向顾客提供有用的网络资源，帮助焦急的消费者连上相关的医药保健站，寻找有关大肠杆菌的最新医学信息，终于在很短的时间里将事件的危害性降到最低程度，从而避免了更大的负面影响。

面对危机，建立危机管理流程甚至是较早就设置危机信号的预警机制，很多组织已经在这方面做了较好的尝试，如下面的图1-3、表1-6就是一网络化组织应对危机的流程和危机信号提交单。

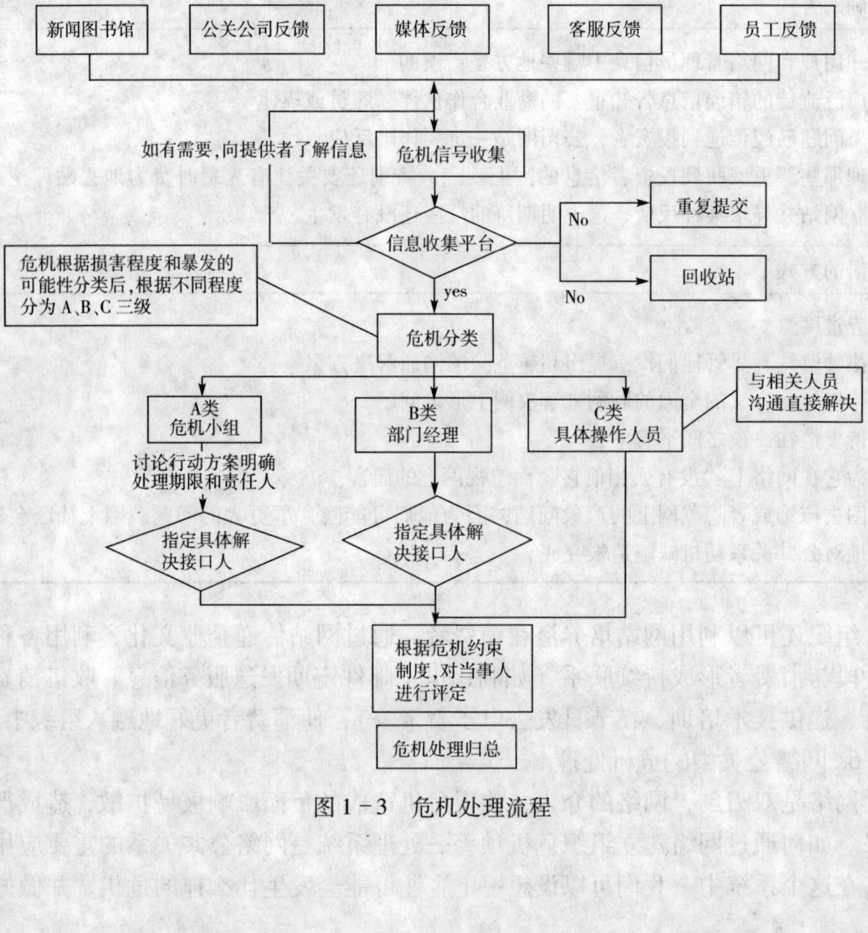

图1-3 危机处理流程

表 1-6　危机信号提交单

信号主题：
信号来源（包括客户、媒体、公关人员自己发现或朋友同学告知等）：
内容描述： 如有，请附相关链接：________________
个人建议： 提交人：____________　提交日期：____________

财富 500 强之一的 IBM 公司曾将危机公关最基本的经验归为六个字：说真话，赶快说。如何赶快说？通过网络公关不失为一条捷径。这部分内容我们将在本书第七章详细展开叙述。

7. 网络公共关系的网络公益

对于社会组织来说，网络不仅仅是盈利组织开展公共关系的好工具，也是盈利组织和非盈利组织适时地开展网络公益活动的平台。互联网企业具有的开放、互动、快捷和共享等传播优势，组织投身公益不仅仅是投入资金开展公益活动，还可以充分利用互联网优势搭建组织公益互动社区平台，有效帮助企业和整个社会传播公益文化。2008 年年初的雪灾中和“5·12”四川汶川地震中，组织通过网络平台承担社会责任就广受关注。

【案例链接】

腾讯：上演公益 Web 2.0

深圳腾讯计算机有限公司成立于 1998 年，是目前中国市场上最大的即时通讯软件开发商。2006 年年底，腾讯公司出资 2000 万元人民币创办了腾讯公益慈善基金会。

早在2005年8月，为配合腾讯网络全新发展、打破受众对其固有品牌形象的理解，腾讯网就启动了“大河之旅——环保中国·2005黄河万里行”大型公益活动。

为了唤醒公众对母亲河的关爱和对环境生态的反思，腾讯公司整合媒介资源，实施了多元化和立体传播方案，使得“大河之旅”脱颖而出。主办方与《中国国家地理》、《南方都市报》、中新社、凤凰网以及活动沿途各地方媒体进行了密切合作，坚持以平民视角关注和报道整个事件。在此基础上，腾讯公司还在自有的腾讯网上开通了“专家访谈”、“队员访谈”、“视频链接”、“QQ连线”等内容，通过对不同类型媒体的全方位组合，大大增强了公益活动的互动性、广泛性和独特性。

2006年，腾讯公司进一步利用网络平台创新公益传播，创办了国内互联网企业首家公益慈善基金——腾讯公益慈善基金会，开展具有自身品牌特征和社会影响力的公益活动，为青少年的健康成长提供帮助，借助QQ在青少年中的品牌影响力，腾讯公司积极打造了基金会旗下公益网 www. gongyi. qq. com，使它成为中国最有影响力、最高效便捷的互动公益社区平台。相继地，“公益资讯”、“志愿者部落”、“公益联盟”、“正在捐赠”、“爱心义卖”等一系列频道开通了；网站也和中国儿童少年基金会、中国青少年发展基金会、中国扶贫基金会、李连杰壹基金计划等国内外知名公益基金会建立了战略合作伙伴关系。

（资料来源：孔琳《腾讯：上演“公益2.0”》，《国际公关》2007年第1期）

综上所述，网络公共关系的应用领域不仅仅是我们在文中所列举的这些，伴随网络的技术进步和发展，网络公共关系的运用领域将不断拓宽。

第三节 网络公共关系传播工具

网络是一个融合各种传播形式的集大成者。曾几何时，公共关系人员最熟悉的是印刷、展览、展示等。网络时代，对他们来说，必备的常识变成了网络新闻发布、设计、组建网站、使用讨论列表、聊天工具、电子邮件、实时聊天工具等；今天，又增加了网络会议、手机短信、WAP浏览、博客知识、病毒营销等。在网络基础上衍生出来的众多传播渠道，丰富了网络公共关系的传播工具。这些传播工具，既有适合个人传播的形态，也是适合组织和大众传播的工具。

一、网络公共关系传播工具

1. 电子邮件

电子邮件（e-mail），互联网应用最广的服务，也是网络中一对一交流的实现方式。利用电子邮件进行一对一交流的方法很多。电子邮件可以是文字、图像、声音等各种方式。同时，还可以得到大量免费的新闻、专题邮件，并实现轻松的信息搜索。这是任何传统的方式都无法相比的。正是由于电子邮件的使用简易、投递迅速、收费低廉、易于保存、全球畅行无阻，因而被广泛地应用。

使用电子邮件，既可以用来跟记者建立并发展良好的关系，也可以通过它与某个组织的代表进行谈判交流。可以说，电子邮件是互联网最为广泛使用的功能。电子邮件是一种极为有效的交流方式，它已经取代电话成为了许多公关人士的主要交流工具，也是开展公共关系最强大的互联网工具。

电子邮件在公共关系中最常见的使用方式是：

——个体（individuals），以一对一的方式；

——那些定期统一联系的人；

——登记加入邮件列表的人。

多年来，合理谨慎地使用个性化的电子邮件进行公共关系和营销活动已经被证明是对投资者本身回报很高的方法。电子邮件本身的容量增大、已经具有的定制发送等功能的不断提高也促使其运用领域的扩大。在互联网前三大应用（阅读、搜索、邮件）中，邮件是唯一一个可以精准定位到“人”的工具。一个组织的数据挖掘能力够强，理论上绝对存在通过分析其往来邮件而获得此人的全方位信息的可能。换句话说，通过分析邮件，可以轻易地分辨出是“这个人”。

【案例链接】

电子邮件的魅力：用容量抢占消费者

2007 年上半年，当 Google 的 G-mail 邮箱还在不紧不慢地增加空间字节数的时候，几个网络巨头已经耐不住了。在 Hotmail 相对文雅地考虑将邮箱扩容至 5G 之时，雅虎（包括雅虎中国）狠狠地打出了一记重拳，一举将容量之战打到最巅峰：无限空间！

上个世纪，邮箱的争夺远没有那么火爆，百兆邮箱已是非常之举。在 263 高举收费邮箱大旗失败之后，邮箱之争变得可有可无。但是，每个网络巨头们都明白邮箱是重要的。邮箱的迁移成本其实很低，几乎所有的邮件系统都提供转发功能（Hotmail 是个例外）；邮箱的进入门槛也很低，申请即可使用之，于是，Google 打响了第一枪：1G 的 Gmail；于是，微软的 passport 卷土重来而成为它重要的live战略；于是，杨致远重新披挂上阵后的第一把火就是推出无限空间的雅虎邮箱。而这一切，仅仅是开始。电子邮件，是一个最经济的通向人的渠道。

2. 网上论坛与网络社区

网上论坛（BBS）是英文Bulletin Board System（电子公告牌系统）的缩写。网上论坛早期被称为电子公告牌，这个称呼和原来被用于发布股市价格等信息有关。后来BBS大大突破了原有的概念，现在指的是一种以文本为主体的网络讨论组织，提供阅读信息、发表文章、展开讨论、寻求帮助等服务，涉及范围广泛。

BBS通常分为多个讨论区，每个讨论区有自己的主题，有专门的管理员对此版块进行管理，管理员被称为版主（斑竹），用户可以根据自己的兴趣爱好参加不同的讨论区，阅读此讨论区中的文章，发表自己的意见。目前论坛的主要形式有门户网站和行业门户的专业BBS论坛。综合门户网站如新浪、搜狐、TOM、QQ等开设了具有不同专业角度的论坛。专业社区网站如天涯社区、榕树下、西祠胡同等，这些网站从事社区服务，受众群相对稳定，专业性比较强。还有网络媒体开设的论坛，如人民网的强国社区、大洋论坛等。

对于网上论坛商业运用最常见的做法有，雇专业写手在重要的论坛写作，这种方法在小范围内是比较可靠的，但很难规模使用，尤其是当传播内容不强时，效果也不会大；再有就是通过发稿机器，同时在成千上万个论坛或博客发帖回帖，这种方法取胜在上规模，但是效果同样不太可控，绝大多数都流于形式。

当然，网上论坛信息传播，也会使得组织出现被动出击的状况。英特尔就有一个很好的例子，在其推出Pentium奔腾芯片后不久，该公司相关的网络论坛就有消费者抱怨刚推出的芯片有瑕疵，但英特尔公司对此没有重视并且态度恶劣。愤怒的消费者通过网络传播了一个可以验证这个瑕疵的程序，后来危机愈演愈烈，最终英特尔公司为此损失数亿美元。

现在，比较有效的运用方式是三管齐下，一方面通过技术进行大规模发帖；另一方面与各站长或版主合作，让他们对发帖的内容进行维护和补充，对重要内容进行置顶；同时则根据传播内容，对重要论坛进行精确匹配，例如，手机产品的行销重点在手机类论坛上进行话题讨论。这种方式被称为U-marketing的方法兼具规模性和精准性的特点。

在网上论坛基础上的论坛发帖是网络社区。网络社区，又称网络社群，是基于网络用户的普遍愿望而建立起来的，这种愿望是对某些特定领域、某些特定主题感兴趣的群体的连接。网络公共关系对论坛和社区的运用，主要是根据其使用方便的特点，传输纯文本信息，数据量小，传输速度快。通过论坛和社区，公共关系人员能够找到更适合组织的社区圈子，甚至建立自己的主题圈，将感兴趣的潜在公众聚集在一起，提供资讯、抽奖或者一些优惠，从而争取到一批高活跃度和有影响力的公众群体。

在 Web 2.0 网站日益成熟和成功的今天，很多组织和品牌都在寻找合适的 Web 2.0 社区进行合作。这一手段对大部分传统企业来说可能略显陌生，但却被属于传统类的汽车业和非常前卫的网络游戏业普遍采用，并且明显收到成效。汽车厂家还会在网络上建立主题圈，成立专门的车友会，再邀请一些老顾客，或者发动一些有影响力的车友进行试驾，借助其口碑进行深度推广。由于购买一部汽车相对耗资较大，购车者往往需要长期考虑，并参考众多人的意见，因此，针对车友的社区营销是必不可少的。

网络游戏业的社区营销则更为彻底。在网游业，已经逐步形成了三权分立的局面，即游戏创造商，游戏平台运营商，以及由玩家组成的游戏公会。不久的将来，一个组织推出新产品时，首先想到的可能不是去大众媒体投放广告，而是去寻找最相关的网络社群，进行合作推广。也许每一个社群都同时和多个品牌建立多层次的丰富关系。

3. 新闻组

新闻组（Usenet）是一种常见的网络服务，与网上论坛相似，由多个讨论组组成，每个讨论组围绕一个特定的主题，为访问者提供主题鲜明的专业信息服务。通过新闻讨论组，访问者不仅可以了解到到最新、最快的信息，在遇到困难时，还可以咨询新闻组内的专家和其他组员。

利用新闻组来传递组织信息并不是一件容易的事情，顺利地打入新闻组需要公共关系人员在新闻组中寻找到极富趣味和价值的切入点。打入新闻组最快的方式是犯错误。在新闻组中，人们对交流自由的要求非常明确，因此保持礼貌、学会道歉、保持放松的心态和尊重权威都很重要；新闻组对语言风格、写作技巧等也有一定要求。

4. 网络聊天工具

网络聊天工具，包括网络聊天室和即时聊天工具两种形式。通过网络聊天人们可以进行即时的信息交流，在聊天中人们主要以文字的形式来传递信息或表达情感。

这种聊天方式需要下载并安装特定的软件。随着网络音频和视频技术的成熟，网络聊天已不局限在文本层面。目前国内比较有影响力的即时聊天工具有腾讯 QQ 和微软的 MSN。

腾讯 QQ 是国内目前比较流行功能较强的即时通信（IM）软件。腾讯 QQ 实现传统的无线寻呼网、GSM 移动电话的短消息互联，支持在线聊天和即时传送视频、语音和文件等多种多样的功能。同时，QQ 还可以与移动通讯终端、IP 电话网、无线寻呼等多种通讯方式相连，使 QQ 不仅仅是单纯意义上的网络虚拟呼机，还是一种方便、实用、高效的全方位即时通信工具。MSN 是目前中国白领使用最广泛的网络即时通讯工具。在腾讯 QQ 和 MSN 上都曾经出现过小 I 机器人，它能够为你解答从天气预报到时尚娱乐信息的各种问题。微软近来将其大百科全书也变成了机器人，你可以通过对话了解世界万物，从罗马帝国为何衰亡到麦当娜是谁。现在即时通讯工具更具有了网络存贮、信息搜索、商务运用等多项功能，是比较理想的网络公共关系工具。

近年来，MSN 相继与多家企业合作举办专题活动。2006 年与 POLO 汽车合作举办个人空间大赛，2007 年与双面梦龙雪糕合作举办个人空间大赛，两个活动内容基本相似。POLO 大赛是成功的双赢，一方面 MSN 借此突破了千万用户量，另一方面又有几十万人参加了 POLO 比赛，直接帮助了其新款汽车在市场上获得成功。虚拟主人公+主题数据包，配合聊天室的窗口背景、动态动漫+传情动漫，在 2006 年第 13 届广告暨中国网络广告大赛上，MSN 和招商银行联手进行的 MSN-mini 卡获得了金融服务行业第三名。针对招行 MSN-mini 卡，微软专门创作了以 4 个鲜活虚拟主人公办公室生活为主体的全套数据包，包括聊天窗口背景、动态头像、传情动漫和人物表情。此次活动与目标受众进行深入沟通，受众在莞尔一笑间自然对新推出的信用卡印象深刻，单是其中背景皮肤的下载量就达上千万次。

5. 搜索引擎

搜索引擎，是专门提供信息查询的网站，他们大多通过对互联网上的网站进行检索，从中提取相关的信息，建立起庞大的数据库，用户可以通过输入一定文字，就能方便地查找任何所需要的资料。搜索引擎收集了成千上万的网站索引信息，并将其分门别类地存放于数据库当中，当我们想在网上寻找某方面的网站时，一般都会从搜索引擎入手。有关机构的统计报告显示，搜索引擎查询已经成为上网者仅次于电子邮件的一种最常使用的网上服务项目。

搜索引擎种类各异。不同搜索引擎收集、编辑信息的方式各不相同。主要可以分为索引式和目录式。搜索引擎的出现，将网络信息的传送推到了更重要的位置上。信息不再是单纯的 push，也有可能为人所 pull。表 1－7 是目前著名的搜索引擎排名榜。

表 1-7　著名搜索引擎

世界搜索引擎排行榜	中国搜索引擎排行榜
■ 1 Google 55.20%	■ 1 Google
■ 2 Yahoo 21.70%	■ 2 百度
■ 3 MSN Search 9.60%	■ 3 雅虎
■ 4 AOL Search 3.80%	■ 4 中国搜索
■ 5 Terra Lycos 2.60%	■ 5 搜狗
■ 6 Altavista 2.20%	■ 6 新浪爱问
■ 7 Askjeeves 1.50%	■ 7 奇虎
	■ 8 网易
	■ 9 电信 114
	■ 10 中华

全球网络搜索引擎巨头是 Google，它由两位斯坦福大学的博士生 Larry Page 和 Sergey Brin 在 1998 年创立的，然而他们可能没有想到如今 Google 每天需要接受 2 亿次查询的任务，而且搜索时间通常不到半秒。

雅虎公司成立于 1994 年，是一家全球性的互联网通讯、商贸及媒体公司。其网络每月为全球超过一亿八千万的用户提供多元化的网上服务。雅虎是全球第一家提供互联网导航服务的网站，是最为人熟悉及最有价值的互联网品牌之一。

51 个小单元，让你搜遍天下。“百度更懂中文”（如图 1-4 所示）！百度，2000 年 1 月创立于北京中关村，是全球最大的中文网站、最大的中文搜索引擎。2000 年 1 月 1 日，公司创始人李彦宏、徐勇携 120 万美元风险投资，从美国硅谷回国，创建了百度公司。创立之初，百度就将自己的目标定位于打造中国人自己的中文搜索引擎，并愿为此目标不懈的努力奋斗。2001 年 8 月，发布 Baidu.com 搜索引擎 Beta 版，从后台服务转向独立提供搜索服务，并且在中国首创了竞价排名商业模式，2001 年 10 月 22 日正式发布 Baidu 搜索引擎。2005 年 8 月 5 日，百度在美国纳斯达克上市，成为 2005 年全球资本市场上最为引人注目的上市公司。2008 年 1 月 23 日，百度日本公司正式运营，百度全面启动国际化战略。百度竞价排名，是一种按效果付费的网络推广方式，用少量的投入就可以给企业带来大量潜在客户，能够有效提升企业销售额和品牌知名度。每天有数亿人次在百度查找信息，企业在百度注册与产品相关的关键词后，企业就会被查找这些产品的客户找到。竞价排名按照给企业带来的潜在客户的访问数量计费，企业可以灵活控制网络推广投入，获得最大回报。

图 1－4　百度的搜索与产品线

随着搜索引擎的不断完善，搜索引擎广告的发展空间也将不断扩大。公共关系对搜索引擎的运用在实际操作中还在不断探索，搜索引擎优化更是需要持之以恒的推广方案。目前，网络公共关系对搜索引擎的运用主要是进行搜索引擎加注。有关方法我们在第八章、第九章将进行详细介绍。

6. 电子出版物

电子出版物：将文字、声音、图形、图像等信息以数字代码方式存储在磁、光、电等介质上，通过计算机或类似功能的设备“阅读”、使用并公开出版发行的崭新的大众传播媒体。其特征：具有丰富的文字、图形、图像、动画等生动表现和快速检索及查询方式；小体积、大容量信息保存；内容信息更新快、获取快、传播快、质量高。

网络型电子出版物是上世纪 80 年代后期的产物。网上电子出版物已成为最有代表性的网络型电子出版物，它包括电子报纸杂志、在线数据库以及在 Internet 上进行学术交流和计算机会议等多种形式。

今天，电子出版物已经发展成为电子杂志。电子杂志也称富媒体或新媒体，一般采用 flash 方式将音频、视频、图片、文字及动画等集成，展示形式如传统杂志，具有翻页效果，故名电子杂志。电子杂志是 Web 2.0 的代表性应用之一。它具有发行方便、发行量大、分众等特点，且画质精美。当然，它有比较明显的缺陷：数据量较大，小则几兆，多则几十兆上百兆，受技术限制较明显。因此，一般电子杂志网站都提供客户端订阅器，供杂志的下载与订阅，而订阅器多采用流行的 P2P 技术，以提高下载速度。电子杂志在国内经历了三个阶段：第一阶段是传统杂志简单的数字化（类似电子出版物）；第二阶段是数字媒体的杂志化；第三阶段则强调互动性和多媒体、利用 P2P 平台发送，一般具有离线下载功能，是目前第三代电子杂志的标签。

越来越多的企业开始意识到了电子出版物（电子杂志）作为公共关系工具的作用。从国际品牌三星到国内传统品牌“水井坊”无不在使用它（如图 1-5 所示）。

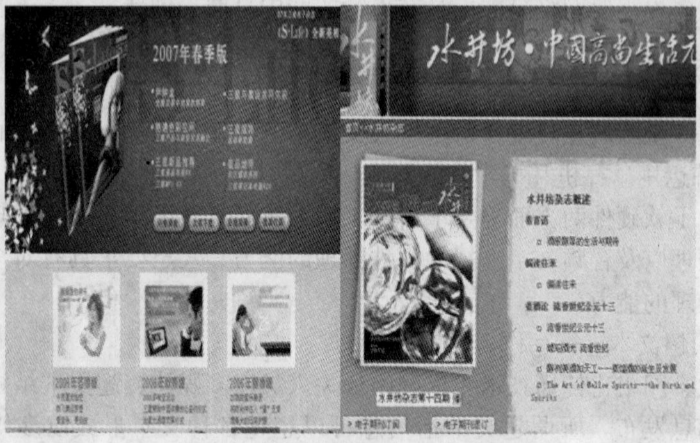

图 1-5　三星“S-life”电子杂志与“水井坊”电子杂志

7. 手机与手机短信

网络正在将大众传播转化为无数的个体和小群体的传播，另一个重要的趋势，是手机也在网络化，手机将成为比电脑互联网更为广阔的互动平台。从 20 世纪末到本世纪诞生的第三代移动移动电话 3G（The Third Generation），是将无线通信与国际互联网等多种媒体通信结合的新一代移动通信系统。它能够处理图像、音乐、视频流等多种媒体形式，提供包括网页浏览、电话会议、电子商务等多种信息服务。[①] 由于 3G 具有比 2G 更宽的宽带，所以在实现上述服务之外，人们还可以从手机上直接下载游戏、视频，查询天气、股票等信息。

手机区别于人际传播时代的小众传播，又区别于大众传播时代的泛传播，它是全新的既个性化又大众化的个人媒体，其提供个人生活沟通便利和娱乐、信息消费和信息智能的价值还有待网络公共关系大力挖掘。

短消息，又称短信，是利用移动电话、无线市话、固定电话、互联网等信息终端发送文字、图片、声音或者多媒体信息的信息传送方式。短信可分为广义的

---

① 童晓渝、蔡信、张磊：《第五媒体原理》，人民邮电出版社 2006 年版，第 27 页

短信和狭义的短信。狭义的短信单指文字短信，广义的短信还应包括：EMS、MMS（彩信、彩E）等。现如今，短信已逐渐渗入人们的普通生活：汽车上，商场里，办公室里，随时随地可以看到对着手机按动拇指的人，满耳都可以听到手机短信的提示音，“信息已发送成功”成了出现在人们眼前最频繁的字眼。

以上所介绍的是网络公共关系的主要传播工具，目前运用广泛的基于Web 2.0技术的应用比如博客公关、网络视频、病毒复制等还在不断发展中，值得我们继续关注，也需要网络公关人员在不断实践中打磨、创新。

二、网络公关人员的传播技巧

网络这一全新信息环境还对网络公关人员的传播技巧提出了具体的要求：

1. 熟练运用计算机和多媒体的能力

这包含了软硬件两方面，要求公共关系人员具有熟练运用文字处理、表格处理、图形处理以及音频文本、视频文件处理的能力，甚至要求具有对多媒体工作环境故障处理的能力。

2. 运用超文本进行写作、发布的能力

数字化、网络化传播技术要求网络公关人员以多媒体、超文本结构的形式进行思维和信息发布。所谓超文本指信息可以超越各种文本形式以多媒体形式存在；另一方面指通过超链接使信息之间产生联系。传统单一的文本形式或其他媒介很难在信息发布中显得生动、形象，这要求公关人员在网络发布中合理运用文本和图形或文本与图形的组合进行传递。另外，传统的写作多是在单一层面完成，事件也多以线性结构进行排列。文本和超链接的方式，从根本上改变了这一切，每一个关键的人名、地名、时间甚至每一个词语、句子都可以实现动态连接并让公众根据自己的需要进行选择。运用超文本写作，使用的材料是可以分层的，最关键的信息作为第一层级（骨干层级），而相关详细信息或背景信息成为枝叶层级。多用主骨架描述对象而把细节交给超链接或其他多媒体。

3. 信息验证、过滤能力

网络带来了信息传播的高度自由和民主，同时也不可避免地危及了网上信息的真实性和可信度。因此，网络公关人员在整理、分析、引用、发布公共关系信息时，必须按照真实性、准确性、完整性的要求对信息进行审核，通过在线和非在线的信息来源，比如数据库、网络图书馆等大量信息进行去伪存真的验证、过滤。

4. 对网络信息进行深度整理、研究的能力

网上搜索和查询获得的信息大多是零散无序的，甚至很大程度上表现为无主次、冗余性强，概括度和有效度都比较低。因此，需要公关人员按照科学性、实

用性、相斥性等标准进行分类；需要公关人员按照系统、简练、规范等原则进行信息加工；还需要公关人员通过合理的测算、比较、推理、判断等方式发现大量网络信息下隐匿的某些重要信息来揭示某些关键问题，并据此提出合理对策。

5. 贴近公众，善用网络语言能力

贴近网络公众，就要利用公众小众化、个性化特点。对此，网络公关人员要善于利用网络跟踪，搜集公众的性别、年龄、职业、收入、教育程度甚至生活习惯、审美情趣、业余爱好等情况，并根据公众的这些特点适时开展特定的公关活动。

公共关系传播也是一个信息符号编码、解码的过程。网络的符号表达既要传递公共关系的意图目的，也要符合公众选择性注意、选择性理解和选择性记忆的规律，与公众的要求和语言、行为相一致。网络的语言大致包括：（1）别具匠心的符号——网络世界约定俗成的一套符号体系主要由键盘符号和字母组成，多用来活灵活现地表现人的表情、喜怒哀乐等。在网络中，公关人员要善于使用这些表情符号给受众送去温馨和亲切，营造良好的网络信息传播氛围。（2）匪夷所思的谐音。“版主”写成“斑竹”，我写成“偶”，等等，谐音使网络交流变得诙谐有趣。针对不同对象恰当使用，能有效拉近交流对象之间的距离。（3）简单快捷的缩写。网络信息交流，均力求简化用字和节约传输时间，模糊的缩写非常普遍。对网络特殊语言的掌握和灵活运用，对公关人员来说是必需的细节，也是一种网络资历的表现，会在无形中提高公共关系信息传播的可信度。

6. 注重网络礼仪，拥有尊重网众的网络沟通能力

前面我们在分析网络公共关系原则的时候已经强调了网络礼仪的重要。和具体的网络传播手段结合，这种尊重主要表现为电子邮件礼仪、新闻组礼仪、引用信息礼仪等。（1）电子邮件礼仪主要指在寄信前，检查收件人的地址，确信不给收信人等带来不便；每天检查新邮件并尽快回复；邮件主体明确、清晰，书写简短等。（2）新闻组礼仪主要指在进入新闻组时认真阅读新闻组 FAQ（常见问题解答）；第一次参加新闻组有一定潜伏期以适用新闻组规则；发言不使用国籍言论；尽量不跨组发表言论等。（3）引用信息礼仪主要指在转载、复制、引用有版权的文字和图片时，要与版权人联系，在征得同意后方可使用，并且在这过程中还不能随意散布不属于自己的信息，更不要任意链接其他站点或各博客中的内容。

尊重网众、重视网络礼仪，从微观层面看是获得信任和理解，是网络公共关系传播和沟通的基础；从宏观来看，也是网络虚拟社会的“润滑剂”，能促进整个网络虚拟社会的高效、有序运转。

网络公共关系是公共关系的一个分支，一个新的发展形态，它不会也没有必

要替代传统的公共关系。当然，我们不能够只在工具和技术层面去认识它，网络公共关系的价值在于对“全面沟通”和“关系”的认识以及对公关人员的意识、知识、能力和技术提出了新要求，它的运用策略和技巧还需要我们持续不断地关注。

紧随网络发展的步伐，让我们一起努力使网络公共关系成为组织-公众生活中的一种常态。

第二章 网络公共关系历史

【本章提要】公共关系属新兴行业。在中国，从1984年美国伟达公关公司进入算起，至今仅20多年历史，作为子科目的网络公共关系发展时间更短。21世纪是网络的时代，在公共关系领域，网络的重要性日益凸显，关于互联网对于公共关系的影响早在1995年英、美公关协会的年度讨论会上，就被作为主要议题进行讨论。在2000年中国国际公共关系大会上，“网络公共关系”成为热门话题。2001年中国公关网（www. pr1ad2. com）创办之后，企业网络公关如雨后春笋般生长起来。而且近几年，企业网络公关无论是从数量还是规模上，发展速度都令人咋舌。

网络公共关系作为子学科发展时间很短，至今也没完全成熟的理论架构体系，网络公关的特点与传统媒体公共关系的差异太大，且还处于迅速变化中。可以说，对网络公共关系，我们的已知要远远少于未知。本章，我们尝试着对网络公共关系的兴起、发展与未来趋势做一些梳理，姑且把这段不长的发展时间用“历史”来概括。

第一节 网络公共关系的兴起

“互联网是公共关系操作中最重要的传播工具之一”，这是谢尔·霍兹《网上公共关系》的开篇语。的确，互联网是网络公共关系兴起的诱因，却不是全部。美国的公共关系公司，直到20世纪90年代才考虑互联网在公共关系应用上的潜力。[1] 其标志是1994年美国米德伯格电脑研究会的成立。他们的第一项研究

① Bobbit, Randy. (1995, Fall). ‘An Internet Primer for Public Relations’. *Public Relation Quarterly*, p. 27-32

成果在当年春天召开的美国公共关系协会会议上发表，并立刻成为了一桩轰动性新闻。研究指出，当互联网在很大程度上被认为是科学家、军队和电脑爱好者所涉足领域的时候，已经有17%的新闻工作者在使用互联网作为研究工具。

一、网络公共关系兴起的外因

美国公关人员对网络的看法如何？早在1996年10月号的《公关杂志》就对此加以分析，发现美国公关人员认为将来85%的新闻都将通过互联网传给新闻媒体。由以上趋势来看，互联网将主导未来公关活动的进行。

"要有更多的网民，使用更方便，速度更快，功能汇集"，2001年谢尔·霍兹写下的这些条件看似遥不可及，在八年后的今天已经不是什么新鲜的东西。互联网和电子商务的发展、网络传播方式较之传统传播技术的创新以及公众意识的抬头等都是网络公共关系的兴起的催化剂。一篇《帮助学生为21世纪的公关职业做准备》的文章指出，未来直接影响公共关系的因素有技术因素、社会因素、市场因素和职业因素。

1. 网络公共关系兴起的技术因素

互联网不是神话，而是实实在在的一个媒体、一种工具、一条途径。网络技术，特别是其中的传播技术、信息技术对社会造成的冲击巨大，正极大地改变个人的工作方式甚至整个商业的运行模式，这一点我们在"导论"中已有介绍。技术进步引发全球性社会变革，势必影响公共关系的作用和功能，这是网络公共关系兴起的技术背景。

技术背景至少体现在两个方面：（1）公共关系人员不仅要精心培植大量的公共关系，还要应对由于文化和其他因素的差异造成的各种复杂关系。（2）必须适应跨国公司等的标准和期待——帮助世界各地的组织和人员解决快速而剧烈的社会变动所造成的问题，这种社会变动包括地球村社会不可避免也不可逆转产生的新型公众群体。由于技术进步使信息超越了时间、空间和容量的限制，这就要求公共关系将互联网和相关的内容作为与各种公众沟通时的媒介予以使用；技术进步使得网络成为一个干预性的变量，影响着组织与现存的、新出现的公众群体之间的关系。集个人传播（如QQ、ICQ电子邮件）、组织传播（如BBS、新闻组）和大众传播于一体，具备强大整合性的网络媒体，其运作目前正在逐渐规范、成熟，已拥有相当大的媒体影响力，正在成为各界人士获取信息的主要通道，吸引了最具活力的市场消费群体，具有各类社会组织梦寐以求的公众资源，是组织形象、品牌塑造的理想平台。于是我们看到，传统的公关出现了新的平台。

科学技术发展加速了经济、政治、文化的全球一体化进程。在传播媒介领域，随着电子媒介壮大，信息也愈来愈表现出扩散、公开的碎片化特征：埃克森公司瓦尔德油轮在阿拉斯加州的海湾溢出、道康宁化学公司向乳房注入硅胶树脂的危机、耐克公司在亚洲工厂的低工资报酬等都在很短时间里成为遍布全世界每一个角落的新闻。可见，科技的发展促使公共领域的形态和范围在扩大，无论是个人还是组织扮演的社会角色也愈来愈复杂。在科技不断进步的过程中，组织包括不断扩展的虚拟组织都被置于全世界媒体的聚光灯之下。于是，社会对话关系的建立渴求变得强烈，如果一个社会不能公正提供对不同组织、人群和个体的"承认"，就容易产生一种压迫性形式，网络沟通的重要性凸显。

2. 网络公共关系兴起的社会因素

网络时代的到来促使了网络社会崛起，彻底改变了人类社会的传播环境，从认识论角度看，新媒体建构了一个"熟悉的陌生人全球社区"，组织的内外部边界日趋消失，虚拟社区不断涌现，"公共领域"和"私人领域"的界限日益模糊和被消除，全球—地方一体化开始形成，网络传播开始了以信息为主的数量传播时代，这是网络公共关系兴起最重要的现实背景。

网络社会崛起最重要的变化是带来沟通范式的转型。在商业及社会生活的各个领域，人们在沟通活动中获取了越来越多的自主权（话语权），公众的组成结构也更加个性化和零散化，媒体及媒体行为也相应地"小众化"。公众内部、组织与公众之间的关系也趋向复杂化、动态化。在这种情况下，沟通活动无法继续停留在"传递"、"传播"层次，而要求走向"对话"与交往（communication），公关的目的也从"说服"、"影响"转变为"学习"与"建立伙伴关系（认同）"。①

3. 网络公共关系兴起的市场因素

互联网不仅仅是技术、媒介，更是一种高效率、高技术含量的管理方法和手段。组织通过互联网的应用引进管理技术和观念，丰富管理手段，倡导互动沟通和透明管理，提高企业管理效率和质量水平；甚至传统组织也同互联网联姻，借助互联网展示形象，发布产品信息，做好客户服务已成为业界的共识，成为现代组织发展中一个不可或缺的步骤；互联网为企业服务，渗透到企业的生产、销售、管理当中去，创造了不同以往的市场。

互联网创造的新的市场竞争环境以其大容量、高速度的信息传递方式迅速渗透到社会经济的各个环节，逐步成为新一轮经济的基础。互联网创造的新市场竞争环境主要有：

① ［英］桑德拉·奥利弗：《战略公关》，科学普及出版社2004年版，第173页

（1）全球化大市场。作为覆盖全球的开放型网络，互联网把每一种商业经营活动从其所在的地理范围内解放出来，突破了传统市场的地域限制，形成全球化的大市场。在这个虚拟的市场中，地理概念已经无法限制某个企业的发展方向和市场规模，客户和企业都将摆脱地域界限的束缚，可以“足不出户”地进行交易活动。

（2）优化配置的市场资源。互联网上的信息种类繁多、数量极大，而且增长速度惊人，这个新兴的虚拟市场拥有着十分丰富的市场资源。此外，由于网络信息的共享性，中小企业能与大企业一样接触各类市场信息，可以更加方便地通过交流与协商达成各种交易，从而使市场资源配置不再受到传统的门户限制，真正能为全社会所共享，达到优化资源配置的目的。

（3）直接透明的市场结构。互联网将众多的企业和消费者纳入其网络系统后，利用信息共享和及时通讯，最大限度地减少它们之间的中间环节，实现信息透明，从而构造出一个直接透明的市场结构。在这个市场结构中，众多的商品供给信息和需求信息都将在网上公开，中间商被消灭，极大地缩短了企业与消费者之间的距离，使企业之间的竞争成为直接面对消费者的透明竞争。

（4）多极化的市场竞争机制。随着互联网的触角遍及全球的每一个角落，各类企业不论规模大小，都能在世界市场上同台竞技。一般来说，大企业的组织结构相对臃肿，如果不能及时把握瞬息万变的市场信息，就可能来不及调整产品结构而蒙受损失。相反地，一些有创意、善于发现机会的小公司只要寻找到开发利用互联网的恰当方式，就能迅速发展壮大，成为大企业。最明显的例子是雅虎公司，它免费协助网民在互联网中搜寻信息，将广告作为其主要收入来源。在短短的数年中，雅虎就从名不见经传的小公司成为全球知名企业。可见，互联网能够避免少数企业垄断市场，形成多极化的市场竞争机制。

（5）互联网有效弥补了中小企业的不足。和大企业相比，中小企业明显存在着不足，比如：市场狭窄、信息不灵和资金缺乏等。然而，随着网络时代的到来，这些缺陷将在很大程度上得到弥补。因此，经济学家认为，互联网使中小企业得以与大企业在同一起跑线上竞技。互联网延伸到哪里，市场就能扩展到哪里。

利用互联网做生意，中小企业能够摆脱原有狭小生存空间的限制，将市场扩展到过去依靠人员推销或广告推销所不能有效到达的地方。互联网为中小企业赢得了与大企业相抗衡的可能性。

通过互联网的信息资源共享，中小企业获得对现代企业至关重要而又以常规方式无力收集的市场信息。资金缺乏是制约中小企业发展的重要因素，然而，如果中小企业充分利用互联网通讯工具，就能有效地降低成本，提高资金的利用率。一是降低营销成本和采购成本：中小企业通过互联网与客户进行联络、了解和洽谈业务，可以大幅度减少差旅费、传真费、邮寄费等费用，并省去许多中间环节，使企业既能直接从原料产地采购原材料，又能将产品直接销售给客户，从而极大地降低了营销成本和采购成本。二是减少库存：电子商务为企业提供了一种“零库存”的理想模式——企业按照客户的订制，及时生产，及时销售，库存为零。这种模式为企业节省大笔的材料费、仓储费和管理费，加速了资金的流通，非常有利于中小企业的发展。

变革的市场下，无论是大型企业还是中小企业都在网络中“结网”，网络加剧了竞争、促进了虚拟组织成长。在《网络价值》一书中，作者从经济形态上对网络中的组织扮演的不同角色进行了划分，他们分别扮演网络塑造者、使用者、影响者、骑墙者、追随者和关键参与者。以网络塑造者为例，在每一个网络中，仅有一个或两个组织能担任网络塑造者角色。他们拥有能够产生经济推动力。吸引其他公司加入网络的塑造平台。从一开始，网络塑造者即承担大部分责任，推动其他公司采用，以确保其塑造平台成为事实上的标准。在网络发展以后，网络塑造者重在强化塑造平台的功能性并鼓励新的应用。例如英特尔和微软都积极投资，鼓励台式电脑新领域的应用，以实现更大的市场渗透率和增长。这使得投资者获益，也稳定地拓展了现有市场。

网络条件下，组织活动的时空限制被消除，模糊性、不确定性成为了组织内外部环境的主导特征。空间上，竞争无处不在，竞争与合作之间分界日趋模糊；在时间上，过去的经验无法依赖，现在的状况难以把握，未来的趋势不可预料。沟通使得组织与环境之间的边界日趋模糊和虚化。在过去，组织不必要去面对整个环境，而是以关键公众来加以替代，从而在组织与环境之间构筑了一条明确的、可控制的边界。但如今，这条边界越来越模糊并难以控制。组织、环境、公众之间界限的模糊，它们之间的互动，都在要求新的形态注入到公共关系中来。

【案例链接】

从“PPG”到“VANCL”——服装业的B2C暗战

“在网络上买衬衫是高科技，打破了地域限制，至少能做到全中国化，既能在全中国选购布料、设计和制造，也能在全中国寻找、争取消费者。”这是2007年11月14日Donews网站创始人刘韧博客中的一句话，说的是卓越网创始人之一陈年在做的新兴衬衫直销品牌“VANCL”。它反映了近期垂直B2C中的新热点——专注商务男装的垂直B2C电子商务。

从国内网络应用普及率看，服装网络直销市场仍非主流，尤其是在女性购物者几乎掌握了全球80%的市场购买力的情况下。面对这种市场态势，服装业电子商务市场将目光投到了那些不爱逛街、购物目的直接的男士身上。2007年夏天，在上海地铁涌动的人群中穿着名为“PPG”蓝色牛津纺衬衫的男士比比皆是。连金山公司的总裁雷军也穿着淡黄色的“VANCL”衬衫在电视节目中畅谈金山公司上市后的感受。据有关报道中的不完全统计，目前的衬衫直销网站就不少于20家，而其中最具影响力的就是“PPG”!

“PPG”成立于2005年10月，是一家没有任何实体店、厂房和流水线的垂直电子商务公司，公司员工总数不到500人，其中还包括200多名呼叫中心工作人员，只有3个用来存贮成品的仓库。但是，就是这样一家利用网络、电话和目录进行直销的新企业，在短短两年内把销售额做到了每天出售1万件男士商务衬衫，其成势头已逼近日均销售衬衫1.3万件的传统服装行业老大雅戈尔。“PPG”创始人和首席执行官李亮曾如此形容公司，“我们既不是服装企业，也不是互联网公司，而是一家数据中心，你甚至可以把我们看作是一家服务器公司。”不开设任何线下门店，将生产和物流全部外包缩减成本。PPG通过IT技术以及互联网链接了服装产业的上下游链，利用信息去实现合作并将库存压力分散到合作伙伴手中。这可以说道出了B2C的秘密所在。

受PPG“利好”的刺激，国内多家服装公司跃跃欲试，相继投入到了网络直销阵营中。当当网、VANCL还有一大批新成立的网络公司如“BBS”纷纷投身到这一热潮中。与此同时，一些传统衬衫企业也将目光投入到了网络直销上来。由报喜鸟集团公司投资的男装直销品牌BONO于2007年10月开始上线，该品牌将投入亿元以上的资金进行初期市场培养；雅戈尔目前也在上海组建好了网络直销团队，新网站正密切筹备中；海螺服饰也建立了自己的直销品牌iconch……

网络直销的优势在哪里？有关数据已经表明，网络销售已逐渐走入人们的日常生活中。据统计，美国有17%的人选择用直销方式购买服装。2006年美国通过互联网销售的服装就高达180亿美元。从2001年到2006年，我国网络购物的用户数也从375万增加到了4310万，交易额也由6亿增长到了312亿；《中国B2C电子商务市场年度综合报告2007》显示：2006年中国B2C电子商务市场销售规模达37.2亿，较2005年增长60%。网络直销最大的优势是对渠道成本的缩减。PPG首席执行官就曾表示：“一件衬衫通过传统百货店销售，其中85%的利润是被中间商拿走了。”其次，B2C的优势还在于建立起了厂商和用户直接的互动，通过网络销售模式厂商可以很快收到用户的个性定制需求并且可以获得用户的信息，同时进行搜集、分析，更好地帮助厂商了解市场以便及时做出反应。这是以往的门店模式很难完成的。

当然，和PPG一样，许多电子商务企业多采用just in time模式，通过IT技术串起上下游产业链，虽然很好缩减了中间流通环节，减少库存，却存在着极容易被模仿的特性，事实上，在很短时间内，也的确有大量企业迅速进入这一领域。网络直销的另一挑战就是：品牌可信度。由于没有实体的店铺，使得许多消费者对网络和电话销售缺乏安全感。

于是，在PPG的成功中看到了广告的巨大作用，据有关统计数据显示，2007年6月以来，PPG每月的广告投入都逾千万元。PPG的广告支出迄今已接近4亿元。“平面广告就是沃尔玛你的店，越是够大众的媒体，也是浏览量大的媒体，越要加大广告投放”，PPG的市场销售总监表示。的确在《读者》等杂志上我们也不断看到了PPG和VANCL等衬衫直销网站的广告。“订购衬衫，yes！PPG”明星吴彦祖代言的PPG广告早已经铺天盖地地出现在电视、公交车甚至电梯间里。

（资料来源：李黎：《衬衫的网络泡沫》，《IT经理世界》2007年11月22日）

4. 网络公共关系发展的行业因素

公众意识的抬头。科技发展、传播渠道延伸，使得公共关系的客体——公众在整个传播过程中的地位也得到提升，他们更主动参与到了公共关系过程中。从组织角度看，公众力量抬头带来的生存压力，促使他们自身也不断重视与公众的互动，逐渐放弃单向的沟通方式，转而选择对自身与公众并重的双向沟通方式。在这种沟通模式中，公众被放在对等的地位。与此同时，组织的公众也不再只局限于消费者，而是扩大到内部员工、社会团体等相关利益人范畴，所有与组织有关的公众团体、组织与公众，双方在沟通过程中都有发言权，相互影响。在这种沟通模式中，公众越来越活跃，他们不断与组织沟通并采取相应行动对待组织。

与公众意识抬头相对的是信任的缺失。信任是一种社会资源，它是属于一种价值道德要求，广泛存在于社会政治、经济、文化的各个领域。世界在变小，技术实现了人们对时空的超越，却没有带来感情的超越。用哈贝马斯话来说，这是公共领域的衰落，人们越来越生活在紧密又陌生的社会中。公共领域是我们社会的一个领域，是一个公共意见能够形成的地方，于是哈贝马斯在对马克斯·韦伯以及法兰克福学派目的理性研究基础上，提出了一个更利于广泛信任建立的理性概念，即人类理性不仅需要有目的理性（工具理性），同时更需要沟通理性（communication rationality）。不再只是企图通过影响他人成功达到自己的目的，而是通过参与沟通者（公众）来调整、达成互动双方的共识。

公共关系是人们重获信任的好方法。一直处于营销优势地位的广告影响力正在下滑就是一个最好的例证，据统计，世界上约有近80%的人口对广告开始失去信任甚至产生反感，只有大约不到20%的人口还对广告存在着不同程度的信任。

二、网络公共关系兴起的内因

网络公共关系的兴起，还得益于不断成熟的网络传播理论的指导，以及其自身实践摸索获得的经验积累。

（一）网络传播理论的成熟

互联网传递全球信息，同样也创造了“网网相连”的沟通网络。全球信息具有超文本链接功能，并结合了文字、图片、影像、声音、动漫等多媒体呈现的特点。总体来看，到目前为止主要的网络传播理论观点可以分为两大类，一类是理性选择性模式，一类是社会影响模式。①

1. 理性选择性模式

理性选择模式的观点认为人们选择媒介主要依据它所能传输线索的多少与工作目的是否相符合为主。该模式的主要理论有：去线索理论（clues-filter-out model）、社会现场感理论（social presence theory）和媒介丰富理论（media richness theory）。

——去线索理论。由 Spoull 与 Kiseler 在 1986 年提出的“缺乏社会情境线索假说”，该理论认为网络传播是一个参与者地位平等的场域，一切造成先验、不平等地位的社会线索（如性别、职业）不会影响人们对媒介的使用行为。在网络传播中，权力和制裁等不会发生，它是一个允许平等参与的媒体。1999 年 Adrianson 和 Hjelmquist 却提出网络传播中也没有平等性的存在。Adrianson 在 2001 年提出建议，认为网络参与者使用网络的经验、时间压力研究发表言论等方面表现出的竞争也应该作为衡量网络“平等性”的标准。也有学者以“网络允许参与者进行匿名沟通，能够减少参与者对参与讨论压抑”来理解网络对去个人化的保护。让使用者不受某些社会规范的限制，于是使用者出现了与平时不一样的行为，进而造成了网络过激言论（flaming）和谣言（rumor）的出现。

——社会现场感理论。这是在网络传播开始时提出的理论。该理论认为，一个能传递越多信息的媒介，越能使人有如临现场的感觉。当遇到冲突或需要协商时，适合运用现场感强的媒介（如面对面），反之，适合运用单纯信息交换的工具。今天，网络传播已经不能粗略地划分为现场感低的媒介，网络上多样化信息呈现方式早已弥补了纯文本的缺陷。

——媒介丰富论。这是关于网络传播较多提及的理论。丰富主要指信息的负载量，并用以区分传播通道的丰富与贫乏。媒介丰富论提出了四个衡量标准，分

① 郭书祺：《企业运用网络公共关系之研究初探——从电脑传播中介谈起》，台湾国立交通大学硕士论文，第 24 页

别是立即回应的能力，媒介可传达多重线索能力，使用自然语言的状况和媒介个人化焦点状况。依据此，面对面沟通的丰富性最高，其次是电话、电子邮件。该理论认为，网络传播适合用来进行简单的例行性工作或以工作导向为主的活动。不过，随着网络日新月异，网络传播丰富性不断增加。例如通过网络召开视频会议联络实现在线记者会等。网络甚至可以以个人化网络或个性化信息方式呈现。

2. 社会影响模式

与认为人们会理性地比较不同媒介特征，寻找适合自己需要的理性选择模式相对的是社会影响模式。该模式提出，网络传播行为不完全是理性考量的结果，也受到媒介特征、媒介经验的影响。通过网络传播进行的互动也可以包含感情。因为人们生活在群体社会中，对于事物的感知受到周围人们的影响，这种影响包括初级团体与工作组织情境，这种社会也反映在个体的媒介选择上。

——社会信息处理理论。人类行为受到社会资讯的影响。网络传播通过参与者的语言行为，一方面寻求信息，另一方面也在表达个人意见与态度。沟通的累积能够减少参与者彼此的不确定性，进而发展人际关系。关系的发展将会影响“沟通关系”的媒介选择。

——社会影响理论。1990 年 Fulk 对信息处理理论的发展。该理论认为个人对媒介的感知，受到客观的媒介因素（如媒介接近性、沟通对象使用媒介的便利性、媒介使用的经验、沟通任务的需要、非同步沟通等）以及工作伙伴的态度、行为与看法等社会影响。依据此观点，媒介的采用并不只是传播通道本身的客观特征，而会受到组织、团体、人际网络等社会性因素的影响。简言之，个人选择媒介时，不仅会考量传播活动的需求与媒介特征是否吻合，也会考虑传播伙伴的言行与社会规范。1995 年 Fulk 进一步用“社会认同”（social schema）来概括网络传播提供参与者一个强有力的能够分享的规范性沟通的重要性。这种“社会认同”极大降低了个体的差异性，有利于促进组织内部的民主化与平等。

Postmes 和 Lea 在 2000 年的研究中也发现了社会情境因素是影响新科技使用的重要因素，尤其在高度结构化的组织中社会影响力更强大。

以上两种模式对我们理解网络传播下的沟通方式大有帮助，由此，我们从人际传播、组织传播和大众传播的层面共同去理解网络中的新型沟通方式。网络传播理论的成熟为网络公共关系在实务运作中更好地结合网络传播的特点提供了基础。

（二）公共关系的实践摸索

网络公共关系的兴起，也是公共关系在实践中痛苦摸索的过程。这种摸索突出反映在公共关系人员对新技术的采用上。

1994 年一项对美国 50 家公关事务所的调查发现，电脑技术在当时还主要被用来进行文字处理，即使是在使用网上数据库时，也只是用它来了解有关客户的新闻报道而已。

不采用新技术的代价是高昂的，对于公共关系人员来说，就是把竞争优势拱手让给那些掌握了电脑时代各种新技术的人。于是，我们看到公共关系网络化迅速展开，到1998年的时候，据有关数据显示，英国、法国、西班牙、意大利的公共关系公司建立跨国界网络的比例已经分别是20.5%，23.3%，43.8%和50%。①

在实践摸索的过程中，公共关系的部分职能也更趋于合理。比如现在新增的职位就包括数据库管理员、信息技术主管、网络管理员、桌面出版和图形设计人员以及普通电脑维护人员等。许多行政管理的岗位不再是必需的。电脑赋予了公关人员更多的控制能力。另外，数据库被广泛用来研究、监视信息披露和有关客户的媒体报道、研究新客户和制作宣传用语，探寻新业务，跟踪重要事件和社会趋势，监视客户的竞争状况等。可见，实践的摸索促成了网络公共关系的形成与发展。

第二节　网络公共关系的发展与趋势

一、数字化与电子沟通在公共关系领域的发展

从不被接受到广泛认可再到全面反思，网络公共关系的发展是一个电子沟通进步的过程，这个过程大致可以分为五个阶段。

1. 不被接受期

不被接受，主要指电子化沟通方式在20世纪90年代初期还没有被记者所接受。相对应地，也很少有专家预测到互联网会对与媒体关系密切的公共关系产生革命性的影响。许多人对新的媒介还持怀疑态度，于是互联网被排除在公共关系人员的专业视线之外。我们把这个时期称为网络公共关系的“排斥期”，即使20世纪90年代，电子公告牌和电子新闻已经问世，公共关系人员对新技术的掌控也还是落后于技术发展的。

---

① 张雷：《数字化时代的公关》，《公关世界》1998年第6期，第23页

2. 犹豫过渡期

这个时期，越来越多的专家开始认识到互联网在沟通中的潜力，赞同的声音出现，网络出版物在这个时期出现并进入媒体的主流。

但另一方面，公共关系公司和相关专家更担心互联网会失去控制，特别是在公共关系危机方面。比较典型的个案是英特尔公司“奔腾”芯片陷入一场高成本的危机中，危机源于公司对产品制造上的缺陷置若罔闻，于是一个大学教授将这个消息张贴在了 Usenet 新闻板上，几天之后这个帖子的内容变成了广播新闻，迫使英特尔公司不得不回收产品，为此英特尔公司损失 5 亿美元。于此同时，诸如福特汽车、壳牌等，都感受到了来自网络传闻的负面影响。许多沟通专家和公司都愈发担心互联网成为组织发展中对声誉影响最大的敌人。

3. 广泛认可期

广泛认可期的标志是，沟通人员发现记者们正迅速转向互联网，其他的商业群体如分析师、员工、顾客、合作伙伴以及政府管理机构等都开始利用互联网。

于是，公共关系专家开始思考，怎样将公共关系活动和互联网结合？这种思考首先表现为公共关系开始涉足网站建设，并因网络所有权、控制问题与技术人员发生冲突。与此同时，传统的公共关系活动中开始加入电子邮件、在线新闻和网站等技术工具。可以说，这个时期网络公共关系的操作形式还很单一，许多专业人士甚至以能够在网页和在线媒体上发布公告和新闻为对互联网使用的最高形态。一些公共关系人员开始有这样的想法：组织对网络技术进行投资能够使组织更好地接近自己的相关利益群体，会改变组织在媒体中的形象。

这个时期一些时髦的词汇开始进入公共关系词典，但是记者们已经对要下载附件过大的电子邮件感到厌恶，加之受到网络链接速度等的影响，网络公共关系的发展步伐有放缓的趋势。

4. 全面反思期

1996 年，精明的、具有创新意识的公关人员意识到网络数字化放缓的现象，开始重新思考网络对公共关系的意义。

这个时候，人们对互联网的理解进一步加深，它不仅是一种工具，更可以改变沟通的过程；它能改变组织和利益相关者的联系方式，甚至改变商业活动原有的规则。于是，大公司开始投资培训，开始雇佣外部的专家为沟通队伍普及互联网知识，教育管理层对互联网进行投资和加强企业竞争能力的培训；许多公司开始成立互联网委员会，公共关系专家与技术专家、营销人员、客户关系管理人员、商业代表和世界各地的分支机构人员开始会晤，互联网文化开始在企业传播和扩散。与此同时，很多新的公司（今天多称为“E 品牌”、“土著品牌”或虚拟组织）像腾讯、阿里巴巴等在市场中涌现。

5. 沟通转轨期

数字化的沟通正在帮助那些迅速转变的网络化企业更迅速、更理智和更具策略性地前进。

首先，大型组织的公共关系部门已经切实地把无线沟通融入到了商业活动中。公共关系部门不再让某些人员作为专门的网络工作人员，所有人员都了解并能够执行以网络为基础的战略，网络公共关系开始具有了战略层面的意义。

组织的决策层如 CEO（首席执行官）、CFO（首席技术官）和 CIO（首席信息官）等在公共关系方面的投入变得前所未有。许多企业开始通过调整预算和资源（特别是网上数据库）来强化公共关系的力量。无数的组织开始投入资金等来彻底改善原有的沟通程序。通过数字技术来生产和传输资料，这些新的沟通方式使得组织的反应速度变快。

其次，许多原本固执、不愿意进行改革的企业也不得不面对网络的高效率。这些全面的沟通变革还伴随着这样一些事实：

（1）管理层介入。没有一个组织能够在没有关键管理人员（决策层）的支持下成功地完成沟通方式的转变。高效率的公共关系部门可以使得组织在迅速变化的环境中迅速前进。

（2）内部领导。一个成功进行沟通的组织内部必然有一些活跃的领导在组织内部到处传播新的思想，他们很会利用内外部资源促进组织沟通方式的变革。

（3）承担风险的能力。不敢承担风险是无法建立网络（数字化）公共关系的。循规蹈矩者只能落在时代的后面。

（4）不断推陈出新的勇气。变革是在竞争中不断获胜的法宝，一个组织需要不断接受新的思想，保证高效率地运行，并不断摒弃某些已经失去效率的做法。

（5）认识商业变化的能力。这里特别强调传统的组织在向数字化转型的过程中面临的特殊挑战。他们要意识到网络带来的商业变化，他们需要重新定义和推出自己的品牌，他们需要在不损害传统品牌统治地位的同时进行新产品的开发，他们需要平衡新旧沟通的关系。

以上，我们从数字化沟通角度梳理了网络公共关系与之相对应的发展。

二、网络公共关系发展状况

跳出具体的组织和特定的竞争态势，网络公共关系发展现状怎样？根据许多学者对国内公关业界使用互联网的情形观察，大多数仍处于萌芽初级阶段，真正利用因特网与目标公众互动的比例相当低。网络公共关系主要运用的领域集中在企业网络公关方面，尤其是在危机处理方面。

1. 网络公共关系的发展现状

网络公共关系现有的发展是与其以互联网这一媒介作为信息传播手段密不可分的。

（1）从信息传播功能实现上看，网络公关的信息传播更加高速、高质、超量、多样化和广域化。网络公关运用互联网作为媒介，也极大地促进了组织公共关系的发展。公共关系是社会组织与相关公众之间的信息传播与沟通交流。社会组织目标能否达到，很大程度上又取决于组织与相关公众分享信息的有效程度。从实现公共关系三大目标①的角度看，在认知度上网络公关既不是区域性传播也不是国家性传播而是全球性传播，这就使认知度中的广度指标至少在“与组织发生关系的公众分布”和“媒介传播所及的范围与频率”两个要素方面提高了（广度指标共三要素，另一要素为组织规模、档级）。认知度中的深度指标可分解为组织名称、地理位置、行业归属、个性规模、深层文化等十个信息要素，在互联网上这些信息要素目前都较为系统、完整、准确、迅速、动态地向全球24小时不间断发布并随时补充，为各类公众深入了解组织提供了方便渠道。

美誉度是一个社会组织获得公众赞美、称誉的程度，是组织形象受公众给予美丑、好坏评价的舆论化倾向性指标，是一种对组织道德的价值评判。和谐度则是美誉度在目标公众中的延伸，即一个社会在发展运行中获得目标公众态度认可、情感亲和、言语宣传、行为合作的程度。从这两大目标来看，主要涉及公众的态度、情感和行为方面的表现。

目前，网络公共关系已通过渗入公共关系工作的每一步骤、每一环节、每一个方面发生作用，特别是在实时、动态的监测组织公共关系状态方面，以及组织开展具体公共关系活动和制定公共关系战略方面。此外，网络公关也大幅地提高了组织对坏消息、错误信息的应变能力。网络公关的动态监控可以帮助组织在早期就发现危机，并通过电子邮件或组织内部公告板等方式直接、全面、详细地报告给组织的决策层，并即时提供最新的、系统的相关信息供决策参考。

（2）从信息传播方向上看，网络化是互联网最为本质的特征。这里的网络化不同于以前由控制中心控制的网络化（如电视网络、广播网络等），它没有控制中心（去中心化），遵从TCP/IP协议，受众不仅能变被动分享信息为主动索取——即实现“用户驱动式”传播，而且能随时自由发布信息。

因此，网络公共关系应该是一个“双向对称”的传播形态，但是，现在很多的网络公关活动还停留在只是帮助组织网上发布新闻资料的阶段，等待公众通

① 李道平等：《公共关系学》，经济科学出版社2000年版，第124-136页

过点击一般命名为“新闻”的链接来获取这些信息。虽然有些组织的新闻资料也包括了诸如重要人士发言稿、最新的年度报告、销售网点等，但是都没能针对具体的公众，也很难帮助公众解决具体的问题。[①]

（3）从信息传播方式看，互联网集人际传播、组织传播和大众传播三种泾渭分明的基本方式于一体。成功的公共关系往往综合考虑各种传播方式的特点，最大程度、持续有效地交织使用各种层次的传播方式。在人际传播与大众传播中配合使用的两级传播被证明在传统公共关系实践中非常有效，但是，目前网络公共关系中，权威网站、专业人士、意见领袖等作用却没有得到足够重视，未能很好地发挥其作用。

对于网络公共关系的发展现状，谢尔·霍兹看到的更多是不足之处，他指出现有网上公共关系活动的通病是：缺乏战略意识（不是从组织的根本利益出发），难以评估（没有可行的办法去评估它们的有效性），而且针对性不强（无法很好指向目标公众）。

2. 网络公共关系的发展方向

网络公共关系的发展，可以用“三个方向”来简单概括。

（1）方向一：网络上公关对网下公关活动的模仿、改造

随着新的显示技术、压缩技术、存贮技术和虚拟实境技术的不断改造和大量投入使用，互联网用户大幅增加以及使用费用的不断下调，将有越来越多费时、费力且不易检测效果的传统网下公关活动被搬到网络上。如网上展览展销、网上记者招待会、网络庆典活动、网上公共关系广告、网络公共关系视频等，这些活动在保持原有网下特点的同时，又具有全球性、多媒体化、透明化和交互性等特点。

（2）方向二：网下既有公关活动的网络化

这主要从传播媒介角度上说，即未来的大众媒介如报纸、电视、广播等在与互联网的竞争中，具有网络化的趋势。也有学者用“逆向二次传播”来概括这种变化。[②]“逆向二次传播”指从小部分平面媒体开始，到网络媒体转载，通过网络高强度的传播力，引发相关媒体的关注和跟踪，形成又一轮平面媒体聚焦的传统媒体与网络媒体互动传播的现象。

（3）方向三：基于互联网媒介环境独创的网上公关活动

对于新技术、新事物来说，早期的模仿只是发展的开始。互联网带给公共关系的是一个崭新的媒介环境，对网下公关的模仿将只能是网络公关中很小的一部

---

① 谢尔·霍兹：《网上公共关系》，复旦大学出版社2001年版，第9页

② 引自孙焕：《Web 2.0时代网络公关传播如何进行?》

分。而基于全新的互联网媒介环境，特别是 Web 2.0 和 Web 3.0 的出现，未来的网上公关活动会逐渐占据主流地位。

三、网络公共关系的未来趋势

马洛在“Electronic Public Relations”一书中对 21 世纪公共关系作了预测，总结为十条。文章指出：（1）电子媒体将使大规模的“受众”概念不复存在。（2）电子化的公共关系将以几何级数增长。（3）对视频新闻发布的需求增大。（4）公共关系对互动型媒体的使用将增加。（5）对纸张的使用将减少。（6）报纸和杂志将采用电子版。（7）新闻记者可绕过作为信息缓冲的公关从业人员。（8）公共关系顾问和公关咨询公司的数量会增加。（9）公共关系从业人员将会来自多种背景和职业领域。（10）公共关系将继续是关于“关系”的商业事务。[①]变化是网络公共关系必须面对的，从长远看，未来公共关系人员必将把互联网纳入战略规划中，我们也将别无选择把互联网融入思维中。

本文认为，这种变化遵循的趋势是：

1. 网络公共关系进入组织战略层面

第一章中，我们已经提出战略性应该是网络公共关系的重要原则。在这里，我们同样认为，未来，网络公共关系将融入更多的战略意识。

战略，是一个竞争模型，其目的在于不断提升组织对股东的价值。[②]战略性公共关系实质上是一种宏观层次的权力控制机制，它的核心就是 1992 年格鲁尼格提出的双向对称（平衡）模式，如图 2-1 所示。企业内部公共关系人员在工作中大多有体会，作为咨询人员他们很少能够对活动中的战略性决策或选择做出最终拍板，而网络公共关系倾向“双向沟通”的模式有利于这一功能的实现。

图 2-1 中，“公共关系观”已经假定，公共关系在一个组织中占有主导地位。正如图中箭头所示，公共关系观是一个组织决策层、公共关系的潜力和组织的文化共同作用的产物。

从组织发展角度看，公共关系具有战略作用，关键在于公共关系能否获得组织高层的一直参与。随着信息来源（政府统计数据、企业目录、专业书籍、互联网数据库）等的大量增加和更易获得，网络公共关系的战略决策整体水平必然会提高。

---

① ［美］弗兰·迈特拉，雷·阿尔提格著，欧阳旭东译：《公关造势与技巧》，中国人民大学出版社 2006 年版，第 16-17 页

② ［英］桑德拉·奥利弗：《战略公关》，科学普及出版社，第 53 页

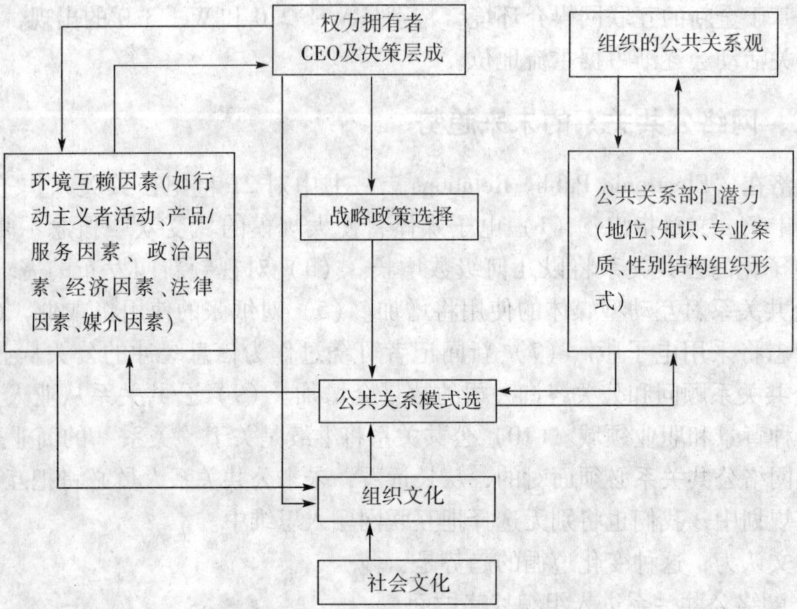

图2-1 基于战略的公共关系模式

2. 网络公共关系更多融入常规公关传播活动中

1991年，学者 Ralph Stacey（世界著名组织管理和复杂性研究专家，英国 Hertfordshire 大学管理学院教授）从组织内部文化变异和由此产生的冲突出发，提出了自己的战略模型并把管理分为常规（ordinary）管理和非常规（extraordinary）管理两种类型。Stacey 认为，时间流动不息，变化无处不在，组织始终处于一种不稳定的状态中，组织既要变化图存，又要维持一种稳定、统一的格局。

常规管理对于组织目标的实现和组织的长久生存是必不可少的，但是它有一个前提条件，即环境比较稳定，变化相对有限。常规管理有利于组织在“不改变自己行为或没有任何妥协情况下得到自己想要的东西”。这样看，日常公关传播管理无非是两个层面，一是在组织层面上，如提升组织的知名度，塑造组织形象等；二是在产品/服务层面，如宣传产品特色、促进产品销售。网络公共关系发挥日常管理职能也不例外，其网络新闻稿、网络论坛等形式都是在发挥这样的职能。常规管理还表现在公共关系对组织主要相关利益人关系的管理上。

3. 网络公共关系在非常规管理发挥作用

北京大学陈刚教授等翻译的英国学者大卫·菲利普斯的著作《网络》一书，重点对组织声誉和问题管理展开了论述。我们认为，这是网络公共关系非常规管理职能的发挥。

Stacey（1993）是这样定义非常规管理的：它是在开放（open-ended）变化的环境中通过直觉、政治手段和团体学习来制定决策，并以各种自组织（self-organizing）的形式进行控制。非常规管理要求组织质疑并打破旧有的模式。这样看，网络公共关系对组织内外部环境的检测、监控非常重要。

4. 网络公共关系评估体系的完善

和传统公共关系一样，网络公共关系也需要通过一系列可以测量的绩效指标来加以评估。1977 年 Oliver 曾经设计了一个由 8 个因素组成的绩效评估模型。该模型特别强调以大量的数据来支持。我们认为，以沟通和关系为核心，这些指标对于网络公共关系建立常规管理和非常规管理的评估体系会有所帮助，如图 2－2 所示。

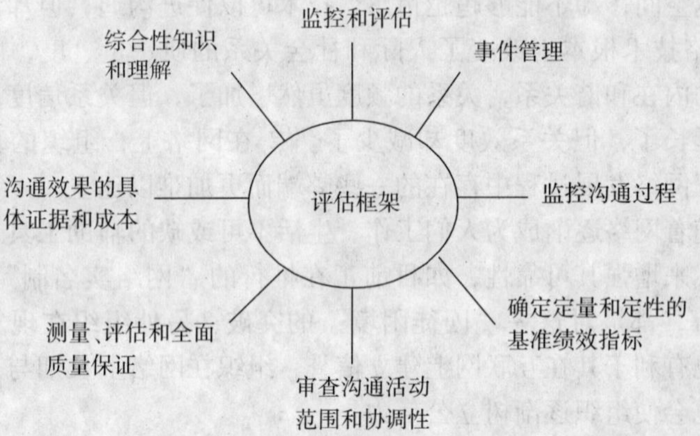

图 2－2　公共关系评估绩效指标

5. 公关从业者网络公共关系意识与使用技巧不断提升

博雅公关公司前总裁兼执行总裁认为，未来的公关人员必须学会在具有以下五种趋势的新环境中开展工作：①

建立新的看似不可能的战略合作伙伴。

发展新的跨国公司企业文化。

使用多种互动式的解决方案。

法规的重新制定和政府干预。

变化的商业环境（换句话说，企业重组现象的持续将要求培植员工对组织的忠诚度）。

可见，未来的问题不是公共关系人员要不要利用电子媒体，而是如何有效地

① ［美］弗兰·迈特拉：《公关造势与技巧》，中国人民大学出版社 2005 年版，第 16 页

利用这些媒体。

四、网络公共关系在传播中面对的问题

使用人口有待提高、网络安全隐患、硬件技术不足、网络语言环境限制……尽管互联网和公关活动结合所带来的功效比起过去的传播媒介要来的有魅力、有效果，但现阶段网络公关所要面临的障碍、限制还很多。

1. 网络“虚拟性”带来的弊端

网络的“虚拟性”，易使网络公关缺乏人情味。“在网络社会，人们处在一个具有讽刺意味的囚徒困境当中：一方面，新型全球化社区通过传播传输技术正在或者已经形成，而另一方面，整个社会可能变成一个‘熟悉的陌生人’社区，技术可以超越空间，却不能够超越情感，技术可以促进沟通，但却不能保证建立信任”，“网络技术根本上改变了人际和社会关系的质、量、度，削弱社会作为一个共同体的内在和谐关系，关系的频度虽然增加了，但关系信度却降低了；关系长度虽然延长了，但关系效度却减少了。”① 在网络上，组织的真实性、可靠性等信誉由于网络发展过程中存在的一些弊端而更加难以建立。

当然，随着网络逐渐成为人们工作、生活不可或缺的辅助工具，人们必然会采取各种方式来增强其可靠性，如目前正在推行的“网络实名制”、“网络新闻规范制度”等，都是对这一“囚徒困境”的突破，另外组织在现实社会中切实的良好口碑也有利于其在互联网上建立信誉，组织在网络上长期与公众平等、真诚的沟通，也会使组织逐渐树立公信力。

2. 安全方面存在的问题

（1）不利信息传播速度更快，易形成“公关危机”。不利信息主要来自两个方面：一是网络上的恶意攻击行为，如竞争对手对组织形象的恶意丑化，散布流言，黑客的入侵以及对组织网站的恶意涂改等行为；二是组织的负面事件形成的不利信息。

“好事不出门，坏事传千里”，与组织正面信息相比，负面的内容往往容易扩大。在互联网上，借助网络传播面广、速度快等特性，“坏事传千里”的负面效应更加凸显，使世界上任何角落的一个小小信息都可能对组织造成灭顶之灾。以日本“东芝事件”为例，一位顾客购买东芝录像机时，因销售人员对他言辞欠妥，结果被顾客录下来并贴到网上，引得五百万人次去听，最后东芝社长不得不亲自出面道歉，但这件事仍对组织产生了极为不利的影响。

---

① 陈先红：《新媒介推动下公共关系理论范式的创新》，《国际关系学院学报》2006 年第 4 期，第 72–74 页

(2) 网络技术方面的问题

来自网络技术方面的问题主要是指有针对性的网络犯罪，如电子交易支付中的漏洞。安全软件专家认为，在电子商务的网络零售站点里，全部的购物应用软件中，约有三分之一的程序设计易被调换价格标签的欺骗性手段所攻击。[①]

(3) 网络口碑方面的问题

口碑相传，是“word of mouth”的缩写，即口头传递信息，特别指推荐产品，也指由人与人之间的一般交流产生的信息，而不是通过大众媒体（广告、出版物、传统营销）传递。口碑相传通常被认为是一种口头沟通。

随着网络科技发展，网络对话例如博客、论坛和电子邮件开始成为了口碑相传的新沟通方式。网络口碑，是“Internet Word of Mouth”的缩写，指公司或消费者（一般合称网民）通过论坛（BBS）、博客和视频分享等网络渠道和其他网民共同分享关于公司、产品或服务的文字及各类多媒体信息。这些共同分享所产生的相应的传播效力会影响到这个品牌、产品及服务的信誉度等。如何选择口碑宣传的大使？如何面对团体中对商品和服务的传播有影响的人？这些都是网络公共关系在传播中需要面对的问题。

【案例链接】

支付宝与网络口碑——淘宝与 Ebay（易趣）之争

5 年前，Ebay 不仅仅是一家独占了近九成的 C2C 网站市场份额，而且还和几乎所有主流大型门户签署了排他性独家广告投放权，例如，以新浪、搜狐等为代表的大型门户网站，是不能做任何与易趣同类型网站的网络广告的。这使得淘宝在进入市场时，无法在大型门户网站上进行广告投放，这一传统又主流的营销传播渠道被彻底堵住了。

迫于无奈，淘宝头一年的传播推广，几乎全部是在无数的论坛和中小型网站上进行。因地制宜，淘宝进行以口碑和族群传播为主的营销传播，通过发动各个论坛有影响的发言者为淘宝进行介绍，不断地创造各种话题讨论，各种小型活动源源不断引导网民注册。于是，在有意无意中，淘宝与最早的一大批用户建立了非常忠诚的关系，因为这种关系来自于口碑，来源于本已存在的各个小论坛发言者深入的关系，因此，其坚固度甚至大于易趣通过门户广告拉来的用户。

当积累了一批稳定和热情的早期用户后，淘宝在走入大众传播视野时，也没有通过大型传统广告，而是通过植入营销手法。淘宝相继赞助了《天下无贼》

① 黄寰、谢敏：《对网络公共关系的几点思考》，《商业研究》2005 年总第 326 期

等电影，将淘宝网的信息巧妙植入其中，与娱乐内容结合，使传播内容更具体验化。通过这种被普遍称为娱乐行销的手段，淘宝网在不知不觉中被更大规模的社会民众所熟知，并津津乐道。

值得一提，淘宝网快速增长，来源于一个极为重要的创新，即支付宝的推出。淘宝网发现，阻挡网民大量使用C2C电子商务的主要原因，是支付手段的不完善，中国用户不像国外用户，已经习惯于使用信用卡或网上直接支付。因此，支付宝这一极富中国特色的在线支付平台的推出，很大程度上解开了网民的心结，从而实现了淘宝网的用户量和交易量的极大增长。直至推出两年多，已经形成强大趋势后，淘宝网的广告才正式出现在各大主流媒体上。

反观之，从头到尾，易趣对淘宝的阻挡和反攻，都显得相当无力。易趣采用的反击手段，主要是增大了广告投放量，做了各种如果是传统产品会非常出色的广告创意。易趣常做的一件事，就是不断更换广告公司。据说，易趣在淘宝崛起过程中，更换了不下四家国际4A广告代理公司，在最关键的那一年，竟然更换过三家广告代理公司频频进行比稿，这在国际公司中相当罕见。尽管不停更换国际4A广告公司，Ebay却从未真的放弃过传统的传播方式。网络业的营销传播竞争，其实也是一种文化的竞争，一种用户体验和互动的竞争，是取决于服务的创新力和用户的关系深度，等等。淘宝的胜出，网络口碑和支付宝这一安全交易方式发挥了扭转乾坤的作用。

第三章　网络公共关系对象

【本章提要】公众是公共关系学中的重要概念，随着网络公关的兴起，网络公关的对象——网络公众也就随之出现。网络公众除了继承了传统公众的一些特点，也因为生存环境的不同而具备了很多新的特征。

本章介绍网络公众的概念、分类、特性；并通过分析网络公众所处的环境、与传统公众进行比较，以及许多现实的案例，多方位、多角度的对网络公众这一新兴群体进行阐述。

第一节　网络中的公众

一、传统公共关系的公众

1. 公众的概念

公众是公关工作的对象，是公共关系的客体，没有它，公关工作就无从谈起，它是公共关系中一个极其重要的概念。公众的英文为 public，泛指公众、民众，也指具有“合群意识”的社会群体。而公共关系中的公众不是广泛意义上的概念，它所指的对象是对特定的公共关系主体具有现实或潜在影响力的个人或组织，是公共关系主体所需要影响的对象。就此，可以给公共关系中的公众下一个定义，即：公众是指与特定的公共关系主体相互联系及相互作用的个人、群体或组织的总和，是公共关系传播沟通对象的总和。

【案例链接】

公众的定义

美国马里兰大学教授，公共关系传播管理学派代表格鲁尼格于 1982 年发表在《传播研究》中的论文《信息—态度—行为的关系：组织的传播行为》中对公众提出了定义。

格鲁尼格设计了三个变量来为不同的公众及传播行为分类。三个变量是：1. 人们对某议题本身的认知程度（problem recognition）；2. 对外界阻力的认知态度（constraint recognition）；3. 对议题的卷入度（level of involvement）。在三个层面上，公众被划分为非公众、潜在公众、知晓公众和行动型（积极）公众。

非公众：没有感兴趣议题的人。指个人行为非常有规则，在面对问题时，不觉得问题存在，有或没有反应，行为与平时相同。潜在公众：认识问题能力和参与程度都很低的人。他们可能会受到议题影响，但是不会参与任何相关的行动。知晓公众：认识问题能力很强，但当采取行动或进行参与的时候会受到约束。行动公众：认识问题和参与程度都很高，在采取行动时候没有受到约束。

尽管过去了 20 多年，这些关于“公众”的定义和属性依然是我们在网络环境中去分析并考量受众的重要标准。

2. 公众的特性

（1）整体性

整体性或称普遍性，指的是公关工作所面对的公众不局限于某一群体，而是一种公众环境。公众环境指的是与其相互关联、相互影响的社会环境和舆论环境的总和。在现代社会分工高度细化、信息流通迅速的情况下，任何一个组织的生存与发展都不可能脱离一定的公众环境。这种环境涉及的范围很广，包括组织内部和外部的各类群体和特定个人；这些对象层次繁多，也相互联系，共同构成了复杂的整体。如一家企业，它所面临的公众环境既有内部的职工、股东，还有外部的政府、顾客、舆论界、供应商、其他合作或竞争企业，等等，对于他们中的任何一个都有充分开展公关工作的必要。公众的整体性这一特点注定一个组织的公关工作必须要有宏观的、整体的眼光，要充分地考虑到自己所处环境的复杂性和联系性，绝不能只关注某部分公众而忽视其他，否则将会导致自身公众环境的恶化，从而影响组织的发展。

（2）同质性

同质性或称共同性，指的是作为公关对象的公众并不是随意泛泛地产生，而是因为某个触发事件，为了某种共同关心的问题，某些共同的利益、共同的背景而被组织在一起，是与公关主体发生一定联系而以特定角色出现的。公众的产生逻辑决定着在他们内部有某些同样性质的东西可以归纳把握。对于一个特定组织，所涉及的时间、空间、事件等条件是有一定范围的，只有与这些条件相契合的个人或群体才会被归为该组织公关工作的对象，被归为该组织的公众环境。比如说一些原本相互不了解的人，因为共同购买了某一社区的房产，就会出于对该社区房屋的共同关注，从而使他们的态度和行为具有某些内在联系，会一起对该社区的房产开发商构成现实压力和舆论压力，从而成为该房地产商公关工作的对象，成为该房地产商面临的公众环境的组成部分。因此要明确某组织所面临的公众构成，必须要分析目标人群内在的同质性，这样才能使公关工作有的放矢，并选择出合理的方法。

（3）多元性

多元性或称多样性，指的是一个组织将会有多层次的活动而和不同类型的公众发生联系，如利益关系、管理关系、竞争关系、合作关系等。在某一类型的公众中虽然拥有某些内在的同质性，但就其存在形式而言也仍然是多种多样的，可以是个人、是企事业单位、是民间组织等等。比如一个企业日常公关工作的对象具体会有内部职工、股东、供应商、政府官员、新闻记者等等，而在内部职工中又会有以团体形式出现的工会，或以个体形式出现的某一职工等。这些以不同形式存在的公众会有不同的生活背景、价值取向、兴趣爱好，他们对企业关注的角度不同，对同一问题所产生的想法和要求也不尽相同。企业为了影响他们，所要采取的公关活动也需区别对待。复杂的公众存在形式决定了一个组织必须有足够多的传播沟通方式来应付各种对象，对一般群众和对政府官员所采用的公关方式肯定是不一样的。一个组织在公关活动中与公众发生的联系与联系方式都将是多层次和多样化的。

（4）相关性

相关性或称关联性，指的是公众的存在总是相对应于一定的公共关系活动主体的，公众之所以成为特定组织的公众，是因为他们和该组织有着一定程度的关系。一个群体能成为某一组织的公众，说明他们与该组织有着关联和互动，这种关联性会使他们对组织形成一种制约力量，他们的行为和态度将会对组织目标的制定、计划及其公关活动产生的效果产生相应的影响，一种肯定的态度和积极的回应会使组织坚定自己的决策并加以推广，而否定和消极的态度则会使组织对自己的行为在一定程度上做出修改。相应地，公众的相关性使得组织做出的决定也必将会在相关范围内影响到公众，使公众自身的观念发生一定的改变乃至创造整个公众环境。很多企业在进行公关活动之前都有必要判断哪些公众是与自己相关联的，怎样关联的，然后才能通过合适的公关手段创造对自己有利的局面。

(5) 变化性

变化性或称可变性，指的是公众是一个开放的系统，任何组织面临的公众都是随着特定的宏观社会环境和具体的共同问题而产生，当社会环境发生变化或共同问题得以解决，该公众形成的共同基础就将发生变化，其构成也必然会有所改变。而社会环境是在不断变化之中的，具体的社会问题也是在不断解决或转移的，公众自身对同样问题的认识也是不断变化的。随着这些条件的变化，任何组织面临的受众的性质、形式、范围都处在不断变化的过程中。而组织自身发展方向的调整或策略的变化也会让自己与不同社会客体的关系发生变化，有些会建立新的联系，有些既有联系会加强、减弱或消失，这些改变都会使组织在公关活动中面临的公众体现可变性的特点。例如一个原以出版科技书籍为主的出版社更改了自己的经营方针，开始以出版畅销文化书籍为主，那么它所面临的公众环境就会发生一定的变化，所面对的供货商、顾客和社会相关团体等都会有所变化。公众的可变化性要求组织要有着高度的社会敏感性，对社会宏观环境以及自身决策所能够产生的特定公众有着较准确的判断，才能使自己的公关活动做到有的放矢。

(6) 可导性

可导性或称导向性，指的是在特定环境下和组织发生联系而产生的公众。面对组织，他们在一定程度上有着共同的知识文化背景，对于相同事件有着相对一致的认识，对于团体行为有着大致一样的动机，这样的公众在受到外界刺激时也会产生较一致的反应，会有方向基本一致的态度和行为，他们的好恶是可以在一定程度上预料和掌握的。运用公众的可导性是对公众进行研究的一个直接动机，一个组织分析与自身发生联系的公众，是为了按自己的计划更好地影响公众，从而使自己的公关工作更有目的性，更有效率地进行。公众对公关活动的反应受个体和社会两个因素的影响，做好对公众的导向工作需要对特定个体做出定量分析，也需要对公众所处的社会环境作出定性分析，以充分了解公众的心理，了解他们的好恶和需求。公众的可导性要求一个组织在进行公关工作的时候要有一个较为明确的指向目标，有对公众的理性分析，使自己的行为和想要达到的目标有着良好的契合。

3. 公众的分类

从公众的种种特性中可以看出一个组织要面临的公众是各种各样的，有着复杂的层次。这为公关工作带来了很大的困难，也带来了工作的切入口。不同种类的公众需要不同性质的公关策略，于是就产生了对公众进行科学分类的内在要求，需要根据公众内在的规律性对他们进行分类。

对于公众的分类，通过不同标准，不同角度会有不同的分法，比较常见的分类方式有以下几种：

（1）按公众与组织的关系分

按照公众与组织有无从属关系，可以把公众分为内部公众和外部公众。

内部公众：即组织内部的成员，主要包括组织内部技术人员、管理人员、员工家属、股东等等。内部公众是组织的核心力量，也是组织公关工作必不可少的对象。

外部公众：即组织面对的除了内部公众以外的公众，如政府、顾客、供应商、媒体、同行、突发事件公众等。一个组织在社会上的生存与发展只靠搞好内部公关是远远不够的，如何搞好对外形形色色公众的关系是现代组织公关工作的重点。

（2）按公众的发展过程划分

公众对于一个组织而言是一个动态的概念，美国公共关系研究专家格罗尼格和亨特按照公众与组织关系的一般发展过程，把公众划分为非公众、潜在公众、知晓公众和行为公众。

非公众：即与组织没有现实联系的社会群体或个人。他们既不受组织的影响，也不影响组织的行动方向，他们不是组织公关工作的实际对象。在实际公关工作中要注意区分公众与非公众，以避免公关工作中不必要的浪费。

潜在公众：指的是组织的某些行为或决策已经影响到一些社会群体或个人，但他们自身暂时没有意识到，而在将来可能会意识到。这些群体或个人就是组织公关工作面临的潜在公众。例如一个化工厂的排污系统出了问题，影响到了周围居民的生活用水，不过大部分居民还没有感觉到。这些居民就是该化工厂公关工作的潜在公众。随着时间的推移，越来越多的居民会发现这个问题，可能会与该化工厂发生利害冲突。

知晓公众：知晓公众是潜在公众逻辑发展的结果，作为知晓公众，他们已经意识到了自身与组织之间的联系，并会通过自己的态度和行为对组织构成影响，这时他们已经成了组织的现实公众，是组织公关工作不可回避的对象。这时的组织有必要通过自己的实际行动与他们进行沟通，例如上面举的例子中那些已经意识到生活用水污染问题的居民就属于知晓公众，化工厂对这些居民必须要通过一定的策略沟通和交流，以避免公众环境的进一步恶化。

行动公众：知晓公众进一步发展下去就会成为行动公众，行动公众不仅意识到了相关问题的存在，而且决定以实际的行动来解决所面临的问题，如与组织交涉、上访、诉诸法律，等等。上面例子中受到水污染损害的居民，如果没有得到及时合理的解决方案，就有可能采取各种方式与化工厂进行交涉。面对行动公众，组织必须采用一些迅速合理的手段来进行公关活动，需要用实际行动来影响公众，以避免自身的公关活动陷入更加被动的局面。

（3）按照公众对组织的重要程度来划分

按照公众对组织的重要程度来划分，可将公众分为首要公众、次要公众和边缘公众。

首要公众：指与组织联系最紧密、对组织的存在和发展起决定性作用的群体和个人。如企业的股东、工厂的工人、商店的顾客等等。首要公众是组织需要在公关工作中花费最多时间、投入最多人力物力的对象。

次要公众：指与组织有一定的联系，对组织的存在与发展起一定的作用但并不是决定性作用的群体或个人。如一个企业需要面对的新闻媒体，社会名流等。

边缘公众：指的是与组织有一定的联系，但对组织的存在与发展作用很小的群体或个人。这类公众与组织有联系，但与组织的各项实际工作距离较远。如一个以内贸为主企业的海外同行。

首要、次要以及边缘公众都不是绝对不变的，都是在特定时期对特定群体或个人的一种分析，随着社会环境或组织战略的变化，他们的对于组织的重要性可能会发生改变。因此对于公众的重要程度一定要用动态的眼光来分析，以确保公关工作指向的明确性。

（4）按公众对组织的态度来划分

按照公众对组织的态度，可将公众分为顺意公众、逆意公众和中立公众。

顺意公众：指的是与组织关系和谐，理解和支持组织的决策行为或产品的群体和个人。如企业的客户、合作伙伴等。组织应该加强与顺意公众的联系，稳固和他们的关系，并通过公关工作尽可能扩大顺意公众的数量，为自身赢得有利的发展环境。

逆意公众：指的是与组织意见分歧，反对组织的决策行为，抵制组织产品的群体和个人。如企业的恶性竞争对手，抱有偏见的消费者等。对于逆意公众组织应该采取合适的公关手段尽量减少他们的成见，通过组织发展方向的调整减少逆意公众。

中立公众：指的是对组织的态度处于顺意公众和逆意公众之间的公众类型，他们对组织的决策行为或产品没有明显的忠实或偏见，态度不是很明朗。在现实社会中，对于一个组织而言，彻底的顺意公众和逆意公众都是比较少的，大部分公关工作都是面对着中立公众进行，因此如何最大程度地争取中立公众，使他们的态度向顺意公众倾斜就是公关工作的目的所在。

（5）按组织对公众的态度来划分

按照组织对公众的态度，可将公众分为受欢迎的公众、不受欢迎的公众和被追求的公众。

受欢迎的公众：指的是与组织指导思想一致，能为组织带来现实利益的部分社会群体和个人，如企业的投资者、校园建筑的捐赠者、企业的忠实顾客等。这部分人与组织关系融洽，在公关工作中容易交流，但也需要保持与他们的关系。

不受欢迎的公众：指的是与组织指导思想相悖，损害组织利益的部分社会群体或个人，如企业的恶性竞争者、与组织观念不同的社会组织等。不受欢迎的公众已经在客观上与组织形成了联系，组织就有必要对他们进行相应的公关工作，把他们对组织的威胁减少到较低的程度。

被追求的公众：指的是部分公众能够理解组织的决策，对组织的行为和产品没有特别的偏见，而他们对组织缺乏更深一步的了解，组织对他们也缺乏交流沟通，组织与他们彼此之间都有更进一步加强联系的要求。这部分公众是组织公关工作重点追逐的对象，如何培养他们对组织的偏好倾向，制造对组织有利的公众环境是极重要的公关任务。

除了上面介绍的对公众的划分方式外，还有一些划分方式，比如按公众的稳定程度划分为临时公众、周期公众、稳定公众；按组织与公众发生联系的时间可划分为未来公众、现在公众等等。这些各异的划分方式根本的目的就是让组织在开展公关工作的时候能够更好地了解自身所面临的对象，达到自己的目的。针对不同目标，组织可以在对公众进行划分的时候选择性地使用一种或几种方式。

4. 基本目标公众分析

正如上面所介绍，组织面临的目标公众是多层次的、复杂的，也是具体的。组织在日常公关活动中会遇到很多具体的公关对象，想要对所有对象都进行分析是不现实的，下面对一些组织公关工作常见的公众进行简要的介绍。

(1) 员工公众

员工公众是组织内部的全体成员，他们是组织存在与发展的最根本力量。员工公众对组织的态度和行为，对组织的影响是根本性的，是巨大的。员工公众在对内管理的时候是公关工作的对象，在组织执行对外公关职能的时候又成为了主体。正是这种特别的属性注定了他们的地位，一个组织想要顺利地发展，必须通过各种可行的方式培养员工公众的集体感、归属感、认同感，形成凝聚力。

(2) 顾客公众

顾客公众是指购买组织所提供的物品或服务的社会群体和个人，他们的存在是组织尤其是企业组织进行生产的前提。在市场经济中，顾客公众对企业组织是极其重要的，企业组织往往要通过广告、公益活动、与顾客互动等多种公关方式来协调好与顾客的关系，在顾客心目中留下较好的企业形象。

(3) 媒介公众

媒介公众指的是组织在公关工作中需要面对的新闻界各式客体，如新闻传播机构（报社、杂志社、电视台等）、新闻传播从业人员（记着、编辑等）。媒介公众一方面可能是组织的顾客公众，另一方面媒介又从事着信息传播的工作，起着舆论导向的作用，他们在一定程度上可以通过对信息的筛选和传播影响组织在社会上的形象。这样的双重属性使得媒介公众占有非常突出的位置，能否处理好和媒介公众的关系，尤其在危机公关的过程中如何做好媒介公众的工作显得尤为重要。

（4）政府公众

政府公众指的是各级政府的职能部门及其工作人员。任何组织都处于相关部门的监督和管理之下，政府公众是组织公关工作面临的公众中最具有权威性的部分，组织为保持自身活动的合法性，要顺利地开展自己的业务都需要与各式政府公众发生联系。与政府公众保持良好关系，争取政府公众最大限度的支持可以为组织赢得非常有利的发展环境。

（5）社区公众

社区公众指的是组织所在的区域里因为位置靠近而与组织发生各式联系的群体和个人，社区公众与组织生活在同一地理空间内，相互关联、相互影响，是一种睦邻关系。搞好与社区公众的关系可以直接改变组织的公众环境，为组织赢得良好的口碑，对组织形象的建立与传播都有着重要的地位。

（6）国际公众

国际公众指的是组织在国际公关工作中所面对的具有不同国籍、不同文化背景的公众对象。包括不同国家的政府、媒介、消费者等等。国际公众因为其多样的社会制度和文化特征，使得组织在面对他们时需要更加充分的准备和计划才能开展行之有效的公关活动。通过公关工作赢得更多国际公众的支持，赢得更多的国际舆论的支持是一个组织做大做强、走向世界的必然要求。

（7）名流公众

名流公众指的是那些对于公众舆论和社会生活具有较大影响力和号召力的社会知名人士，比如政界官员、商界领袖、文化经营者等。他们虽然在面对组织时以个体的形式出现，但其往往会代表着一个群体的态度，而名流公众较强的社会活动能力也会把他们自己对组织的态度带到更大的范围中去。因此组织在面对名流公众的时候，在公关策略上需要把他们与一般群众区分开来，以适当的方法借助名流公众的社会影响力提高组织声誉。

（8）其他公众对象

除了上面介绍的几种组织经常面临的公众，还有一些公众类型也是比较重要的。如企业面临的股东公众，他们是企业资金的重要来源，组织必须通过合适的态度和实际的行为来维持良好的股东关系以稳定资金来源。还有比如竞争对手公众，指的是组织在执行自身决策、追逐自身目标的时候所遇到的竞争对手。对于竞争公众，组织既要保持足够的竞争意识，又需要通过公关活动与其保持相对良好的关系，以确保良性竞争。除了这些之外，遇到具体的公关问题还有许多具体的公众对象，在实际工作中需要具体情况具体分析。

二、网络环境下的公众

1. 网络环境

随着互联网的迅速发展，人们对它的应用越来越广泛，它的影响范围也越来越大，如同社会活动一样，人们在互联网上进行的各种活动都是在某种特定环境下进行的。从技术层面说，网络环境是指将分布在不同地点的多个多媒体计算机物理上互联，依据某种协议互相通信，实现软、硬件及其网络文化共享的系统。从文化层面说，网络环境是指在互联网上的一切信源、信息、文化现象及其传播方式所造成的用户心理上对网络的宏观认知。

网络环境与现实社会环境既有联系又有区别。

网络环境是现实社会环境的折射，其信息来源于现实社会，信源和信宿实体也存在于现实社会，信息内容和发布方式也受到现实社会其他组织的制约，因此，网络环境是以现实社会环境为基础的，有什么样的现实环境就有什么样的网络环境。在另一方面，网络环境并不是完全忠于现实社会的反映，而是一种拟态环境。所谓拟态环境就是指传播媒介通过对现实信息进行选择、加工、重构等活动后向人们展示的环境。网络上的信息和它们的展示方式归根结底是由各个社会上或大或小的媒介提供和展示的，这些以群体或个人身份出现的媒介在进行信息传播时会不可避免地融入自己的价值观或目的性，从而导致在网络上所呈现的环境与现实中的环境有所出入。由于吸引受众的需要、投资方的要求、权责的相对松散会使网络上的信息集中向某一个或几个方向靠拢，最终形成具有特定属性的网络环境。

2. 网络环境下的公众

在第一章中我们已经对网络公众做出了界定：网络公关的客体就是经常浏览网页的、与网络组织有实际或潜在利害关系或相互影响的个人或群体的总和。

从环境角度，网络公关的受众大致可分为两大类型：一种是围绕组织由利益驱动形成的垂直型网络用户，包括投资者、供应商、分销商、顾客、雇员，以及目标市场中的其他成员；另一种是围绕某一主题形成的横向网络用户，包括竞争对手、行业协会、联合会等等。由于网络媒体的双向互动性，公关的对象更加明确、具体，出现受众细分化趋势。

(1) 网络公众的特性

——广泛性

现实中，组织为执行公关工作而发布的信息一般是确定在计划好的范围内的，而互联网上的信息具有开放性，只要打开相关网页，任何人都可以浏览组织在网上发布的信息。由于这些信息比在现实中可以得到更加广泛的传播，一些在现实中的组织公关工作面对的非公众和潜在公众都有可能成为组织实际面临的公众。在网络环境中，会有更多的人通过了解相关信息而和组织发生联系，组织往往需要面对范围比现实中更加广泛的公众群体。

——个体性

现实中组织面对的公众很大一部分是以群体的形式存在的，这些公众的意见也经常是以群体意见的形式存在的。比如一个社区的物业公司往往会选择与业主委员会进行交流，而业主一般也会通过业主委员会向物业提出意见。于是现实中的公众经常会受到群体意识的影响，在思考时受到他人的影响与制约，在表达意见时往往也不能完全遵照自己的想法。而在网络上，一般人们都是以个体形式对信息进行搜集、思考，并提出反馈意见，受别人的影响相对较少。例如一个社区的业主可能在现实生活中不能充分表达自己的意见，而在社区的论坛上则比较容易办到。

——参与性

在现实社会里由于社会关系的制约，免责心理的影响和组织程序的要求，一般公众虽然有自己的态度和看法，却难以或不愿意真正参与到组织公关工作的反馈中来，但在网络环境中则不同，网络环境中的社会制约力量小，表达意见简单直接，因此在组织的公关工作中，网络公众的参与性比现实中的公众要高，而这种参与性高的氛围又会带动更多的人参与进来。例如在一个企业组织里，员工一般不愿意直接对公司的状况或决策表态，而在该企业的内部网络论坛里，很多人就会比较积极地发表自己的看法，表达自己的意见或建议，这很有利于公司凝聚力的提升，是现代企业搞好对内公关工作的有效方法。

——功利性

网络上有着数量庞大的信息，网络公众一般不会在一条信息上停留很长时间，他们对信息的要求比在现实社会中要高。在现实中由于社会关系的复杂性，一个信息往往要伴有大量无关内容才能传播出来，在现实中的大众也习惯了这种信息传递方式。而在网络环境中，组织面临的公众是具有较强功利性的，他们在浏览信息时只会寻找与自身有关的部分，他们希望组织公布的信息是简洁的，有价值，指向性明确的。冗长的信息根本吸引不了公众，达不到公关的目的。

——虚拟性

网络公众除了少数是以实名状态出现，绝大部分还是以一个 IP 的状态出现的，这种虚拟的存在形式使得网络公众在网上活动时没有过多的顾忌，他们在网络上的活动也缺少责任感。组织在进行网络公关时会收到大量的反馈，但很难确定这些公众的现实存在情况，而且其中有相当一部分是不可靠的，甚至是故意制造混乱。网络公众的虚拟性对组织的公关工作造成了一定的障碍，相关部门需要花费更多的时间和精力用于信息的区分和定性工作上。

（2）网络公众的分类

公众是一个整体概念，在公关工作中的具体客体是以多种形式和身份出现的，在现实环境中是这样，在环境更为多样的网络上更是如此。对网络公众的分类除了使用对传统公众的分类方法外，基于网络环境的特点，还有一些新的分类形式需要加以考虑。

——按照公众在网络上存在状态划分，可以分为实名公众和匿名公众。

实名公众指的是在网络上以真实的身份出现的群体或个人，包括政府机构、企事业单位、社会名流等等。他们在网络上公开自己的现实身份，在网络上的言行都可以找到现实的施行人。比如政府发布的公告，名人写的实名博客等。实名公众的可信度较高，组织在对他们进行网络公关时也会有较为准确的定位。

匿名公众指的是在网络上隐瞒真实身份，以虚拟状态出现的群体或个人。绝大部分网络公众属于匿名公众，他们在网络上的言行不容易找出现实的施行人。作为组织网络公关的对象，很难确定他们的属性，他们的反馈有一定的价值，但也具有很大程度上的随意性和盲目性。

——按照公众对网络上的信息态度划分，可以分为目的性公众和随意性公众。

目的性公众指的是在网络上有意识地寻找组织的有关信息，并会对该信息进行较为认真的阅读与思考的公众。这部分公众为了自己的某种需求会主动寻找组织公布的信息，会对其进行分析思考，并有可能提出反馈意见。目的性公众作为组织的网络公关对象，具有较大的价值。

随意性公众指的是在网络上随意浏览信息，无意中阅读到与组织相关的信息，进而和组织产生联系的公众。这部分公众对组织公布的信息一般不会给予非常认真的态度，提出的反馈意见往往也是很不成熟的。随意性公众对组织的公关工作而言价值不是很大。

——按照公众在网络上的影响力划分，可以分为活跃性公众和沉默性公众。

活跃性公众指的是在网络上不仅浏览阅读信息，还热衷于把自己接收的信息传播给他人的公众。活跃性公众往往对各类信息有着较高的敏感度，而且愿意把自己对各种信息的看法或态度通过种种网络传播渠道展现给他人。在组织的公关工作中，他们不仅会较多地接触组织提供的信息，而且还会把信息和自己的态度传播给更多人。搞好与活跃性公众的关系对组织公关工作有很大帮助。

沉默性公众指的是一般对网络上的各种信息不发表看法的公众。这部分公众也在网络上接收信息，但仅限于自己了解，并不把自己的态度或看法展现给更多人，也很少参与反馈活动，比如论坛里始终“潜水”的用户。在组织的公关工作中，沉默性公众是很难确定的对象类型，他们对组织的意义相对于活跃性公众要小。

——按照公众参与活动心态和途径来划分，可以划分为一般公众和特殊公众。

一般公众指的是以一种正常的心态通过一般的渠道参与组织网络公关工作的公众。我们在网络上见到的大部分公众都属于一般公众，他们在网络上的行为相对比较正常，不会对组织产生过大的冲击。

特殊公众指的是怀着特殊的动机，或以非正常渠道参与到组织网络公关工作中的公众，比如网络黑客、网络推手、激进分子的网上联盟等。这部分公众是一般组织很难掌握的对象，他们参与网上活动的动机和方式都有别于一般公众，他们的一些行动有时会对组织产生非常强烈的影响。关于一般公众和特殊公众如何参与到网络公关活动中，在本章下一节的内容中会进行详细的说明。

互联网是一个飞速发展的系统，其中信息传播的升级速度非常快，每次改进都有可能造就新的网络环境，出现具有新特点的网络公众。组织在进行网络公关活动的时候需要充分把握新环境下网络公众的特点，进行科学的分类分析，有针对性地做好公关工作。值得提醒的是，网络公众所属的类型不是一成不变的，随着条件的变化，网络公众的类型还有交叉变化的可能，在自己博客上以实名出现的公众可能在其他论坛上以匿名的方式出现，同样的公众可能对某些信息比较认真而对其他的比较随意，在某个问题上活跃的公众可能在另一个问题上比较沉默，所以组织在利用网络公关对公众进行区分时不能局限在固定的模式里，要根据实际情况划分自己面对的公众群。

3. 网络公众与传统公众的区别与联系

网络公众是在新信息技术的基础上出现的。作为组织的公关对象，网络公众与传统公众既有区别又有联系。

（1）网络公众与传统公众的区别

——存在方式不同

正如前面内容所介绍的，网络环境与现实环境有很大不同，在网络环境下生存的公众与在传统环境下生存的公众即网络公众与传统公众会被他们生存的环境所影响，因而有着不一样的存在方式。传统公众以社会人或群体的方式存在，而网络公众是以匿名或实名的电子信息方式存在。对周围环境的感知会影响到人们对自身存在属性的判断，因而在组织的公关工作中表现出种种不同的特性。存在方式的不同是网络公众与传统公众最为根本的不同，正是基于这个区别，他们会衍生出种种不同的表现。

——心理状态不同

同样是组织公关工作对象，在了解组织、与组织沟通、向组织反馈意见等活动的时候，网络公众与传统公众会表现出不一样的心理状态，于是也就会产生不同的做法。生存环境的真实性使得传统公众对自己的行为方式具有较高程度的责任感，能用较为理性的方式来参与各类活动，传统公众与一个组织发生联系或参与公关活动的反馈往往是有准备有计划的，他们会较多地预判自己行为可能带来的后果，并对可能产生的后果做好准备。传统公众一般是以一种相对谨慎的态度参与到组织的公关活动中来的。而网络公众生存在网络这一较为宽松的环境中，在参加各项活动时有着较大的随意性，尤其是广泛存在的匿名公众，他们对自己的情感进行较少的控制，经常处于一种非理性的状态之中，对自己的行为责任感也较弱。网络公众经常会以一种相对随意的态度参与到组织的公关活动中来。

——参与程度不同

通过已经介绍的知识我们知道，一个组织面对的公众是分为很多种类型的，这些类型不同的公众对于组织的意义也不同，如知晓公众只是了解情况，不太会对组织进行反馈，而行动公众则会通过各式手段参与到反馈活动中去，会对组织产生更大的影响。由于传统环境中各种因素对人的约束，大量的传统公众满足于对情况的知晓而不愿意参与到实际的反馈活动中去，以免产生一系列的责任，而由于网络环境的虚拟性和监管的相对松散，网络公众的大量行为处于一种免责的状态当中，这就使得大量网络公众成为组织的行动公众，能够较为踊跃地参与到反馈活动中去，甚至可以带动现实中的反馈活动。

——参与方式不同

在传统环境中，公众想要参与对组织的反馈活动，通常的方式有直接的人际交往、形成集体意见、通过媒体表达等。而在实际生活中，这些方式都有其弊端，社会关系的复杂和规则的严格使得一般公众很难通过直接的人际交流对组织进行反馈，而当一个意见以集体意见的方式出现时，往往又已经对个人原本的意愿进行了部分修改，至于大众媒体更是很难被一般公众所利用。网络公众在此方面有所不同，互联网作为一个庞大的系统，为其用户提供了多种直接地表达意见的渠道。电子邮件、论坛等方式的存在使得网络公众能有一个较为安全的方式与组织进行互动，而博客、播客等工具的存在使得网络公众可以更大限度的表达个人的意愿，发挥个人影响。由于网络环境的特性，在参与方式上，网络公众比传统公众有着更多更方便的选择。

网络公众与传统公众的区别是由自身属性的不同所决定的，上面介绍的几点只是他们间的主要区别，在许多细节方面，网络公众与传统公众也会显现出不同的特性。

当然网络公众与传统公众并不是两个相互排斥的概念，相反这是两个相互联系甚至在一定条件下可以相互转化的范畴。从某种意义上来说，网络公众是在传统公众基础上的延伸，他的特性和分类在很大程度上可以借鉴对传统公众研究的成果，这也是本章在介绍网络公众前先介绍传统公众的原因。网络公众是随着互联网技术的成熟而出现的一种新的公众形态，由于网络的影响力巨大，具有诸多传统社会不具备的特点，在现在这样一个互联网高速发展的时代，把网络公众作为公众的一个特殊种类加以研究是很有必要的。

第二节　网络公共关系中的公众参与

在本章上一节里已经介绍了什么是网络公众，以及网络公众的一些特性和分类。然而仅仅了解网络公众的特点是不够的，作为网络公关的客体，我们更需要知道他们是如何参与到组织的网络公关工作中来的。

正如本章第一节介绍网络公众分类时提到的，网络公众按照参与活动的心态和途径来划分，可以划分为一般公众和特殊公众。这是一种大范围的定性划分，据此可以引出网络公关里由于公众参与而出现的各种各样的情况，本节将分别对一般公众和特殊公众的参与行为进行讨论，进而说明网络公关中的公众参与情况。

一、网络公关中的一般公众参与

1. 参与性是网络公众的天生属性

互联网是人类社会发展到一定阶段的产物，信息技术的进步是互联网产生并不断发展的物质基础，而人类教育水平的提高，社会制度的完善是互联网发展的精神动力。互联网既体现着这个时代科学技术的发展，也体现着人文精神的完善。这种信息技术的发展为公众参与网上活动提供了客观便利，这种人文精神的进步为公众参加网上活动构建了主观动力。可以说，参与性是网络公众的天生属性。而这种属性也正是网络公关工作的魅力所在。

2. 组织的公关工作需要公众的参与

组织的公关工作需要公众的参与，任何一个组织都希望自己的公关工作能够取得好的效果，而公关活动的好坏与否不是以组织的主观意愿决定的，而是由公关活动所产生的客观效果决定的，组织公关工作的客体——公众是否接受、认同组织的公关工作才是界定公关工作好坏的标准。为了让自己的公关工作能够得到及时的修正，能够更加接近自己的预期目的，公众的参与和反馈应该是组织非常重视的信息。在传统的公关活动中，由于社会关系的压力和反馈渠道的缺乏，公关主体所收到的反馈信息往往很有限，并且带有很大的滞后性，这使得组织在进行公关工作时常常不能做到有的放矢，等到发现公关策略发生错误时为时已晚。在网络公关过程中这个问题可以得到很好地解决，网络作为一个高度开放性的系统，为其用户提供了很多方便安全的参与方式，一个组织在进行网络公关时，经常会收到数倍于传统公关方式的反馈信息。例如 2007 年 7 月《北京晚报》上报道的一条新闻：

“新的医保规定必须亲自看病开药，难为了行动不便的病人，我先后向市长信箱反映了几次，真是没想到这么快就起了作用，现在不出门也能开药治病。”市民刘先生今天早晨在市长信箱里的留言也代表了很多人的心声。记者今天从市信访办获悉，市长信箱网上办公系统从开通（2005 年 12 月）截止到昨天，答复市民问题 10 万件，市民来信的办理、答复过程均在网上公布，市民发出的电子邮件全都会得到高效办理。

记者打开市委市政府信访办网站，看到首页正中明显位置上标示着“网上信访”专栏，在“首都之窗”网站首页右侧明显位置上也标示着“市长信箱”专栏，用鼠标点击专栏，再经过注册后，只要将反映情况的内容输入电脑，轻轻点击“发送”，就可以完成“投递”。记者了解到，对每一封电子邮件来信及有关部门办理答复意见，可以随时上网查阅，市长信箱以其快速、准确、经济等特点，方便广大市民和市政府的联系。

据了解，市信访办投资 300 万元对原市长信箱系统进行了改版升级，2005 年底就连通了市、区县、委办局、街乡三级单位的网络，目前已经有近 600 多家单位（其中区县、市属委办局 71 家）实现了网上办理市长信箱电子邮件，网上进行转办交办、网上反馈办理结果、网上答复群众。市长信箱网上办公系统的开通运行，使得市民来信办理工作向现代化管理迈了一大步，拓宽了群众来信渠道，办理效率也得到了提高。据市信访办工作人员介绍，“市长信箱”目前平均每天收到 200 多封电子邮件，成为群众反映问题、提出意见和建议的快速通道。

政府组织是一个国家最大的公关主体，所有公民都属于它所面对的公众，在人民心目中树立一个成功的政府形象是政府公关工作的目的。在现实环境中，政府想与一般百姓进行交流沟通是比较困难的事情，政令的自上而下已经成为了一种习惯方式。而网上“市长信箱”的出现，很好地增进了政府与公众的沟通，政府获得了更多的反馈信息，也在人民心目中树立了更加美好的形象。

网络公众的参与性是组织获得所需信息的重要保证，不仅如此，组织还可以利用这个特性来制定公关计划，通过与网络公众的互动来达到自己的公关目的。通过下面百事可乐的案例我们能够对此更加清楚：

2006年百事打造了“百事我创·周杰伦广告创意征集活动”。百事公司利用网络和其他方式接受人们的广告策划，然后把所有投稿放置在网上经由网友们票选，最终《贸易起源篇》广告脚本以335447票的最高得票数获胜。不仅如此，广告中的两名配角也由全体网民推荐并投票产生。最终，得票最多的女网友“果果”和男网友“schell”获得了与周杰伦同台的机会，参与到广告片的表演中。在此过程中，从广告脚本创作，到筛选脚本，到广告片配角的选择都是由网民完成和决定，不仅在某种程度上实现了广告自主权的回归，而且使消费者充分参与到广告产品的制作中。

通过网友互动参与，聚集网友聪明和力量，是此活动取得成功的秘诀。2007年百事又启动了“百事我创·我要上罐”活动，以“你就是下一个百事可乐的罐身主角，成为百事中国队纪念罐上一员”为口号，在这个活动中网友可以将自己为中国队加油的照片上传，网友将对所有照片进行投票，得票数居前几位的参赛者将最终获奖并成为百事可乐的罐身主角。百事这次活动又一次利用网民的创意——各种各样富有创意的加油照片，通过网民的广泛参与为参赛者投票。

这是一次成功的公关活动，百事可乐公司在此次活动中需要得到的并不全是网络公众所设计的广告方案，它更需要的是广大公众参与的过程。数以万计的选票说明百事可乐公司在这场活动中聚集了大量的人气，提升公司在广大公众心目中的地位，争取了更多潜在公众，培养了一批忠实客户，公众自己设计或参与设计的广告推广的饮料当然是购买的首选。

3. 网络公众愿意参与到网络公关活动中去

网络公众之所以成为了某个组织的公众，是因为他们与组织产生了联系，这种联系可能是因为与组织产生了利害关系、对组织的某些状态产生兴趣或被组织的某些信息所吸引。

不管是与组织产生了实际的利害关系还是对组织的信息发生了兴趣，公众在与组织产生联系的时候，都会对自己所关心的问题有着一定的看法或意见，在现实社会中，这些看法与意见往往会因为种种社会因素的制约不能得到有效的表达，这对于组织和公众都是一种不良的状态，组织得不到想要的反馈信息，公众不能释放自己情绪、表达自己的意见。而这些情绪和意见如果有了合理的渠道是需要表达的，互联网以它宽松的环境和便利的条件为公众提供了表达的渠道，很多公众上网的目的就是想对一些问题发表自己的看法，表明自己的态度，很多在现实中几乎不可能拥有的表达机会在网络上都会出现，例如这则来自新华社2008年1月24日的消息：

900 多人网上问“基地”

“拉丹对全球变暖怎么看?”

“乌萨马·本·拉丹健康如何?”

“本·拉丹对全球变暖问题有什么看法?”

“‘基地’是否有长期战略?”

“‘基地’是否对那些多种多样的以‘基地’名义活动的小组织实施直接控制?”

去年12月，“基地”组织在三家武装人员经常使用的网站上刊登广告，向网民和媒体征集问题，并称“基地”二号人物艾曼·扎瓦希里将“答疑”。本月16日，提问截止日期已到，提问者有900多个，但答案还没有出现。

要求扩大区域

美国专门监控互联网上极端组织活动的“搜索国际恐怖组织研究所”(SITE) 汇总了网络用户向扎瓦希里提出的问题，美联社23日援引该组织分析说，大部分提问者从网名上看显然是“基地”组织的支持者，他们以敬语称呼本·拉丹，而且希望“基地”扩大活动范围。

网名“萨姆萨”的提问者说，“基地”为什么不把战场搬到美国和以色列?是不是太困难或者代价太大?

质疑行动策略

少数提问者自表身份为“基地”组织武装人员，他们想得到来自“基地”高层更明确的指示，有的则抱怨“基地”内部存在问题。

署名为“Rajial-Quboul”提问者质疑：“是否像一些人所说，‘基地’只是应付完一件事再应付另一件呢? 你们是否有一个组织研究所有问题并跟进修正错误?”

真假难以分辨

埃及安全问题专家迪亚·拉什万说，有些问题很可能来自各国情报人员，他们试图从答案中找出有关“基地”情况的新线索。专家认为，“基地”组织在处理这些问题时会予以审查和筛选，负责组织提问活动的“基地”下属传媒机构“塞哈卜”没有说明答案何时出现。16日之后，所有问题已从网站上消失。

不管这件事情最终结果如何，我们看到的是网络公众强大的参与性。在很多人心中“基地”组织是恐怖分子的代名词，在现实中公众极少愿意接触他们，也很少人能够对他们直接表达自己的看法。而在网络上这一切不一样了，网络环境保证了公众的安全，提供了便捷的方式，公众的参与度大大提高，公众积极参与到自己关心的种种问题中去。

网络公众在参与公关活动时并不都是被动的，不总是沿着公关主体设置的议题讨论下去，在很多情况下，网络公众会通过各种网络信息传播工具主动地发表自己对公关主体的评论。在拥有论坛、博客、播客等众多表达渠道的情况下，公众可以非常方便地对自己关注的网络公关活动发表自己的看法，例如上文提到的百事可乐的公关案例中，除了参加设计和投票，网络公众还可以选择以独立的主题对此事进行宣传或评论，通过自己的个人行为对公关主体产生更大的影响。由于网络环境的特性，公众的这种参与是在很放松的情况下进行的，态度和语言都会比较随意，更能充分表达自己的情感。在现实中很难有这样的机会酣畅淋漓地表达自己的观点，更难以形成较大的影响，在网络上公众可以畅所欲言，可以表达自己甚至表现自己，他们当然愿意参加到网络公关活动中去。

通过上文对网络上组织与公众互动的一些案例介绍和分析，我们已经对网络公关活动中一般公众的参与情况有了更多的了解，我们可以从网络公众参与活动的形式、参与的渠道、表达的内容以及参与的结果几个方面来对其进行分析总结。

4. 网络公众的参与形式

网络公众参与网络公关活动的方式主要可以分为两种，一种是沿着公关主体设置的议题相对被动地参与，一种是开辟独立的主题相对主动地参与。

被动参与，指的是公关主体已经事先设置好了几种公众参与的方式，比如投票、征集意见、打分等，然后公众按照这些事先设置的方式参与到其中，例如上文所提到的百事可乐的案例，不管是征集创意还是投票，都是公司事先设置好的方式。主动参与指的是一些公众没有按照公关主体预先设置的方式参与到活动中去，而是就自己感兴趣的信息通过一定的渠道独立的发表自己的见解，在百事可乐的案例中，如果有些公众没有设计也没有投票，而是在自己的博客上宣传了这一活动或是对其进行了评论，就属于比较主动的参与。

5. 网络公众的参与渠道

互动渠道众多是网络环境的一大特点，网络公众参与公关活动的动机不同，选择的渠道也不同。

当公众在参与时有着明确的对象和目的时，会选择一对一的参与渠道，最典型的方式就是电子邮件，通过这种清晰的互动方式传达自己需要传递的信息。例如在上文“市长信箱”的案例中，市民对政府提问题是一个清晰具体的事件，选择电子邮件的方式能产生最好的效果。

当公众参与是为了表达自己观点或造成更大影响时，会选择一对多的参与渠道，如论坛、博客、播客等。通过这种公开浏览和讨论的方式，可以最大限度地传播自己的观点，造成更大影响。

6. 网络公众表达的内容

网络公众参与到网络公关活动中所表达的内容各有不同，一部分属于态度的表现，例如对自己感兴趣的信息进行投票、用一些简洁的语言表现自己的好恶等。有些则是思想的表达，例如对公关主体提出意见或建议，以独立的主题表达自己的看法等。在分析这些反馈信息时，公关主体需要对不同类型的内容使用不同的统计方式，这些不同类型的信息对于公关主体的价值也不同，有些需要认真分析，有些则不必过多过问。

7. 网络公众的参与结果

网络公众是一个庞大的群体，他们的积极参与使得组织在进行公关工作时不能忽略网络公众的力量。网络公众参与到网络公关活动中的直接结果就是公关主体获得了大量的反馈信息，增强了与公众间的互动，有助于更好地开展公关活动，而网络公众参与的结果还远不止这些。随着互联网的快速发展，越来越多的人通过网络获取信息，有很多人已经习惯了通过网络搜索来了解一个组织，网络上对一个组织的评价将成为很多公众对它的衡量标准，网络公众的参与将形成一个有力的舆论环境。当然，网络也有它的局限性，在虚拟世界里的意见很难变成现实世界的指令，网络公众所构造的舆论环境是强大的，但并没有实际的约束力，它给组织带来的影响是间接的，但这并不意味着公关主体可以对其忽视，它将成为组织公关工作所面临的公众环境的重要组成部分。

二、网络公关中的特殊公众参与

1. 什么是特殊公众

在前面的内容中介绍了网络公关中的一般公众参与，与此相对应的便是特殊公众的参与。所谓特殊公众，指的是与一般公众相比，拥有一些特别属性，能够起到特殊作用的公众。

卡特里普、森特和布鲁姆将特殊公众定义为人口中能够运用其力量引发变化的那部分人。一般来说，特殊公众会通过抵制、抗议或投票活动等对有关问题采取行动。特殊公众的特殊之处可以体现在身份地位上，如在网络上具有较大影响力的人物；也可以体现在心态动机上，如网络推手、激进分子等。特殊公众在参与到网络公关活动中时往往会产生比一般公众更大的影响，公关主体对他们的公关策略也会有所变化。下面将对特殊公众进行分类介绍。

（1）身份地位特殊的公众

根据传播学的一般原理，信源的性质对传播的效果有着很大的影响，在公众参与网络公关时也是如此。名流、权威这样身份特殊的公众往往意味着更高的关注度和更高的可信度，他们所传播的信息在更广大的网络公众中有着更大的影响。这些身份特殊的公众参与网络活动时会因为自身的影响力产生连带效果，而不仅仅是个体意见的表达。他们会带动更多的人关注和参与到某些问题中来，他们的态度会影响许多一般公众的态度。例如在2007年的两会期间，著名央视主持人、记者王小丫在自己的新浪实名博客上发布了一篇文章，向全国人民征集给总理的心里话：

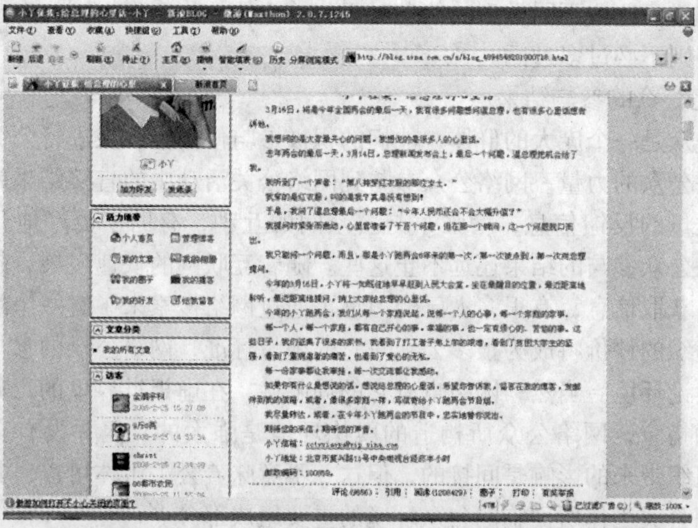

关注民生问题是政府搞好公共关系的重要途径，王小丫作为中华人民共和国公民，当然也是政府公关工作的对象，她在网络实名博客中宣传此事本身也就是一种参与行为。而王小丫央视著名主持和记者的身份，使她在广大公众中拥有较大影响，因此她的参与就不仅仅局限为个人行为。大家可以在截图中看到，这篇博客已经有超过120万次的阅读，这不亚于一份大型报纸的影响力，而这种影响力是完全通过网络释放出来的。

类似这样的例子有很多，在某个组织开展网络公关时，包括娱乐明星、文化名人、商界英才甚至草根名人在内的众多身份特殊的公众都可能通过他们的名望创造出远超过作为一般参与个体的影响力。

（2）心态动机特殊的公众

公众参与某网络公关活动一般是为了表达意见、释放情绪，展示自己等等，在这个过程中广大的网络公众会表现出各式各样的心态，有的理智有的感性，有的随意有的严谨，有的温和有的激进。这些五花八门的心态就像现实生活中的人一样，只要控制在一定的范围内都是属于正常的。这里所要提出的心态动机特殊的公众指的是带有极端心态和隐藏动机那部分激进分子。

对于在一些价值观特殊，或在某些问题上受到了刺激并希望报以一定行动的公众来说，互联网是一个简单有效的工具，从宣传非主流观点的组织到抱怨伪劣产品的顾客，林林总总，种类繁多。他们的共同特点是通过互联网对自己遇到的问题采取比较极端的表示或处理方法，这其中尤其以网络黑客为代表，以《纽约时报》网站被黑客攻击为例：

【eNews 专稿】上周四，一个自称为“Smoked Crew”的黑客小组把《纽约时报》主页（NYTimes. com）列入了攻击目标。黑客小组将《纽约时报》商务专栏的首页“毁容”，并加入了一条对系统管理员进行戏耍的信息。

据《纽约时报》的主页寄存机构 Attrition. org 称，纽约时报的商业网页在被黑之前曾接到警告。被黑的页面上的黑客留言在恢复之前一直保留了长达三个小时。

黑客在《纽约时报》的主页上留言：“Smoked 小组重出江湖，比以往更无往不利！系统管理员：我们很抱歉地通知您，《纽约时报》的主页是 Smoked 小组的 Splurge 黑掉的。可别被吓坏了，一切都会重新恢复正常的，但首先还是解雇你们目前的安全顾问吧。”

上周初，该黑客小组还黑掉了 Intel 的客户支持部门的主页、AltaVista 的“merchant. shopping. altavista. com”网站、惠普的“e-learning”网站。目前这三个网站还都未恢复正常。

但《纽约时报》遭黑客攻击却比上述三家网站被黑事件更受瞩目。该网站以前有过遭黑客攻击的记录。1998 年，《纽约时报》的首页受攻击，被黑客换成了支持当时在监狱服刑的黑客凯文·米特尼克和备受批评的技术记者 John Markoff 的标语。在该次黑客攻击事件中，被黑主页在星期日下午的时段内保留了相当长的时间。

《纽约时报》服务器未受攻击

对于周四的黑客攻击事件，《纽约时报》发言人称 NYTimes. com 的服务器未遭受攻击，但黑客曾试图控制其外围厂商 eLogic 的主机。

《纽约时报》通讯部主任 Lisa Carparelli 称：“在受攻击的前一天晚上，NY-Times. com 不存在任何安全漏洞。事实上，NYTimes. com 的服务器没受到任何影响。但据 eLogic 称，仅仅有一个网页受到影响，但问题已经被解决了。但我们仍将和他们密切配合来检查对服务器所造成的影响，并保证我们在同其他服务器建立连接前不会再发生类似事件。”

黑客是谁?

在对声称对黑客时间负责的人士进行的电子邮件采访中，一个自称为“The-Rev”的黑客称Smoked Crew小组目前仅有两个成员——他自己和“Splurge”，但他也称他们正在招兵买马，并且会不断壮大。他将NYTimes. com遭毁容事件归功于Splurge。

他不肯透露该黑客小组的网页和成员的年龄。他称侵入《纽约时报》的商业网页是由于其网页安全防范过于脆弱，同时还补充称他们曾试图侵入网站的首页但未能成功。

当被问及他是否使用了新发现的弱点侵入网站时，他予以否认。

The-Rev称：“这是整个过程中最有意思的一部分。目前我们没有使用0-Day方式攻击。实际上我们重点用旧的攻击方式例如Unicode追踪顶级域名。每个IIS管理员都应该知道Unicode是什么。”“0-Day”是一种只有地下黑客圈子内才知道的新的安全漏洞。

The-Rev称他曾使用过被称为“Unicode”的攻击方式攻击过《纽约时报》的主页。Unicode在去年10月份被发现。实际上，这种方式就是让黑客在网站服务器上浏览任意文件，设置包括黑客看不见的文件，而这只需在浏览器地址栏内输入特殊的字符串便可以实现。而受攻击服务器则受到欺骗，显示相关文件，原因是微软网络信息服务器在处理国际字符时的方式存在安全漏洞，而在处理国际字符时应用的便是一种称为“Unicode”的标准。

当被问到是否担心会被抓住时，“The-Rev”回答道：“被抓住的想法也总是出现在我的脑海中。但这是一个逻辑上的游戏，我将最终赢得这场游戏。”

《纽约时报》是世界上最具有影响力的报纸之一，它的网络版拥有巨大的浏览量，作为一个主体，《纽约时报》所面对的公众数量庞大，它每天所收到的各式反馈信息数不胜数，其中大部分反馈信息都是正常有序、容易应对的，但也会发生例如上面案例这样的极端行为。黑客也是《纽约时报》面对的公众，他的行为也是一种作为网络公众的参与活动，当然这种参与对公关主体影响是很大的。

2. 公关主体对特殊公众的对策

特殊公众比一般公众对公关主体有着更大的影响，这种影响可以是有益的，也可能是有害的。作为公关主体，当然是需要尽可能利用对自己有益的因素，摒弃对自身有害的因素，具体的对策有：

(1) 培养增加对自身有益的特殊公众

网络上的意见领袖的力量是巨大的，公关主体在进行一般性工作中需要重视网络意见领袖的作用，通过合理的代价努力争取尽可能多的对自身发展有益的特殊公众。早在2003年，Nokia在发布3650手机的时候就已经在网络营销组合中尝试进行了“博客公关”。Nokia首先根据话题、关注人群等指标研究了一些关键的博客，然后选择了10个很有影响力和代表性的博客，分别与他们联系，看他们是否对试用即将上市的新款手机感兴趣。Nokia并没有要求这些人在自己的博客里面发表试用意见，而是要求他们将体验传到Nokia为3650单独开辟的“迷你”网站。结果很多试用者都在自己的博客上推荐了3650的“迷你”网点，有几个博客还将其排在迷你站点推荐排名前15位中。

（2）减少和应付对自身有害的特殊公众

公关主体在进行网络公关时的一个重要任务就是要减少公众对它的不满情绪，包括特殊公众。很多用极端形式对某个组织表达不满的公众都是因为自己的合理要求不能得到相关组织满足才采取行动的。因此，制定合理的公关计划，最大程度地争取顺意公众、减少逆意公众是一个公关主体常抓不懈的主题。当然，即使是这样，一些动机难以捉摸的特殊公众还是很难争取的，就如同前面例子中所说到的黑客，他们有时仅仅是为了挑战或证明自己而对一些网站做出破坏性举动。对于这样的公众，仅仅通过一般性的公关努力是很难争取的，需要有相应的应对策略才能把损失尽量降低。这点在本书第七章第一节“网络危机公关”中有详尽的介绍。

第四章 网络公共关系的应用

【本章提要】本章主要从公共关系对象的角度来探讨网络公关的应用。包括媒介关系、消费者关系、政府关系、投资者关系、社区关系和内部公众等几个方面。

第一节 媒介关系

媒介是英语“media”的汉译，在马歇尔·麦克卢汉（Marshall McLuhan）看来，媒介即万物，万物皆媒介，媒介就是人的延伸。麦克卢汉笔下的媒介是指广义的媒介，而狭义的媒介，一般是指社会上的新闻、传播机构或工具，其中包括：电视、广播、通讯社、报纸、杂志、网络、手机等，也是本文“媒介”一词所指。

在信息高度发达的今天，媒介因为具有“把关人”、“议程设置”、“授予地位”等特殊功能，在社会组织外部公共关系中处于极其重要的地位。“把关人”功能决定了社会信息流通过程中对信息传播内容的取舍；“议程设置”是吸引公众注意、形成舆论热点的主要手段；而“授予地位”则在“议程设置”的基础上赋予了组织较高的知名度和社会地位。

媒介关系又可称为新闻界关系，主要是指社会组织与电视、报刊、广播、网站以及其他传播媒介的关系。媒介关系具有明显的两重性：一方面，新闻媒介是组织与公众实现广泛联系和有效沟通的必经渠道，具有工具性。无论是大规模地向外界传递本组织的重要活动、观点和主张，还是与外界进行沟通和交流，树立组织的公众形象，都离不开媒介这一重要的工具和桥梁。另一方面，新闻媒介又是组织必须特别重视的公众，具有对象性。这两个性质的统一决定了媒介关系是一种传播性质最强、操作意义最大的公共关系，所以媒介关系自然占据了组织外部关系的显著地位。企业如何与媒介交朋友，如何应对媒介，做好媒介通路，则成为了当前社会组织处理媒介关系的重要内容。

一、了解媒介与记者

1. 媒介的市场化与趋利性

为了更好地与媒体开展媒介关系，更好地通过网络来进行媒体公关，首先要对媒体的运营与记者如何工作有着清楚的认识。从某种程度上讲，媒介具有大众性和利益性的双重属性，它一方面是传播舆论的大众工具，另一方面又具有自身的经济利益，其表现形式主要有广告的刊播、报刊的发行等很多方面。在我国现阶段，随着新闻体制的不断深入，我国建国以来旧有的新闻媒介格局已被打破，市场化和趋利性成为不可逆转的大趋势和当今媒介的主要特征。这一特征对媒体和记者提出了新的要求和任务：在新闻专业方面，它要求媒体人更重视新闻的时效性，在内容上更要求新闻的新鲜性和独家性；在媒体经营方面，促使媒体更加重视受众市场的份额和广告的刊播。

2. 新闻工作者对网络的运用

随着“第四媒体”因特网的崛起及其迅猛发展，报纸、杂志等传统媒体的运作方式也发生了革命性的变化，对从事新闻传播工作的编辑记者的工作方式产生了深远的影响。

为全面反映传统媒体及其从业人员在网络应用中的情况以及传统印刷媒介对因特网的依赖程度有多大，美国哥伦比亚大学新闻学研究生院副教授罗斯和美国米德尔伯格公关咨询公司的首席执行官米德尔伯格历经 6 年，发表了《米德尔伯格-罗斯印刷媒体与网络研究报告》，[①] 调查显示：因特网已经成为新闻工作者不可或缺的工具，新闻工作者使用因特网来搜索相关新闻、新闻线索，收集采访编辑的收集参考资料变得越来越普及。此外，电子邮件作为与采访对象的联系方式以及与读者联系的通信方式，在新闻工作者中已经变得愈加普及。几乎 3/4 的受访者称他们至少每天上网一次，这一比例较去年有明显增长。受访者平均每周在家上网时间为 4.7 小时，平均每周在办公室上网时间为 8.7 小时。因特网对于新闻工作者而言，最普遍的用途为检索文章和收集参考资料，这一用途取代了电子邮件成为新闻工作者们上网的首要目的。调查显示，新闻工作者已开始使用因特网来增加报道的广度和深度。使用因特网来寻找图片的新闻工作者几乎增加了一倍。由于对图片的清晰度有较高要求，杂志仍倾向于使用照片或者其他摄影作品。

① 来源：www.66wen.com

2005 年，有 10% 的杂志采编人员和 8% 的报纸采编人员通过电子邮件获取新闻来源。而在报道危机、突发事件方面，访问相关公司的网址成为 49% 的报纸记者的普遍做法，这一选择仅列在“打电话约相关机构”之后，居第二位。

搜索文章和收集参考资料取代了电子邮件而成为新闻工作者使用互联网的首要目的。这显示出记者编辑们使用网络来增加其报道的深度和广度。几乎 2/3 的受访者称他们使用因特网来阅读网上报刊，不少受访者借助因特网来寻找新闻线索、消息来源和相关图片。新闻工作者对因特网各种功能的使用均有上升趋势，只有“下载数据表”这项功能使用率下降。搜索文章功能一直是新闻工作者的首选，使用因特网来寻找新闻发布材料的比例也在上升，今年有 59% 的受访者称他们上网的目的是寻找新闻发布材料。超过一半的受访者称他们偶尔通过电子邮件与读者联系。电子邮件作为报道点子来源的地位正在弱化。而与此形成对比的是，“邮件列表服务”和新闻组开始成为新闻工作者获得报道点子的一个新的来源。

3. 针对媒介关系的网站建设

在当今这一网络时代，互联网以其自身巨大的优势成为传递与沟通信息的重要途径，与之相适应，如何建设好组织自身的网站成为搞好公共关系的首要任务。在某种意义上说，具体到网络媒介关系，就是要把媒体当成一个特定的公众群体，专门针对媒介关系来建立网站。①

如果记者想了解你的组织，他们首先会访问你的网站。而当发现你的组织有他们需要的新闻源时，记者们就会经常光顾你的网站。这对于公关人员来说具有很重要的意义，它使我们必须考虑以下问题：

（1）我们公关人员是否已经通过网络向记者们提供了本组织的信息？如果还没有，那么是否打算着手去做？

（2）在网上究竟有哪些和本组织有关的信息？哪些记者可能对这些信息有兴趣并加以利用？

（3）这些信息是否容易查找？公关人员能多大程度上为记者方便地获取信息提供方便？

4. 收集关于记者的信息

进行网络媒介关系的很重要一步就是搜集所需要的记者的信息，并且越具体越好。其中包括：

基本信息：姓名、电话、地址、电子邮件、即时通信工具等。

① 郑小兰：《完善和发展网络公共关系的途径》，《地方政府管理》2001 年第 12 期

工作信息：供职媒体、工作时间、专业范围等。

记者们的截稿期限：在这段时间最好不要去打扰他们。

调查记者的背景：研究他们对什么感兴趣，并且了解他们的写作方式。

除此之外，还应进一步了解每个人倾向接收信息的方式（电话、邮件、视频等）和形式（新闻、特写、记者招待会、图片新闻、超链接、白皮书、视频文件、声音文件等）。

组织对新闻工作者的公关策略应坚持信息诚实公开、真实可信、迅速及时的原则，对新闻工作者的请求和提问应及时回复，并根据他们的需要提供组织的相关信息。

二、建立新闻工作室

1. 新闻工作室的组成部分

（1）最新消息。在主页最显眼的位置显示组织最新的信息，从而让记者能很容易地找到他们最想要的信息。

（2）联系人和联系方法。把本组织相关人员的联系方式放在网上，这样可以使记者在需要和相关负责人联系时能顺利地联系上。联系目录应该包括姓名、电话、电子邮件和所负责的具体事务等。

（3）近期活动安排。为了帮助记者了解本组织近期要举行哪些活动，提供近期活动安排显得十分必要，记者们可以据此判断是否对该活动进行报道以及安排哪个记者去报道。具体内容应包括：活动的日期、时间、地点，本次活动的程序安排，具体有哪些人到场，有什么具体活动，媒介关系的联系人等。

（4）发言稿。公司相关部门领导的重要发言以发言稿或录音的形式放在网上，最好以人物或事件为标准进行分类，这样记者在需要了解你的组织哪个人或哪件事时可以方便快速地找到。

（5）公司和基本材料介绍。公司的基本情况和信息：公司成立的时间，主要产品，部门介绍，公司的经营理念和组织文化，主要职员的基本情况等等。

（6）音频和视频新闻素材。新闻工作室可以提供多种格式的音频和视频资料供记者预览使用。这些视频剪辑最好使用高档和专业的设备进行录制，并请专业的编辑进行加工。这样当记者们需要时，就会不用花太多功夫而直接使用。

（7）为记者提供个性化的信息。为了协助记者们的工作，并最大限度地让媒体了解企业活动的实情，可以为记者提供个性化的信息。比如说，公司可以准备几份关于企业新项目的宣传资料刊登在企业网站和相关网络媒体上：为金融媒介准备的，侧重于股东等融资者的关注点，包含详尽的项目的盈利率、投资回收期和风险系数等数据分析及可行性报告；为环保机构及相关媒体准备的，着重介绍该项目的对能源的利用、对废料的回收和环保措施之类的信息，如此等等。

（8）建立网站准入制度。为了保证专为媒介关系而建的网站专用性，可以在征求记者的意见后，建立网页准入制度，让记者注册，设置自己的密码，这样就可以保证网站上的信息是专为他们提供的。但要注意的是一定要保守记者们的个人信息。

通过以上的方法，记者就可以得到他们想要的新闻素材，包括组织新闻、组织内部专家意见及公众反应等，他们就可以花很少的时间完成一篇调查深入、内容可靠、报道及时并包含全部图片信息的文章。另外，这些信息还可以满足新闻报道、专题报道或电视纪录片的需要，这样记者们就会总能在这里找到极富新闻价值的新闻故事和报道创意，就意味着他们会经常访问你的网站。

2. 直接发送新闻稿

（1）作用。直接发送的新闻稿可以使编辑或记者注意到你的公司、业务、产品、近期主要活动，并且这种印象会随着接下来的新闻稿得到不断加强。新闻稿中具有新闻价值的新闻点，记者或编辑会作为新闻源来加以使用。如果新闻稿的内容刚好与该媒体的报道计划相吻合，就有可能直接被全文使用。

（2）新闻稿遵循的规则。尽量短小、简明扼要。记者们每天都会收到数不清的邮件，如果他们在邮箱里看到长达几页的邮件一定会感到厌烦。而且简明的信息让人容易记住，有利于信息的接收。尽量用大众化的语言解释专业化的工作。

（3）新闻稿的附带内容。一般而言，新闻稿的长度最好不要超过一页，但其中可以而且应该包含大量的相关材料和链接，特别是相关图片和图表的链接。图片格式最好采用 JPG 或者 GIF 格式，并且提供分辨率选项，这样就可以满足网站、报纸、缩小型图片以及杂志彩页等不同的需要。照片最好有标题、拍摄日期和版权说明，同时还有出版、流通的再次浏览和记者邮件地址等信息，这样就可以帮助媒体快速地输入相应信息。

（4）新闻稿中的链接。新闻稿中的链接应包括直接联系的具体方式、背景材料、白皮书、调查结果、各种分类网站等。特别要链接那些提供最新相关新闻的新闻网站，以及外界对于该新闻进行报道的背景资料。这样，记者就可以快速地将最新的内容添加到新闻报道中来增加报道的深度。链接可以给记者提供很多便利条件，即使他们没有上网进一步地进行搜索，也可以把本组织的新闻稿写成一篇最好的新闻。在新闻稿中，记者可以有选择地查看、剪切和复制内容，选择带有或不带有潜入链接的粘贴内容。把这些信息加入到稿件，就可以使每页新闻稿都具有了信息加入到稿件，就可以使每页新闻稿都具有了搜索功能，就可以帮助记者通过关键词对虚拟新闻工作室、新闻链接和组织的整个网站进行搜索。如在2001年7月11日，海尔集团在263新闻中心（http：//dailynews.263.net/）发表了一篇题为《海尔汇聚全球力量为北京申奥助力冲刺》的文章，在全国沸腾的申奥浪潮中，一个来自于中国民族企业——海尔的声音，无疑为2008年奥运圣火在北京点燃增加了一份热量！广大的网民可以从该文章的相关链接直接进入海尔集团的网上总部，了解海尔的企业文化、企业形象及最新动态等。

组织还应与媒体记者加强电子邮件往来，并定期为其提供感兴趣的关于本企业及各种活动的信息资料，以维系与各个媒体的友好关系。

【案例链接】

IBM的网上新闻工作室

IBM公司从1996年初就开始建立自己的网上工作室，目的是为了辅助日常的公共关系，帮助记者报道IBM公司。网络用户只要在IBM主页上点击“记者”，就可以直接进入新闻室。新闻室的主要功能包括一个可以进行搜索的信息发布档案，它会在通讯社发布新的消息时及时地进行更新。所有的这些信息都可以根据时间顺序检索，提供各种不同种类的信息。在这个新闻室中，公司的背景信息每个季度更新一次，用于反映最新员工的人数、办公地点及其他资料。公关人员的资料库也保存在网站上，以便记者联系负责特定技术或者特定公司部门的人员。

为了确保新闻可以很快地发布，协助传播部门的员工可以把新闻稿自动加到网站里，而不需要网站管理员或者其他技术人员的协助。为了让访问者更方便地访问网站，工作室并没有设置注册程序和网站密码。

IBM公司在160多个国家开展业务，这就意味着在世界各地不同国家的IBM公关人员建立了不同的新闻室。近几年，IBM公司对这些存在于不同国家的新闻室进行了整合，这样每一个新闻室就不必再为保持他们的网站及时更新而煞费苦心了。IBM的目标就是建立能将新闻供给不同网站的共同后台系统和更为强大的搜索引擎。

在工作室里，IBM还设置了反馈功能，可以在新闻室里向访客提出一些问题，从而了解哪些新功能和哪些功能需要改进，另外，还可以从记者们那里得到主动的反馈。这样不仅可以及时得到很多反馈信息，还可以帮助监视其他公司在他们的新闻室里做了什么。

IBM公司建立了网上新闻室以后，公关人员日常寄出的邮件就减少了，因为很多资料都可以在新闻室上直接下载。新闻室还帮助了那些记者迅速确定了他们应该给谁打电话。记者们在列出采访主题后，还可以去联系那些了解报道题材领域与可以协助他们了解新闻事件背景的公关人员。

【案例链接】

Google 公司的博客公关①

2005年，Google就李开复加盟一事和微软进行了一场你来我往的公关战。在这次事件中，Google利用博客进行的网络公关活动成为了业内的经典案例。

2005年7月21日凌晨2点，Google发布消息称，李开复将出任Google全球副总裁及中国区总裁，并组建中国产品工程研究院。这是继施密特担任Google全球CEO后，该公司就高管任命发布的第一条公告。而在前一天，李开复的头衔是微软公司全球副总裁、微软中国研究院院长。

时间仅过去几十分钟，微软公司就发表声明："李开复离开微软并加盟Google严重违反了非竞争协议。李开复的行为违反了他当初被聘为微软高管时签署的竞业禁止协议。Google完全清楚李开复曾经同微软签署的这样的协议，但仍然聘请他出任要职，从这一角度来看，也许正因为Google的怂恿，李开复才违反了竞业禁止协议。"他们已向华盛顿州递交了诉状，起诉Google公司及李开复本人，而且"在追究Google公司和李开复法律及经济责任赔偿的同时，严正要求Google公司停止这种违反公平竞争的挖人行为。"

六个小时后，Google公司做出回应：微软公司的指控毫无根据，Google公司将捍卫自己的权利并支持李开复应诉。

在你来我往的公关战中，两个IT巨头施展了浑身解数。不过，对于李开复的跳槽，由于缺乏足够详尽的细节，也由于缺乏对美国法律的了解，来自各方面的困惑、质疑和批评此起彼伏。而微软公司反复强调自己的受害人身份，形势对Google非常不利。

但Google公司很快采取了一系列措施来扭转这一不利局面，其中最重要的一个就是通过网络进行公关：为李开复开通了"Google与李开复博士"博客，作为Google面向中国市场的事件公关窗口。如图4－1所示。

"欢迎光临我们新建的李开复博士的博客网志！正如许多人可能知道的，我们7月聘请了李博士来创建我们在中国的产品研发中心，受聘后不久，李博士的前雇主微软公司就起诉李博士和Google公司。"

"我们想通过一个中文的临时博客网志帮助李博士和Google的中国朋友们了解事件的动态。因为法律问题有时很复杂，可能会使一些人感到困惑。"

"在这个博客网志我们将刊登各种各样的内容，让大家了解事件的进展，包

① 常青：《把企业建在博客上》，清华大学出版社2007年版，第172-174页

括诉讼摘要、家庭记录和我们对事件的解读。我们也会经常透过我们的某位律师，与各位分享我们对本案的法律观点。合适的时候，我们也会请李博士写一些内容。”

“我们盼望这个博客网志能帮助中国的朋友们了解远在加州的复杂法律程序。——Google公司”

由于Google已经与微软就纠纷达成了庭外和解，因此，Google为李开复开通的“Google与李开复博士”博客也已不复存在。因此，我们只好另辟蹊径，从开复学生网中一窥李开复对微软和Google的感受和态度。

从表面上看，这的确是在帮助中国读者了解诉讼的过程，而实际上，Google却在让博客实现另一个目的：不需要花费大量的资金就可以起到非常好的公关作用——为记者们撰写该诉讼案时提供了大量的素材，而这些素材大多对Google是有利的，当然，这也有利于提高Google的曝光率。

2005年12月23日，Google与微软先后发表声明，宣布双方已在美国就李开复跳槽案达成非公开协议，协议具体条款保密。双方声明中称，涉案三方对此次和解表示满意。在声明末尾，Google与微软均称“我们对此协议的条款内容表示满意”。

在这次网络博客媒介公关中，Google通过博客的形式详细解释了李开复的委屈、Google 的仗义和微软的无能，一方面为媒体确立了舆论导向，另一方面是为了将来的招聘、研发中心成立以及中国市场拓展的“主动公关”，Google 的聪明足以和它的搜索引擎相媲美。

第二节　政府关系

任何组织都必须要面对和接受政府的管理和约束，需要与政府不同的职能部门打交道。一方面，政府掌握着制定政策、执行法律、管理社会等权力，代表公众的意志协调各种社会关系，其意见和态度会对整个社会舆论产生全面影响。另一方面，政府的政策、法律等是任何组织都必须遵守的，良好的政策条件和社会环境，是一个组织生存和发展不可缺少的。所以，只有与政府保持良好的关系，才能争取政府及各级职能部门对本组织的了解、信任和支持，才能为组织的生存和发展争取良好的政策环境、行政支持和社会政治条件。

一、政府上网

随着因特网的普及使用和社会的发展，政府上网已成为当今世界的一大潮流，各国政府都积极地使用因特网来进行工作，进而增强政策的透明度，提高政府的工作效率和加强政府系统与广大民众的联系和交流。“政府上网”就是通过网络来实施某些政府职能，又可以叫做“电子政务”。

政府上网以后，可以在网上向公众公开政府部门的名称、职能、机构组成、办事章程、各项文件、档案资料等，在网上建立起政府与公众之间相互交流的桥梁，为公众与政府各部门打交道提供方便。公众可以通过网络完成一些与政府有关的工作，政府内部各部门之间也可以通过因特网互相联系、开展工作。

为适应现代社会的发展和新知识经济时代的要求，各国政府都通过互联网提供多种多样的服务：

（1）电子商务：在以电子签章及公开密钥等技术构建的信息安全环境下，推动政府机关之间、政府与企业之间进行信息和交易处理。

（2）电子资料库：建立政治、经济、文化、科教、体育等各种资料库，并向公众提供方便的网上获取方式。

（3）电子化公文：通过网络进行公文的制作、交换及管理，提供各种电子化表格，使公众足不出户就可以随时随地取得政府资料。

（4）电子采购及招标：在电子商务的安全环境下，推动政府部门以电子化方式与供应商进行采购、交易及支付处理。

在我国，“电子政府”建设也取得了很大的进步。从中央各部委到各省（区）直辖市以及地市的各级政府部门都加入到政府上网工作中来，中央各大机关和部委基本都已建立站点，各省政府部门也都将政府上网作为重点工程来抓。

随着社会的发展和科技的进步，特别是政府的上网，互联网已成为对政府进行公关的重要途径，网络政府公关的应用也逐渐发展起来。

政府公众是一个庞大而复杂的体系结构，从公共关系的角度可分为三个层次：一是国家的中央政府和组织利益所触及的各级地方政府；二是政府机构的职能部门，组织通过这些部门与政府打交道，接受政府的管理和约束；三是政府组织中的工作人员，在与政府交往过程中，组织需要接触到政府的各级官员、行政部门的助理和秘书，以及职能部门的其他工作人员。网络政府公关首先要做的工作就是对本组织与政府之间的交往有一个清楚的目标定位，进而评估互联网在本组织与政府的关系中能起到多大的作用。以下问题必须要仔细考虑：

本组织是一个什么性质的组织？

本组织是否受政府的领导或主管？主要受哪些部门的领导？

本组织是否受政府法规的约束？主要受哪些法规的约束？

本组织是否需要政府的政策、资金等支持？

本组织是否需要对政府进行游说以维护自身的利益？

本组织所进行的哪些活动必须得到政府的同意才能进行？

只有首先把这些问题搞清楚了，才能有针对性地对政府进行公关。

二、网络政府公关应用

政府作为国家权力的执行机构，代表国家利益和社会公众利益。政府是信息源的最大拥有者。从我国现阶段来看，政府的信息资源最多，占总资源的80%。政府还是电子信息技术的最大使用者。所以，政府可以成为一个重要的信息资源中心。随着“网上政府”的不断发展，组织的公关部门就可以通过网络了解各级政府的职能、权力及工作程序，与政府部门建立正常的联系，随时搜集政府部门下达的各种命令和文件，政府网站所存有的与本组织相关的其他信息。例如，通过查询政府部门所公布的全国各城市所有注册公司，就可以方便迅速地了解对方的资信情况，从而有效地避免商业欺诈活动，从而有效地保护自己的利益。通过查询政府所发布的最新相关法规，可以及时规避政策风险，停止或避免开展与法规不相符合的有关活动。

三、网络政府公关媒介和途径

1. 电子邮件

使用电子邮件与政府部门和政府人员建立良好、健康的亲密合作关系。事实上，电子邮件是一种特别有效的交流工具，特别是当交流双方都喜欢使用电子邮件或者需要在邮件里附加文件时。公关人员可以通过电子邮件向政府部门及时介绍本企业的产品和企业的动态，特别是当企业进行了技术换代和产品更新，与新的合作伙伴进行了合作，开拓了新的市场，遇到新的问题时。这样一方面可以使相关政府部门及时了解本企业所进行的活动，另一方面还对政府部门分析、制定各种行业政策有所帮助。另外，经常地与政府工作人员保持着长期的邮件交流对于促进与他们之间的关系与友谊也有着重要的作用。

2. 建立网站

对于需要政府大力扶持或由政府拨给项目资金的公司，建立政府关系网页或网站会有不少助益。这是因为，需要政府资金的企业往往要和其他同类性质的组织一起来竞争有限的政府资金，企业可以通过网络向政府提出网上申请和报告，利用万维网与政府进行信息的传播和交流。在网站上，可以详细说明为什么本组织比对手更需要这笔资金，更值得这笔资金的投资；本组织以前所接受资金的用途，重点表明如何物尽所用；这次所申请资金的用途和安排，哪些公众将会从中受益等。这样就能结合其他公关手段，最大限度地争取到政府的支持。

而对于一般的公司，可以在其网站上专门为法规事务、环保和社会公益问题开辟一个专栏，就这些问题提供资料，与政府机关交流信息，为政府决策提供信息支持。当政府号召援助灾区人民、资助社会公益事业、维护社会治安等活动时，企业应该根据自身的实际情况，力所能及地积极参与社会活动，并将这些活动及时公布在网站上，这样既可以为政府分挑一些重担，支持了政府的工作，又可以赢得社会的好评和政府的赞赏，提高企业的知名度和美誉度。

3. 网上论坛

可以在具有密码保护的网上论坛里和政府部门的工作人员进行长期的交流和对话，无论是工作问题还是其他方面的问题都可以进行讨论。也可以建立一个只有得到许可才能进入的论坛，然后邀请相关政府部门的工作人员加入进来。在这方面一定要主动交流，通过这样长期的论坛交流，不仅可以加强与政府工作人员的联系和感情，还可能获得一些意想不到的重要信息。

4. 传送文件

以前到政府办事，要跑很多部门，盖不同的章，既费时又费力。现在随着政府“电子政务”的实施，建立了文件资料电子化中心，很多与政府相关的文件办理都可以通过网络来完成。当企业需要这些文件时，可以直接从政府网站上下载；当向政府上报资料和文件时，也可以通过网络直接传送，大大提高了政府和企业的办事效率。

【案例链接】

洛杉矶市政府的房改机构（HACLA）[①]

洛杉矶住房管理局是主管兴建和管理公共住房的机构。它的资金来源主要是政府资金，所以政府公关在它的日常公关中占有很重要的地位。他们采用的一个重要公关途径就是政府关系网站。如下图所示：

HACLA 政府关系网站（www. hacla. org）的主要作用是争取政府资金，它的主要公众是洛杉矶市政府、国会以及白宫的政治家们。当时，国会的舆论大气候是要去掉公共住房，为了向政治家们宣传公共住房和他们工作的重要作用，从而得到政治家们的支持，HACLA 的公关人员在他们的政府关系网站上下了很大的功夫。

在向外发送的关于其政府关系网站的新闻稿中，HACLA 提出了他们“并不想单纯经营房屋，而是想跟住户建立可信赖的合作关系，帮助他们向成功更进一步，并希望我们的住户能早日搬出公共住房，能够自立”的工作目标和宗旨。当时由于一些传统媒体对公共住房和该机构的工作并不十分热心，那些想听一听公共住房积极意义的受众是不大可能从大众媒体上了解这些信息的，而这个网站正好可以向他们提供这方面的信息。在这个网站中，HACLA 向人们展示和叙述了人们通过他们机构的帮助，成功地脱离了政府资助；介绍了通过机构如何获得各种项目的帮助，防止孩子们加入到社会帮派；介绍了 HACLA 公共住房中，95%的住户是遵纪守法的公民，纠正了人们对公共住房的偏见。

为了让人们更容易地找到这个网站，HACLA 的公关人员还分别在住房和城市发展部（HUD）的主页、洛杉矶市政府的网站（每天有 60 万人次的访问量）及全国各地的住房管理局的网站上，都建立了链接连到 HACLA 的网站。

---

① 谢尔·霍兹著，吴白雪、杨楠译：《网上公共关系》，复旦大学出版社 2001 年 7 月版，第 116–117 页

除了争取政府资金，HACLA 还在网站上提供了多样化的服务，如工作机会、新的住宅建设方案等。该机构的其他部门也把相关的表格和申请程序放在了网站上，所有这些都是为了更好地向负责计划分配政府资金的官员展示 HACLA 的服务和作用，从而得到更多的资金和政策支持。

第三节 投资者关系

投资者关系又叫股东关系，多存在于盈利性组织，如股份公司、合资企业等。股东是股份公司的财政支持，它为组织的发展提供了重要的经济基础。投资者关系的基本目的就是稳定已有的股东队伍，吸引潜在的投资者。通过网络可以及时向股东发布有关公司经营状况的信息，让他们了解公司的发展情况，征集股东的意见和要求，争取股东的了解和信任，从而创造有利的投资环境，稳定已有的股东队伍，吸引新的投资者，扩大企业的财源。

投资者关系的内容一般包括公司发展战略，以及公司经营管理过程中的动态信息、企业文化、企业外部环境及其他信息。从具体方面看，主要包括：（1）对证券市场的分析研究。通过分析研究，给予投资者建议，吸引投资者购买本企业的股票；（2）信息沟通。包括向投资者传播以及收集来自投资者方面的信息；（3）危机处理。面对危机，部门要迅速提出有效的方案加以应对；（4）公共关系。保持良好的公共关系对于维持企业形象、促进与投资者形成良好的关系有重要意义；（5）召开股东年度会议。召开股东年度会议有利于股东行使选举董事的权利，处理公司事务等；（6）增进感情交流。一般通过信函、股东杂志、赠送礼物、走访股东等各种形式来维持良好的合作关系。

在以上的投资者关系中，网络的应用是大有用武之地的。

可以说，在金融界应用网络进行信息传播与交流是最普遍也是最重要的手段，投资者、投资者关系经理、投资分析员、股票中间商等金融界的从业人员，他们进行工作的必要条件就是电脑和互联网。他们在电脑前通过网络随时关注着股票的价格、各个公司的运营情况、金融界的总体发展状况、各种会对经济产生影响的事件等。但是，在传统的投资者关系中，通过网络对投资者进行公关的应用还不尽如人意，有着很大的发展空间。很多公司的网站都没有将投资者关系放到一个重要的位置，大部分内容信息也不够充分，仅仅有一些收入报告、季度总结、财经新闻等，根本无法满足金融界人士的需要。

一、为投资者设立网站

1. 投资者网站评估

为投资者设立一个专门的网站，首先要做的是对本公司和投资者受众进行调查和评估：

(1) 公司的性质：公司是公众持股还是私人持股？有没有必要建立一个专门的投资者网站？(2) 公司的情况：公司过去和现在的经济地位；公司的优缺点；公司与投资者的关系；投资该公司的好处。(3) 公司的投资公众都是怎样获取他们所需要的信息的？公司应该怎么设计网站才能使投资者更方便的“拉取”他们所需要的信息？(4) 投资者一般都喜欢询问和查询你公司的哪些资料？(5) 公司对投资者关系有着怎么的目标？是吸引更多的个人投资还是更多的大公司股东？公司要不要近期上市？

把这些问题调查清楚了，就可以更高效和有针对性地设计公司的投资者网站。

2. 投资者网站内容。

在投资者网站里，可以放入很多内容：

(1) 给股东印发的资料。包括年度报告、季度报告和其他形式的报告、新闻稿、杂志、特别信、红利信息和布告等；(2) 有关公司情况的文字与视频材料；(3) 首席执行官和其他公司领导向股东们发表的演说、公司领导的照片；(4) 关于公司财务情况的资料；(5) 公司发生的特殊事件和公司新闻；(6) 股东的意见箱；(7) 相关信息的链接。

3. 投资者网站的优点

(1) 信息量大，成本低。在传统形式中，年度报告等资料只是以纸张印刷的形式装订好分发到投资者手中，页数和份数都有一定的限制。一般都是除了发给固定的一些人外，只留出一小部分给主动索求的客户。而投资者网站就可以打破这个局限，无论多少个人访问你的网页，都只需要制作一份资料。并且，网站上不受篇幅限制，可以放上更详尽的资料，还可以省去印刷出版的成本。

(2) 受众多。在以前，由于受各种条件的限制，很多人可能永远不知道你的公司，其中可能就包括那些投资分析员和潜在投资者。有了投资者网站，每个人都可以阅读你网站上的信息，从而吸引更多的潜在投资者购买你公司的股票。

(3) 阅读和查找的方便。在网站里，可以把每部分资料简缩成短语，然后提供链接，让感兴趣的访客自行阅读，也可以把最精彩的片段放在显要的位置去展示，然后在片段后面加入链接，让访客自己点击去了解细节。受众还可以从你的网站中通过查询方便快捷地直接“拉取”他们所需要的信息资料。

（4）减少工作量。在投资者网站里可以放上很多投资者经常询问的一些问题答案，投资者和金融界的人就可以自行去查询阅读，而不需要专门的人员通过电话或传真来进行回答。从而就可以减少工作量，把精力投入到其他工作中。

4. 设计网站应注意的问题

（1）根据读者的需要，把那些最重要的资料和新闻放在最显著的位置。

（2）存储资料的形式最好是通用或较普遍的形式，这样受众就可以避免为了阅读资料而专门去花时间下载帮助阅读的软件。

（3）网页设计尽量简洁明快，最好不要用那些花里胡哨的图片来堆砌网页内容，这样容易在读者阅读信息时分散他们的注意力。

（4）多采用链接形式，链接的内容要尽量详细。

（5）网站内容一定要时常更新。把最新最快的信息实时地更新上去。例如2005年8月份，IBM发布了专门针对投资人的podcasts站点——www.ibm.com/investor，集中讨论最新的商业和技术主题，如银行业、购物和网络游戏等。

二、网上路演

传统的路演是指在一个大的会议厅或其他会议环境中向一群投资者和分析员做深层次的演示，这种情形下，能来参加路演的人数很有限。

企业将路演搬到互联网上，参加的人数将不受限制，同时中小投资者也可以参与其中，与企业交流沟通。或者企业也可采取一种折中的方式，在现实环境中路演结束后，将其内容放到企业网站上，展示给更多的投资者和相关公众。微软是最先将向金融界所做的路演资料放到其网站上去的公司。在国内，早在2001年7月中国石化发行A股时，就采用了在网上进行路演的方式，与全国的投资者，包括机构和散户，在网上进行4小时的交流，充分显示了其对投资者关系的重视。

三、网上投资者会议

随着互联网技术的发展，网络会议的使用会越来越普遍。与传统的投资者会议相比，网上投资者会议可以使与会人员在不同地方同时就同一份季度报表或年度报告进行讨论，在讨论的过程中，每一个与会者都可以随着会议的进程点击查看报表的内容细节。还可以使用可视电脑会议软件如WebEx、PlaceWare等在互联网上进行面对面的实时交流，这样既提高了会议的实效性，又减少了与会者的在传统会议中所花费的时间和费用。

四、网上提供背景资料和数据

当公司有兼并、收购或者出售等重大活动时，除了使用传统媒介报道相关的信息外，还应该通过网络向公众提供这些信息后面更加详细的背景资料和细节（商业机密除外），如各种法律文件和账目清单。当政府和法律部门出台了可能影响公司股票价格的政策法律时，要及时把这些政策法规通过网络予以公布。另外，还可以分门别类地提供公司的运作历史、股票价格表、与其他指数比较的数据表格、市场走势以及其他可以公开的数据资料。在提供背景资料和数据时，一定要最大程度地保证访客能迅速方便地找到。

总之，投资者是公司一个至关重要的群体，一定要充分发挥网络的优势，利用网络来进行投资者网上公关。

【案例链接】

MCI 完全投资者网站

跟大多数的投资者关系网站不一样，MCI 的网站不仅内容详尽，而且它有自己独立的域名（investor. mci. com）。这个独特的域名反映了投资者关系对于这个电信公司来说多么重要，而且，在网站上投入的努力也反映了该公司对投资者的关注程度，与许多其他投资者关系网站相比，MCI 的投资者网站内容显得特别丰富详实。

网站的多媒体制作效果非常好。因为知道自己最重要的投资公众使用高速度的因特网连接，MCI 创建了一个充满动感的网站。主页上有一个 ticker，介绍网站上的最新内容。网页上缓缓移动的条幅告诉你，你可以以互动的方式查看公司的运作状况。主页上还有图表显示该公司近 5 年来的一些主要财政数据：总营业额和利润。此外还有最新公司股票价格报道（20 分钟更新一次，符合纽约证券交易所的规定），以及包含 MCI 投资者关系副总裁欢迎词的录像。除了通向网站的不同区域的链接外，网页上还有标志提示访客可以阅读该网站的不同语言版本（有西班牙语、日语等语种）。

网站上还提供了 11 年的年度报告。所有这些年度报告已经被重新设计来适应网站的显示方式，人们可以迅速地查询年度报告里的每个方面。所有的年度报告都采用了统一的格式，并且每份报告都有一个 Word 文本的版本以便方便下载。如果证券商需要为某位客户打印出某份报告的一部分他就可以用这个字节比较少的 Word 文件，他们甚至可以将这个 Word 文件里的东西剪切到他们的文本文件里，比如说剪贴到一封给客户的信里。

MCI 投资者网站最吸引人的一个因素是它的投资指导。这个投资指导分成两部分，一部分是给个人投资者，另一部分是给资金管理经理。在这些网页上，客户可以查询MCI的公司历史，了解公司不同的业务和财政收支之间的关系，还可以管理他们在MCI的投资资金。投资MCI（巩固该公司的品牌）的原因和好处也被一一列出。在个人投资者的网页上，你会看到投资名词的注释，使用股东服务（如转移股票、改变股东的名字等），还可以拿到财政资料（如该公司在《财富》上的排名，它的市场份额和它的长期债务状况）。

该网站的财政状况部分包括股票价格状况数据、财政公告以及一些互动功能。通过使用“投资测量器”，投资者可以输入他们所持有的股票数额和购买的时间，就能推算他们的股票增加的价值。还有一个用Java编写的、包含有年度和季度数据的程序。访客可以选择时间段，还能在季度和年度之间转换。读者可以根据自己的判断标准查询MCI的营业状况，然后评估MCI股票的价值。

网站上有一个集中了所有发表的文章和演示的区域。这里有个公司最新的收入公告和季度报告。另外，演示文档尤其引人注意，包括了一些MCI高级管理人士做的PowerPoint演示，例如该公司的总经理做的业务市场总览演示。要观看这些演示，访客需要一个微软公司的免费软件，如果你的电脑系统原来没有，你可以直接从演示网页上下载一个进行安装。

网站上也有相关的法律文件，包括代理权和其他政府文件。你最先看到的是一篇序言，介绍公司的概况、业务及管理层。网站的下载中心列出了所有可以下载的文件，包括spreadsheet格式的财政资料（这样马上就能用）、收入报告（Word文本格式）和演示文件（自动运行的格式）。网站还有自己的搜索功能，一系列问题回答，还有一个网站导航。

（案例来源：《网上公共关系》，谢尔·霍滋著，吴白雪、杨楠译，复旦大学出版社，2001年版，第109-111页）

第四节 社区关系与网络社区

一、社区与网络社区

社区，社会学上的一个概念，一般传统意义上的社区，是指具有社会功能的一定地理区域，如城镇、街道、居住小区或小区群等，是人们共同拥有的生存空间。任何一个社会组织都离不开一个具体的社区，也必然会与社区公众发生这样或那样的关系，传统公共关系中，社区关系处理的好坏直接影响到组织在相关社区的生存和发展。在一个社区内，组织常常是颇具人力、物力和财力的社会成员，许多组织的社区关系都把尽可能地满足该社区成员的基本需求作为公关重点。

在20世纪，连接人们的当地社区已经变得越发空洞，大多数人的结交和联系已经不需要以他们的地理位置为中心。电报、无线电、电话和互联网等多种多样的技术使这种变化成为可能，它使人们能够打破世界和地区的障碍来建立联系。特别是互联网的出现，使世界范围内的人们都能相识和亲近。互联网上几乎包括了每一个可想到主题的信息，为人们交流和认识那些从未见过的东西提供了机会，从而使“地球村”变成了现实。

当麦克卢汉第一次提出“地球村”这一概念时，不知他是否料到了在不到十年的时间里，他的想法就在互联网上成为了现实，在线交流、数字化会议等应用越来越普遍。如果互联网被看做是一个有无数房间的会议场所，那么在线社区就是那些拥有相同兴趣爱好的人们汇聚的场所。

社区的基本宗旨，是为了满足公众，尤其是满足有共同兴趣的公众的需求。通常，与公司同在一个地区的人们因为地理位置的缘故而容易识别，但在网上的社区却多种多样。以前，网上社区只是以讨论组的形式出现，后来随着讨论组人数的增多，成员们也相互了解并传递信息，有些成员还因为他们的突出贡献而在小组里建立起了自己的威望。这种原先非正式的小组活动逐渐形成一应俱全的网上社区，具有真正社区结构的所有特征。比如说，这个社区有风俗习惯、行为规范、内部争议、权力争斗以及彼此合作，在危机期间，成员们还团结一致维护共同利益。随着社区结构的不断完善，这些社区的影响力也在不断地增加。

这种多对多的传播交流模式使得组织不仅可以观察网民的讨论，还可以从中提前发现潜在的危机。公共关系的准则同样适用于这些网络社区。组织可以具体分析每个社区对组织可能造成的影响，并且制定相应的计划和策略来指导组织与该社区的关系发展。当组织在该社区的活动和讨论中的角色确定下来以后，负责这个社区的管理人员应该学会处理讨论组中的各种微妙关系，并且要遵守网络礼仪。

二、网络社区策略

1. 通过网络论坛或自己的站点提供和传递信息

利用网络直接面向社区发布新闻，可以有效避免有关媒体发布与组织相关的新闻时而造成的人为影响。不定期将公司资料和新闻稿件发给零售商、编辑、记者及其他网络社区的重要人物，借以巩固和提高公司与这些社区公众的关系，为公众提供大量有用信息。在网络社区里直接传递和交流信息可以减少信息交流的成本，提高企业知名度，建立顾客忠诚，使企业成为某个领域的权威信息指南。要注意的是，在发布新闻时要征得论坛系统管理员的同意。

2. 为网络社区成员提供服务

组织可以通过为网络社区成员提供有用的富于创见的信息服务，从而得到社区成员的认可，进而可以提高公司的形象和网上信誉。如华纳兄弟娱乐公司就在电影爱好者社区里提供免费的电影和音乐剪辑，社区成员可以免费把这些剪辑添加到自己的网站上。这个做法为华纳培养出了大批的追随者。

3. 在网络论坛举办研讨班或会议上客串主持

还可以多利用网上会议的形式，举办网上新闻发布会、网上年会，积极参与网上论坛，为论坛提供有价值的判断和见解。帮助社区成员们学习特定专题，利用组织内部的人才优势为论坛提供有价值的判断和见解，通过这些对网络社区的无私奉献来提高组织知名度，增强凝聚力，进而得到社区真诚的回报。

4. 组建网络社区

在网络公关中，企业利用业务关系和新闻组、论坛等工具形成以企业站点为中心的网络商业社区。此时，或是因共同的兴趣爱好，或是因网上企业站点这一利益中心，各个成员都会密切关注社区活动，这类网络社区对网上的营销有直接意义。通过创建满足多方利益要求的站点，可以把这个社区组织得更紧密，企业从中获得利益回报。

如果在网上对“大众汽车”进行搜索，你会发现好多车迷网站和业余讨论区，还有许多站点链接到汽车俱乐部和“大众汽车”的官方网站 www. vw. com。在这个网站里建有各个不同的社区，有汽车展示的日程安排和俱乐部的事件，有“大众汽车”的全部历史，车迷可以在特定区域写下他们所喜欢的路程，通过这个方法，公司可以建立一个遍及全球的驾车路线的目录以供车迷参考。在“大众汽车商店”里，社区成员可以购买“大众汽车”的所有配件，甚至他们还能申请个人的信用。“大众汽车”社区，吸引了很多车迷和消费者。

组建商业网络社区，关键是找准企业公关的诉求点。如美国 Reebok 企业网站，没有简单地把公司的业务描述为“生产和销售帆布面橡胶底轻便运动鞋”，而是着重诉求产品能给消费者带来的好处和使用者的共同利益、兴趣。它的公关对象是那些利用轻便运动鞋参与体育运动、健美、休闲娱乐等活动的人。网站中根据这些题材提供相应的网页内容，撰写不同主题的文章，采访不同领域的体育明星，参与社区成员间的网络闲谈，通过这些做法将巨大的消费者群体包括到它的网络社区中。[①]

在网络社区中，网络公关还可以利用网络多媒体的特性，努力创造出虚拟化的

---

① 张敏：《浅谈网络公关在现代企业中的主体地位》，《新疆职业大学学报》2005 年第 3 期，第 17-18 页

社会生活形象，以此作为公关调节手段。如美国南卡来罗纳州的 Molson 啤酒公司在网站中虚拟了一家小酒店，吸引需要经常碰头、交流对流行音乐和体育运动的体会的二十多岁的毛头小伙子。在现实生活中，这些人也喜欢在小酒店朦胧的灯光中醉醺醺地争论着这些时髦的话题，而网站中的这种氛围很容易勾起他们类似的情绪。另一个企业，WRAL-TV 在其主页上设计了一个卡通形式的乡村院落形象，形成该地区范围的虚拟网络社区。在这个站点上可以阅读地区新闻、天气预报，可以相互交流，在地区店购物等，这实际上是该地区真实世界在网上的部分映射。

5. 对网络社区进行信息监控

讨论区、BBS、聊天室等地方，很可能成为对某些问题不满意的公众宣泄情绪的场所，而且一旦帖子发布出来，即刻会有众多的网民看到。因此企业的高层管理人员及公共关系人员要密切关注这里的情况，对公众提出的合理性意见迅速地作出反应；对一些言辞过激的抱怨，也要及时地向网上公众解释。

英特尔于 1994 年 6 月发现奔腾芯片在高级运算过程中会有运算错误的瑕疵，但英特尔认为这样的错误运算发生的几率极低，因此并未采取任何回收行动，也未向任何人宣布此项信息。一位大学教授使用时也发现了这样的问题并主动与英特尔联系，但是英特尔公司的内部人员并没有注意到这个信息，没有及时、诚实地解决此问题和告诉顾客。这位教授因为没有得到回应，只好将此信息放在了讨论区上，让利益关系人知道英特尔芯片存在这样的问题。结果这项信息在 1994 年 11 月经由网络社区传播，讨论的时间长达六周之久，转载及转帖超过 6000 页，最后被《纽约时报》财经版头版报道了整个事件，给英特尔公司造成了很大的负面影响和经济损失。

现在英特尔公司已经吸取了以往的教训，建立了长期有效的网络社区监控，与社区成员进行双向沟通，以避免类似事件的再次发生。

2005 年，惠普（中国）公司也遭遇到了一次危机。广州一位林先生购买了一台惠普的台式电脑，不久之后机器出现了故障，林先生希望惠普依照“第一年上门服务”的承诺上门检修，而惠普却一再推托。无奈之下，林先生投诉到消协，哪知傲慢的惠普竟连消协的意见也强硬驳回。四处碰壁的林先生于是开始在网络社区中发泄不满，“惠普无道”的系列文章出笼。很快，这些文章引发了社区中那些领受过惠普傲慢服务态度的网友的强烈共鸣，大家争相回复表示支持，一时势如潮涌。几天内，这些文章就出现在了全国各大网站的重要位置，随着话题的不断升级，一些传统媒体也开始介入。一场关于惠普产品的信任危机爆发了。最终，这家强大的企业迅速采取公关措施使事态平息了下去，但如果惠普从一开始就足够重视网络社区制造影响的能力的话，也许就可以避免这一场公关灾难。

第五节　消费者关系

消费者关系是组织外部公共关系中最重要的一类。一般说来，组织自身目标的最终实现与否直接取决于它与消费者关系的处理。另一方面，对组织外部公共关系来说，消费者也是与组织关系最为广泛、密切的一类公众。网络的出现使对消费者的公关手段更加丰富和有效。

一、数字空间与在线消费

随着网络社会的崛起、虚拟企业的成长和电子商务的普及，人类的生产与生活方式正发生着前所未有的变化，而作为社会生活的重要领域——消费领域也更发生着巨大而又深刻的变化。其中，以互联网的虚拟环境为背景所进行的消费活动——在线消费和信息消费出现，就不断拓展了“数字化的生存空间”。于是我们发现，消费者从观念意识、消费心理和购买行为上等都发生了变化。

1. 消费观念的转变

（1）消费需求趋于个性化。传统消费需求是大众化的，因此在传统消费模式中，往往通过划分社会阶层的方式来界定消费者，认为同一社会阶层的消费需求具有同质性。网络介入消费领域，为消费者提供了全方位的信息展示和多功能的商品信息搜索机制。消费者一旦有了对某一类商品的需求，就会立即上网主动搜寻有关商品的信息。于是消费者以个人身份从大众中分离出来。所以，在网络时代，上网主动搜寻商品信息，实施购买行为的人才是真正自主的消费者。

（2）消费购买趋于理性化。人们的消费观念不再是单向度的，而是为谋求自身发展进行的消费，是追求生活的消费。人们会利用在线的机会迅速搜寻商品的价格、性能、功用等参数，然后再做横向比较，判断商品是否具有购买的必要和价值。消费者不再以被动的方式接受商家所提供的商品或信息，而是根据自身发展的需要，主动在网上寻找最适合自己需求的产品。

（3）消费选择趋于多元化。由于网络和电子商务系统具有强大的信息处理能力和海量的信息资源，使社会消费选择的多元化有了可能性。消费者的视野不再被局限，他们可以通过网络获取更多的信息，在更广泛的范围内选择并购买商品。随着网络触角伸到世界各地，消费者选择的空间必将是全球性的。

（4）消费空间趋于开放化。网络冲破了地理区域的限制，使“超时空”的联系变得经常性，世界范围内的社会互动得以实现，所以人们的消费需求也不再表现出明显的区域性。在这个“复杂的网络社会系统”中，消费空间日趋开放化并充满异质性。

（5）消费生活趋于休闲化。在线环境下，消费活动成为满足休闲的主要手段。在赛博空间里，人们的休闲时间越来越多。在产生了休闲的需求后，怎样满足这种需求呢？当然可以用非消费手段进行满足，如跳舞、散步和玩网络游戏以及参与博客写作等等，这在现代生活中是极平常的事。当休闲需求通过对某些产品、设施、服务进行满足时，休闲活动就变成了休闲消费。休闲时间增加了，人们与虚拟世界接触的机会多了，采取在线消费的机会也就多了。另外，人们收入增加和生活情趣的时尚化，也使消费活动更加富有现代性与后现代气息。因此，消费成为在线情景下满足休闲的主要途径。

2. 消费心理的转变

网络时代，人们的个性化消费需求与消费行为开始冲击消费的主流。社会物质产品的多样化和生产技术水平的不断提高为个性化消费提供了坚实的物质基础，同时人们也渴望从个体心理愿望的角度挑选和购买商品与服务，于是开始定制自己的准则并向商家提出挑战。另外，人们还追求购物乐趣体验以排解压力，消磨时间，寻找生活乐趣，满足心理需求。

3. 消费行为的转变

互联网时代的消费者在行为方面有如下转变：

（1）积极上网。互联网是一个庞大的数据库，网上信息极其广泛，包罗万象。消费者已经开始积极、主动地上网搜集所需要的各种资讯、信息。

（2）个性化定制产品或服务。如在网上个性化订购电脑、鲜花、礼品、玩具等。

（3）积极体验网上购物这一全新方式。

4. 消费类型的改变

网络消费类型大致可分为六类，即：简单型；冲浪型；接入型；议价型；定期型；运动型。企业应将注意力集中在其中一至两种人身上，这样才能做到有的放矢。

简单型的消费者需要的是方便直接的网上购物。他们每月只花 7 小时左右上网，但他们进行的网上交易却占了一半。零售商们必须为这一类型的人提供真正的便利，让他们觉得在你的网站上购买商品将会节约更多的时间。

冲浪型的消费者通常占网民的 8%，而他们在网上花费的时间却占了 32%，并且访问的网页量是其他网民的 4 倍。冲浪型网民对经常更新、具有创新设计特征的网站很感兴趣。

接入型的网民是刚触网的新手，占 36% 的比例。他们很少购物，而喜欢网上聊天和发送免费问候卡。那些有着著名传统品牌的公司应对这群人保持足够的重视，因为网络新手们更愿意相信生活中他们所熟悉的品牌。

另外8%是议价者，他们有一种趋向购买便宜商品的本能，eBay网站一半以上的消费者属于这一类型，他们喜欢讨价还价，并有强烈的在交易中获胜的愿望。

定期型和运动型的网络使用者通常都是为网站的内容吸引。定期网民常常访问新闻和商务网站，而运动型的网民喜欢运动和娱乐网站。

目前，网络服务商面临的挑战是如何吸引更多的网民，并努力将网站访问者转变为购买者。

二、虚拟社会中的消费新需求

马斯洛的需求层次理论可以解释虚拟市场中客户的许多购买行为，但是，虚拟社会与实体社会毕竟有很大的差别。

信息网络的发展构成了一个虚拟的社会。从表面上看，这个社会一直在聚集信息以及其他媒体的资源，而实质上，这个社会是在聚集人，因为这个虚拟的社会提供了一种吸引人的环境。这种环境的维系，靠的是人们的互相联系。从局部看，人与人之间的联系很多时候都只有一次，但从整体来看，单一的联系包含在一系列的广泛联系之中，并由此引导出一种相互信任和彼此了解的氛围。

进一步的问题是，这种联系的基础是什么？是基本的物质生活的追求吗？不是。是对于安全环境的追求吗？也不是。这种追求是一种兴趣，一种幻想，是人们在虚拟社会中建立的信息关系和信息交易。所以，虚拟社会中人们联系的基础实质上是人们希望满足虚拟环境下三种基本的需要：兴趣、聚集和交易。

1. 兴趣

人们的行为都是由一定的动机引起的。动机是推动和维持一个人进行活动的动因和动力。动机的实质是需求，是在需求基础上产生的。但需求不等于动机，只有当需求指向具有某种特点的目标时，也就是当人的欲望与具体的对象建立了心理联系时，才变成了行动的动机，才具有实际的动力的意义。

在现实社会中，每个人都有自己的兴趣。有的人热爱音乐，有的人热衷于体育，有的人则喜欢收藏。从心理学的角度讲，兴趣具有很大的动机成分。社会上的许多人就是为了兴趣的需求而进行某些活动的。如果同时有几种可供人们选择的目标可以满足人们的需求，人们总是根据自己的兴趣决定如何选择。

分析畅游在虚拟社会的网民，我们可以发现，每个网民之所以热衷于网络漫游，是因为对网络活动抱有极大的兴趣。这种兴趣的产生，主要出自于两种内在驱动力。一是探索的内在驱动力。网络世界给人们展示了一个前所未有的广阔世界，从每日的新闻报道，各种各样的科学文化知识，到千奇百怪的娱乐活动，可以说几乎囊括了人类几十万年以来的所有知识的精华。人们出于好奇的心理探究网络秘密，驱动自己沿着网络提供的线索不断地向下查询，希望能够找出符合自己预想的结果，有时甚至到了不能自拔的境地。二是成功的内在驱动力。当人们在网络上找到自己需求的资料、软件、游戏，或者打入某个重要机关的信息库后，自然产生一种成功的满足感。随着这种成功的欲望的不断加强，对网络的依赖程度也在不断增加。新知识的吸引力和创造性思维的愉悦感，使网民无需外力推动，不必嘉奖刺激，完全出于内在的追求而久久停留在网络上。

2. 聚集

人类是以聚集而生存的动物。虚拟社会提供了具有相似经历的人们聚集的机会，这种聚集不受时间和空间的限制，并形成富有意义的个人关系。例如，在网络上开辟"癌症论坛"，为癌症病人及其家属提供支持。参加者谈论他们如何对待这种疾病，并交换关于治疗方法、治疗效果及相关研究动向的信息。在过去，他们能够从图书馆中得到这方面的资料，但现在，由于人们在网络中的聚集和分享，获取资料变得更加方便，也更有针对性。类似的虚拟社会还有很多，如经理沙龙、妇女天地等等。

还有一点也是需要引起注意的。通过网络聚集起来的群体是一个极为民主性的群体。在这样一个群体中，所有成员都是平等的。每个成员都有独立发表自己言论的权利，也有与别人争论的权利。这种宽松的气氛使得在现实社会中经常处于紧张状态的人们得到一定程度的解脱。

3. 交流

聚集起来的网民，自然产生一种交流的需求。随着这种信息交流的频率的增加，交流的范围也在不断地扩大，从而产生示范效应，带动对某些种类的产品和服务有相同兴趣的成员聚集在一起，形成商品信息交易的网络，即网络商品交易市场。这也是一个虚拟社会，而且是高一级的虚拟社会。在这个虚拟社会中，参加者大都是有目的的，所谈论的问题集中在商品质量的好坏、价格的高低、库存量的多少、新产品的种类等上面。他们所交流的是买卖的信息和经验，以便最大限度地占领市场，降低生产成本，提高劳动生产率。对于这方面信息的需求，人们永远是无止境的。这就是电子商务出现之后发展迅速的根本原因。

三、网络消费者关系维护

基于在线消费特征和消费者的新需求，网络消费者的关系维护策略主要是:

1. 实施"窄播"消费者公关

"窄播"是根据公众细分理论而提出的有针对性的传播概念，相对于面向所有公众进行大范围的“广播”而言，“窄播”更好地体现了网络时代的公众要求。

对消费者进行“窄播”公关，首先要确定你的产品或服务针对的是哪个群体。企业的产品或服务一般是针对某类或某几类具有相同或相似购买行为和偏好的细分市场，而不是整个大市场上的所有消费者，于是分析人口结构信息，研究消费者的需求，对市场进行细分就非常必要了。只有了解企业的目标消费者，有针对性地进行营销推广，才能降低企业宣传的盲目性，提高公关效率。比如说消费者主要是年龄在18岁到35岁之间的女性白领，你就要先调查清楚她们的生活和消费习惯，如她们的休息日一般都是在哪度过，都干些什么，她们经常阅读的杂志是什么，等等。了解了这些之后，你就可以把她们感兴趣的东西放到网上去。当她们在网站上搜索她们所需要的信息时，就会找到你的公司上传的信息。

宝洁公司“Secret Sparkle”系列的身体喷雾产品就成功地实行了网上“窄播”。这款产品在推广过程中采用的电视和平面广告的形象是由四个各具个性的女孩来代表四种香型。根据这款产品的主要消费群体——青少年的特点，宝洁公司在网上为代表四种香型的四个“女孩”建立了专门的博客，在这个博客里，每个“女孩”都用十分接近青少年的表达方式来写作和表达，内容也是一些很合青少年口味的话题，如促销信息、明星八卦、时尚等，这一在网上进行的有针对性的“窄播”起到了很好的作用。青少年消费者通过网络了解了这款产品的特点，在“润物细无声”中喜欢上了这款有四种不同香型的产品。

沃特·迪斯尼公司也很擅长针对专门的消费者受众群体进行网络公关。迪斯尼公司不仅建有自己的专门网站 www. disney. com，而且每当公司推出新片或翻新旧片时，还会为此建立专门的网站。这样可以针对专门的受众来进行直接交流。

另外，实施“窄播”消费者公关，企业还可以在为客户设立的网页或单独的网站上宣传企业及其产品或服务，提供它们的详细介绍，便于消费者或潜在消费者查询信息并进行比较。

网站很重要的一个优势就是交互性，利用网站可以设置电子邮箱、用户调查表、留言簿和讨论公告等方式，可以迅速准确地得到用户大量的反馈意见和建议，这些应用有助于新产品的推出和新市场的开拓，又有助于售后服务和客户调查。如果企业的目标消费者具备条件并乐于直接进行网上交易，那么企业网站应添加网上交易的服务。对于企业的重要客户，可以在网站上另辟专栏，专门为他们服务，与之沟通。如在海尔集团的网站（http：//www. haier. com/）中，专门有一个海尔电子商务网站（http：//www. ehaier. com/），在这里你既可以看到海尔的产品，也可根据你自己的需要定制个人化的产品。“海尔冰箱，为您着想，为您提供全面的冰箱定制功能”；“如果你需要一台三角形的冰箱，没问题，海尔能为你实现，您的难题就是我们的开发课题！您对我们的产品有任何建议，请告诉我们”。有了这样的保证，用户在有需求时自然会最先想到海尔并与海尔联系。又如美国通用电气公司，客户订购的涡轮发电机，从设计开始，一直到生产的最后阶段都可以看到，客户就如同到现场指导一样。通用汽车公司专门建立了客户网页，客户对自己预订的产品现在生产到了什么程度、目前的技术参数、生产上遇到什么问题、要做哪些修改等等都可以了如指掌。这个网页是专门为客户服务的，客户对企业的意见、态度、观点、行为也可以在网络上传播，从而可以起到很好的反馈作用。

总之，企业要根据目标市场消费者的特点，对所传播的信息内容与形式加以精心设计，并根据不同地域、不同民族以及不同消费习惯、消费心理传达符合他们消费需求心理与文化理念的信息，以满足不同消费群体需求，提高网络公关的效果。

2. 使用电子邮件

电子邮件现已成为企业进行消费者服务的强大工具，在网络营销公关活动中起着重要的作用，是企业留住消费者的一种有效手段。通过电子邮件对消费者进行公关有以下几方面的优点：①

（1）电子邮件的全天候。对消费者而言，电子邮件的优点之一是没有任何时间限制。它的24×7法则（一周7天，一天24小时），使得消费者在任何时间都可以发送电子邮件。比如，当消费者产生问题时，他们不必等到第二天早上上班再给公司打电话，而是随时都可以把他们的问题发送给公司，公司负责人可以在他方便的时候收阅这些信件，然后进行处理。

（2）电子邮件的快速沟通。电子邮件可以像使用留言电话一样，把来自消费者的信息反映在屏幕上。企业的收件人在同一屏幕上输入对方的电子邮箱地址便可回复，并且可以方便地传送文本信息、图像文件等。这一切可在瞬间完成，有利于加强与消费者的沟通联络。电子邮件在传递过程中，若某个通信站点发现用户给出的收信人的电子邮件地址有错误而无法继续传递时，电子邮件会迅速地将原信件逐站退回，并通知不能送达的原因。

（3）电子邮件的正式性。公司对消费者答复时，如果采用口头答复的方式对消费者说需两三天，消费者会认为可能就要三四天并会耐心等待；但如果在e-mail中告诉消费者同样的话，消费者则会当真，如果在两三天内企业没能兑现承诺，消费者会感到十分不满。因此，企业必须认真对待在e-mail中对消费者所说

① 康科：《企业如何利用e-mail开展网络营销公关活动》，《中南民族大学学报》2004年

的话。

在向消费者发送邮件信息时一定要发送那些他们特别感兴趣的信息，比如行业新闻、促销活动以及任何更好使用产品等方面的信息。此外，对来自其他消费者使用产品的某些经验、体会以及如何节省时间和费用的小窍门也很喜欢。其次，企业应当利用发送 e-mail 新闻向消费者提供公司的最新信息，如公司新闻、产品促销、产品升级，等等。同时，尽可能多地吸纳一些在某专业领域有足够影响力的文章，其实用性强、新闻性强、知识性强或娱乐性强的内容能给消费者以实实在在的帮助或指导，这样就可以增加电子邮件的吸引力。

（4）利用电子邮件来培养与消费者的感情。企业与消费者打交道，实际上是通过信息双向交流和沟通来实现的。在这里，企业与消费者之间可以进行平等自愿的、充分的信息交流和反馈，双方都可畅所欲言，因而能最大程度地扫除沟通障碍。企业可利用电子邮件加强与消费者的沟通，增进与消费者之间的感情。所以应选定公司里有影响的人员邀请消费者，与其对话，这不仅能使公司及其产品在消费者中树立良好的形象，而且更主要的是主动为消费者服务，更好地满足了消费者的需求，促进了公司的事业长期、稳定、健康的发展。

（5）还可以利用电子邮件来搜集消费者反馈的信息。利用电子邮件可进行市场调研，收集到消费者的需求和欲望。对于组织而言，网络上的组织与消费者、消费者与消费者之间信息传播的范围和速度远非现实生活所能想象、比拟。消费者对产品的赞扬可得以传播；对公司不利的议论同样能够传播。因此，消费者对企业产品和服务的信息反馈意见是企业极其重要的信息资源，企业应当充分利用 e-mail 双向交流的特征，搜集消费者对企业产品和服务的意见，并将其整合到公司产品的设计、生产、销售等营销组合系统中，及时调整企业的营销战略。可以通过电子邮件直接向消费者询问有关问题。但为了高效率地收集消费者的信息，不宜设计包括很多问题的问卷。因为这种问卷的回收率通常很低，网上冲浪者对比较长的问卷往往没有耐心填写完毕，所以要想让消费者回答你的咨询，最好每次只设计一个具体的问题。这个问题应简洁明了，易于阅读，易于回答，消费者只用很短的时间就能回答完毕。同时因为每次只提一个问题，公司又要有所获得，所以在设计问题时，要慎重考虑，以取得良好的效果。

【案例链接】

南非“暴风谷”酒园的网上公关

“暴风谷”酒园是南非一个小酒厂，这个酒厂规模小，也没有太多的资金投入到广告上去，在竞争激烈的国际葡萄酒市场中如何找到一条适合自己的路？他们想到了网络，在市场推广方面针对消费者进行了网络公关。

他们首先在自己的公司网站上向消费者介绍葡萄酒的风格和酿造方法，经营酒园的酸甜苦辣以及对葡萄酒世界的自我认识等，为消费者揭开葡萄酒的神奇面纱，让他们进入到真正的葡萄酒世界。其次是鼓励网站上的访客发表他们的意见和看法，让他们以一种消费者与企业自我融入、平等交流的对话模式进行交流，从而让消费者来影响自己葡萄酒的风格和酿造方法，让葡萄酒更贴近普通消费者的生活。

紧接着，他们给满足公司推广活动条件的网上访客免费赠送葡萄酒，大约有100瓶"暴风谷"酒园葡萄酒通过自己的网络发给了符合要求的欧洲访客们。只要访客满足以下条件，就可以收到一瓶免费的葡萄酒：已届法定年龄并且住在英国、爱尔兰或法国；此前至少三个月内在公司的网站上写博客；博客读者数量不限，可以少到三个，只要是真正的博客；收到葡萄酒并不要求你必须要写博客——可以写，也可以不写，可以说好话，也可以说坏话。

经过这个简单的网上消费者公关后，"暴风谷"酒园取得了以下成绩：

1. 在2004年6月的时候，用Google搜索"暴风谷"酒园的只有500人，在同年9月8日却达到了20000人。而在这两个月中，他们自己估计有30万人通过博客认识了这家公司！

2. 在2004年，"暴风谷"酒园的销售量为5万箱，而到了2005年统计的时候达到了10万箱，而且这个数据还在上升。在南非葡萄酒市场上，他们的酒占据了19%的市场份额（5欧元以上的葡萄酒）。

【案例链接】

"探索奥迪A6新世界"——奥迪A6巡回路演及网上公关

2001年金秋，奥迪迎来了一个丰收的季节。奥迪的最新款豪华轿车——"奥迪A62001技术升级版"正式登场，向每一位锐意革新、期盼更高的成功者驶来。

为了配合新车的上市，奥迪决定组织一次全国巡回路演活动以扩大影响，从而进一步提高奥迪A6的品牌地位。经过调查分析，综合考虑地区影响力、消费者分布、媒体等因素，奥迪公司最后选中了在广州、成都、上海、北京四城市举行"探索奥迪A6新世界"2001年中国巡回路演，将奥迪最新技术成就带到消费者的身边。

给消费者亲身感受新车的机会，让消费者领略奥迪A6新车的豪华舒适和先进技术，从而提高奥迪A6在消费者心中的地位，提高品牌含金量，培养并强化消费者的品牌偏好、品牌忠诚度，是这次路演活动的主要任务。奥迪通过因特网上的推广和现场的展示，来实现这一目的。

奥迪公司在网上为这次活动专门开设了一个精美的Flash动画网页，并在各大门户网站上建立图片广告链接。在网页上，详细公布这次活动的日程安排、A6新车相关介绍以及活动的进展情况。在网上，消费者可以填写申请表格，申请在路演过程中亲自试驾奥迪A6。另外，网站还采用Flash技术建立虚拟的网上试用驾车，将动作和声音融入动画短片中，让消费者觉得他们实际上是整个动画的一部分，感受超凡的奥迪A6一如既往的豪华尊贵，更可以通过首次推出的新技术设备实物展示，对新款奥迪A6的最新特征——宽胎设计、新型透明玻璃边灯、驻车加热通风装置、舒适性底盘技术以及亮银色车身——拥有直观了解。奥迪公司在现场的销售顾问还可以与消费者面对面交流，解答消费者的疑问。活动最吸引人之处在于消费者还可以现场申请试驾奥迪A6，亲身体验它带给你的种种完美感受！

一、"探索奥迪A6新世界"巡回路演各站活动安排

1. 第一站：10月26日—10月28日，广州，中天购物城。
2. 第二站：11月9日—11月11日，成都，王府井百货。
3. 第三站：11月23日—11月25日，上海，恒隆广场。
4. 第四站：12月7日—12月9日，北京，东方广场。

二、"探索奥迪A6新世界"巡回路演各站活动安排

1. "奥迪A62001技术升级版"新装备展示。
2. 专家定时现场讲解及回答消费者问题。
3. 舞蹈表演。
4. 消费者试车登记。
5. 现场咨询及购车指南。
6. 奥迪A6信息资料提供。

奥迪"探索奥迪A6新世界"巡回路演活动，自广州到北京，历时一个半月，取得了良好的宣传效果，受到当地媒体的关注，吸引了众多的消费者，进一步确立了在高档轿车市场的地位。特别是网上的推广取得了很好的效果，网络访问量大，浏览时间长，而且，网上申请试驾的同时得到了许多潜在用户的资料，丰富了公司的客户数据库。

（来源：张景云、于涛编著：《100个成功的公关策划》，机械工业出版社2005年版，第323-325页）

第六节 网络公关中的内部公众

每个组织可能因为性质的不同而具有不同的公众对象，但每个组织都会有自己的内部公众。在股份制公司，内部公众包括股东和员工，在其他组织则主要指员工。本节主要探讨组织内部公众中的员工公关。不论是从事外部事务工作还是承担内部分工任务，每个员工都直接代表着组织的形象，组织的目标只有通过组织内部员工的合理分工并各尽其责才能实现。只有做到“内求团结”，才能做到“外求发展”；只有做到“员工第一”，才能做到“顾客至上”。可以说，员工关系不仅是一个组织“全员公关”的基础，而且是对象公共关系中最基本、最重要的一类。良好的员工关系是组织开展其他方面的公共关系的基本保证。

现代企业要想成功地实现网络公关，网络企业内部公关也是必不可少的一个重要组成部分。网络企业内部公关不同于传统的企业内部公关。在传统的企业内部公关中，主要采用在组织领导与内部员工之间建立体制化的联系渠道，对员工进行各种能力培训开发潜力资源，组织各种诸如文艺演出、体育比赛、舞会、旅游、参观、联谊、福利活动等多种手段来进行内部公关。而在网络内部公关中，又增加了其他途径。

通过因特网，企业可以及时向全体员工发布公司各方面的运作情况，如公司竞争对手情况、领导者和职工的工作业绩、有关生产的最新信息和知识、福利情况等等，并广泛征求职工的意见和建议，及时利用网络反馈到领导决策层，从而大大增强职工的主人翁意识和企业的凝聚力。

通过网络还可以实现组织内部信息共享。重复的调查和信息处理对整个组织来说无疑是一种资源浪费。公关部门的调查资料和企业内其他各部门之间的信息可以通过企业内部网络达到共享，这将会有效地提高企业的工作效率，减少重复劳动，抓住稍纵即逝的机遇，有效地实现组织的目标。

一、建立内部网

企业内部网或局域网可以为内部员工提供重要的、可靠的并且有效的资源，甚至可以与外部网中的外部用户实现资源共享。建立内部网可以使任何一个员工和其他员工一样拥有同样的信息，可以使每个人都能浏览基本信息、个人档案、休假情况、案例研究乃至组织领导人的个人简历等大量信息。内部网可以帮助组织降低成本，增加内部成员的互动，提高组织成员的工作效率。通过内部网，组织还可以将确立的公关目标和所取得的成果与成员分享，同时还增加了组织的透明度，进而增强了成员对组织的责任感。

确保成员获得信息对于组织的成功至关重要。

组织可以把重要的网址链接到公司的内部网，并通过设置统一的标准，允许内部公众直接或间接地通过搜索引擎访问组织的信息分类目录。当很多员工在内部网上搜索网站、建立列表时，就可以提升整个知识库的容量，迅速降低获得链接的成本。这样组织获得信息的数量和质量将会大为提高，员工也可以使用世界上领先的信息。

为防止内部网被成员滥用，组织还要加强内部网的管理与使用，促使成员安全、负责地使用内部网。要让组织成员们明白：成员保护自己和组织的名声就等于保护自己的既得利益，滥用内部网不仅会危害到组织，更会危害到他们自己。

也有一些内部网为了防止成员滥用而设置了众多的防火墙，从而使很多信息无法被内部成员浏览和接触到。这种做法一定要谨慎使用，既要防止一些机密信息不会被内部成员外泄，又要确保不能因为防火墙的使用而使正常的信息无法被成员读取。

内部网需要具有的特点：①

（1）安全——员工可以安心使用；

（2）值得信赖——员工不会视之为威胁；

（3）迅速——能够节省时间，提高效率；

（4）方便——可以提高工作效率；

（5）隐私——适于组织内部的交流；

（6）内容新鲜——信息随时更新；

（7）员工的参与。

为了增加内部网的实用性和价值，还可以加入一些简单有效的其他工具，如字典、企业和个人的地址簿、内部电子报纸、员工商店、合作伙伴名单、网络实时聊天、部门新闻、讨论列表和项目管理软件等。另外，在内部网上还可以进行网络安全训练、教育等。

美国空军协会（AFA）是第二次世界大战后建立起来的独立的非盈利性的民间组织。空军协会的主要职责是向其成员及公众介绍空军的发展情况，以及空军在保卫国家安全和维护世界和平中能起到的作用。AFA 的使命是促进太空力量的发展，主张建立强大的国防力量，支持空军及其工作人员，在空军和美国人民之间进行沟通。为了确保能为其成员提供最新的信息，AFA 运用了多种沟通渠道不

① 大卫·菲利普斯著，陈刚、袁泉译：《网络公关》，北京大学出版社 2005 年版，第 157 页

断重复宣传信息，其中一个重要的方法就是为其成员建立了共同的网页。在这个网页上，有各种各样的信息，包括对各种政策的看法和观点等。如果遇到有争议的议题，沟通部的工作人员总是及时地发布最新信息以确保成员获得“当前信息”。例如，有一次史密斯国家太空与航空博物馆展览了 Enola Gay B-29 轰炸机，协会对此持否定态度，就在网页上发布了很多关于这件事的背景资料以及 AFA 的观点。网页上还有一个“非会员勿入区”，里面有各个地区和州支部的项目清单。随着越来越多的会员登录协会网页，工作人员很多工作都能通过电子邮件来实现，协会总部的工作人员也可以通过电子通讯手段把各种信息通知会员。

二、博客和播客

博客在内部信息传递和沟通方面体现了很大的优势，包括 Oracle、IBM、SAP、微软、Sun 微系统在内的企业的总监们都建立了自己的博客，以便更好地与股东及员工沟通。惠普公司为其实验室的研究人员主办了一个博客网站，强化企业内部沟通。戴尔也有一个公司范围内的 Linux 博客网站，作为公司内部交流的另一个平台。其中 Sun 微系统公司的博客（Blogs. sun. com）不仅允许开发人员，而且允许普通员工发表意见。这个博客只对公司员工开放，员工还可以根据博客的类型或者最近新帖来访问，或者输入某个关键字来查询相关的博客。

播客，现在也开始用于组织内部信息传播与沟通。特别对于一些大型的跨国公司来说，播客是一种很好的内部传播工具。通过下载组织的播客，每个内部员工都可以很方便地收看到组织领导所传达的各种信息，并且通过播客与管理层建立强有力的联系。通过播客发送音频或视频还可以使组织全体成员实时地分享和反馈信息。

另外，组织还可在网站上开辟服务员工的论坛、留言板，便于员工的交流与沟通。

【案例链接】

IBM 公司的内部博客

2005 年 5 月，IBM 公布了一项新政策，鼓励其 32 万名员工写博客。为了更好地防范内部员工到一些对公司存在敌意的媒体中开设博客，IBM 主动为员工开设了博客空间，鼓励他们集中到一起。在之后的一年半时间里，IBM 公司的内部员工博客数已增长到近 9000 名用户，而 IBM 内部相关部门统一管理着这些公司内部博客网站。IBM 规定了公司员工应当如何使用博客，如何在博客写作与工作之间保持平衡，不能随便发表针砭公司政策与管理的言论等。如果提到与IBM有关的工作，员工必须使用实名，清楚地表明自己的身份和在公司里的工作岗位。其次，对那些在自己博客上谈论与IBM有关话题的公司员工，则要求他们有自己独特和最佳的判断，并且要明确表示他们的观点和意见仅仅代表自己，而不是代表IBM的官方观点。更重要的一点是，员工博客应避免泄露公司的知识产权信息，如果没有用户、合作者和供应商的同意，也不应提到他们。

IBM的内部博客既为全体员工提供了一个充分表达思想与意见的空间，又及时有效地疏导了员工的某些不良情绪，同时通过公司出色的员工博客管理和指引明确的博客原则让员工知道自己在发表文章时所必须遵守的尺度和原则。通过这种一张一弛的管理法则，使得IBM数量庞大的员工博客既很好地促进了内部的交流，又避免了危机的发生。IBM的发言人称，员工对于这些社会化网络和沟通方式的活跃状态让他们意识到了新兴技术应用的极大潜力。到目前为止，约15000个IBM员工注册了公司博客（http://www.ibm.com/developerworks），2200个员工定期维护其博客，博客主题从技术讨论到需求项目帮助等应有尽有，员工可以从核心业务中抽出时间来讨论他们的产品、技术、问题和专长。

（案例来源：常青：《把企业建在博客上》，清华大学出版社，2007年版）

【案例链接】

迪斯尼的故事

迪斯尼公司的网站迪斯尼频道一直是由超过130名技术人员轮班运营，他们每天编写程序的时间超过100个小时。众所周知，迪斯尼是娱乐行业，变化几乎是家常便饭，而且这些变化必须传递给管理层和下一轮接班的员工，所以他们不得不在轮班的时候写下轮班日志，以记录在值班过程中发生的各种比较突出的问题。当员工接班后，他们必须在尽可能短的时间内接手上一轮员工留下的问题和未完成的工作。最早的日志是写在纸上的，这就意味着公司必须向技术人员分发日志并归档保管，对于这些日志如何搜索、归档，一直困扰着以创新闻名世界的迪斯尼公司。

于是，迪斯尼公司提出了一系列解决方案。

最初的方案是建立一个数据库系统，不过，由于当时考虑尽可能简单，并没有把搜索和编辑等特性包括在内，可以说，除了不用在库房保存外，它与纸张日志并没有什么两样。

后来，有人提出了建立博客的设想，于是迪斯尼就用SixApart公司的Movable Type博客软件建立了一个博客系统。在这个日志系统中，具备了典型博客的所有要素：日历、搜索、分类、发表评论、最近文章等。这样，100 多名技术人员开始使用这个操作简单但特别实用的博客系统，大大提高了工作效率。博客软件不仅费用低廉，而且可以在48 个小时之内安装完毕并正常运行。

在这个博客系统的基础上，负责迪斯尼频道的经理还领导他的项目团队对原来的系统做了不少改动。其中就有他们彻底放弃了通过电子邮件通知他人的方式，转而使用 RSS 服务。公司视博客和个人网站是正面、积极的事，公司相信，只有高效率和强有力的沟通才能提高员工的工作效率，并使公司在几十个国家的业务得以顺畅作息。

（案例来源：同上）

第五章 CRM和网络客户公关

【本章提要】CRM的核心思想是以“客户为核心”；网络客户公关理论的核心思想也是“以客户为核心”，这是二者异曲同工之处。因此，以网络为载体的公关活动可以给予CRM巨大的支持，保障与推动CRM的有效运作。

本章我们从CRM的特性与目标出发，探讨在网络客户公关理论的指导下，企业在互联网普及的背景之下如何实施CRM以使企业与客户取得“双赢”的问题。

第一节 CRM与客户公关

一、CRM与CRM的问题

1. CRM与客户关系的定义

CRM是英文Customer Relationship Management的缩写，中文译为“客户关系管理”，这是一种全新的以客户为中心的管理理论。

关于CRM的定义始终没有一个明确的答案，现有的众多定义都是以不同的侧重点和角度对CRM的阐释，最早是由Gartner Group提出的：“客户关系管理是为了代表增进盈利、收入和客户满意度而设计的、企业范围的商业战略。”① 该定义把CRM列入战略范畴，着重从理论上而不是实际操作的解读。与此相对应的一种从战术角度对CRM的定义：“CRM是一种以客户为中心的经营策略，它以信息技术为手段，对业务功能进行重新设计，并对工作流程进行重组。”②

① 叶开：《中国CRM最佳实务》，电子工业出版社2005年版，第8页

② 同上，第8页

还有一种以双向互动为侧重点的定义："CRM 指的是企业通过富有意义的交流沟通，理解并影响客户行为，最终实现提高客户所得、客户保留、客户忠诚和客户创利的目的。"① 以及从客户与企业"双赢"的角度的定义："CRM 是企业的一项商业策略，它按照客户细分情况有效地组织企业资源，培养以客户为中心的经营行为及实施以客户为中心的业务流程，并以此为手段来提高企业的获利能力、收入以及客户满意度。"②

我国联想集团对 CRM 的理解颇具创新性，认为 CRM 有两层含义，一是客户关系管理（Customer Relationship Management），二是持续关系营销（Continuous Relationship Marketing）。可以看出联想在经营管理上的理念：不仅要创建与管理企业与客户的关系，而且要使这种关系持续地发展下去，以持续赢利。

以上定义都涉及了"客户关系"这一概念，客户关系并不是指客户同品牌之间的关系，或是客户对这种品牌的态度以及与之采取的特别的行动。在现在市场环境下，客户关系指的是客户与企业间的双向互动的交流，是提供产品以获取收益和购买产品以满足需求的双赢性质的关系，是一种双方都能受益的关系模式。

在 CRM 理论中要实现的客户关系是一种企业与客户相互依存的关系。在以客户为中心这一理念的指引下，客户是关系模式中的主体，由他们决定企业应该提供什么样的产品。企业则努力满足客户的需求，以低姿态的服务赢得客户的信任和好感，并维持这种信任与好感，以期望客户能够再次购买企业的其他产品。由于该产品是这个企业为这个客户量身定做的，所以这个客户从这家企业中得到了在其他企业不能得到的产品与服务，从而会增加客户对企业的满意度与忠诚度。这种交易情况的长期开展，企业和客户都可以从对方那里获益。

因此，无论各种定义是如何阐释的，其核心思想都是一致的：以客户为中心，全方位了解客户，积极沟通，尽最大能力满足客户需求，不断提高客户对企业的满意度与忠诚度，实现客户与企业的双赢。其核心内容是：按客户的实际需求，不断完善企业的管理、生产、销售、客服等一系列流程，从而提高效率、降低成本、扩大销售，争得更大的市场空间，从根本上提高企业的竞争实力。

2. CRM 的背景

CRM 的出现是适应企业经营的实际需求而产生的一种全新的管理理论，其广泛应用主要基于三个原因或曰条件。

---

① 叶开：《中国 CRM 最佳实务》，电子工业出版社 2005 年版，第 9 页

② 同上，第 8 页

(1) 竞争角度的变化

传统的企业竞争是围绕产品的数量和质量进行的，企业管理强调的是规模经济，以降低生产成本、扩大生产规模为经营核心，企业的竞争主要集中在单位时间内所生产产品的数量以及努力提高产品的质量上；但随着科技的发展、技术的进步，在现代社会，以产品生产为优势的企业不可能阻止其他企业研发、生产同样质量、规模的产品，产品的差异化不再明显，数量与质量已不再是企业竞争取胜的因素。另一方面，“以客户为中心”，围绕客户而展开竞争则相对容易了很多，只要企业能够充分地了解客户，尊重客户，满足客户的个性化、差异化需求，就能吸引并留住更多的客户，拓展自己的市场空间。

“以客户为中心”的可行性也基于消费者普遍存在的一种心理——从简心理。在产品与信息充塞视听的今天，消费者在选择时常常会花费很大力气，但又不一定能获得令人满意的结果。如果一个企业能够充分了解客户的需求，及时为客户提供所需产品的相关信息，就是在为客户提供最有价值的服务，自然会比其他企业更能赢得客户的关注。

(2) 营销理念的转变

现代企业的经营经历了“以产品为中心”向“以客户为中心”的转移。“以产品为中心”这一模式的理论支持为4P理论，企业根据生产出来的产品，“制定不同的价格，在不同的区域进行促销，所有部门的业务都是根据企业的业务进行调整。”[①] 4P即产品（Product）、价格（Price）、地点（Place）、促销（Promotion）。“以客户为中心”这一模式的支持理论是4C理论，“所有的部门和业务都是围绕客户来进行精细型管理，将客户需求作为主要驱动因素，形成一条业务流程的主线，将企业的人员、业务紧密地无缝连接成一个价值链。”[②] 4C即消费者的需求与欲望（Consumers' needs and wants）、消费者愿意付出的成本（Cost）、购买商品的便利（Convenience）、沟通（Communication）。

这两种模式是在不同的市场环境下的应用，其所强调的侧重点也是不同的。前者以企业生产为关注点，强调扩大生产、促进销售，以产品的数量与质量谋求赢利；后者以客户消费为侧重点，强调为客户服务，满足客户需求，以建立客户对企业的满意度及忠诚度而营利。

(3) 网络在商业领域的应用

互联网以超乎想象的速度与规模介入了人们的生活，为人们的工作、学习、生活提供便利的同时，也为企业经营提供了一个全新的发展平台。“欧洲的NVA

① 叶开：《中国CRM最佳实务》，电子工业出版社2005年版，第37页

② 同上，第37页

网站提供的数据显示，世界因特网用户在2000年12月为4.1859亿，到2002年9月已增至6.056亿；美国Global Reach网站提供的数据表明，到2002年8月，世界因特网用户已达约6.8亿。”① 到现在，互联网的用户数已大大增加。在这种情况下，企业若忽视网络中的潜在用户，就意味着会失去营利的最新空间与机会，把竞争优势拱手相让。

上世纪90年代以后，为适应新的企业经营的需要，软件开发商已开发出许多应用性的商业软件，如联系人管理软件（典型代表为ACT）、销售力量自动化系统（SFA）、客户服务系统（CSS）、集销售和服务于一体的呼叫中心（Call Center）等等。CRM软件系统即是在前者的综合运用的基础上开发出来的。

3. 解读CRM

CRM属于企业管理的范畴，是一种全新的理论模式，又以技术的外在形式贯穿于理论的实施之中，在实际操作中又是一种应用性很强的软件系统。因此，CRM的实施，并不意味着空谈理论，构架“空中楼阁”，也不意味着仅仅依据机械的软件系统、埋头于数据的整理分析，而是要将理论与技术相结合，才能使CRM在企业中成功应用。

（1）理论上的解读

“以客户为中心”只是一句概括性、口号性的阐述，围绕“以客户为中心”，还需要一系列相关理念的支持。如消费者与客户识别、客户细分、客企互动以及对客户反馈信息的管理等等。

——消费者与客户识别

消费者与客户是完全不同的两个概念。客户是指已经向企业购买或有意愿向企业购买产品的群体的总称；消费者是指同类产品的所有购买者，是潜在客户与客户群体的总称，消费者的范围要比客户的范围大了很多。企业所要关注的是对自己产品感兴趣的客户群体，而不是所有的消费者，保持客户对自己产品的吸引力是企业经营的重点所在，因为保留并挖掘已有客户的购买能力要比开发新的客户节省许多费用，也可以获取更大的利益。同时，还要把消费者群体中对自己产品感兴趣的客户如竞争对手的客户、游离的客户吸引过来，扩大自己的客户群体即销售空间。因而要将二者仔细区分，以实施下一步的营销计划。

——客户细分

客户细分是客户关系管理的理论基础，也是“以客户为中心”理念实施的基础性工作，是以企业所建立的客户数据库中的客户信息为依据，按照客户不同

① 张咏华：《中外网络新闻比较》，清华大学出版社2004年版，第13页

特征如教育程度、生活地域等进行的区分。对待不同客户区隔中的客户采取不同的营销方式和产品提供，以最大满足客户差异化的需求，以此来提升客户对企业的满意度和忠诚度。客户细分应成为企业整体战略思想的基础，以此规范与协调企业各部门的工作。

——客企互动

“以客户为中心”不是企业单方面的工作，不是按照企业自己的意愿想当然地为客户服务，成功的互动与沟通是了解客户、服务客户的关键。只有通过沟通与互动，企业与客户之间才能相互了解与信任，企业可以了解客户的需求以及对自己企业的满意度与忠诚度，客户也可以知道企业能为自己提供什么样的产品与服务，衡量自己是否有必要继续购买该企业的产品与服务。

——对客户反馈信息的管理

在CRM的实施过程中，对客户反馈信息的管理也是关键的环节。按照客户的消费心理，客户对自己接受的产品或服务，如果感到满意与信任是不会主动向企业表达谢意的，而在客户对已购买的产品或服务不满意的情况下，则会主动向企业反馈斥责性的信息，表达自己的不满情绪或要求企业给予适当的弥补。出现这种情况时，企业必须采取积极有效的措施，属于正当范围的客户要求应尽快给予解决，即使客户的要求有偏颇之处，企业也必须给予可接受的解释。如今的人际交往已不再局限于狭小的范围之内，客户可以通过众多渠道如网络等发泄自己的不满，如果企业漠视客户的意见与要求，将不仅仅导致单个客户的流失，还会在更大范围内给企业带来负面的影响。

(2) 技术层面解读

CRM是理论与技术的结合，企业在实施CRM的过程中，不能只强调在管理理念上的变革，也要明确技术在执行CRM中的催化、促进作用，比如计算机的数据库技术、各种互动技术等。

——数据库

数据库是记载、储存客户信息的技术工具，建立与完善客户信息数据库是实施CRM的基础性环节，也是企业经营与管理中的一种策略性资产。日本HR Institute（人力资源学院）的野口吉昭在其著作《客户关系管理实施流程》中，把数据库所必须具备的要素分为五种：①基本资料，如客户的年龄、性别、职业等，可以从会员卡或各种信息登陆媒体中收集；②购买、使用记录资料，是指显示个别客户的兴趣、生活观等的重要资料；③联络资料，指和个别客户的联络中所得到的情报；④交叉销售资料，是指问题解决方案资料；⑤BPR使用资料，是为了向客户提供最适当的商品、服务或问题的解决方案时，需要进行变更业务的过程，组织项目小组所需的资料。完善的客户数据库可以详细记录客户信息及与客户沟通的历史信息，可以使企业有效地了解每一个客户的需求细节，并且估算出这些客户能否给企业带来潜在收益。

——互动技术

CRM 的实施重点在企业与客户的沟通，在双向互动中增强了解、培养信任。传统的沟通方式，如问卷调查、现场销售人员面谈等有着过多的局限性，为提高沟通的效率，必须运用适当的互动工具。e-mail、电话呼叫中心、互联网等以现代技术为支撑的沟通工具可以使客户与企业之间实现真正意义上的一对一的交流，其感染力、反馈效果都优于传统的沟通方式。在对客户充分了解的基础上，按客户的需求为他们量身定做符合他们需要的产品，并及时收集、处理客户的反馈信息，在与客户的互动中既实现了企业的盈利，又提高了客户的满意度与忠诚度。

CRM 中的技术支持可以“使企业能够与客户进行个别性的接触，能够有效地进行市场营销，能够发挥其销售功能，能够用充分的客户信息装备企业经理，使之更好地了解客户，在同客户交往时变得更聪明、更有知识”。①

4. CRM 的问题

CRM 是一种战略思想，一种企业的文化、经营战略，是宏观的运作流程，这种“以客户为中心”的经营理念已被越来越多的企业认同和采纳，然而，这只是一种宏观的理论模式，如果仅有理论上的认同而未采取具体的有效的措施，同样不能为企业带来任何改观。现在很多企业都已运用 CRM 系统，而效果却大不相同，究其原因，问题出在具体的实施过程中。

（1）忽视了企业与客户的双向沟通

目前对 CRM 的研究，大多是从市场营销学、企业管理学等角度来展开的，缺乏公共关系角度的研究，从而导致对客户关系管理的本质理念及战略层面上的认识的偏差。由于没有意识到客户关系管理的核心在于企业与客户之间的双向沟通与互动，造成在实际的实施过程中有效沟通的缺失，这也是许多企业在实施了 CRM 但效果却不明显的原因之一。

虽然沟通在客户关系管理中居于核心地位，但很多企业并未对此予以重视，在处理客户关系时仍然以单向的告知为主，通过大众传媒及其他工具向消费者提供广告性质的信息，即使在数据库的基础上对不同客户提供不同类型的信息，却不注重对客户反馈信息的整理与处理。这种经营模式以劝服为主要特征，只是侧重于企业短期盈利的需要，在扩大产品知名度、产品促销等方面会发挥一定的功

① ［美］谢尔·霍兹著，吴白雪、杨楠译：《网上公共关系》，复旦大学出版社 2007 年版，第 17 页

效，但从长期来看，疏于与客户的双向沟通，漠视客户在交易过程中的主观能动性，会使客户对企业的满意度逐渐降低，就更谈不上建立客户的忠诚度了。

（2）忽视了网络工具在CRM中的重要性

CRM强调的是客户的需求与意愿，重在企业与客户之间的交流与沟通，进而实现企业与客户的双赢。CRM实施过程中的沟通主要有四种渠道：传统大众媒介、电话呼叫中心、网络、面对面，这四种渠道都是获取客户信息、与客户双向互动的工具。目前企业较多采用的是传统大众媒介、电话呼叫中心、面对面三种方式，而这三种方式与网络相比，却具有不可避免的局限性。

传统大众传播媒介即报纸、广播、电视，在人们的日常生活中占据着重要的地位，是消费者了解企业及其产品的重要窗口，也是企业宣传活动的重要阵地，但其作为沟通工具时却有着先天的软肋——反馈慢、反馈难、花费巨大；利用电话呼叫中心与客户交流也是常用的沟通工具，具有即时性的优势，但客户不一定会情愿地接受咨询，还要受时间的限制，不能影响客户的工作与休息，如果处理不当，反而会使客户产生厌烦的抵触情绪；面对面的交流方式需要有专门的企业员工来完成，需要具备专业性的公关技能，这种方式成本偏高而效果有限。

网络沟通工具，如Web、e-mail、论坛等，其自身的特点决定了作为沟通工具的突出优势：制作成本低、更新快、反馈快、信息量大，辅之以适当的物质鼓励，客户会积极地参与其中，效果也会更加明显。

网络工具除在公关方面具有优势外，在销售上也具有不可比拟的优势。CRM的终极目标是“一对一的销售”，这个目标也只有在网络上才能最有效地实现，而很多企业并没有意识到这一点。销售与公关有着紧密的联系，有效的公关活动可以极大地促进销售的增长，夸张一点地说，销售甚至可以列入公关活动之中。在网络上，企业的公关人员可以与客户进行一对一的沟通，宣传本企业的形象，推荐本企业的产品；客户也可以在获得产品信息的同时，对该产品是否满足自己的需要做出判断，并向企业的公关人员反馈，提出自己的需求，在双方关于产品的信息达成一致意向时，也就是完成了一次销售与购买活动，企业与客户都得到最大收益，即双赢。如此反复地开展下去，不断提高客户的满意度，从而成为企业的忠诚客户。

总结上述问题之后，我们可以得出一个明确的答案：为了最大程度地使CRM理论顺利实施，必须注重沟通的环节，必须强化网络在实施过程中的重要地位。

二、CRM的全新管理模式

客户关系管理的有效实施，是在“以客户为中心”的总体战略思想的指导之下，注重企业与客户之间的沟通与互动，通过一系列的具体的程序化运作而实现的。如今，新的互联网及计算机技术的应用，赋予了 CRM 新的解读。在具体的实施过程中，可以分为以下几个关键步骤。

1. 客户信息数据库基础上的客户识别与细分

（1）数据库

CRM 的终极目标是实现企业对客户的一对一的营销，这必须建立在企业大量拥有客户信息的基础之上。“许多年以来，企业都是通过创造最好的品牌来求得竞争优势，品牌在 20 世纪的大众化营销时代是一种不可触摸、不可改变、缺乏弹性的营销因素，但是在 21 世纪的互动时代，企业转向一种新战略，即如何通过从客户那儿获得信息，来获得可持续的竞争优势。”① 客户信息在现今的市场环境下已成为企业竞争的战略性资源，而数据库是有效管理和运用这一资源的重要工具，因而在 CRM 的运作流程中有着重要的地位。

数据库的客户信息主要来源于三个方面：一是企业一线的销售人员；二是企业的市场营销部门；三是企业的公关部门。一线的销售人员与客户进行直接的面对面的交流，以向客户介绍产品性能和了解客户对产品的态度为主要形式，咨询并记录客户的个人信息，可以得到客户的特征性信息，如客户的姓名、职业、联系方式，以及对产品价格的承受能力、对产品的满意程度等；企业的市场营销部门则要关注在销售产品时对客户购买信息的整理，主要关注的是产品的销售信息，如某种产品的地区销量、哪类产品在哪类客户中是最受欢迎的等等；企业的公关部门则主要关注客户的反馈信息的征集，及时处理客户的意见，同时注意对客户的信息进行全面的归类整理，为以后的公关活动做好基础性的工作。在某些企业中，公关与销售的职能已经融为一体，在公关过程中推销产品，在产品销售中与客户积极沟通，开展公关活动，这种情况在电子商务活动中尤为明显。

（2）客户识别

对于企业来说，收集客户信息以建立客户信息数据库，目的是使客户更具可识别性，在以后的交易中企业可以更快地识别出该客户，以进行有针对性的销售活动，可以使企业与单个客户的联系更加紧密，使二者的交易与沟通更加便利，以此来节省交易过程中的时间，达到压缩成本支出的目的；对于客户来说，企业记录了自己的相关信息，并为自己提供比其他企业更能满足个性化需求的产品与服务，可以为自己在以后的交易中节省时间与精力，也就能够更方便或更便宜地购买产品。

---

① 谢尔·霍兹著，吴白雪、杨楠译：《网上公共关系》，复旦大学出版社 2007 年版，第 4 页

（3）客户细分

“客户细分，强调的是根据企业的客户数据，包括基本信息、交易信息等，进行与业务相对应的细分，而这种细分程度和细分条件，是与企业业务特点和发展阶段，以及近期管理侧重点息息相关的。”①

CRM是一种理念，天然存在着理想化的缺陷，在实际的运作过程中，企业的经营并不一定能够完全符合每一位客户的需求，企业所要关注的是能够对自己产品感兴趣的客户；同时，也要正确区分客户的不同价值，在企业界有这样一种说法：80%的利润来源于20%的客户，即要把经营重点放在大客户上，首先要考虑的是大客户的利益与需求。因而，企业需要在已有客户信息数据库的基础上，按自己企业经营的实际情况对客户进行进一步细分，可以以客户的个人特征进行分类，也可以按照客户价值的大小进行分类。客户细分的过程实际上也就是分析整个数据库中客户信息的过程。使用不同的方式对待不同的客户需求，其目的就是要使企业能把大部分资源投入到最能为企业带来利润的客户群体上，以此为重点，兼顾满足其他客户的需求。

2. 以互联网为主要工具进行业务运作

互联网有容量大、速度快、更新快的特点，又以先进的计算机硬、软件为载体，是实施CRM的理想的运作平台，会对CRM的实施提供巨大的动力支持。互联网在CRM中的应用主要有以下两个方面。

（1）以网络为载体进行公关活动

企业在进行宣传、开展公关活动时，注重公关工具的整合效应是非常重要的。传统的大众传播媒介（报纸、广播、电视）、互联网、面对面、电话呼叫中心等各有优缺点，但是相比之下，互联网的优势更加突出，主要在成本低、时效强、反馈快等方面。关于网络公关的内容将在第三节详细论述。

（2）以网络为载体进行销售活动

客户在决定购买产品之前，会通过各种渠道了解产品的信息，传统媒介的信息渠道只是一种单向的流动形式，客户无法与企业进行有效沟通，只能被动地接受企业传达的信息；电话咨询获得的信息，主要是相关人员的口头介绍，客户很难对产品形成形象、准确的认知，并且要支出电话咨询的时间和费用；而面对面地交谈又会占用客户的时间以及影响客户的判断，在客户越来越理性的今天，并不情愿接受销售人员的一面之词。更重要的是，运用这些信息提供渠道时，都是客户在被动地接收信息，是一种灌输的方式，不符合CRM理论的精神实质。而

---

① 叶开：《中国CRM最佳实务》，电子工业出版社2005年版，第44页

网络渠道则可以解决上述问题。企业可以利用互联网设立关于产品的专页或专栏，网络超大容量的特点使企业可以为客户提供详尽的产品信息，而时效快、更新快的特点使企业能够把最新的产品信息在第一时间发布出去，成本低的特点也可以使企业节省大量人力、物力、财力的开支；对客户而言，可以自由地支配时间，在空闲的时候进入相关的网站，查找所需要的信息，如产品的性能、外形、其他购买者的评价等，还可以就不理解的地方向企业进行在线咨询，以理清对产品的认识，互联网反馈快的特点可以使客户的咨询信息在第一时间传递给企业，也可以使企业在最短的时间内给予答复。

互联网在CRM的实施过程中的运用绝不止向客户提供产品信息这么简单，更重要的是网上交易的功能。

企业产品的销售方式主要有现场销售、电话销售、分销商销售和网上销售四种。现场销售是指企业开展促销活动，直接在商场或某个固定地点展销产品的销售方式。这种方式可以使客户直接与企业的销售人员进行面对面的交流，并对产品进行详细的了解，但其缺点也是明显的：一是活动受时间、地点的限制，能吸引到的客户量有限；二是受空间的限制，并不能展示企业的所有产品；三是开支太大，租用场地、产品运输、人员组织等都需要大量的投入。电话销售是指客户向企业进行电话咨询，并通过电话订购该企业的产品，这种方式能够使客户节省往返购买的时间，也提高了企业的工作效率，可以为企业节省一定的成本，缺点是客户在电话订购前仍需花费时间与精力去了解产品，企业也要雇用大量的电话客服人员，人工操作中又难免会出现失误。分销商渠道销售是指企业将产品的销售工作由各地的经销商负责，经销商从企业统一订货，再到自己的所在区域自行定价销售。运用这种方式时企业是最大的受益者，在市场运作中省去了销售的环节，节省了开支，然而对于客户来说则需要支付更多的费用，因为经销商还要从中赢利。这三种方式都要客户付出或多或少的时间与精力，以及更多的费用，并不能体现出“以客户为中心”的管理理念，不应该成为企业的主要营销手段。

近些年来，互联网的迅猛发展以及互联网用户的大量增加，为企业的产品营销提供了一个新的平台。很多企业已经意识到，庞大的网络用户群实际上也就是潜在的客户群，对网上客户的争夺已成为企业竞争的主要内容之一。

互联网的使用是以计算机为载体的，数据库的存储与使用也是在计算机上进行的，把数据库与网络联系在一起，就可以对细分后的客户进行差异化的销售。以前企业的销售活动是针对大众展开的，而现在则可以在客户细分的基础上，利用数据库中存储的信息进行一对一的营销，并努力满足客户提出的不同需求，进行差异化营销。更重要的是，客户可以足不出户地在网上浏览产品信息，并根据自主的判断选择合适的产品，邮电企业网站甚至可以让客户在网上订购，并提供免费或收取少量费用的配送服务，这才是真正的对客户的360度服务。

在线购物主要有以下几个环节：

——客户必须进行网上注册，以确定自己的会员身份。在注册过程中，按要求填写相关信息，如用户名、工作单位、e-mail、电话等，为保护客户的隐私，用户名一般不要求填写真实姓名。这些相关信息，就是客户信息数据的重要来源，也是今后交易中企业与客户联系的依据，所以必须真实、准确。企业应该在注册的页面上指出，客户填写真实信息的意义——是为了更好地服务客户。如图5-1：

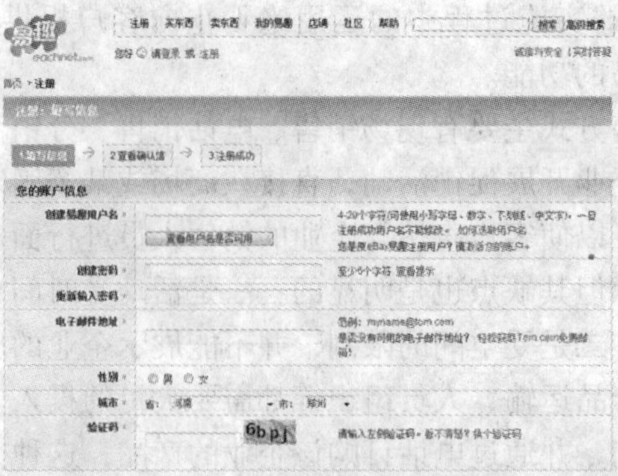

图5-1 易趣网的注册页面

——客户按自己的需求与兴趣在网站上寻找相关产品的信息。这要求企业必须在网站上提供详尽完备的产品信息，不能只是空洞的毫无生气的文字说明，还要有形象生动的产品图片，网站的布置也要整洁有序，分门别类地建立各种产品的网页链接，帮助客户尽快地找到产品。同时应根据客户所填写的信息，主动地为客户推荐适合客户标准的产品。

——客户选择好产品后进行网上订购，填写订单，选择付款方式以及配送地点。企业应该在网页上注明可供选择的付款方式和配送费用的标准，以使客户方便地选择适合自己的方式。

——客户查询企业的发货时间、明确自己的收货时间，企业应该在客户指定的时间内按时送货，并且用适当的方式如e-mail通知客户大致的到货时间，使客户提前做好收货的准备。

——客户接收产品时要注意收取货物的收据，并签字证明。若客户选择的是货到付款，则在接收货物时付给送货人货款，并收取货物的收据。

从以上几个环节中我们可以看出，在线营销的每一个环节都是"一对一的营销"，都是"以客户为中心"的。

当然，互联网是一种新兴的公关与营销工具，自身也存在着诸多缺陷。如费用昂贵的物品，客户在购买前往往要亲身体验，汽车等便是此类。现在很多地区互联网并未普及，一些客户在使用互联网时还有障碍，这就使网络的公关与营销对于他们毫无意义。因此，企业也不能完全依赖互联网这一单一渠道，而要把各种销售渠道整合使用，以实现效益的最大化。

3. 对客户反馈信息的关注与处理

CRM 的实施过程中要注意企业与客户之间的交流与互动。沟通是信息双向流动的过程，又是一个循环往复的过程。企业通过各种渠道向客户提供关于产品的信息，客户接收信息、经过选择并购买后，向企业发出了购买信息，这是一个交易的结束，但并不是沟通的结束，还要有一个客户向企业反馈信息、企业处理客户反馈信息的过程。企业要想与客户保持持续联系，最重要的是要关注客户的反馈信息。

在客户关系管理的过程中，企业对客户反馈信息的关注，是完善客户信息数据库的需要，也是建立与客户的持续性联系、提高客户对企业的满意度与忠诚度的需要。客户的反馈信息有赞誉性的反馈信息与批评性的反馈信息两种。对待不同的反馈信息，企业要采用不同的处理方法。

（1）赞誉性的反馈信息

客户购买产品之后，经过一段时间的使用，对产品的性能、售后服务等方面非常满意，一般是超过购买前的期待，通过各种渠道如电话、信件、互联网等，向企业提出赞扬，就是赞誉性的反馈信息。这不仅是客户对企业产品满意的标志，也是客户对企业的满意度与忠诚度进一步提升的标志。这样的客户是企业与其持续发展关系、培育其成为忠诚客户的主要对象，因而这样的反馈信息对企业来说是非常重要的。

然而在实际情况中，即使客户对企业的产品非常满意，也不一定会主动赞扬企业，这虽然有些不合情理，但却普遍存在。企业若想得到这方面的信息，则需要主动与客户联系，咨询客户的意见，以确保这部分客户不会流失。

（2）批评性的反馈信息

客户购买产品之后，经过一段时间的使用，对产品的性能、售后服务等方面不满意，并且是非常不满意，远远低于自己购买前的期待或企业对产品的介绍与承诺，就会通过各种渠道如电话、信件、互联网等，向企业提出批评，要求企业给予答复与解决，这就是批评性的反馈信息。这是客户对企业产生信任危机的标志，也是客户对企业满意度与忠诚度降低的标志。

在实际情况中，客户是不会随意向企业提出批评的，如果客户提出了批评性的反馈信息，则意味着客户对该企业提供的产品或服务是极度不满的，客户对企业的形象也产生了一定程度的质疑，如果问题得不到妥善解决，在该客户的交际范围内，企业的形象都会受到影响。因而企业要特别关注这类信息。在接收到这类信息后，务必尽快查明问题的原因，在最短时间内给客户满意的答复，以消除客户的不满情绪，重新树立二者之间的关系。

在信息时代，最便捷的沟通方式是互联网上的沟通。人们在日益繁忙的工作、学习中，网上交流已经成为重要的休闲方式。在休闲时间接收到的企业各方面的信息，客户会在一种轻松的氛围中仔细思考与回答，因而，在客户反馈信息的处理中，注意网络工具的运用就显得尤其重要。

第二节　CRM 中的公共关系支持

CRM 是一种以客户为中心的全新的企业管理模式，强调在为客户提供高质量产品的基础上，通过与客户持续的交流与互动，以情感人，以诚动人，提高客户对企业的满意度与忠诚度，最终实现的是企业与客户的双赢。企业与客户的沟通与交流贯穿 CRM 的全过程。

“公共关系是社会组织为了塑造企业形象，通过传播、沟通手段来影响公众的科学与艺术。”[①] 任何一个社会组织若要生存与发展，必须与其相对应的公众建立起长期的、相互信赖的关系，而这种关系的形成，又必须以社会组织与公众的沟通、交流为前提，这些也就是公共关系活动要解决的主要问题。

企业是一种商业性的社会组织，与企业相对应的公众即是企业的客户。因而，CRM 的实施必须要有公共关系理论的指导，具体体现在以下几个方面。

一、树立并维护企业形象

企业与客户关系的建立，首先要做的是让客户对企业有所了解，对企业的经营范围、产品种类、经营理念以及企业标识等有一个大体印象，这就需要有关的公关部门对企业形象进行宣传，这也是 CRM 实施过程中的基础环节。

企业形象即公共关系理论中的组织形象。组织形象是公共关系理论的核心概念，“所谓组织形象，就是公众对于社会组织的总体评价，是社会组织的表现与特征在公众心目中的反映”。[②] 良好的企业形象会使客户对企业产生心理上的初步认同，直接关系到客户对该企业产品的第一次购买，而有了第一次购买，才是企业与客户建立关系的真正开始。

---

① 熊源伟：《公共关系学》，安徽人民出版社 2003 年版，第 16 页

② 同上，第 7 页

1. 组织形象理论角度

从组织形象理论角度来看，关于企业形象的工作主要体现在树立、宣传、维护企业形象三个方面。

（1）树立企业形象

树立企业形象，主要有树立企业的内部形象与外部形象两个方面。企业的内部形象，是指企业的经营理念和企业的总体特征。经营理念是一个企业经营管理的指导思想与指导原则，按 CRM 的要求，则是“以客户为中心”、对客户“360 度关怀”；企业总体特征即企业整体的一种精神面貌，包括员工的工作态度、企业的竞争实力、企业的竞争风格等几个方面，CRM 理论要求企业员工对待客户真诚热情，企业经营要注重与客户的双赢，通过增强客户的满意度进而拥有更多客户以增强企业的竞争实力等。企业的外部形象，是指企业的厂房外观、办公环境、产品式样、商标图文等内容，要求鲜明大方、便于识别，可以直接吸引客户的注意力，或增进客户对企业的好感。

（2）宣传企业形象

宣传企业形象，是指企业以各种传播媒介为载体，对企业的产品或经营理念进行宣传，无论是新成立的企业，还是已经在其领域取得竞争优势的企业，都要积极进行企业形象宣传，以提高企业的知名度，扩大企业影响。进行企业宣传，要注意以下几个问题：一是传播媒介的选择，要以能最大范围地覆盖目标受众为标准，强调媒介的整合传播；二是宣传的信息要以事实为依据，不能夸大企业的形象与产品的性能，在 CRM 的实施过程中，盲目提高客户对产品的期待，会招致客户的不满与批评，直接损害企业形象，也违背了“以客户为中心”的原则；三是宣传并不意味着毫无生气的信息输出，也要注意使客户积极地参与反馈，注意互动，CRM 中企业与客户交流、获取客户信息、交易等都是双向的过程；四是宣传要有目的性，要能够使客户意识到，本企业可以为他们提供其他企业不能提供的产品或服务，要使客户清楚购买本企业的产品或服务可以为自身带来便利，也就是 CRM 理论所要追求的“双赢”。

（3）维护企业形象

维护企业形象，是指当企业形象受到不同程度的损伤时，及时采取有效措施，弥补缺陷，以确保企业与客户的良好关系。

企业经营是一个长期的过程，难免会出现企业形象受损的情况，这又分为自身原因和外界误读两种。自身原因主要是产品或服务方面出现了过错，给客户造成了损失，需要及时更正并作出必要的补偿；外界误读主要是企业的方针政策在实施时被外界所误解，引发了有损于企业形象的舆论，企业要及时予以澄清，并通过大众媒体进行公布。CRM 的实施流程是围绕客户进行的，是基于客户对企业信任基础上的，企业形象受损，客户对企业的信任度下降，会严重阻碍 CRM 的有效开展，因而，这是 CRM 的实施过程中必须密切关注的环节。

2. 组织形象特性角度

从组织形象的特性来看，公共关系理论对 CRM 的实施也具有重要的指导意义。熊源伟在《公共关系学》中指出，组织形象具有主客观双重性、多维性、相对性、相对稳定性，作为商业组织的企业，也具有以上特性。

（1）组织形象的主客观双重性

组织形象具有主观性，“组织形象作为组织在公众心目中的印象，必然会受到公众自身价值观、思维方式、道德标准、审美取向以及性格差异等主观因素的影响。”① 组织形象又具有客观性，“是组织自身行为及现象在他们心灵上的投影”。② 在 CRM 实施中，针对组织形象的主客观双重性，要求企业首先做好本职工作，生产高质量的产品，提供高水平的优质服务，从客观性的角度提升企业形象；另一方面，要做好与客户的沟通工作，针对不同客户采用不同的沟通技巧，力求使每一位客户满意，从主观性角度提升企业形象。

（2）组织形象的多维性

“由于组织自身构成具有多维性，它必然会向社会发出各种各样的信息”③，而各种信息都是组织形象的构成因素。组织形象是一种集合体，是组织各个环节的工作情况在公众心目中的汇总与反映，任何一个环节的失误，都会使组织的整体形象受到损失，所谓“千里之堤，溃于蚁穴”。CRM 的实施过程是一种工作流程，是由多环节、多部门的共同作业完成的，要求企业的全体工作人员，无论是一线的销售人员、制造人员、客服人员，还是企业的领导者，都要彻底贯彻 CRM 的精神，尽量避免工作中的失误，以完善企业的整体形象。

（3）组织形象的相对性

第一，组织形象不是组织自身定位的，而是公众按照一定的参照物，以一定的标准对组织所作的定位。企业是在市场上进行竞争的商业组织，不仅在产品与服务上要与同类企业竞争，其形象的好坏也是在与同类企业的对比中体现出来的。CRM 的引入不是一家企业的专利，在同类企业都引入 CRM 的情况下，企业若想在竞争中脱颖而出，则更需要企业形象的树立与维护，更需要运用公共关系理论的指导。第二，如前文所述，组织形象会受各种因素的制约与影响，不是一成不变的，企业在 CRM 的实施过程中，要保持与发扬有利于企业形象的因素，

---

① 熊源伟：《公共关系学》，安徽人民出版社 2003 年版，第 10 页

② 同上

③ 同上

摒弃或改正不利于企业形象的因素。

（4）组织形象的相对稳定性

组织形象形成，即公众对组织达成了一种共识，形成了一种一致的印象。无论是好的印象还是坏的印象，都是一种心理定势，会在公众的心目中保持相当长的时间与一定的稳固性，不是轻易可以改变的。对于企业来说，要力图形成良好的形象，并保持、珍惜这种形象，这是企业的无形资产，也是实施 CRM 的保障。

3. 公共关系活动的目的与方式角度

从公共关系活动的目的与方式上看，公共关系理论对梳理、维护企业形象，指导 CRM 的实施同样具有重要意义。“公共关系活动是社会组织为了塑造自身形象而从事的各种实务。其中包括协调、沟通和传播等活动。”① 可见，公共关系活动的目的是为了塑造良好的组织形象，即 CRM 理论中的企业形象；公共关系活动的方式主要有协调、沟通、传播等，这在 CRM 实施中也有所体现，即要求企业与客户进行双向交流，建立持续的良性互动。

组织形象是公共关系理论的核心概念，组织的一切公关活动都是围绕树立良好的、为观众所认可的组织形象而进行的；良好的企业形象是实施 CRM 的现实基础，是促使消费者第一次购买，从而成为企业客户的直接动因，是建立企业与客户关系的前提条件，因而是 CRM 实施流程中非常重要的环节。

二、建立与发展客户关系

客户是公共关系理论中商业性社会组织的目标公众，“公共关系所讲的顾客关系不同于市场经营中的销售关系。其活动方式不是产品和货币之间的直接贸易，而是在企业与顾客之间建立起良好的信息交流关系和协作关系。”②“协调客户关系的目的，是使顾客形成对企业及其产品的良好印象与评价，提高企业及其产品在市场上的认知度、美誉度和和谐度，为企业争取客户、开拓和稳定市场关系。”③

CRM 即客户关系管理，客户关系是 CRM 的核心概念，其指导思想是“以客户为中心”，强调企业与客户建立起长期的良好的关系，这是一种相互依赖性的关系，处于这种关系中的双方通过长期的联系与合作，都可以使自己获益，因而又是一种共荣性关系。建立与发展这种关系，就需要有公共关系理论的支持与指导。

---

① 熊源伟：《公共关系学》，安徽人民出版社 2003 年版，第 15 页

② 同上，第 141 页

③ 同上，第 141 页

“真正的客户关系，远远不止只有功用性的关系，它在很大程度上是一种主观上的感知。这是由信任、依赖性、故乡的历史与价值、相互尊重、关心、分享对方的成功、热情、社会支持和有效进行的双向交流等因素形成的结果。”①

在CRM实施过程中建立起良好的客户关系，会极大推动CRM的实施，给企业带来很大的利益，这种利益又分短期利益和长期利益两方面。企业与客户一起创造出一种牢固的亲密关系，不仅可以使客户的需求得以满足，并且为企业带来稳定的利益回报。随着这种关系的发展，客户会越来越倾向于购买该企业的产品，只要有了购买的需求，这家企业便是首选，而不是去其竞争对手那里购买。同时，客户也会在他的交际圈内向他人推荐这家企业，从而增加了企业的潜在客户群。

与之相对应的是恶性的客户关系，不但会阻碍单个客户与企业的交易行为，而且受到损失的客户会自觉或不自觉地在其交际圈内散布关于企业的不满情绪，从而加强了其他客户对企业的不信任感。尤其是在信息时代的今天，信息传递的速度与范围超乎想象，且难以有效控制，所以必须关注客户关系的构建与管理，将公共关系理论切实贯彻于CRM的实施过程之中。

建立良好的客户关系需要注意以下几个环节：

——企业提供的产品与服务在质量方面必须予以保证，这是企业赢得客户的基础，也是建立良好而牢固的客户关系的前提。如果企业所提供的产品，在性能上和同类企业相比根本不是同一个档次，即使运用再多的公关活动，再强调以情动人、关怀客户，也不会得到客户的认同；如果企业的产品性能与同类企业所生产的产品虽有差距但不大，施以有效的公关活动，注重与客户的情感交流，使客户感受到企业对自己的尊重与重视，感受到自己的消费主体地位被满足，客户应该会接受这一产品的。

——企业在相关服务过程中要对客户热情、真诚。“顾客就是上帝”不是一句简单的口号，而要真正落实到每一环节。服务包括销售服务和售后服务两类。在销售过程中，要求一线销售人员以热情真诚的态度面对客户，对客户关于产品的咨询应不厌其烦地解释，对产品的性能给予真实的回答，并客观地提供有利于客户的建议。客户关系的维系是一个应长期持续的过程，而不是一次销售行为的终结。因此，在销售过程中，销售人员要认真记录客户信息，比如客户的联系方式、工作单位以及性别、年龄等个人信息，这是与客户长期联系的需要，也是为CRM实施流程中对客户信息数据库的建立与完善所做的工作。

---

① [美] 詹姆斯·G. 巴尼斯：《客户关系管理：客户的观点》，转引自 [美] 邓·皮泼斯、马沙·荣格斯著：《客户关系管理》，郑先炳、邓运盛译，中国金融出版社2006年版，第58页

产品的一次销售只意味着企业与客户建立了初步的联系，这时形成的客户关系并不是稳定与持久的，要稳固与发展客户关系，则要重视售后服务的作用。售后服务是在产品销售结束后，企业的相关部门定期或不定期地与客户联系，询问客户对产品的使用情况、满意程度，如果客户对产品不满意，哪怕是些许的不满意，企业都要按照客户的合理意见对产品作出必要的调整，直至客户完全满意为止。这样一方面可以使企业了解产品存在的缺陷，进一步提高产品的质量，改进产品的性能；另一方面，也使客户知道自己受到了企业的重视，自尊心得以满足，提高了客户的满意度，进而强化了企业与客户的关系。售后服务所收集到的信息同样是客户信息数据库的重要来源。如果一个客户多次购买该企业的产品，并均表示满意，那么这个客户就有可能成为企业的忠诚客户，是企业所要重点关注的对象。

——开展不同形式的公关活动，邀请客户参加。虽说实施 CRM 是企业的一个工作流程，但其所要达到的目的与产生的影响却是外延化的，要得到社会对企业的赞誉与客户对企业的认可，这就需要开展各种形式的公关活动，如记者招待会、公益活动、企业赞助以及邀请客户参与的公关活动。记者招待会是企业向大众媒介发布有关信息、提高社会知名度与影响力的主要途径，举办公益活动、进行企业赞助是树立企业形象、赢得公众好感的最佳选择。如果企业在社会中的形象与地位不高，客户在购买与使用该企业产品时就会有一种消费品位降低的感觉，这些也会间接影响企业与客户的关系。而邀请客户参加企业主办的公关活动，如征询客户意见的座谈会、联谊会等，则可以直接促进企业与客户的关系。

——对企业全体员工都要进行相应的公关培训。CRM 的实施不是某一部门、某些员工所要进行的工作，而是流程性的、涉及全体员工共同努力的协同作业。因此，企业的全体员工都必须要明确并贯彻“以客户为中心”的理念，增强工作中的默契，才能使 CRM 高效地实施，这就需要开展企业的内部公关活动。

“因为客户在接触企业的时候可能遇到的并不一定就是负责客户管理的部门或者人员，但是恰恰这个第一接触点给客户造成的企业形象直接地、最大地影响了客户的购买行为，所以 CRM 不仅仅是客户服务部门的事情，而是所有企业人员都要参与的，要全员皆 CRM。”① 对企业员工进行公关培训的目的是使每一位员工都具有公关能力，虽然不一定都要具有专业公关人员的素质，但要树立公共

① 叶开：《中国 CRM 最佳实务》，电子工业出版社 2005 年版，第 85 页

关系意识，明确公共关系准则，最主要的是具有维护企业形象的意识、全心全意为客户服务的意识、对待客户真诚互惠的意识、与客户沟通互惠的意识以及平等对待客户、严守客户秘密的准则等。从 CRM 的实施流程以及经营理念来看更需如此，要求每一个环节的工作人员都要有相应的公关能力，从客户的利益出发，尽量满足客户的需求，努力扩大稳定的客户群，提高企业的赢利空间，以达到企业与客户的双赢。

这里涉及如何开展公关活动的问题。企业员工的公关活动只是初级的、非专业性的，产生的效果与影响只是单一的客户群，并不能覆盖社会的较大范围。若要取得长期的规范的效果，则需要专门的公关机构来进行。企业的专门性的公关活动一般是由企业所辖的公关部门或企业之外的公关公司、公关团体实施。

"公共关系部指企业内部针对一定的目标，为开展公共关系工作而设立的专业职能机构。"① 企业公关部门的地位非常重要，一般设置上是与企业的营销部门、人事部门、财务部门等属于同一层次，甚至在有的企业中直接受企业最高领导层的领导。企业公关部门的主要任务是收集企业内外部的关乎企业生存与发展的信息，如客户信息等；针对自己掌握的信息，向企业的决策部门提供参考意见；按企业的要求与计划面向社会开展宣传、公关工作；接受、处理客户的意见并做好沟通协调工作。必须明确的是，公共关系部门只是一种服务性的机构，只能向企业的决策机构或其他机构提供参考性建议，而不能越权行使职责。

并不是每一个企业都有必要设立专门性的公共关系部门。只有当企业的规模达到一定程度，经营区域达到一定范围，必须有专门的机构从事对内对外的公关工作时，才有必要设立。实施 CRM 的企业是有必要设立公共关系机构的，因为 CRM 的实施是围绕客户进行的，又要涉及维护企业形象的任务、全员教育与贯彻 CRM 的任务、处理客户反馈信息及改善客户关系的任务，就必须要有一个适宜的内外部环境，这些具体的工作都要有一个专门的公共关系机构来完成。

三、帮助并引导 CRM 运作

从 CRM 的实施流程来看，需要有一个部门从全局性的宏观角度来审视企业工作的得失，提供有益于企业发展的咨询、建议，引导、调控 CRM 的正确实施。公共关系部门正是从树立、维护企业形象的大局出发，以协调沟通企业内外部的各种关系为工作重点来运作的。因而，公共关系部门在 CRM 的具体实施过程中发挥着不可或缺的作用。

---

① 熊源伟：《公共关系学》，安徽人民出版社 2003 年版，第 70 页

1. 协调内外关系，改善经营环境

在现代的市场经济中，同质化产品充斥着消费者视野，企业是在日益激烈的竞争中求生存的。为了营造良好的竞争环境，必须注重企业内外部关系的协调，以提高自己的知名度与美誉度，树立良好的企业形象。

企业内部公共关系是指企业员工之间、部门之间合作关系的沟通与协调，主要目标是增强企业的凝聚力与团队精神，培养民主的“家庭式”的工作氛围，注重的是情感的沟通。同样，CRM的实施中也要关注企业内部CRM，即全体员工都能理解CRM经营理念与企业的工作目标，并以一致的工作态度与精神面貌履行自己的工作职责。因而，内部CRM的过程在某种程度上来说也是内部公共关系的过程。

从情感的层面来说，奋发图强、积极向上的员工队伍所创造的无形价值是不可估量的，在提高工作效率、激发工作热情、应对企业危机等方面将发挥重要作用。商场如战场，企业就好比一个作战单位，当强敌环伺的时刻，唯有全员团结一致才能拼出一条血路。企业的领导者必须重视情感的力量，注重对企业员工的人性关怀，以情动人。“组织中上下左右之间关系融洽，气氛亲切和谐，上级主动为下级排忧解难，下级自觉体谅上级的难处。身处这样的组织里面，每个人都会感到亲切温暖。”①

CRM的经营理念是“以客户为中心”，尽量满足客户的要求，竭诚为客户服务，这是企业对外的营销准则，而企业内部也要注重对员工的情感关怀，也要“以员工为中心”，所谓“家和万事兴”、“一屋不扫，何以扫天下”。企业员工关系的维持不仅仅是经济方面的因素，也不能完全依赖强硬的行政命令，而是要通过企业内部的交流与沟通，培养出感情上的认同。只有企业员工的正当要求得到满足，并且感觉到企业的关怀与尊重，才会以己及人，真正把“以客户为中心”作为自己的职业准则，以良好的心态面对客户，从而推动CRM的顺利实施。

另一方面，企业各部门之间也要团结协作，生产部门、销售部门、客服部门、决策部门等都是企业的重要组成部分，在CRM的实施流程中都负有不可推脱的责任。但由于某些原因，有时会出现相互推诿的现象，而归根结底是CRM理念的缺乏造成的。这就需要公关部门发挥内部公关居中协调的作用。如果客户向企业某一部门反映问题，而几个部门之间相互“踢皮球”，互相推卸责任，把客户晾在一边，会使企业的形象受到严重影响，又怎么能体现对客户的关怀？因此，企业各部门的负责人也必须具有CRM意识，除了把分内的工作做好，还要

① 熊源伟：《公共关系学》，安徽人民出版社2003年版，第183页

注意与其他部门通力合作，在 CRM 经营理念的引导下，共同推动企业的发展。

企业外部公共关系，是指企业同与其经营有直接或间接关系的外界组织或团体的友好合作、互利共荣的关系，主要目标是与外界相关机构或个人建立广泛而友好的联系，达成某种程度的默契，营造与维护有益于企业发展的良好环境，同样也要注意相互之间的沟通与合作。企业外部公共关系主要有企业与媒介的关系、企业与客户的关系、企业与政府的关系、企业与竞争对手的关系以及企业与所在社区的关系等，其中，企业与客户的关系直接涉及 CRM 的实施流程，其他方面的公共关系则是这一关系建立的有力支持。

2. 赢得客户信任，收集客户信息

CRM 要求企业了解客户，倾听客户，一切围绕客户。企业必须明确自己的目标客户有哪些，潜在客户有哪些，竞争对手的客户又是谁，并且要明确自己已经为客户提供了怎样的产品与服务，客户是否满意，哪些方面做得好，哪些方面还需要改进，这就要求有一个收集客户信息的过程。

客户信息包括个人信息、交易信息、反馈信息等部分，每一部分都是 CRM 实施的基础性因子，都会直接影响企业与客户的联系与长远合作。其中交易信息可以通过客户每次消费的时间、地点、数量、金额来确定，这是区分重要客户、认定忠诚客户的重要信息；反馈信息可以通过企业有关部门的主动征询与客户的主动提供而获得，这是提高客户满意度、维护企业形象的重要手段；而最基础的信息——个人信息却不是轻易可以得到的。有人认为客户提供一些个人信息是理所应当的，是为自己在以后的交易中提供便利，然而实际中却不是这样。很多情况下，企业关于客户信息的收集往往得不到准确的结果，如“姓名”一栏，有的客户只会提供“王先生”、“张女士”等笼统的信息，而“住址”一栏会出现空白的情况。这里就涉及了客户隐私权的问题。

随着社会的发展，人们的法律意识加强，行为更加谨慎，再加上利用个人信息进行欺骗或硬性推销的违法事件层出，为防止受到侵害与骚扰，现代人更加注意对自己隐私的保护，某些个人信息不愿轻易交予企业，而这些个人信息如姓名、电话、住址、收入、工作单位等，又是客户信息的重要来源，对企业进行客户分类营销、与客户沟通互动、建立长期联系有着重要意义。这种情况虽给企业在实施 CRM 的过程造成一定程度的阻碍，但企业不能把责任全部推到客户身上，而应从自身寻找问题的解决方案，因为“客户永远是对的”。

在以客户为中心战略的商业竞争中，企业的未来取决于客户的信任程度。因为离开了客户的信任，客户关系就不可能存在，客户也不可能向企业提供它所需要的信息。企业之所以需要这些信息，本意是为了更好地服务于客户，如果失去了客户信任，也就意味着失去了一切。信任的形成是从关系的建立开始的，这就需要公共关系的理论支持。

首先，要对客户诚实守信，必须实事求是地反映情况，真实地传递信息，并切实履行对客户的承诺。如果客户向企业按时索取已经订购的产品，而企业未能按约定如期交付，那么必须向客户详细解释工作失误的原因，力争取得客户的理解与原谅，否则不仅会造成一次交易的失败，而且会降低客户对企业的信任，就更谈不上向客户索取所需信息了。CRM要求针对客户的不同需求提供不同的产品，因而，企业在产品销售过程中也要从客户的角度和利益出发，向客户提供准确的导购建议，不能为获取更多的利益而误导客户购买用不到的产品，当客户感到企业的善意后，也会促使其对企业信任感的增加。

其次，企业要明确意识到信任的形成是长期的过程，是在多次的接触和交易过程中形成的，并不是一次简单的购买行动可以完成的。单次的购买过程可能会使客户对企业产生好感，但这并不意味着信任。公共关系的运作是长期的过程，其效果不是即时能够显现的。同样，CRM的实施也是一个长期的过程，因而企业要具有长远的眼光，注重在平常的工作中逐渐培养客户的信任。

第三，企业要使客户清楚向企业提供相关信息会给他们自身带来便利，并且应当保证客户信息使用的正当性。运作CRM的企业收集客户信息，不仅是为了与客户进行联系与沟通，建立长久的合作关系以保留客户、持续赢利，而且可以为客户提供具有针对性的、更加个性化的服务，也为客户的再次交易节省了时间与精力。在收集信息的过程中，企业可以支付一些物质性的奖励，虽然经济因素并不是形成良好关系的主导因素，但却可以切实地促进这种关系的形成与发展。

客户不愿向企业提供个人信息的重要原因是担心信息被滥用，因而企业要确保对信息的控制，并付诸相应的行动，比如不向其他的商业伙伴提供客户的个人信息，不利用个人信息从事有损于客户利益的活动等，这是非常严肃的问题。客户如果发现自己的信息未经同意而被不正当使用，很有可能会立即中断与该企业的全部联系，企业以往的全部努力都将付诸东流。

3. 开展危机公关，化解客企矛盾

“危机是指危及组织利益、形象、生存的突发性或灾难性的事故与事件。处理和化解危机事件历来是组织形象管理的一项重要任务。”① 危机事件的发生往往具有不可预见性，而其影响却是巨大的、久远的。对于CRM来说，危机事件的涵盖面要小得多，主要是企业与客户之间的矛盾，起因一般是客户对企业的产品或服务有所不满。在网络如此普及的今天，其危害性也是不容忽视的，处理不

---

① 居延安：《公共关系学》，复旦大学出版社2005年版，第351页

当将会直接影响客户与企业之间的关系，进而阻碍 CRM 的顺利实施。

“根据美国学者的调查表明，每有一名通过口头或书面直接向公司提出投诉的顾客，就约有 26 名保持沉默的感到不满的顾客。这 26 名顾客每个人都有可能会对另外 10 名亲朋好友造成消极影响，而这 10 名亲朋好友中，约有 33% 的人会有可能再把这个坏消息传给另外 20 个人。”① 这就是说，只要有一位客户不满意，就会使大约 327 人产生消极影响。这个推算的科学性暂且不论，但从中我们可以看出，单个客户对企业的生存与发展具有多么大的意义。客户是生活在一定区域与一定社会关系中的个人存在，它不仅会与周围的直接接触者发生信息交换的行为，也会利用某种媒介与不同区域甚至素不相识的人进行传播活动，信息的接收者又会将信息传递给另外的公众，因此，如果一个客户对企业的印象受到了损伤，那么所波及的范围则是不可估量的。这里只谈及了客户使用非大众媒介的形式发泄自己的不满，在现今的信息社会，如果客户的不满情绪通过大众媒介渠道流向社会，那么将要真正地引发一场企业形象危机了。

针对这种情况，企业若要顺利实施 CRM 战略，就必须采取有效的措施，防止与弥补客企之间的矛盾，重新树立客企之间的关系，避免问题的进一步恶化。

首先，在工作中恪尽职守，切实履行 CRM 的经营理念，时刻把客户利益放在首位，尽量避免工作中的失误，这就不仅是热情周到的一般性服务所能解决的问题了，还要求企业员工要具有很强的责任意识。

其次，在问题暴露的初期，力求使问题消失在萌芽状态。在得知客户的不满或不解后，相关人员要及时与客户进行沟通与解释，如果问题出自客户一方，企业要耐心地向客户解释，在不违反原则的情况下也可以适当地做出让步，即使企业受到些经济上的损失，但挽留住一个客户，某种意义上也是挽留住了许多潜在的客户；如果问题出自企业，而且给客户造成了一定的损失，那么企业就更应该采取补偿性的措施，还要进行真诚的道歉，以弥补客户的损失，维持客企关系的发展。

第三，如果前期工作做得不好，客户的意见已经处于公开状态，且在社会上形成了消极舆论，企业的工作就更加繁重与复杂了。除了要对受到损失的客户进行补偿、消除客户与企业之间的隔阂外，还要注意利用各种渠道如大众媒介公布事情的处理情况，以真诚的态度面对社会大众，重新树立企业的良好形象。有时不仅会使事件很快解决，而且会给公众留下负责、认真的形象，反而会更加得到客户的信任与支持；相反，如果不采取积极的公关活动，而保持沉默或固执己见，则会引起公众的反感，导致客户的流失，实施 CRM 也只会成为一纸空谈。

---

① 居延安：《公共关系学》，复旦大学出版社 2005 年版，第 353 页

4. 根据已有资源，辅助 CRM 决策

企业应当通过开展有效的公关活动，获取两类战略性资源：一是对企业所处市场环境的了解，二是对大量客户信息的掌握。这些战略资源正是实施 CRM 战略所需的基础性资料。

一切企业战略的实施都是在具体的市场环境下进行的，离开了对客观环境的分析，企业的经营就如同在黑暗中摸索行路一样，会迷失方向，CRM 战略的实施也是如此。在 CRM 中，企业要研究的市场环境因素包括产品的需求信息，以紧跟市场节奏，生产客户需要的产品；竞争对手的信息，以根据对方的产品性能及经营战略而做出相应的调整，提高市场竞争力；企业的社会形象，以确保社会各界对企业经营的支持，提高企业在客户心目中的地位。

如前文所述，客户信息是 CRM 战略的生命线，是客户信息数据库建立与完善的构成因子，是企业与客户沟通的原始凭据，也是进行客户识别、客户细分、差异化营销进而满足客户个性化需求的重要资源，因而对企业的 CRM 决策具有重要意义。

第三节 CRM 与网络客户公关

网络客户公关是网络公关理论应用到企业经营管理中的理论模式及运作流程，以网络为载体，利用网络传播的互动性、即时性、超时空性以及资源的无限性等优势，开展公关活动。其目的与传统的公关一样，也是为了沟通客企关系，树立企业形象，促进企业的发展。

在网络技术日益成熟的信息社会中，企业越来越认识到运用网络进行经营与管理的重要性。“站在网络传播的门槛上，我们可以说，谁掌握了网络媒介，谁就掌握了未来。谁错过了网络革命的机遇，就等于丧失了在 21 世纪取得世界领先地位的机会。”① 在商界更是如此，商海沉浮，不进则退，有远大眼光的企业都会重视与利用新兴的技术来提高企业的市场竞争力。网络媒介的出现，给企业带来了施展才能的更大空间，也带来了更严峻的挑战。网络技术不仅在公关活动中，而且在产品销售上都会发挥更大的作用。

CRM 的核心思想是“以客户为中心”，全心全意为客户服务，要求企业工作的每一个环节都要把客户的利益放在首位。在电子商务时代，CRM 的实施重点

① 邵培仁：《媒介管理学》，高等教育出版社 2002 年版，第 395 页

则在于对客户的全面了解上，要求企业能够深入知悉客户的需求，加强与客户的沟通与互动，有效控制和管理客户资源，了解客户的消费心理，并正确区分客户，根据客户的不同需求进行差异化的服务，以提高客户的满意度与忠诚度，建立客户与企业之间的长久的良好的联系，使客户与企业在不断的交易过程中实现双赢。从中可以看出在信息社会实施 CRM 战略的几个关键词——倾听、了解、互动、满足。而这些正是网络这一载体能够给予全面支持的，因此凸显出网络客户公关在 CRM 实施中的重要性。

一、网络客户公关的特性

1. 信息传受的便捷性

无论是传统客户公关，还是网络客户公关，都强调企业与客户之间的信息交流与传递，以此来达到相互认知、增进了解的目的，这是建立与维持客企关系的基础性工作。在信息社会中的商业竞争，谁能在最短时间内掌握最多的客户信息，并依此及时作出经营与管理上的安排与调整，以应对客户的差异化需求，谁就能获得最大的竞争优势。

信息的交流与传递都是需要以某种媒介为载体的，传统媒介不仅在时间上是滞后的，而且容量上也是有限的。以报纸为例，时间性最强的当属日报，若企业在日报上刊登信息，客户最快也要在 24 小时后才能接触到，还不算约版时间以及是否有版面供企业使用；广播、电视的时间性要优于报纸，仍要受节目编排、播出时间以及节目容量的限制。此外，三者都有一个共同的问题——收费较高，这些因素都是企业在开展公共关系活动时所顾忌的。

网络媒介在进行信息交流与传递时却具有不可比拟的便捷性。网络空间的信息更新快、海量容量、低投入的特点使这一问题迎刃而解。企业只要建立自己的门户网站或利用其他普及性高的门户网站，并实施必要的信息管理，就可以及时传递企业的各种信息；只需要一台电脑及些许的计算机技术知识，受众就可以在互联网上自由地传受各种信息，从而提供了更加高效的客企沟通方式，直接促进了客户关系的建立与发展。

2. 信息传受的针对性

这里的针对性是指企业传递信息的主题性和客户接收信息的明确性，只有二者达到了完全的统一，才会直接推动交易行为的发生，为建立客户关系奠定基础。

公共关系的最终目标是树立与维护企业形象，而具体的公共关系活动则是各具主题的，或以介绍产品信息为主，或是以宣传企业经营理念为主，或以沟通客企关系为主。由于传统媒介的缺陷，企业在传统媒介上开展公共关系活动时，一次只能以单个主题为突破口，而不能涵盖其他主题。这种情形虽可称作突出重点，然而实为偏颇、顾此失彼。客户在接受信息时，也只能按照给定的主题来理解，而这类主题的信息并不一定是客户在近期所急需了解的。比如一个客户想了解某个空调产品的性能，以指导自己的购买决策，但他在报纸上接触到的却是宣传经营理念的信息，他虽然知道了该空调企业会确保产品质量、确保售后服务，但对他想要知晓的信息却一无所获，当然不会贸然实施购买计划了。

网络媒介集多种传统媒介的优点于一身，可以为企业和客户提供文字、图片、声音和视频等多媒体的信息处理技术。“多媒体技术能够同时采集、处理、储存和传递两个以上不同类型的信息，把自然形式存在的各种媒体数字化，并利用计算机对这些数字化的信息进行处理，以最容易被客户接受，从而也是利用率最高的形式提供给客户。”① 对于企业来说，可以按照企业要求设计和制作不同类型与风格的信息作品，在表现形态上完全满足客户的需求。客户也可以按照自己的偏好选择信息接受的类型，在赏心悦目的情感氛围中浏览企业的公关页面，并对产品的信息如外形、性能指数、操作演示、用户评论等有一个清晰而全面的认识，如图5－2所示。

图5－2 联想笔记本产品页面设置

网络空间的海量储存能力与网络技术的支持对企业公关活动主题的分类展示发挥了重大作用。企业在公关页面上可以分门别类地安排各类信息的链接入口，即设立不同公关主题的窗口，如关于企业精神的、关于售后服务的、关于促销活动的等等。客户也可以按照自己的意愿进入不同的链接入口，获得所需要的信息。这里也就涉及了网络公关中客户地位的主动性问题。

① 居延安：《公共关系学》，复旦大学出版社2005年版，第320页

3. 客户地位的主动性

在现实的社会环境中，传统媒介已经开始重视受众的主体地位，各栏目的内容编排与时间设置都是围绕受众的需求进行的，如中央电视台开设的新闻频道、国际频道、体育频道、电影频道等，各地报纸也相应增设民生、体育、娱乐等版面，为争取受众各尽其能。受众的主体地位在互联网上更加突出，“网络传播中，受众不再是被动接受信息，而是主动发现处理信息。传者与受者之间的关系发生了根本的变化。‘受众中心’代替了‘传者中心’，受众地位受到了充分的尊重。”① 以互联网为载体的网络客户公关中，客户的主动性不可避免地凸显出来，主要体现在接收信息与传播信息两个方面。

在信息的接收方面，客户并不会查看企业提供的全部信息。企业出于全面开展公共关系活动的需要，会在网上尽可能详细地登载相关信息，但客户在互联网上搜索信息的行为却是有着明确目的的，是为了满足自己的近期需要而做的选择性的行为，真正的主动权在客户手中，企业指望客户浏览每一条信息，那只是一厢情愿的事。

在信息的传递方面，客户地位的主动性更加明显。网络的特性决定了它是高度互动性的载体，任何人都可以在网络上匿名或署名发表意见。“事实上，网络环境下，网民主动和网络媒介进行交互，提出自己的需求，体现的是网民需求主动性的底层方面。而网民自己通过互联网发表信息、传播信息才更加彻底地体现了网民需求的主动性。”② 相对应地，客户以 e-mail 或网上留言的形式向企业提出自己的购买信息或反馈自己对产品或服务的意见，是客户在网络客户公关中主动性的低层面的体现；客户在网络论坛等影响面较大的工具上公布自己对产品或服务的评价性信息，才是客户主动地位的高层次的表现，这种评价性信息，会制造、引导网络空间的舆论，甚至会产生巨大的社会影响，塑造或危及企业形象，因而是企业需要重点关注与管理的环节。

4. 客企交流的个性化与人性化

客户是市场营销的对象，对网络公共关系来说则是网络信息传播的受众（“受众”一词对客户在网络公关中的主动性有否定的意味，但已约定俗成）。客户是一种集合性的称谓，是由不同身份、不同经验，又各具个性的个体组成的，每一客户都与其他客户有着差异化的消费需求，企业吸引客户、赢得客户的关键在于满足这些需求，因而网络公关中的客企交流必须重视客户的个性化特征，比如对于受过高等教育的客户，在销售过程中可以宣传本企业产品在提高个人消费品

---

① 谢新洲：《网络传播理论与实践》，北京大学出版社 2004 年版，第 47 页

② 同上，第 119 页

位上的意义；对于工薪阶层的消费者，在销售中则要强调产品的实用性与耐用性。另外，也要根据客户的实际需求推介产品，切忌盲目推销客户不需要的产品，如戴尔公司在中国的门户网站上就分类列出“笔记本”、“台式机”、“服务器、储存卡器及网络设备”、“打印机、墨盒及碳盒”、“显示器、电子产品及附件”等几大用品板块和“家庭与办公”、“成长型企业”、“大中型企业”、“政府及关于医疗机构”等几大用户板块，以供不同客户自主查询浏览。如图 5－3 所示。

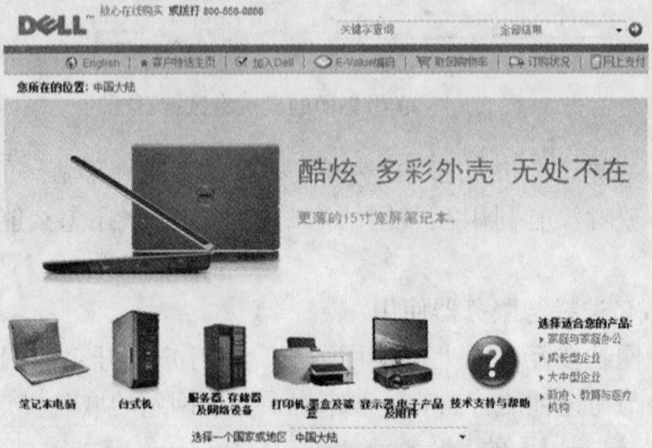

图 5－3 戴尔公司首页

公共关系活动不仅是信息的交流，也是情感的交流，要注重人性化的因素，使客户得到应有的尊重与人性关怀。网络客户公共关系更具有这一特征，仅从页面布置上就可以清晰地看出来，卓越网的清新淡雅、戴尔（中国）的大气庄重、迪尼斯（香港）的生动活泼等等，都会使客户在浏览时产生愉悦恬静的心情，自然拉近了客企之间的距离。联想集团的门户网站，显赫位置列有 2008 中国北京奥运会倒计时表，客户在浏览网页时体会到了民族自豪感，也提升了联想集团的社会公益形象，再加上其专门围绕奥运会主题的几款系列电脑，以及针对奥运而开展的公关活动，其整合效果更加提升了客户对企业的认知和偏好。如图 5－4 所示。

二、如何做好网络客户公关

网络客户公共关系涉及网站建设、网站管理及运用网络的公关活动几个方面，是一项系统而又复杂的工程，企业的相关人员不仅要具有公共关系的能力，还要具有相应的网络技术支持，因而网络客户公关的开展要比传统公关活动复杂得多，大体上可以分为以下几个环节。

1. 创建并宣传本企业的网络阵地

网络客户公关的开展首先要有企业可以使用的网络平台，以此为载体进行客

图 5－4　联想集团的奥运专区首页

户公关活动，网站的建设和利用就成为首当其冲的基础性环节。如果一个企业没有自己的网站，或者没有利用互联网的广阔资源，那么还怎么能够谈得上“网络”客户公关！

（1）网站域名选择与服务器使用

域名是企业网站在互联网上的使用名称，是客户打开企业网站的“钥匙”，必须具有可识性与易记性的特点。一般来说，企业网站的域名应与企业的名称保持一致，如联想集团的域名（www. lenovo. com. cn）、卓越网的域名（www. joyo. com）等。同时，要注意我国有关网络域名的条例规定，确保符合已有的法规规范，可参见 2000 年 11 月 3 日由国务院信息办公室发布的《中国互联网域名注册暂行管理办法》。

关于服务器的使用则要视情况而定，有条件的企业最好建立自己的网络服务器，一方面可以完全符合自身的需求，另一方面也省去了租用服务器的中间环节，有利于工作效率的提高。条件欠缺的企业则需要向网络服务器提供商租用，要注意该提供商的服务器性能是否符合自身需要，以及该提供商的形象与信誉，以免在以后的合作中出现不愉快的情况。

（2）通过多种途径宣传企业网站

要开展有效的网络客户公关活动，并不是有了一个企业网站便万事大吉了，如果不能发挥应有的作用，那充其量只是一件摆设而已。应该开展多渠道的宣传活动，以扩大企业网站的知名度，吸引更多的客户上网浏览。常用的有这样几种方法：a. 在产品的使用说明或外包装上标注企业的网址，其接触者是企业的已有客户，如果他们经常性地访问企业网站，可以进一步加强客企之间的联系，促进其再次购买；b. 在其他大众媒介上做专题性的宣传，传统媒介如广播、电视、报纸仍发挥着重要作用，各自拥有数量相对稳定的受众群体；综合性的网站各具特色，吸引着不同偏好的网民，且数量不断上升，在这些媒介上进行宣传，将在其各自的受众群里产生即时而有效的影响；c. 开展专题性的公关活动，比如记者招待会、新闻发布会等，可以产生较大的社会影响。

（3）不同企业的网站建设与利用

对于有实力且有实际需求的企业而言，可以创建专门的客户公关网站。有些大型企业，已经拥有自己的门户网站，但并不是专门用于客户公关活动，有的是用于商业目的，为了与子公司或经销商的业务联系而设立；有的是用于内部管理目的，为企业各部门的联系与合作而设立；有的则是出于树立企业社会形象的目的，为社会交往、企业宣传而设立，等等。当这些网站已经具有了一定的社会影响，在其特定群体中已经深入人心时，如果在这些网站上再附设公关性网页的链接，某种程度上增加了客户的访问程序，同时也不便于企业的专门性管理，因而有必要建立专门的客户公关性网站，更加便利地与客户沟通与交流，有针对性地为客户服务。

对于某些中小企业而言，由于业务量、经济实力、经营范围等原因，不一定有必要创建自己的客户公关网站，但这并不意味着没有必要开展网上客户公关活动，而把这一新兴的公关阵地拱手相让。这类企业的网上客户公关活动可以借助相关网站进行，或是以主题性的宣传形式、或是以客企问答的调查问卷形式，同样可以取得有益的效果。这里所要注意的是合作网站的选择问题，要关注的是日常访问量大、社会知名度高的大型网站，以及与自己企业的经营范围有关的专业类网站。如一家生产家居用品的企业，可以在新浪、雅虎等大型综合性网站的“生活”板块或专门探讨家居用品的网站上开展公关活动。可以设想一下，如果该企业把公关活动放在了“教育”、“军事”等不相干的窗口内，是不会起到任何作用的。

2. 管理客户公关网站

在信息社会，媒介竞争的不二法则是以内容取胜，所谓“内容为王”。如果版面设计低俗、内容贫乏、信息陈旧，无论在宣传上做得多么天花乱坠，依旧不会得到受众的认可，客户公关网站也是如此。如果想把客户切实地吸引到网站上，必须在网站的管理上下功夫。

（1）在版面编排上，要体现出分类明确、图文并茂的特点

网络客户公关的首要目的，是要使客户在企业网站上可以便捷地找到所需信息，因而需要对企业网站上的信息进行合理的分类编排，使人一目了然。比较常用的是一种“层次树”的组织结构，在主页上设若干个主要栏目链接，各个栏目按一定标准再分为几个小栏目，依此类推，就像一棵树上的枝叶一样，如图 5-5所示。

图文并茂的要求是从客户浏览企业网站时的舒适性角度考虑的，长时间注视

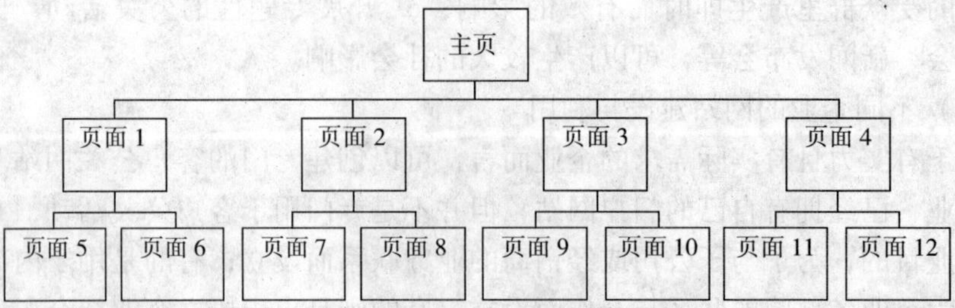

图 5－5　层次树

屏幕，单一的色彩令人的视觉产生疲劳，通篇的文字会使人的阅读耐心降低，文字少会减少产品的信息量，而过于绚丽的色彩又会使人产生眼花缭乱的感觉，这里就涉及了一个“度”的问题。一般来说，色彩的选择应与企业产品所代表的情感基调相适应，比如体育用品的页面可以使用黄色、橙色等鲜明的色系，以突出活泼、欢快的气氛；家居用品的页面可以安排蓝色、绿色等色系，给人一种恬静、温馨的感觉。图文搭配上要以文为主、图为辅，既保证了产品的信息量，又能使客户对产品有全面的认识，也使页面显得生动、形象。

（2）在信息的管理上，要提供全面信息并及时更新

搜寻所需信息，以指导购买实践，是客户访问企业网站的直接动因，因而企业在网站信息的建设上，更注重的是产品信息，但这并不是网络客户攻关的全部内容，企业的经营理念、组织结构、人员构成、员工培训等信息也是重要的组成部分。“在现代市场竞争中，企业理念、宗旨等能够引起公众兴趣甚至产生共鸣，企业领导者的管理艺术、人格魅力等，往往都成为吸引公众注意力的重要因素，其作用甚至超过单纯的产品信息。而且，还要能够体现出企业对公众利益的重视、对公众意见的尊重，体现出企业对社会及公众的人文关怀。”① 公共关系的目的是要树立组织形象，对于企业来说，企业形象的树立与维护仅靠产品信息的传递是不够的，而是多方面共同努力的结果，因而网站上企业信息的传递也要是多方面的。

更新信息是指删减冗余信息、淘汰过时信息、及时增补最新信息。现在社会各方面的竞争都强调速度的因素，信息产业更是如此。在网站上把企业的最新动态及时发布出去，使客户在第一时间能够获得关于企业的最新信息，是搞好网络客户公关、拉近客企关系的关键步骤。以产品信息为例，现在企业产品同质现象严重，技术环节上几乎已经没有秘密可言，都可以生产出性能上相差无几的产

① 张鸣：《论网络平台上的企业公关》，《福建论坛·经济社会版》2003 年第 6 期

品，这种情况下，销售的重点就放在公关关系活动上，谁可以最早地把产品信息发布出去，使客户最早地接触该企业的信息，谁将获得竞争的优势。另一方面，信息的更新速度也是企业形象的标志，企业发布信息是为客户服务的，及时更新信息也是为客户负责、关怀客户的表现，可以增进客户对企业的信任与好感。如果客户在访问企业网站时，查找到的都是陈年旧事，得不到实用性的最新信息，他对企业的印象自然会一落千丈。

互联网海量的存储能力为企业安置各种信息提供了优越的技术支持，可以在网站上尽可能地向客户展示企业的全面信息，但在网页设计时应充分考虑到会增加客户查找信息的难度，进而疏远了客企沟通的距离。在利用网络资源查询信息的过程中，客户占据着主动的地位，完全按照自己的意愿行事，登录与退出只是"弹指一挥间"，并不会被动地接受企业单方面提供的信息，如果不考虑客户的实际需求，一厢情愿地填充信息，只是徒劳地增加企业负担，白白浪费了网络资源。

（3）要密切关注客户舆论，实施必要的监控措施

在互联网上，信息真正实现了即时的、一对一的双向互动传播，客企之间网上的交流与沟通具有以往任何媒介不可比拟的优越性，这为客户信息咨询、反映意见，也为企业掌握客户信息、了解客户需求以及网络公关活动的开展提供了便利。但是网络又具有虚拟性，任何人只要能够进入互联网，都可以匿名地发布各种信息，网络传播者为数众多且身份不可识别，往往出现鱼龙混杂的局面。

在群体传播中有一种非常态的现象——集合行为。"集合行为（collective behavior），指的是在某种刺激条件下发生的非常态社会集合现象……集合行为多以群集、恐慌、流言、骚动的形态出现，往往会造成对正常的社会秩序的干扰和破坏。"① 网络客户公关虽是一对一的形式，但在互联网这种"意见的公开市场上"，信息的传播常常体现出群体传播的特点，会产生客户对企业或某一产品的舆论形态，因而也会出现网络集合行为的现象。互联网有BBS、聊天室等表达客户意见与评论的空间，不同客户有时以自己的经验、自己的立场发表观点，难免会出现偏颇之处；还有些别有用心的人，从狭隘的目的出发，编构情节、煽风点火，更造成了客户舆论的混乱。如果反面的极端舆论占据统治地位，其传染力是非常强的。"在集合行为中，群体感染指的是某种观念、情绪或行为在暗示机制的作用下以异常的速度在人群中蔓延开来的过程。……经过这种群体感染过程，一种情绪、一种观点会迅速支配整个人群，并迅速引发整个人群的激烈行为。"②

---

① 郭庆光：《传播学教程》，中国人民大学出版社2005年版，第95-96页

② 同上，第97页

网络仍是充满变数、存在危机的领域，不是企业坐享其成的天堂，必须对反面舆论进行及时引导，否则企业形象将会受到严重损失。

3. 利用网络资源，开展公关活动

随着网络的普及，互联网作为信息传播的工具日益被企业所重视，网络公关已成为企业公关活动的重要组成部分，网络技术在提高企业形象、沟通客企关系、增强企业市场竞争力等方面发挥着重要作用。以网络技术为依托的企业公关活动主要有以下几种方式：

（1）电子邮件（e-mail）

电子邮件使用时，有一些约定俗成的规定是使用者必须遵守的。美国网络传播专家谢尔·霍兹列举了以下几条：a. 写完整的句子。b. 使用恰当的大小写和标点符号。c. 避免使用过多的缩略语。d. 在邮件上签名，包括你的名字、所在公司或机构以及联系方法（很可能是你的电子邮件地址）。e. 使用明确的标题。f. 内容简明扼要。g. 排除事先声明，否则不要随意在电子邮件里附加其他文件（没有什么比在看 e-mail 之前等一两个兆的文件下载完更让人心烦意乱的了）。h. 及时回复重要的邮件。回信不要只说一句谢谢或者一些没有实质内容的话。i. 直接引用你要回复邮件的相关部分，以便使对方明白你对应的答复。但永远都不要把对方的整封信都用上。如果你的 e-mail 软件自动将原文插入你的回复窗口里，务必要做一些编辑工作，只保留你要回复的那部分。①

除此之外，在网络客户公关中使用电子邮件也有一些特殊的注意事项：a. 用语上要简明礼貌，通俗易懂，过多的信息会让客户主次不分、不知所云；居高临下的宣讲会使客户心生厌感，这是基本的礼节性问题，也是最能体现企业工作作风与经营理念的细节性问题。b. 邮件是私人联系沟通的工具，不是宣传推销的载体，企业向客户传送的电子邮件虽然有广告的性质，但千万不要做成广告的形式，以免引起客户的反感。c. 电子邮件用户最讨厌的，就是接受与己无关的赘余性垃圾邮件，频繁地向客户发送信息雷同的邮件或其不感兴趣的信息，只会降低客户对企业的评价，无益于客企关系的发展。d. 对咨询性的邮件，要尽量给出令人满意的答复，如果短时间内无法解答，一定要对具体的答复时间做出承诺；如果确实难以解答，也一定要做出合理的解释。

① 谢尔·霍兹著，吴白雪、杨楠译：《网上公共关系》，复旦大学出版社 2007 年版，第 35-36 页

（2）网络论坛（BBS）

一个大型 BBS 常常有多个讨论区，每个讨论区有自己的主题，由专门人员进行管理。加入讨论区的人不仅可以获取各种所需信息，而且可以把自己的观点或掌握的信息发布到区内，供大家参考与讨论。由于人群的广泛性与身份的匿名性，企业若想有效引导与控制客户舆论，并不是轻而易举的事，可以尝试以下几种方式。

① 自建论坛，监控舆论

企业可以在自己的公司网站上建立专供客户讨论的 BBS，也可以另辟 BBS 网站，以及时了解客户对企业的意见，预防极端舆论的形成。这种 BBS 的管理者是企业的内部员工，一定程度上扮演着“把关人”的角色。对于不利于企业形象的负面信息，可以使用合理的删除、隐藏等手段，但要注意不能刻意伤害客户的感情。公共关系活动的要旨是以情动人，不是用强制的力量压制客户，在网络上也是如此，要遵守网络礼仪的要求，对反面信息还是以疏通、解释为主。

② 加入论坛，引导舆论

与自主选择信息一样，客户也是自主选择论坛发表意见的，并且会选择人气较旺、影响较大的论坛。企业自建论坛在客户心中并不一定具有权威性，并不一定会吸引全部客户的参与，因而除了建设与管理自己的论坛外，企业还需对社会影响大、访问量大的论坛有必要的关注，如果遇到有关本企业的负面信息则要积极回应，沉默或忽视只会使消极影响进一步扩散。这里需要注意两个问题：

第一，要以低姿态介入论坛，不到万不得已不要公开自己的身份。网络论坛最忌讳自卖自夸，尤其面对已粗具规模的消极舆论，企业的高调登场只会引起“群起而攻之”的局面。

第二，要重视“舆论领袖”的作用。在传播学中，活跃在信息传递过程之中，经常为他人提供信息、意见，并且能够对他人产生影响的人物，称为“舆论领袖”。网络论坛是一种典型的群体传播空间，也是有舆论领袖的，是指在论坛中最为活跃、威望最高的发言者，他的观点或言论，有时会对所在论坛舆论的形成与转向起到关键作用。因此，企业必须处理好与论坛中舆论领袖的关系，要使他对企业有一个客观中肯的评价。

③ 利用网络，澄清舆论

当发现不利于企业形象的舆论且该舆论已成一定规模时，相关人员也不要“风声鹤唳，草木皆兵”，以为“天下大乱”，而应冷静地分析原因，查找问题的根源，制定相应的解决对策。“解铃还须系铃人”，在网络上出现的问题首先要在网络上给予解决，不仅要在相关论坛上做出解释，还要在企业网站、社会影响力大的网站以及其他大众媒介上发表声明，及时澄清舆论，化解危机。

（3）网络社区

网络社区是指包含了 BBS/论坛、讨论组、聊天室、博客等形式在内的网上交流空间，由于有众多用户参加，不仅具备了交流的功能，也成为了一个新的营销场所，是网络客户公关不可忽视的领域。论坛只是网络社区的一种形式，网络社区的规模与运作都要比其大得多，因此有必要再重点介绍客户公关在网络社区中的运作情况。

网络社区创建与管理的程序比较复杂，需要先租用网络空间，制作或购买模板，再上传企业的各种资料，成本很高，但其优点也是显而易见的：可以直接与客户联系，能够更加详细地介绍企业信息。社区内集中的是对其主题有共同兴趣的访问者，便于对客户信息的获取与管理；把社区工作布置得井井有条、信息充足、版面大气，可以直接提高企业在客户心中的地位，提升企业形象。网络社区有垂直型和横向型两种。

垂直型网络社区：

围绕产品的生产—销售—购买—使用的链条式流程，形成了客户、供应商、销售商、顾客以及目标消费者之间的关系，使垂直型网络社区的创建成为必然。在这种类型的网络社区内，企业的公关活动主要有以下几个部分：

一是在社区内发布企业的各类信息，以供社区成员的查询。由于信息量大，除分类安排外，可以设置关键词搜索功能，使客户能够便捷地找到所需信息。二是针对社区成员的咨询，回答、解决问题。可以设立“常见问题”栏目，对于普遍性的问题分类排序，以方便客户阅读，对于个别性的问题也要作出针对性的解答。三是开展互动性的活动，不要把社区建成枯燥的信息汇总中心，也要适当增添娱乐性色彩，可以使客户频繁、长时间地参与社区活动。四是要注意对社区成员的人性关怀。社区成员一般对其所在社区都有较高的忠诚度，要使他们在这里感受到“家”的气氛，以拉近客企关系。垂直型网络社区一般是企业在自己网站上创建或附属于大型综合性网站内部的，或多或少都有企业的参与和管理，成功的网络社区可以有效提升企业形象，建立企业的网上信誉。如图 5-6 所示。

横向型网络社区：

横向型的网络社区是指同类产品或服务集中于同一社区的情形，是企业之间相互竞争的又一舞台，主要是社区成员对企业产品或服务的比较与评价，是在对比中进行的，企业的介入机会比较小，但企业也不能袖手旁观，要关注社区对企业的舆论倾向，及时引导、疏通消极舆论，确保在这一空间的竞争优势。

4. 整合其他媒介资源，提高公关的综合效果

网络媒介产生以来，在与传统媒介的竞争中，凭借其独特优势，迅速占据了主动地位，夺走了大批受众，其重要性日益受人注目。但这并不代表着传统媒介

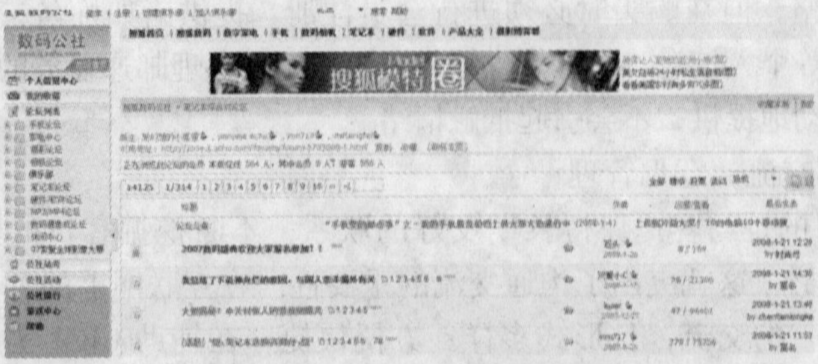

图5-6　搜狐网站的数码公社

的末日，各种媒介依靠自己的特点仍然拥有相对稳定的受众。企业在开展公关活动时也要注意这一点，也要注重与传统媒介的整合使用，各取所长，努力扩大公关影响的覆盖面，提高公关活动的总和效果。

三、CRM——网络客户公关的延伸

CRM的战略理念与公共关系的目标有许多契合之处：以客户/公众为中心，树立企业/组织形象，力求企业与客户/组织与公众的双赢，都是一种长期的规划。许多人认为，CRM的实施过程某种程度上也是公共关系的实施过程，而实际情况不仅如此。CRM虽然高举“以客户为中心”、“360度关怀客户”的旗帜，但其本质上仍然是一种经营的手段，是为企业赢利的目的服务的，公共关系活动只是其吸引客户、赢得竞争的一种方式。以网络为载体的网络客户公关，不论从公关角度还是从营销角度都能给企业以莫大支持，因而在CRM的实施过程中可以发挥重要的作用。

1. 建立客企联系、赢得客户信任

(1) 收集客户信息

收集客户信息，建立与完善客户信息数据库，是实施CRM战略的基础性环节，也是所有涉及CRM的论著中老生常谈的话题，但实际操作起来并不是想象中的那么简单，关乎与客户的意愿与担忧。网络客户公关则使这一问题迎刃而解。

鉴于客户的主动地位，企业若想如愿获取客户信息，仅靠劝说与保证，是不会取得理想效果的。应该想办法让客户主动地提供信息，采用会员制，在企业网站上设置注册环节就是一个值得一试的方式。客户想要从企业网站上获取信息、享受服务，必须事先输入相关的个人信息，以注册成为该网站的会员，如卓越网的会员制度就是成功的例子。卓越网是亚马逊网站在中国的分支机构，是提供图书、电器、数码等多种商品网上销售服务的大型商业网站。客户可以自由查询其商品的种类与价格，但在购买时必须进行会员注册，提供诸如姓名、单位、电子邮件、电话号码等个人信息，这些信息是与客户联系及办理邮递业务的所必需的，客户会自愿而主动地提供，不会引起抵触情绪。

（2）沟通交流，意见管理

CRM 的目的是与客户保持长期友好的联系，不断挖掘客户的购买能力，扩大已有的客户群，这就突出了沟通交流的重要性。在互联网上的公关活动可以与客户进行一对一的交流，且形式多样、方便快捷，在辅助 CRM 实施方面，重点是对反馈信息的处理与客户意见的管理。

客户向企业发出信息是要求企业答复的，即使不是咨询性的信息，企业也要作出礼节性的回应，关键是要注意回应的速度。网络信息传递具有即时性的特点，客户也是清楚的，他们利用网络工具也就是看中了这一点，因此对企业的信息回复速度的期望值较高。如果客户以 e-mail 形式向企业发出了咨询或意见，几天后都未见回信，会产生被轻视与冷落的感觉，客企之间的联系可能就此中断，更谈不上实施 CRM 了。

前面已经讲过网络舆论对企业形象的影响，以及引导舆论、澄清舆论的重要性。企业要明确在网络空间中沉默的危害，一定要发出自己的声音。“信息，如空间一样，害怕真空状态。如果你公司不提供正式准确的信息，公众会主动用搜索引擎来找寻第二层或第三层信息来源的信息，这些非正式的信息源随时都会冒出来。”①

（3）注重对客户隐私的保护

在网络空间的活动与交易中，客户也是有隐私权的，主要是指客户对其在网络与电子商务中所传递的个人资料的占有权与支配权，未经客户本人同意，任何企业不得擅自收集、使用、公开和传播该信息及将个人资料用于未经许可的目的。

“就保护用户的个人隐私，美国营销专家马戈·罗曼纳（Margo Lomenar）提出了 10 条建议：a. 用户信息属于个人隐私；b. 用户提供信息须出于自愿；c. 搜集用户信息必须征得用户同意；d. 用户有权拒绝他人搜集自己的信息；e. 无论哪种情况，用户的隐私都不得侵犯；f. 在没有征得用户同意的情况下，不得把用户的信息透露给第三方；g. 用户有权选择愿意接受的信息及时间和方式；h. 只有最终用户感兴趣并愿望接受的信息才可以发送；i. 不要给最终用户发送垃圾邮件；j. 用户的信息应受用户的直接控制，只要用户愿意可以随时更新个人信

① 谢尔·霍兹著，吴白雪、杨楠译：《网上公共关系》，复旦大学出版社 2007 年版，第 167 页

息。"[①] 企业获得客户信息要基于客户的信任，CRM 的有效实施也要基于客户的信任，因此，企业必须尊重和保护客户的信息安全，确保其个人信息不受侵犯。

（4）以情动人，以诚相待

网络在客户公关上虽有诸多优点，但也存在硬伤，无论是电子邮件、网络论坛，还是公关页面，都是以平面展示的方式与客户交流，并不是真正意义上面对面的言语沟通。平面展示的感染力永远不及电话或面谈的交流方式，这给企业相关人员的书面表达与页面设计提出了更高要求，但不能因此而忽视了情感的因素，只要做得好，依然可以以情动人。

以诚相待则要求企业提供真实的信息，"不虚美，不隐恶"，实事求是，夸大或歪曲事实的宣传只会使企业遭受更大的损失。在网络世界里，信息的获取渠道是多方位的，交流途径也是多选择的，客户不会只在一个网站上查找信息，经常会登录多家网站、参与多种交流，通过比较后得出自己的判断。比如一家手机生产厂商推出了一款手机，在其企业网站上信誓旦旦地宣称具备 MP3 播放功能，而实际上该手机内存只有 1 兆，连一首完整的歌曲都不能下载，还需客户购买拓展卡，额外支付费用。客户从其他网站或论坛上得知真相后，不仅不会产生购买行为，还会对企业形象产生质疑，这种情况下又如何能保证 CRM 的实施？

2. 开展网络营销，推动 CRM 进程

网络促进了客企关系的建立与发展，在树立企业形象、维持客企的联系与互动等方面发挥着重要作用，但是如果仅把其视作公关活动的工具，那么视野也未免过于狭隘了。网络不仅是信息交流的工具，更是新兴的产品销售渠道。成功的网络客户公关活动可以为企业收集丰富的客户信息，培育客户对企业的忠诚，为 CRM 的实施奠定基础。在此基础上，依靠网络资源的优势实施 CRM 运作，开展网络营销活动，在服务客户的同时谋取企业的赢利，才是 CRM 与网络客户公关的最终目标。

（1）网络 CRM 的阐释

"网络营销（Cyber Marketing）是指借助于互联网络、电脑通讯技术和数字交互式媒体来实现营销目标的一种营销方式。"[②] 网络 CRM 实际上就是以 CRM 的经营理念为内涵，以网络营销为外在形式的销售活动，克服了传统 CRM 在实施过程中的局限与不足，使 CRM 的经营理念得以真正贯彻。

网络营销是电子商务的主要内容，我国很多的企业都建立了自己的门户网

---

① Joel Reedy. , et al, *Electronic Marketing* (Fort Worth: The Dryden Press, 2000), p. 387. 转引自王方华、周祖成：《营销伦理》，上海交通大学出版社 2005 年版，第 263 页

② 彭兰：《网络传播概论》，中国人民大学出版社 2001 年版，第 219 页

站，但在运作上，取得成功的却“凤毛麟角”，究其原因，他们首先把门户网站当作了宣传的工具，而不是销售的工具，“电子商务”对于他们来说，只是名词式的解读而已。

电子商务主要有三种模式：B2B、B2C、C2C。无论是哪一种营销方式，其实现CRM目标的有效途径都是满足客户的差异化需求、开展一对一的营销，因而都需要网络这一载体的支持，这就是网络CRM的实施土壤。

——B2B（Business to Business）指的是企业之间的经营运作，即企业与企业之间利用计算机技术、以互联网为载体所进行的商业交易活动，其主要意义在于使企业之间的供销过程实现自动化的管理，拓展交易空间，降低交易成本。B2B是企业针对公司客户所进行的销售，其CRM目标是改进产品与服务质量、提高工作效率、变革经营运作模式，更好地为公司客户服务。就目前情况来看，在我国，B2B相对比较受冷落，我国目前的电子商务，也是针对个人客户的运作占据着主要位置，而运作B2B的企业，其首要客户也只是中小企业，网站的设计与安排也是为中小企业服务的，战略眼光不够远大。

——B2C（Business to Customer），是企业围绕个人客户所开展的营销，其CRM目标是提升已有客户的忠诚度，挖掘更多的潜在客户，树立并维护企业在客户心目中的形象。网上常见的经营模式，即企业在网站展示自已的产品、标明价格及购买方式，并采取一些营销手段来吸引消费者，由客户自主选择的经营模式，其重点在于如何把客户吸引到网站上，并且长久地保留客户对该营销网站的兴趣。足够的网上交易的客户数量和金额是这种模式的运作基础，因而也凸显出了CRM对这种经营模式的指导意义。B2C在我国发展较快，渐呈繁荣之势，最成功的是以网上销售书籍起家的当当网和以销售音像产品起家的卓越网，现在都已发展成为规模较大的综合性营销网站，2005年二者的经营份额之和已占国内B2C市场的84.7%。

——C2C（Customer to Customer）的关系双方都是现实生活中的消费者，网站只是提供交易场所的平台，交易双方找到合适的对象后，自发商定交易金额及程序，网站并不直接参与其中。这种营销模式在我国正处于快速发展时期，淘宝网是其中最成功的网站，已经成为C2C交易的首选平台。

（2）网络CRM的优点

以网络资源为依托的网络CRM更能实现CRM的经营理念，促进CRM的顺利实施。主要表现在以下几个方面：

① 以客户需求为中心

“以客户为中心”是CRM的经营理念与指导思想，要求展开差异化和一对一的营销。差异化营销即按照客户的不同需求，提供有针对性地产品或服务，这是建立在对客户个人信息与需求信息的全面掌握与分析的基础上的，收集客户信息、完善与更新客户信息数据库的网络客户公关活动已经使这一问题妥善解决；一对一的营销是指企业与客户建立直接营销链条，双方进行直接的沟通与交易活动，省去中间代理商的环节，其重点在于倾听客户的需求与意见，依此提供产品或服务，并及时作出相应的调整，网络的特性给予了这方面工作有力支持。

② 线上支付与线下支付

网络 CRM 提供了电子汇款、信用卡转账、电子账户拨款、现金交易等多种线上或线下的货币支付方式供客户自主选择，提高了客企交易的便利性，也是为客户着想的具体体现。

电子汇款是客户在选定所购商品后，经由邮局或银行向企业所设账户汇款；信用卡转账是客户使用自己的信用卡，经由邮局或银行的相关设备向企业所设账户转账；电子账户拨款更加便利，先由客户开办专用于与企业交易的账户，并存入一定数量的金额，在选定所购商品后，再由企业从该账户中提款；现金付款主要是货到付款，客户收到产品后向送货人付款。这几种方式各有优缺点，电子付款与信用卡转账都需要客户到相关机构办理，会花费时间与精力，电子账户的方式则对客户的忠诚与信任提出了较高要求，现金付款不便于大笔金额的交易，客户可根据自己的购买情况作出针对性的选择。

③ 购买与售后服务的便利

客户能够在网络 CRM 中体会到的最大乐趣是在购买的环节。网络营销主要有两块阵地，一是企业自建的营销网站，如联想集团网站中的“选择与购买”专栏，二是销售不同品牌不同类型产品的商业网站。无论客户参与哪一种网站的购买，都可以得到充足的产品信息和相对便宜的价格保证，这两点也是客户关注网络营销的主要诱因。

在售后服务方面，如果客户对所购产品有了意见，或有了新的购买需求，都可以通过电子邮件或网络留言的方式表达。尤其是在收货上，网络营销一般都提供送货上门的业务，有的收取少量费用，有的完全免费，客户只需等货物到达即可。

——推荐模式

传统的网络营销主要以齐全的货物与低廉的价格为卖点，如今已经不光提供商品，更有一个完整的推荐模式，“买这件商品的用户还买了××”、“浏览该商品的用户还浏览了××”，这类用语已成为众多营销网站上的必备板块。在这种模式的推荐下，客户往往会发现自己平时不太注意但可能是需要购买的商品，也体现出了 CRM 的“360 度关怀客户”、“双赢”的经营理念，如图 5－7 所示。

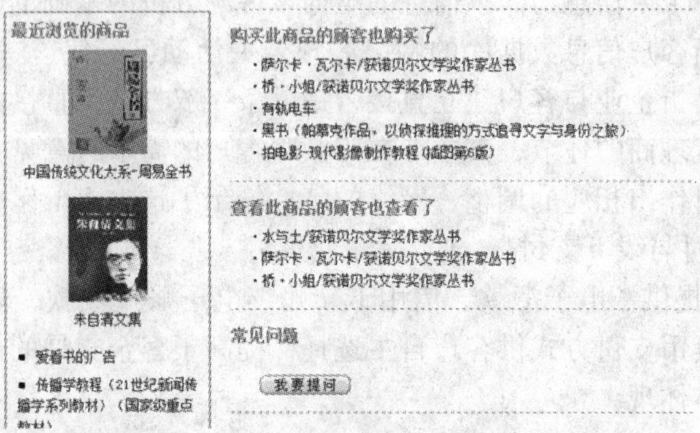

图 5－7　卓越网的推荐模式

（3）网络 CRM 的工具

——数据库

数据库是企业收集和积累的客户全方位信息的集合，包括客户的个人信息、购买记录等内容。企业相关人员将这些信息分类处理后，用以预测客户所需产品的类别以及可以承受的价格底线，主动提供相关产品的信息，并指出应该购买的理由，以达到引导客户购买的目的。一方面想客户之所未想，提供导购服务，维护客户利益；另一方面挖掘客户的购买潜力，找出并培养最有价值的客户，以提供特别的鼓励措施，激发客户再次购买的欲望，增进企业赢利。

——电子邮件

电子邮件在网络 CRM 的应用主要是出于客企之间交流、沟通的目的，是在用户自愿加入的前提下进行的双向互动的营销形式，不仅是单一的告知，还有客户主动反馈的参与。如卓越（亚马逊）商业网站在新年到来之际，向会员/客户传送的关于打折促销的邮件，客户可以直接在来信上点击链接入口，进入网站的促销专栏，如图 5－8 所示。

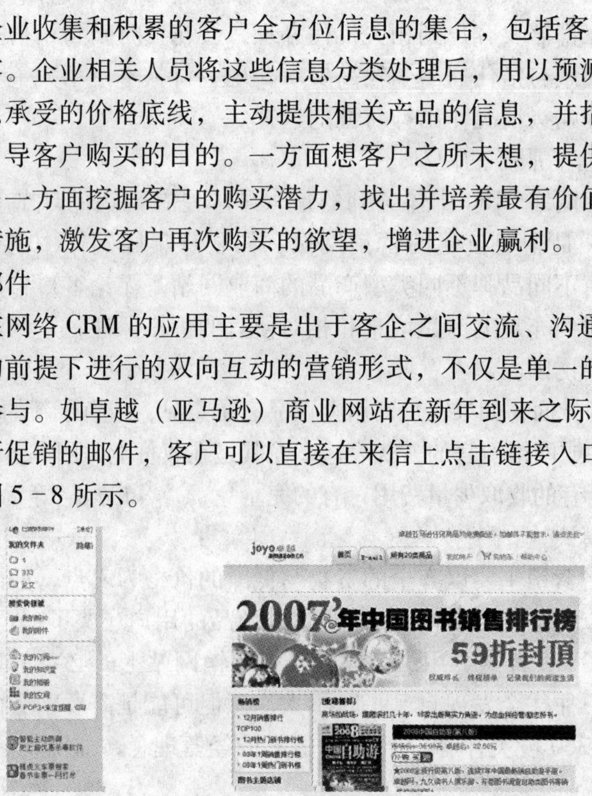

图 5－8　卓越网的电子邮件促销

——企业网站

企业网站不仅是网络客户公关的最佳工具，也是 CRM 实施的网络平台。网站上的营销活动具有信息全面、内容丰富的特点，在销售产品的同时，也展示了企业的形象。如联想集团的企业网站，主页上有“首页”、“产品与购买”、“服务与支持”、“联想与奥运”、“关于联想”、“加入联想”、“网上商城”、“购物车”等几个链接入口，各代表着不同的主题。“产品与购买”、“网上商城”、“购物车”等专栏是与网上销售有关的，而“联想与奥运”则是围绕 2008 北京奥运会所做的主题宣传，“关于联想”主要介绍企业的经营理念等情况，是为树立企业形象服务的，如图 5－9 所示。

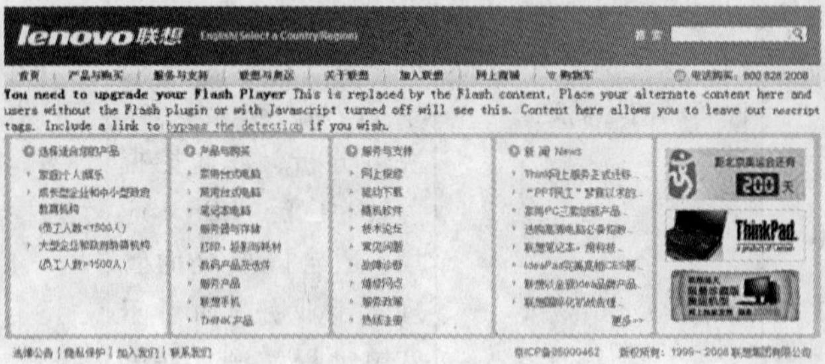

图 5－9 联想集团首页设置

附录：国内主要的 CRM 厂商简介

厂商名称	公司简介	优势	产品简介
联成互动 MyCRM	用友软件和香港泛华集团联合投资创立。国内第一套拥有自主版权的 CRM 软件	在客户资源管理、销售业务管理方面处于国内 CRM 领域的领先地位。有面向一般型销售、复杂项目型销售、渠道分销型三类解决方案。同时，在 2003 年已经推出全面整合市场、销售、服务一体化的企业级解决方案	成熟的商品化软件，交付客户数量和行业较多（拥有近 400 家的用户，用户数居专业 CRM 厂商之首）

（续表）

厂商名称	公司简介	优势	产品简介
用友软件 UFSOFT	知名的财务软件和企业管理软件供应商，同时在国内 A 板上市	优势在于整合财务、ERP、CRM 等众多信息化应用的全面解决方案的提供	有商品化软件，但交付客户数量有限。以项目定制开发为辅
金蝶软件 Kingdee	知名的财务软件和企业管理软件供应商，同时在香港创业板上市	优势在于整合财务、ERP、CRM 等众多信息化应用的全面解决方案的提供	有商品化软件，但交付客户数量有限。以项目定制开发为辅
特博深 TurboCRM	国内较早推出 CRM 软件产品的厂商之一	能够提供包括市场、销售、服务、库存、决策分析、数据挖掘等较为广泛的 CRM 应用。适合既要全面管理营销业务，而对于营销过程又没有深度管理要求的企业应用	成熟的商品化软件，交付客户数量和行业较多
创智 PowerCRM	以行业客户和系统集成业务为主，同时在国内 A 板上市	在房地产、证券等几个特定行业的高端客户中有一定优势	成熟的软件平台，以项目定制开发为主

【案例链接】

加拿大皇家银行的 900 万个忠诚客户[①]

加拿大皇家银行（Royal Bank of Canada，RBC）是一个拥有 900 万客户的国际化金融服务企业，通过有效的 CRM 运作，力图像一家小镇上的银行一样，为客户提供同样友善和同样具有亲和力的服务。

① ［美］邓·皮泼斯、马沙·荣格斯著，郑先柄、邓运盛译：《客户关系管理》，中国金融出版社 2006 年版，第 28–29 页

该银行开发了一套监控计算机和数据库运作的软件系统，它拥有一套成熟的统计技术，可以用来分析客户信息，并测试对于特定的客户银行所应采取的特定行动和措施。只有银行的前台工作人员，才有可能针对单个客户直接进行更加有效的个人之间的接触和表明银行对客户的关心。

为了最大限度地了解客户，加拿大皇家银行采用了一套非常有效的、能够持续运行的统计分析程序。他们现在正在开发和修订最早发明的针对其单个客户的长期生命价值模式，其中有一部分内容包括了一个“客户潜力”模型，该模型能够衡量出某些特定类型的客户对于银行而言，究竟有多大的增长可能性。这家银行也分析客户的弱点，看他在什么地方能够被“击破”，并赶在这些客户“叛逃”到其竞争对手那儿之前采取行动，攻击其最虚弱的地方，以此来采取保护性措施，使银行倾注于客户的努力更加有效。

为了扩大同客户做业务的份额，加拿大皇家银行也针对客户进行统计预测，看看针对某个客户，银行能够提供哪些额外的服务而客户又有可能愿意接受，并愿意为之掏钱，以及在何时会掏钱，不仅是针对不同的客户提供不同的产品与服务，并且能够让它的销售人员和服务人员“全副武装”，让他们知道客户的所有详细资料及其资产结构。这样，加拿大皇家银行提供的就不是“一个尺度适合所有客户”（one-size-fits-all）的服务，它的与客户直接接触的工作人员会花费大量的时间和精力，针对每一个客户的不同情况及其需求，作出非常专门化的决定。请注意，这种类型的商业活动不仅是使银行能够从单个的客户互动行为中受益，它还要求每一次单独的互动活动能够达到最大的成功。加拿大皇家银行发现，通过有效地与单个客户之间的交往，能够提升10%的客户贡献率和有效理解的比率。

【案例链接】

戴尔电脑的方式①

在计算机硬件竞争世界里，戴尔正在寻求一种与众不同的方式，同时创造习惯于基于价格进行购买的客户的转换障碍。

戴尔建立了一个叫做Premier Pages的客户公司网站，它为每个商业客户提供定制信息，包括客户自己的合同价格、购买历史、公司批准的存货单位号码和订单状态。Premier Pages提供受控制的多用户进入渠道，与公司内部网络和无纸化

---

① ［美］邓·皮泼斯、马沙·荣格斯著，郑先柄、邓运盛译：《客户关系管理》，中国金融出版社2006年版，第261–262页

购买订单的链接，以及定制的IT资产管理建议。戴尔将其客户归入10种基本价值类别，包括超过18000个雇员的全球账户、3500～18000个雇员的大公司账户，以及教育、医疗保健和消费者账户。为每个客户组指定一个管理员，他负责建立、维护和更新戴尔的Premier Pages程序。每个网站实际上就是每个公司用户的规模定制。

戴尔现在是计算机行业增长最快和盈利最多的公司。目前有14种语言的28000个Premier Pages在使用，戴尔现在用更少的销售代表并已降低处理成本。规模定制也使戴尔公司能够为小公司提供与为最大客户提供的同样服务。

【案例链接】

伊里莎白斯服装公司①

以创始人命名的位于纽约的伊里莎白斯服装公司是里兹·克雷伯恩的分公司，它提供大码（14～24）的女士服装和配套物品以及小号女人服装。与其母公司一样，分公司有其自身的商店，而且百货店和专卖店都可获得其服装线上的产品。

但不像其母公司，伊里莎白斯服装公司在2000年11月建立企业网站（Elizaberth.com），提供实时在线客户服务，它的客户，尤其是经常访问网站的客户，能很容易看到以前的购买记录，并在Elizaberth.com上建立服务和配套物品的“意愿清单”。当客户请求实时支持时（或通过电话，或通过网站），他们被转接到能够获得人员支持的一个代理商（位于洛杉矶的服务局），它的代理人（位于密苏里州路易斯大街的人员支持办公室）每周7天、每天24小时全天候服务。

代理人进行实时在线交流，并整合通过电话或在线与客户互动中收集到的信息。基于佛瑞斯特市场研究公司的发现（现实中，穿大码服装的女人在商店不容易找到想要的东西，并偏好于从本地购买），伊丽莎白斯开始在其网站提供实时服务。在提供实时聊天中，伊丽莎白斯面临两个挑战：对在线购买没有经验的客户提供新的交流工具，而且依赖于第三方服务公司来做。

在线访问者用文本交流来请求浏览Elizaberth.com的帮助，特别是定位特定的服装项目，而且在文本交流中，他们不必提供其身份的任何信息。客户一般会打网站上的电话来下订单，询问交付方式或更新接触信息。当有要求很长答案的问题时（例如要求卖伊丽莎白斯产品线的当地商店名单），他们就发电子邮件信息。

① ［美］邓·皮泼斯、马沙·荣格斯著，郑先柄、邓运盛译：《客户关系管理》，中国金融出版社2006年版，第375页

【案例链接】

网通大客户信息管理及一站业务系统①

中国网络通信集团公司是中央管理的特大型国有通信运营企业集团，是经国务院同意进行国家授权投资的机构和国家控股公司的试点单位。为帮助中国网通集团展现全新的服务形象，在市场竞争中赢得主动权，HOLLYCRM 为网通度身定制大客户管理及一站业务系统，帮助中国网通在客户的市场开拓、进行有关大客户的信息管理、客户服务及营销决策支持等方面进行综合处理。

解决方案

网通大客户信息分析与决策支持系统：旨在将企业内部业已形成的大客户历史记录提升为“客户资产数据”，为企业战略决策提供决策支持手段。

网通大客户信息管理系统：融合了 CRM 的思想与理念，主要处理与客户直接相关的市场营销、销售和服务等前台业务，主要包括市场营销管理系统、销售管理系统和服务管理系统。

网通一站服务业务系统：实现业务受理、资源确认、费用确认、合同/协议、收费、资源调度、竣工、业务预警、申告投诉处理功能。

系统结构

项目主要由大客户信息管理分析系统与大客户一站服务系统构成。其中，大客户信息管理分析系统主要由数据仓库服务器、应用服务器、Web 服务器等平台构成。

系统特点

深入：深层次的客户信息分析，帮助用户进行深入的客户关系管理，建立不同的服务等级，制定不同的优惠策略。

针对性：通过整合大客户的数据，给客户经理提供完整的、清晰的客户视图，以便为用户提供针对性的服务，从而实现“引导消费”的现代经营理念。

“一站式”的特点如下：

高效：实现流程式的电子化管理，工作效率比以往的手工处理方式明显提高；

便捷：“一站服务”系统贯穿于对大客户的销售、售中和售后全过程，对客户的服务更加便利有效，客户的满意度得到提高。

强劲流程：系统以工作流方式实现一站服务业务订单处理，使得对流程的控制在 IT 技术的支撑下更加流畅。

个性化：个性化服务能力得到增强，对大客户资料掌握更加全面清晰，为其

---

① 叶开：《中国 CRM 最佳实务》，电子工业出版社 2005 年版，第 483-486 页

定制个性化满意服务。

可靠：能够为分析系统提供可靠的数据来源。

【案例链接】

保险行业①

中国加入WTO，意味着中国保险行业将全面地与国际保险体系接轨，这既是一个发展的机遇，也是一个严峻的挑战。在充分调研之后，TurboCRM公司推出与原有保险业务系统相整合的软件包，为保险行业提供了“三位一体”的解决方案，包含三个层面：客户应用层（TurboLink）、业务管理层（TurboCRM）和决策支持层（TurboDSS），为企业提供一体化的服务。

客户应用层为客户提供了一个个性化的互动页面，它包含了客户主页、交易平台、个性产品推荐、银行转账等功能模板。客户可以利用互联网接入到保险企业为客户提供的互动页面上，根据自己的需求情况查询与自身相关的信息，还可以直接投保。同时，TurboLink将会记录下客户访问的信息内容，以便为客户提供个性信息，也提供了互动的条件等等。通过TurboLink系统的应用不但拓宽了销售的渠道，同时也拉近了与客户的距离，简化了业务人员的销售过程。

业务管理层是一个以客户为中心的客户关系管理系统（TurboCRM），包含了客户管理、竞争对手、合作伙伴、员工管理、市场管理、销售管理、订单管理、服务管理等功能模块。

决策管理层（TurboDSS）为企业的发展战略提供科学的、量化的数据支持，TurboCRM公司提供的系列软件都采用统一数据仓库，使得数据资源得到有效的整合利用，包含了销售分析、市场分析、服务分析、费用分析、客户特征分析、伙伴特征分析、险种分析、竞争分析、丢单分析及员工分析等。

TurboCRM公司在技术解决上采用Brower-server架构，整个系统可以分为4层：Client（客户端）—Presentation（表现层）—Application（应用程序层）—Database（数据服务层），这4层分别由Browser（浏览器）—Web Server（Internet发布服务器）—Application Server（应用软件服务器）—Database Server（数据库服务器）构成。

第一个采用TurboCRM保险行业解决方案的是中国平安保险股份有限公司北京分公司，虽然CRM的实施只是迈出了第一步，但是已经取得了初步的成效。

① 叶开：《中国CRM最佳实务》，电子工业出版社2005年版，第495-502页

【案例链接】

网络论坛消极舆论的处理①

假设一个医院的情景，有位病人入院不到24小时就被送出院，因为他的医疗保险公司没有同意让他留下，而提早出院导致该病人出现了并发症。这位病人在论坛上发表了声讨帖子，引起了关于该保险公司的消极舆论。下面推荐两种处理方法。

反应一：

我是艾可美保险公司的一名业务代表。你说我们公司不在乎我们承保的客户的健康，这是非常令人惊讶的。你的健康是我们头等重要的事情。如果你入院24小时后被送出院，那是因为我们公司的医疗专家认为延长住院时间是没有必要的，而且有可能会是一种浪费。不管住院时间长短，在病人出院后发生并发症并非罕见。因为你的突然发病而埋怨你的保险公司就是不敢正视导致自己健康更恶劣的真实原因。

反应二：

我很难过读到这个讨论组上发的帖子。事实上，我加入这个讨论组是因为，我为这里人人都在议论的HMO医疗保险公司工作。由于我为艾可美保险公司工作，所以我知道我们的第一考虑是病人的安康，甚至高于我们对利润的考虑。你可以想见我听说你的经历之后的感受。我想为这件事尽一点力。如果你可以给我提供一些详细信息，比如说你进的是哪家医院，进院和出院的日子，等等信息，我可以调查一下看看到底是怎么回事。如果讨论组里还有其他人也有类似的经历，我也乐意帮忙。我可以向你们汇报我们公司准备采取的措施。

这两种反应方法，哪个有可能会产生积极的影响，最后改变论坛成员对该保险公司的看法？很明显，第二种反应是明智的选择。

【案例链接】

美国B2B企业最佳网站专业评选

早在2003年，美国专业电子商务咨询网站www.btobonline.com就根据各个网站建设在营销效果上的表现开展了针对全美800多个知名企业网站的评选活动，评选出各行业B2B企业在网站建设方面的佼佼者。

---

① 谢尔·霍兹著，吴白雪、杨楠译：《网上公共关系》，复旦大学出版社2007年版，第153-154页

2003年入选的全美B2B企业最佳网站100强都属于公司网站，横跨各大行业，很多都是大家耳熟能详的知名企业。评比总分为100分，采取对每个网站重点从5个方面考核的方式，这5个指标分别是：

网站信息质量高低——网站提供的信息质量和信息呈现方式：公司业务的介绍情况；是否有关于产品和服务信息；是否有完整的企业联系信息；是否有产品说明和评估工具，以区别于其他同类产品。

网站导航易用度——网站信息是否组织良好，尤其当公司拥有庞大用户群的时候；是否有站内搜索引擎；网站各个部分是否很方便地链接互通。

网站设计优劣——网站设计的美观和愉悦程度；文本是否容易阅读；图片是否使用适当；是否创造性地采用了视频和声频手段增强宣传效果。

电子商务功能——能否实现在线订购、支付。

网站的特色应用——网站是否具有社区或论坛；是否有计算器或其他可以增强用户体验的工具；访问者能否注册电子邮件或者e-mail通讯；用户能否通过网站获得适时帮助；网站是否有通往相关信息的互补性资源链接。

除了以上5个标准，还有30分属于其他特色方面的评价。

第六章　网络公共关系传播模式

【本章提要】在工业经济形态下，大众媒介凭借自己的优势大规模地采集和发布信息，他们在信息的传递活动中处于垄断地位，那时候的信息传递大部分都是单向性的，缺乏互动的。由于缺乏反馈渠道，受众在接收信息时非常被动。网络的出现使更多的个体参与到信息传播活动中来，网络传播已不再是少数人对多数人的传播，而是多数人对多数人的传播。网络打破了传统媒介在信息传播活动中的垄断地位，传受双方地位发生了根本的变化，由以往的“传者本位”向“受众本位”转变；传播者往往根据受众的需求来加工和传递信息，尽可能地满足受众的需求。

本章主要通过分析信息经济形态下的传播活动的特点及传受双方地位的变化来研究网络公关关系的传播模式。

第一节　传统公共关系传播模式

一、工业经济形态下的传播过程模式

1. 拉斯韦尔 5w 模式

1948 年，美国学者罗德·拉斯韦尔在《传播在社会中的结构和功能》的一篇论文中，提出了传播过程的“5w 模式”，他把任何一个传播过程都分为五个部分，它们分别是：谁、说了什么、通过什么渠道、对谁说、有什么效果。（如图 6-1）

Who（谁）：即传播的主体

在公关领域，传播主体一般是指组织的公关部门、组织中的各分支机构或者组织中的个人。他们往往决定着公关传播的内容，在一定程度上是组织信息传播

中的“把关人”，他们在组织的公关活动中占有举足轻重的地位。公关活动一般都是由组织内部的公关部门发起的。

Who →	Says what →	In which channel →	To whom →	With what effect
谁 →	说什么 →	通过什么渠道 →	给谁 →	取得什么效果
传播者 →	讯息 →	媒介 →	受众 →	新果
控制研究 →	内容分析 →	媒介分析 →	受众分析 →	效果分析

图 6-1　拉斯韦尔的传播过程模式①

Says what（说了什么）：即传播的内容

公关领域表现为：有关组织（企业）的产品、服务、价格、活动等方面的信息，或是有关企业的价值观和企业文化的信息。组织在进行公关传播之前，要了解公众的需求，并根据公众感兴趣的话题确定传播内容。2003 年非典肆虐，整个中国陷入了恐慌之中，中央电视台每天在新闻联播中播报疫情的最新情况，满足公众的心理需求，这就是一个很好的例子。

In which channel（通过什么渠道）：即传播媒介

在公关领域表现为：传统的大众传播媒介，包括报纸、广播、电视。不同媒介有不同的特点，公关人员在选择媒介的时候首先要考虑到他的受众偏好哪种媒介，再来决定选择在哪种媒介上开展公关活动。组织既可以选择单个渠道、也可以选择多个渠道的组合来开展公关传播活动。

To whom（对谁说）：即传播对象

公关领域表现为：所有的社会大众或者是与组织直接相关的公众。公关活动中所面临的公众有着不同的背景和兴趣爱好，公关人员原则上要根据公众不同特征对其进行一对一的公关，但是由于实际条件的限制，这一点是很难做到的，公关活动应该尽量满足目标公众的需求，虚心听取他们的批评和建议。

With what effect（有什么效果）：即传播活动产生什么效果

在公关领域表现为：公关人员根据传播效果来分析是否达到了预期的目标，如果没有取得预期效果，就应该继续公关，直到取得满意的效果为止。

5w 模式的提出，在传播学历史上具有重要的意义，它奠定了传播学的基础，后来的学者沿着拉斯韦尔 5w 模式，逐渐形成了传播学研究的五大领域，即：针对传播主体的控制分析；针对传播内容的内容分析；针对传播媒介的媒介分析；

① 参考郭庆光：《传播学教程》，中国人民大学出版社 1999 年版，有所改动

针对传播对象的受众分析；针对传播效果的效果分析。

在公共关系领域，传播的目的是使传播者与受众双方在认识上趋于一致。组织进行的公关传播可以使组织与公众间的利益摩擦尽可能减小，使传受双方最大限度相互信任、理解和合作，最终促进组织的发展与壮大。从传播规律来看，公共传播活动必须具备这五个 w，根据双方的需要，选择合适的传播渠道传递信息，以取得良好的传播效果。

当然，拉斯韦尔的 5w 模式是不完整的，它更多地把传播看做是一个劝服过程，虽然考虑到受众的反应，但没有提出反馈的渠道。这就很难使传受双方相互交流，达到认识的一致。如果在公关传播中没有快速高效的反馈渠道，组织就很难和公众进行有效的交流，更不要说达成共识了。

2. 香农－韦弗数学模式

在 5w 模式提出不久，美国两位学者 C. 香农和 W. 韦弗在《传播的数学理论》提出了一个线性的传播过程模式（如图 6－2 所示）。

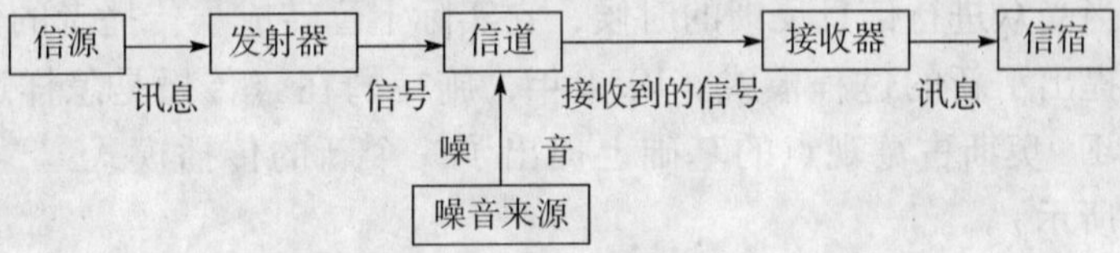

图 6－2　香农－韦弗数学模式①

这个模式，主要揭示了在传播过程中用来传递信息的信道的作用，以及信息在这个信道中的传递过程。这个模式跟拉斯韦尔模式相比有了明显的进步，那就是它导入了噪音的概念，即在传播过程中干扰传播正常进行的内外因素。香农－韦弗模式的提出表明，信息的传播并不是在一个封闭的、真空的环境中进行的，人们在传播实践中必须重视各种影响传播效果的干扰因素，想办法排除这些因素的干扰以达到预期的传播效果。

香农－韦弗模式的提出，为组织展开公关传播提供了有益的参考。尤其是“噪音”概念的提出对公共关系传播具有重大的意义。对组织来说，他们开展公关活动的目标是站在自己的立场上，根据公众的需求和特点来策划传播活动，以达到理想的传播效果：塑造自己的形象并实现组织目标。然而，传播活动往往是在复杂多变的社会环境中进行的，传播过程中会受到各种干扰因素的制约，比如它所处的政治环境、经济环境、文化环境等都会影响到传播效果。这就要求组织在公共关系传播中必须考虑到各种不利因素的影响，努力克服并排除种种障碍以

① 参考郭庆光：《传播学教程》，中国人民大学出版社 1999 年版

达到理想的传播效果。举例来说，在危机事件发生的时候，外界经常会出现一些以谣言为主要形态的噪音流。常言道“众口铄金，积毁销骨”，足见谣言对个人的杀伤力，在危机事件中谣言对民众情绪、社会治安产生极大的干扰，尤其影响人们的理性判断。组织必须通过危机公关消除这些“噪音”的影响，才能取得良好的公关效果。

和拉斯韦尔模式理论一样，这个模式也存在着很大的缺陷，它同样把信息的传播过程描述为一个直线单向的过程，缺少反馈环节。而人类社会的公共关系传播活动是一种双向的活动，传受双方都是具有能动性的主体，如果想要相互交流，那么反馈环节是必不可少的。

3. 传播过程的循环和互动模式

以上两种模式为传播学发展做出了很大贡献，但它们都属于线性传播模式，这在阐述人类传播过程方面存在很大缺陷。首先，忽略了传受双方的交互性。其次，它把传受双方的角色固定化了，而现实中由于反馈的存在，两者间的关系是不确定的，当受众进行信息反馈的时候，它实际上已转成了传播者的角色。一些传播学者又提出了新的过程模式。1954 年，施拉姆在《传播是怎样运行的》一文中，在 C. E. 奥斯古德观点的基础上提出了一个新的传播模式：“循环模式”（如图 6－3 所示）。

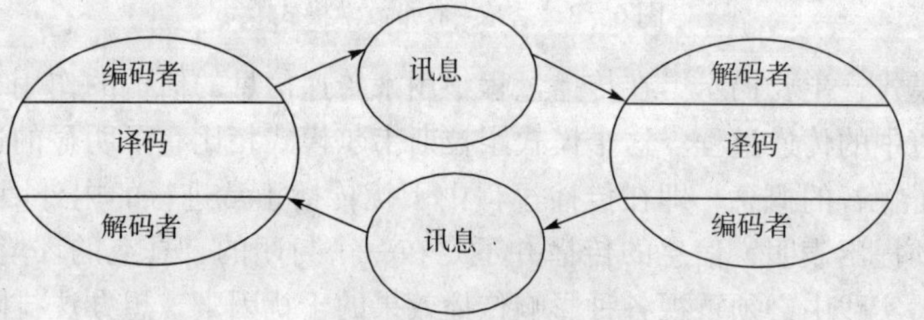

图 6－3 奥斯古德与施拉姆的循环模式①

在这个模式中，没有固定的传播者和接受者，传播双方都是传播行为的主体，又都是客体，他们都在不同情况下扮演着编码者、释码者和译码者的角色。信息在传播双方之间得到交流，他们的角色也在传播者和接收者之间互换。

循环模式的提出反映出了传播过程的互动性，这点是正确的。但它也存在着缺陷：它把传受双方放在了完全平等的关系中，这一点在现实社会是很难实现的，由于在现实社会信息传播过程中，传播双方受到文化环境、政治地位、社会环境等因素的制约，两者关系几乎是完全不对等的。在大众传播活动中，大众传

① 郭庆光：《传播学教程》，中国人民大学出版社 1999 年版

媒往往拥有强大的技术和设备支持，也有更多的渠道去接触信息源，这点优势其他传播者无法比拟，所以他们在传播活动中占据主导地位。此外，这个模式更适合反映人际传播特别是面对面传播的特点，却很难反映大众传播的特点。于是施拉姆又提出了另外一个传播过程模式：大众传播过程模式。这个模式最大的特点就是在传播过程中，传播双方存在着相互传达和反馈信息的关系。在传播过程中个人与个人、个人与组织都保持着特定的传播关系。大众传播中的传播者和接收者之间的互动和角色转换得到了实现。

施拉姆的大众传播模式和以前的传播模式相比取得了明显的进步，它较全面地反映了传授双方之间的关系，这个模式恰恰能反映出公关主题在公共关系活动中的协调沟通的职能。

公关的目标就是通过和特定的公众进行双向的沟通，树立组织形象。然而这种沟通不可能是一帆风顺的，在实际的公关活动中，传授双方必然会产生矛盾和摩擦，组织怎样在摩擦中协调好各种关系以便取得良好的公关效果，是公关部门必须考虑的问题。

从组织内部来说，有两种关系是公关部门必须协调好的，一是平级关系，二是上下级关系。平级关系指的是企业中关系平行的各个部门，比如人事部门、财务部门、生产部门、销售部门等。如果各个部门间缺乏必要的沟通，他们间的配合就会缺乏默契，甚至会产生矛盾，不利于组织的有效运行。公关人员所要做的就是经常性地加强各个部门之间的信息联系，使各个部门在相互了解的基础上协同合作，避免矛盾的产生。如果矛盾已经产生，就需要想办法化解矛盾。在对待上下级关系时，公关部门也要努力协调好两者的关系。一方面，要及时向员工传达上级领导层的意见和决定，使员工了解企业的方针政策以便更好地配合领导的工作；另一方面，公关部门应该向领导层反映员工的建议和愿望，使领导们及时了解和把握下级员工的工作状态，及时调节与员工之间的关系。

从组织外部来说，公关活动要和与组织目标直接相关的公众进行沟通，并根据受众的反馈信息来调整组织的运行，改善或者建立相互信任、相互合作的关系。传授双方的关系处于模糊状态时，公关活动应该明确地表达企业的主张和态度，竭力消除公众的疑惑心理，以避免误会的发生；当传受双方关系处于和谐状态时，就应该不断宣传企业的成就来保持乃至强化企业在公众中的形象；当双方关系处于不和谐状态时，企业首先要自我反省，听取公众的意见，寻找自己的不足之处并加以改进。

4. 系统模式

1963 年，德国学者马莱兹克在《大众传播心理学》一书中提出了大众传播过程的系统模式（如图 6－4 所示）

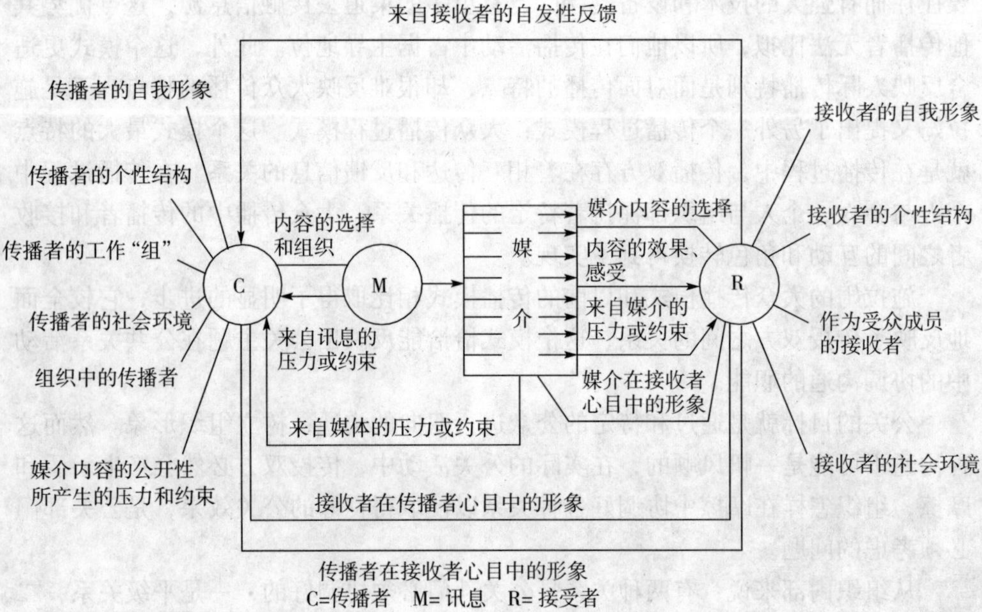

图 6-4 马莱兹克关于大众传播过程的系统模式①

这个模式中，马莱兹克认为传播是一个复杂的社会互动过程，传播的过程受到了各种社会因素和心理因素的影响。传播者、传播媒介、收受者在这些因素的影响下进行着双向互动的交流。分析任何一个传播活动都应该对涉及该活动或过程的各种因素进行全面、系统的分析。在信息的传递过程中，受众往往会根据自己的情况，选择相应的媒介，有选择地接收信息，而并非对信息全盘接受。

组织在进行公关活动的时候，就要考虑到影响传播效果的各种社会因素和心理因素，例如目标受众的年龄结构、知识结构、个人喜好、对媒介的偏好等等因素。选择在那些目标受众经常关注的媒介上发布信息，往往能取得较好的效果。

5. 其他传播理论

(1) 两极传播理论

1940 年，拉扎斯菲尔德提出了“两极传播”理论，他认为在大众传播领域活跃着一大批“意见领袖”，大众媒介的信息传递是按照“媒介——意见领袖——受众”这种两极传播模式进行的。意见领袖是媒介信息传递的中间环节，他们对大众传播的效果起着促进或阻碍的作用，大众传播要取得良好的效果，必须重视意见领袖的存在。

① 郭庆光：《传播学教程》，中国人民大学出版社 1999 年版

在公关领域，也要重视意见领袖的作用，选择那些有权威的专家或者消息灵通人士作为公关活动的传播者，通过他们的说辞或者解释来加强对外的影响力。

（2）“把关人”理论

把关人是传播学四位奠基人之一的卢因在研究群体中的信息流通渠道时提出的一个概念。20世纪50年代，怀特将这个概念应用于新闻研究，提出了新闻传播的“把关”过程模式。怀特认为，新闻媒介的报道活动是对各种的新闻素材进行有取舍的选择和加工的过程，在这个过程中，传播媒介形成一道关口，通过这个关口传达给受众的新闻或信息只是少数。“把关人”既可以指个人，如信源、记者、编辑等，也可以指媒介组织。

从公关实务来看，组织往往通过大众传播媒介对外发布信息，实现与公众的沟通与交流。媒介是组织对外公关的重要渠道，因此，组织要想利用媒体传递信息并取得良好的效果，就要努力和媒体搞好关系，争取媒体（把关人）对组织的了解和支持，形成对本组织有利的舆论氛围，以便与目标公众进行沟通，密切组织与公众之间的关系。组织与“把关人”（媒体）的关系如果处理得好，那么组织信息就比较容易通过层层关口的筛选，这样就有更多的机会被媒体确定为舆论的中心议题，从而引起公众的关注，取得理想的传播效果，最终树立良好的组织形象。组织与媒体建立广泛的、良好的关系，不仅可以增加组织信息在媒体露面的机会，而且可以使媒体多做组织的正面报道，少做负面报道。

二、信息经济形态下的传播模式

信息经济是一个相对工业经济的模式，它由阿尔文·托夫勒（Alvin Toffler）在《第三次浪潮》里提出。它代表以互联网为推手的新经济的特点。信息在当今社会很重要，人们是依靠信息为组织的各种产品/服务确定市场，信息指导着不同市场的活动方式。信息经济形态有着自己的显著特点，它对我们探讨如何与传播交流有很大帮助。

1. 信息经济模式中的传播交流

表6-1 两种经济形态中的传播交流

工业经济形态	信息经济形态
自上而下	网络式联系
注重数量	注重质量
批量生产	个性化生产
生产者起主要推动作用	消费者起主要推动作用

表6-1是工业经济形态下与信息经济形态下传播交流方式的不同。可以看到，信息经济形态使控制信息转变为向大众开放信息；信息经济形态下，数量已不是强调的重点，人们买的是质量，这种观点同样适合信息经济中的沟通活动，高质量的沟通活动能够较好满足目标公众的期待（要求）；信息经济形态下，个性化生产是组织抢占市场份额的关键，于是我们发现公共关系里面所提供的信息更多是“量体裁衣”、针对特定公众展开的。

可以说，信息经济形态下的传播交流以网络化联系为主要特征，这是网络传播的基础。

2. 网络传播模式特点

网络传播的出现，打破了传统的缺乏互动的直线性的传播模式，在网络中每个人都是信息的传播者和接收者。人们在双向互动的传播过程中交流信息，传播者和接收者已经没有了明显的界限，双方在传播的不同阶段扮演着信息传播者和接收者的双重身份。与传统的传播模式相比，网络传播的模式是一种双向互动的网状的模式。

（1）网络传播模式中，参与传播的每个人都具有传播者和接收者双重身份，在传播过程中既接收信息又发送信息。与传统的缺乏互动的传播模式相比，网络传播的互动性更强。

（2）网络传播在一个虚拟的空间进行，人们又较少地受到各种社会因素的影响，他们可以根据自己的兴趣爱好，通过各种方式寻求或传递信息，信息的传播变得更加自由。

（3）用户通过互联网和其他用户进行信息交流，信息一般是通过电子邮件、静态网页、BBS论坛、聊天室等方式进行传播。

（4）网络中传播模式可以是单向的也可以是多向的。

3. 网络传播带来的变化

（1）互动性增强。在传统的公关活动中，公关人员按照既定的目标和组织的需要选择适当的传播媒介发布信息。他们经常采用新闻、广告、发布会等形式进行公关宣传。在这个过程中，大众传播媒介控制了信息，受众是很被动的，他们缺乏一个有效的渠道去反馈信息。组织和公众之间如果缺乏沟通，就很容易产生误解或者矛盾，这对组织的发展来说是非常不利的。

在信息经济形态下，信息传播更加开放，人们对信息的追求前所未有地增长，信息的发布也不再是传统大众传播媒介的专利，任何人都可以在网上传播和交流信息。组织通过互联网向公众发布海量的信息，使公众对组织有一个更加全面的认识，同时公关人员也可以通过受众的反馈信息了解组织的不足之处，并加以改进。组织在这种传播与反馈的过程中才能更加了解自己，进而更好地为公众服务。

（2）公关质量提高。以往组织开展的公关活动往往只注重信息发布的数量，组织在发布新闻稿或者做广告的时候总是选择多种媒体，因为他们认为信息越是占用大幅的报纸版面或者占用越多的电视广告播放时间，公众接触到这些信息的机会也就越多。组织往往是根据接触信息的人数来衡量传播活动的有效性，所以他们所做的公关活动往往只注重量上的多，而不注重质量的高低。

在信息经济中，信息发送数量已经不再是公关活动强调的重点，就拿购物来说，人们更看重的是商品质量，如果商品质量非常差，远远不能满足顾客的需求，那么就算商品价格再便宜，也不会有人购买。同样的道理在信息经济形态下的公关传播中也适用。高质量的公关传播活动必须满足受众的期望，才能达到理想的效果。这就要求公关活动要改变以往的线性传播模式，采用双向互动的交流模式，跟公众进行充分的交流，这样才能取得较好的效果。

（3）个性化公关。在以往的公关活动中，由于受到资金的限制，信息传播活动很少考虑到公众的个体性差异，他们只能为尽可能多的公众提供信息，不可能为单个公众“量体裁衣”，进行一对一的公关。从传播效果来看，不管组织传递的信息有用没用，受众只能被动地接收，如果一些受众对这些信息没有丝毫的兴趣，那么可以认为对这些受众来说，该信息的传递活动是没有一点意义的。在信息社会，单一的信息很难满足多方的需求，人们在利用信息的时候也非常挑剔，每个人都希望获得与他密切相关的信息来解决自己的问题，这就要求组织寻找一种方法，使公众可以根据自己的需求自由地选择信息，网络的出现给组织发布信息提供了一个新的平台，组织可以把各种信息放到网络中去，并加以分类，公众可以根据自己的需要选择不同类型的信息来满足自己的需要，解决自己的问题。

（4）公众成为核心。在传统的公关活动中，组织的领导者或组织内部的公关部门决定着与公众讨论的主题，在与公众就某一问题进行讨论时，往往是组织一方占主导地位，公众经常显得很被动。在信息经济中，公众成为核心，公众满意与否决定着组织的发展和未来，所以这个时期的公关活动尤其是在网络公关活动中，传受双方的地位趋于平等，信息的交流往往是双向互动的，互联网成为组织与公众交流信息的平台。

4. 网络中的传播类型

（1）网络中的人际传播

人际传播是指个人与个人之间的信息传播活动，它是一种最常见的传播现象。人际传播具有很强的双向性特点，在人际传播中，信息反馈及时、互动频率高，在现实社会人们更多的是通过人际传播来交流信息、联络感情。随着网络媒体的发展，人际传播在网络中也有所体现。网络人际传播主要通过电子邮件和网络聊天这两种方式来体现。

网络人际传播的特点是：

① 网络中的人际传播以文字交流为主。电子邮件和网络聊天都以文字传播为主要手段，这样能表达较为明确的含义，能够加强传播的效果。

② 传播范围比较广泛。网络打破了地域的限制，不同地区甚至不同国家的人都可以在网络上进行人际传播。

③ 网络人际传播具有匿名性。在网络上人们往往无需对自己的言行负责，他们较少顾及社会规范的约束，畅所欲言。

④ 网络人际传播比现实社会中的人际传播更加轻松：网络可以给不同地域、不同背景的人们提供一个交流的平台，扩大人们的交际能力和交际范围，并且能缓解现实生活中的压力。

研究网络人际传播对企业开展网络公关有着很重要的意义。组织可以通过电子邮件或即时聊天工具与目标公众进行一对一的交流，满足公众对信息的个性化需求。组织在选拔网络公关人员的时候，要注意他们的人际交往和人际传播能力，这方面的能力越强才越有利于和公众交流，选拔结束后，组织还应该加强对网络公关人员沟通技能的培训，提高他们的沟通能力，以便更好地和公众交流。当公关人员在网络上开展公关的时候要有亲和力和针对性，尽量和相关公众建立良好的私人关系，使组织在公众面前更有亲和力。为组织的发展创造良好的外部环境。

（2）网络中的组织传播

组织传播是组织成员为了某种共同的目的，通过组织媒介进行的传播活动。组织传播包括对内传播和对外传播两种形式。对组织来说可以利用网络来实现两种形式的传播：内网和外网。组织通过内网来实现组织内部的传播，通过外网（互联网）实现组织的对外传播。

① 组织内传播和内网

组织内传播是组织为了维持组织内部的统一，实现组织的整体协调和整体运作而在组织内部进行的信息传播活动，其传播对象是组织成员。在信息社会，组织内部一般通过内部局域网（简称内网）来传递信息。内网可以在组织内部实现信息的共享。组织成员可以在网上互动沟通、相互协调和配合，提高办事效率；内网的应用也可以使上下级的交流更加容易，它作为一个桥梁，在处理上下级关系上起到了上情下达、下情上达的作用；在处理部门间关系时，内网又作为一个承载信息的平台，使各部门间实现了信息的共享，加强了部门间的协同合作。

内网作为一种工具，给组织内传播带来了巨大的影响，它最大程度地实现了信息的共享，改善了组织内部信息的流动状况，加强了各部门间的协同配合，大大提高了组织运行的效率。

② 组织外传播和外网（Internet）

组织的对外传播是组织对外开展的有目的、有计划的信息传播活动，通过对组织的宣传增进公众对组织的了解、理解、信任和合作，对外树立良好的组织形象，与公众或其他组织建立一种良好的、和谐的关系。组织对外宣传的对象是顾客公众、组织公众、政府公众和一般社会公众等。除了选择传统的大众传播媒介外，组织还可以通过建立自己的网站来进行对外宣传和公关。它与传统的通过大众传播媒介做的宣传相比，有一些独特的优势：组织在传统媒体上做宣传，经常受到编辑方针、版面费用的限制，只能有选择地发布信息，不可能把组织的所有信息都发布到媒体上，在宣传强度上显得力不从心。如果组织建立自己的网站，他们就可以把与自相关的所有的信息都发布到网络上。组织可以通过自己的网站进行对外的公关宣传、广告宣传和企业标识系统（CIS）宣传。

（3）网络中的大众传播

大众传播是指专业化的媒介组织利用现代传播技术向社会大众进行的大规模的信息生产和信息传播活动。传统的大众传播媒介包括报纸、广播和电视。网络作为一种新型的传播媒介，它融文字、声音、图像于一体，被形象地称为“第四媒体”[①]。把它归为大众传播媒介是无可厚非的，它和传统的大众媒介相比，有着自己的特点：

① 多媒体技术的应用

网络传播媒介通过文字、图像、声音、动画等多媒体技术手段传递信息，形象而又生动。这与传统大众媒介单一的传播手段相比，更能够引起受众的注意，更易取得良好的传播效果。

② 传播者发布信息“门槛低”

网络使信息发布变得轻而易举，只要有上网的条件就可以发布信息。大众传播不再是专业化媒介组织的专利，任何有条件上网的人都可以利用互联网传递信息。

③ 互动性增强

在互联网中，信息传播不再是单向的传递过程，而是一种有交流的、互动式的双向传递过程。

④ 传播范围更广泛

网络是无国界的，信息在网络上可以跨国界传播，网络突破了地域的限制，传播和影响的范围更广阔。

---

① 联合国前秘书长安南 1998 年在一次讲话中提出

第二节 网络公共关系传播交流模式

一、从少数对多数到多数对多数

在传统的少数对多数传播模式中，特别在大众传播模式中，信息的传播是一种线性的、单向性的流动，大众传媒单方面地选择信息，通过为大众设置某种议题来左右大众的关注点。受众只能被动地接收信息，即使想反馈信息也缺少相应的渠道。传统媒体在传播过程中处于主导性地位，它左右着人们对于信息的获知，影响甚至左右人们对于周围发生事情的评判。媒介垄断着话语权，而广大受众根本没有自由传递信息的可能。由于话语权被牢牢地掌握在大众媒介的手中，在信息传递过程中，受众经常被媒体“牵着鼻子走”，他们很难与传播者进行平等的交流，媒体与受众之间的隔阂有越拉越大的趋势。尽管我们可以看见传统媒体在试图打破这种局面，从受众需求的角度去采集传递信息，也尝试通过各种途径让更多的受者参与到传播过程中来。但是，这些努力的成效是有限的，受众在传统的大众传播模式中还是显得非常被动，很难通过有效的渠道发表对事件的看法和意见。

网络的出现打破了传统的少数对多数的交流模式，网络中的传播模式是一种非线性的、多向的传播模式，各种信息可以多向地流动，传受双方坦诚相见，相互交流，而受众也不再是传播的终点。人们可以在接收信息的同时发送信息，并予以赞同、批评甚至嘲笑，这样真正实现了传受双方的信息交流与共享，使得传受双方能够进行便捷的信息交流。人们不仅可以对接收到的信息进行反馈，而且可以把信息或者自己对信息的看法传播给其他网络受众，从而扩大信息传播的广度和深度。从某种意义上来说，传播效果的大小取决于信息沟通与信息共享的程度。网络给传受双方自由方便地交流信息提供了一个平台，传受双方可以利用这个平台进行平等的、互动的信息交流。

1. 网络传播的互动性强

网络突破了传统大众传播中的那种少数对多数的灌输式传播模式。人们在网络中可以根据需要选择自己喜爱的网站获取信息，也可以和任何个人、组织自由地交流信息。网络中的传播活动变得更加平等和互动，比起以往的大众传播，信息传递的互动性大大加强了。

从公共关系层面来看，网络给组织和公众提供了一个相互交流的平台，二者可以在网络上相互交流，互通信息，增进了解，在产生矛盾的时候还可以通过交流缓和或化解矛盾。对组织（企业）来说，可以通过受众的反馈信息来了解公众对自己的看法，发现自己的不足之处并加以改进；而受众的反馈被接纳后也会使他们感觉到自己受到了重视，以后还会提出更多有意义的、有益组织发展的建议，这样组织和受众之间就进行了积极有效的互动，多对多传播由此产生。

组织的网络公关活动要想达到好的传播效果，不仅要与公众互相交流，还要使公众之间产生互动，以获得好的传播效果。网络中经常会遇到以下现象：有些组织的拥护者或信仰者自发为组织建立起网站或社区，与爱好相同者结成同盟，这些人不仅自己是组织的忠诚顾客，而且对组织的传播起到重要的影响。比如一些汽车的消费者在网络上为他们喜欢的汽车品牌建立相关的网站或者是车友会，在里面讨论对该品牌汽车的看法，并经常组织一些活动（如自驾游活动），既交流了感情，也无形中为该汽车品牌做了有力的宣传。而另一些与组织有矛盾的人可能会制作网页或社区批评或者诋毁该组织的声誉。

人们通过网络进行的互动式的信息流动属于一种典型的多对多的传播模式。

2. 网络信息的广泛性

互联网中的传播者不再仅仅是专业化的媒介组织（如传统媒体的网络版），也包括了几乎涵盖了各个行业、各个阶层、各个地区的网民。传播者发布的信息不再像大众媒介那样单一乏味，他们可以根据自己的兴趣和爱好在网络中传递各式各样的信息，信息的内容变得丰富多彩、各具特色。如今的互联网上的内容五花八门，所涉及的领域几乎涵盖了社会生活的方方面面，许多人还创建了个人网站，而这些网站的创建者也来自于社会的各个层面，他们创建网站的目的也各不相同，这些都反映了普通民众在网络中传播地位的提高。人们在网络中积极主动地参与信息的传播，尤其一些具有鲜明个性和特色的个人网站，更能吸引网民的关注和参与。信息接收者则可以根据自己的兴趣爱好在网络的海洋中搜索能满足自己需求的信息，而不再局限于传统的媒介发布的有限的信息范围内。

在传统的传播过程中，大众媒介不可能对所有的信息都加以接触，他们只能对其中的一小部分进行选择加工，而且对那些自己所不熟悉的专业领域的报道很难做到既深刻又准确，这就导致大众传播媒介的信息可能只满足部分受众（一般受众）的需求，而有些受众（具备专业知识的受众）就有可能对信息不满。网络的出现打破了传统的传受模式，任何人都可以在网络上传播各种信息，并且不像传统媒体那样受到诸多社会因素的限制，以往传统媒介不可能关注的领域，在互联网上成为了可能。比如网络中出现的许多专业化网站，他们提供与自己专业领域相关的详细的报道。由于这些信息的覆盖面太小，不是对每个人都有价值，所以传播媒介一般会忽略这些信息，不予报道。再比如，在网络新闻报道中，由于网络空间的无限性，传播者可以把事件的来龙去脉以及一切相关的信息都放到网络中去，并且可以就事件与网民发起讨论，而这一点在传统媒体上由于版面的限制就很难做到。网络中传播者和受众概念的模糊以及信息来源的多样性，是多对多传播现象产生的基础。

3. 网络中的“一对一”传播

网络出现以前，人们通过谈话、打电话、信件等形式实现一对一的交流，这种模式可以满足受众的个性化需求：即需要什么信息就传递什么样的信息，但是它很大程度上受到了时间或空间的限制，很难覆盖广大的范围，产生深远的影响，而大众传播媒介的出现就解决了这个问题，它能够把信息传递给更多的人或更远的地方，影响也更大。然而在大众传播中很难实现“一对一”的传播模式，因为它是一种“点对面”的传播，媒介由于自身的限制，只能选择把那些社会大众普遍关注的信息传递给受众，他们没有精力也不可能为每个单独的受众提供个性化的信息，满足人们的个性化需求，也就是说“点对点”的交流在传统的大众传播中是很难实现的，大众媒介只能选择那些覆盖面尽可能广的信息进行传递。网络的出现，使“点对点交流”成为了可能。从某个层面理解，网络传播可以被看做是一种“点对点”的传播，信息的传递者和接收者分布在网络中的各个角落，他们都参与了网络中的信息传递和接收活动，信息不是再像传统媒体那样单向的流动，而是有了互动。当然，从表面上看来，网络传播似乎与传统媒体一样，也是一种一对多的传播方式，每个网页中都会包含大量的信息，他所面对的受众是所有浏览该网页的网民。然而我们应该认识到，由于网民几乎都是在网络中主动搜索自己感兴趣的信息，对于不同网民来说，他们得到的信息是从海量信息中找出来的，具有独特性和差异性，因此，这么说来，网络的传播特点是特定的信息针对特定的用户，是典型的小众化传播。网络在传播的过程中，担当的是一个平台的作用。在网络中人们还可以通过一对一的电子邮件和即时聊天工具来实现“点对点”的传播。

4. 网络中的“一对多”传播

网络中依然存在着“点对面”的大众传播模式，传统媒体网络版就是一个很好的例子，网络继承了传统媒介的“一对多”的大众传播模式，但是它与传统的大众传播媒介是有所不同的，有着自己的特点：首先，网络中的大众传播突破了地域的界限，能把信息传到更远的地方去，影响更多的受众，原则上网络中的信息可以影响全世界的人，例如美军在伊拉克拍摄的虐俘照片就是通过网络传播出来的，这消息的揭露震惊了全世界。再如新加坡《联合早报》提供的数据表明，它的受众90%来自海外，如果没有网络这个平台的帮助，这个数字是很难达到的。其次，由于网络传播自身的双向性特点，使受众可以根据自己的兴趣和爱好在网站中“拉取”信息，而不像传统传播中那样把信息“推送”给受众，网络传播给受众带来了更多自主选择信息的机会。网站会对海量的信息进行分类，并把它们集中到一个网页中去，例如，搜狐网站中，就分为新闻、汽车、体育、女人等不同的频道，每个频道中又有数以千计的超级链接，以便满足受众更多的需求，不同类型的消费者可以很方便地根据需要选择感兴趣的信息。最后，由于网络的开放性特点，受众可以自由地加入到对信息的讨论中去，他们通过网络媒体中的BBS、e-mail等工具对信息加以讨论和交流，这种交流可以是受众与受众之间的讨论，也可以是受众和媒体之间的讨论。

传统的大众传播媒介可以利用网络的优势，和网络传播相结合，为受众提供更为丰富的信息，实现和受众最快速、最有效的交流。

5. 网络中的“多对一”传播

这种模式中，不同的传播者通过网络把信息传递个特定的个人，受众的个性化需求得到了满足。比如个人在申请e-mail邮箱的时候，网站通常会对申请者的基本信息做一番调查，了解他们的个性化需求，比如喜欢的网站、喜欢的休闲方式等等。邮箱申请成功以后，人们会经常在e-mail中收到不同网站发来的相关信息，这样，他们的需求就得到了不同程度的满足。再比如，人们在搜索引擎中寻找信息，搜索引擎为受众提供了多个能够满足其需求的网站链接，受众根据需求打开不同的网站，这也是一种“多对一”的传播。

6. 网络中的“多对多”传播

传统的大众传播模式中，大众媒介有取舍地选择信息并对大众进行议程设置，信息流动的单向性很强，缺乏反馈。大众传播的受众分散性很强，他们之间缺乏联系，受众在接收到信息后只能把信息再传递给他们周围的有限的人并与之进行交流，很难和范围更广的人进行交流，因为他们缺少一个交流的渠道。网络的出现打破了这种局限，因为它是一个开放的媒介，任何人都可以参与到网络中去传递或者接收信息，并且不受空间和时间的限制，多人对多人的传播模式在网络中得到了实现，电子公告牌、电子邮件列表、聊天室、论坛、网络会议等都可以被归结为“多对多”传播的范畴。网络传播“多对多”模式是一种多向的交互式的传播模式。人们即使相隔万里，也可以通过网络平台交流信息或看法，把相同或不同的意见反馈给传播者，以提高传播者的服务水平；同时还可以把信息传给更多的受众，使信息的覆盖面更加广阔。网络媒体加强了受众之间的联系和交流，促进了信息的反馈和更广泛的传播，实现了多人对多人的传播。

以下是典型的网络多级传播模式图：

网络的出现，突破了传统媒介在信息传播活动中的垄断地位，传受双方的地位变得平等起来，也使更多的一般人可以参与到信息传播活动中来。网络传播已经不是少数人对多数人的传播，而变成了多数人对多数人的传播。

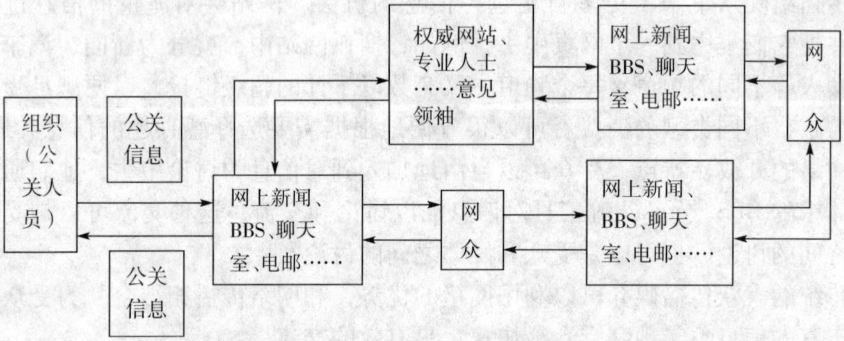

二、信息接收者推动信息交流

1. 信息交流在公共关系中的作用

公共关系是一种信息双向交流的传播活动。对组织来说，信息交流是其生存和发展的基础，没有了交流组织就很难正常地运行。公关活动主要是由社会组织来发起的，对组织来说，与其他组织或公众交流信息是其生存发展的必要条件，时常与外界进行信息沟通对组织来说有很多好处：

（1）信息交流可以使组织了解自己所处的环境。要想让组织良好地运行，组织首先要了解自己，了解公众，他们通过大量的信息传播活动来认识自己所处的环境以及公众对自己的看法，在与其他组织或公众的交流中，了解自己的优点和不足，然后采取措施加以改进，以便组织更好地运行。

（2）信息交流有助于组织目标的实现。组织开展的公关活动，可以使公众对组织有所了解，了解他们的产品和服务。对一个组织来说，公众越了解他，就越信任他，他的社会形象就越好，其目标就越容易实现，因此，组织应该多利用企业网站、企业论坛、企业博客等工具与公众交流。

（3）信息交流有助于实现组织和公众的互动。组织售出商品或者服务，公众对提供的服务进行反馈并向组织提出宝贵的建议，组织再根据公众的建议对产品或服务进行改进，使得产品更符合公众的要求。

2. “传者本位”向“受者本位”转变

在工业经济形态下，大众传播的传播者是专业化的媒介组织，他们凭借先进的传播技术和专业化手段对外大规模地采集、发布信息。大众传播媒介向受众单向传播信息，受众往往被动地接收信息，而交流、反馈比较少，他们只能在媒介设置的“议程”中做选择，很难与大众传媒进行平等的交流。这并不是说受众不想参与交流，而是他们没有反馈的渠道。这个时期的信息传播活动基本上是由大众传播媒介控制的。传播者根据自己的需要和利益来决定“传播什么、怎样传播、为什么传播”。在大众传播媒介的眼中，受众是一个个弱小的群体，他们在大众传媒面前是束手无策的，只要媒介不断发出信息，受众只能被动地接收。正是在这种传播理念的指导下，魔弹论、议程设置理论相继产生。不难看出，以往大众传播中的单向传播模式，是传播者主体意志的显现和情绪的强化，他们丝毫不顾及受众的需求和感受，只是一味地单相地传递着与己有利的信息。传播者如果以自我为中心选择和传递信息，那么他就很难了解受众的意愿和喜好，更不要说按照受众的愿望选择、加工信息和传递信息了。这种单向的信息传播活动使传播者和接收者之间的信息交流非常不平衡。

19 世纪中期，西方出现了以赢利为主要目的的大众报纸，他们为了开拓销路和招揽广告，不得不想尽各种办法满足受众需要，报纸的经营者开始注重研究受众心理，以受众的视角为切入口，尽力满足受众的需要；在这一时期，受众不再被认为是被动的、无知的“乌合之众”，而是有自主性和相对独立性的“主人”；受众并非是相互之间没有差别的整体，而会因文化传统、教育背景、经济地位、社会声望、宗教信仰等的不同产生不同的信息需求。作为传播者，就要努力满足受众的这些需求。是否能够满足受众的需要，逐渐成为媒介选择传递信息的一个最重要的标准。施拉姆曾说过这样的一段话：“受众参与传播就好像在自助餐厅就餐，媒介在这种传播环境中的作用只是为受众服务，提供尽可能让受众满意的饭菜（信息）。至于受众吃什么，吃多少，吃还是不吃，全在于受众自身的意愿和喜好，媒介是无能为力的。”这句话我们可以理解为：受众的行为在很大程度上是由个人的需求和兴趣来决定的，人们使用媒介是为了满足个人的需求和愿望，传播者要尽量提供能满足受众需求的信息。

虽然传统媒介意识到要从受众需求出发传递信息，但是从传受关系来看，大众传播媒介在传播中还是处于绝对的优势地位，受众只是传播的跟进者，他缺乏反馈的渠道，传受双方的信息交流还是处于一种不平等的状态。网络的出现打破了传统媒介在信息传播过程中的垄断地位，扫清了一般受众进入媒体的障碍，每个人都可以在网络中发布信息，表达观点和看法。在这种情况下传受双方的地位发生了变化。

3. 受众在网络传播中的变化

网络受众接收信息不受时空的限制。在网络中，受众变得更加自由，他们可以根据自己的兴趣爱好选择信息，不再受时间和空间的限制，只要有上网条件，他们可以不受时间或地点的限制在网上寻找或传递信息。这与传统的大众传播媒介相比是一个不小的进步。

受众身份发生了变化。网络受众不仅仅是信息的接收者和旁观者，网络使受众具有了传播者和接收者的双重身份，他们在传播中的地位空前提高。网络受众经常在查阅信息的同时也把自己对信息的看法或者是把自己认为有价值的信息放到网络上去，这样，网络受众就扮演了网络传播者的角色，受众不再是信息传播的终点，而是信息传播过程中的一个中转站，一个新的起点。在网络传播中传播者和受众的概念变得越来越模糊。例如，人们经常会根据自己的爱好在网上搜索信息，这时他们充当的是受众的角色；同时，他们会把自己认为有价值的信息发布到其他的网站上或者论坛上，与其他的受众分享信息，此时的受众就充当了传播者的角色。

网络受众在信息传递过程中变得更加主动。在网络中，受众不再按照大众传播媒介的“议程设置”被动地接收信息，而是主动地、有选择地在海量的信息流中寻找和利用自己所感兴趣的信息，来满足自身需求。网络可以使受众非常方便地、自由地查阅和传播信息。人们对网上的信息选择是有偏好的，例如，一个股民可能就比较喜欢上一些证券分析类的专业网站或者综合性网站的股票频道去获取信息，但是他绝对不会去选择其他栏目的链接，例如体育栏目、文化栏目，因为此时他关心的只是股票（根据自己爱好选择，更加主动）。

网络中的受众能够及时地反馈大量信息。在网络中，传受双方真正实现了双向交流，受众可以通过 BBS、电子邮件等形式反馈信息，这突破了传统传播中缺乏反馈渠道的缺点。受众能够及时有效地发表自己的看法和意见，传播中的互动性加强了。举例来说，我们可以经常在网络论坛中看到某条主题信息的后面有着数以千计的网友反馈信息，这在传统媒体中几乎是不可能实现的。

受众在网络中是比较挑剔的，他们一般只选择自己需要的信息，而对和他们无关的信息经常会忽略，对传播者来说，如果不考虑受众的需求和兴趣，即便发布再多的信息也不能引起公众的注意，取得好的传播效果。

4. 传者在网络传播中的变化

在网络中，每个人都可以是传播者，也可以是受传者，传受双方已经没有那么明显的区别。传统传播者的垄断地位已经削弱了，他们已经不能垄断信息来源和信息传播了。

传统媒介在传播的时候采用的传播方式是“点对面”的。他们通过向受众提供大众化的信息产品，来满足受众需求。但是受众的需求往往是个性化的，受众只能在大众媒介提供的大众化的信息中挑选符合自己个性化需求的信息产品，从而使自己的需求得到部分满足。网络的发展使得点对点传播成为了可能，传播者在网络中可以根据受众的需求为他们量身定做信息，满足不同受众的个性化需求。

传播方式的改变由于网络传播中传播者面对的是一些具有鲜明个性的个体，

信息的传播也不再是那种不顾公众区别的灌输式的单向传播了，而是一种针对不同受众需求的传播活动。网络传播者需要学会为受众"量体裁衣"，与网络公众实现一对一的交流，才能取得满意的传播效果。

5. 受众主导信息交流

互联网的蓬勃兴起使信息传播模式发生了巨大的变革，它改变了传统媒体"我写你看"、"我播你看"、"你播我听"的被动甚至强迫的单向传播关系。网络使人们在信息传播中的主动性、选择性、参与性、互动性大大提高。受众可以在接收信息的同时，在网络的交互性信息平台上表达自身的见解、情感和需求，甚至可以直接参与信息的传播。由于信息来源渠道日益丰富，每个重大新闻事件发生的时候，受众往往也从各自的渠道得到相关信息，他们也会把这些来自不同媒体的信息在某些交互平台（诸如聊天室、论坛）上进行发布。

网络带来了海量的信息，使人们从"信息匮乏"的状态进入了"信息过剩"、"信息爆炸"状态。网络中人们面对着大量的与己无关的甚至是垃圾的信息，人们为了满足对特定信息的需求，不得不花费大量的时间和精力去寻找自己所需要的信息。一种新的传播模式要代替传统的传播模式，在该模式中传播者要根据受众的需求来选择和传递信息，而并不是不管受众的需求把信息强行传递给受众。对于传播者来讲，他们应该及时全面地了解受众的价值标准、情感趋向、利益需求，从而有效调整传播策略。网络公关实践必须是从"受众本位"出发的互动行为，不仅要通过各种手段吸引受众的注意力，还要维持受众的注意力，而依旧按照"传者本位"的陈旧观念，孤傲地与受众进行没有反馈互动的单向沟通是不可能达到预期效果的。网络媒介要培养与受众之间和谐自然的亲密关系，它的公关实践必须是从"受众本位"出发的互动行为。网络公关的"受众本位"理念具体体现在时刻从受众的角度考虑其需求，尤其在发生社会危机的第一时间发出自己的声音，负责地向受众提供充足且可靠的信息，以保证受众知情权。

在网络中要想取得好的传播效果，就得根据公众的需求来安排传播内容。美国学者谢尔·霍兹给了我们很好的建议①，他建议传播者要从以下几方面努力满足公众的需求，这样才能取得较好的传播效果：

（1）确定传播内容前，要确认你的公众群体是谁，他们的兴趣爱好是什么？喜欢上的网站是什么？这样才能有的放矢，选择合适的网站，争取覆盖尽量多数的有效受众。

---

① ［美］谢尔·霍兹：《网上公共关系》，复旦大学出版社2001年版，第24页

（2）熟悉公众，投其所好。以你的主要信息为重点，把你公众群体的兴趣考虑在内，列出他们可能会有的疑问，以及其他任何可能对他们有帮助的信息。

（3）巧设传播渠道，全面接触公众，了解公众搜索信息的渠道，公众群体一般通过什么渠道接触你发送的信息。

三、以沟通渠道为核心的交流模式

网络公关活动是一种快速高效的传播活动，在公关传播过程中要想让信息流通顺畅并且取得好的传播效果，就得选择恰当的传播渠道。组织要想在网络上开展公关活动，就必须通过某些网上渠道来进行信息传递活动。组织在开展公关活动前应该研究、分析网络中不同传播渠道的特点，合理地选择传播渠道，以便取得良好的公关效果。“如果你的公众只要他想要的，而且什么时候要就什么时候有，那么你的公司必须保证公众有畅通的渠道获取能让他们梦想成真的工具。显然，如果你在某个特定传媒上提供详尽的信息，而你的公众却根本没有机会使用该传媒，这就对你的公众毫无帮助。[①]”

在以往的传播模式中，组织可以利用大众媒介的报道、广告、发送印有组织信息的纪念品等方式把组织信息“推送”给广大的公众。互联网的出现，使广大公众开始按照自己的兴趣爱好来搜索信息，他们并非对所有的信息全盘接收，他们完全可以对自己不感兴趣的信息置之不理。这时候公关人员就要分析公众利用网络搜寻信息的习惯，通过某种渠道把信息放在他们最有可能接触的网页中，或者通过某种渠道直接“推送”公众乐于接收的信息，这就要求组织在信息的内容和形式上下一番苦功夫，以便能吸引尽量多数的公众。

1. 通过建立自己的网站

首先，组织最先应该做的事情就是建立自己的网站，其目的就是对外宣传和交流，树立良好的组织形象，所以网页版面要围绕这个目的来设计，要包括以下几个基本板块：

（1）组织介绍：这个板块主要介绍组织的详细情况，将组织或是组织领导者的信息介绍给用户，让用户更加了解组织，了解组织的文化，从而吸引并增加用户对组织及网站的关注。

（2）产品介绍：这个板块主要介绍组织（企业）生产的产品，使公众详细地了解产品的性能和功能。企业还应该在这个板块中设置留言板，给用户提供一个反馈信息的平台，用户可以在这平台上发表对产品的看法，指出商品的不足。

---

① ［美］谢尔·霍兹：《网上公共关系》，复旦大学出版社 2001 年版，第 25 页

企业接到用户的反馈意见后，可以对产品加以改良，使其更好地适合用户的需求。

（3）客户服务中心：对组织尤其是企业来说，客户服务是市场营销中一个必不可缺少的中间环节，它为顾客提供产品咨询、产品维修等服务。客服中心应该热情、真诚地为顾客着想，使顾客满意，获取顾客的信赖。企业要以不断完善服务为目标，以便利顾客为原则，以优质的产品与独特的服务所具有的魅力和一切为顾客着想的体贴来感动顾客。组织网站的建立也使信息传递和接受方式发生了很大的变化，公众可以更加自由地根据自己的喜好和需求选择合适的时间访问组织的网站，“拉取”需要的信息，并可以通过网站中的反馈渠道和组织进行互动的交流，指出组织的优势与不足，提出宝贵意见，促使组织及时改进。

其次，要推广网站。网站建好以后要采取一些措施在网络上进行宣传，组织网站的宣传需要从多角度、全方位对组织进行个性化的宣传，利用互联网的特点，增加网站的流量，提高网站的知名度，进而吸引越来越多公众的关注。网络的推广应该通过以下一些渠道来进行：第一，在有影响力的网络媒体上宣传网站的地址，以引起更多人的注意。第二，网站内容要有吸引力，要能给公众留下深刻的印象，并且要不断地更新网站的内容。第三，要建立与其他网站的友情连链，扩大宣传的范围。第四，利用搜索引擎推广，努力提高自己的网站在搜索结果中的排名。搜索引擎一般是用来帮助人们在海量的网络信息中搜索自己感兴趣的新闻、网页或网站，它就像指南针一样为网民指明了方向。组织可以通过网络搜索引擎让自己成为公众关注的目标，在网络中，组织可以通过搜索引擎把公众吸引到自己的网站中来，向公众传递组织信息，以激发公众对组织的关注。第五，通过网络广告，把公众吸引到组织网站中去。

2. 通过各种网站

在网站上做宣传有许多途径可以选择：（1）组织可以选择一些规模大的有名气的门户网站（如搜狐、新浪、雅虎等）进行广告宣传或者是刊登有关组织的新闻信息，吸引一些潜在的公众。（2）在与组织相关的专业网站上发布信息，这样做可以有的放矢，提高传播效率，同时还可以降低媒体使用的费用。

3. 通过电子邮件（e-mail）

电子邮件在公关活动中起着重要的作用，它是一种快捷高效、经济实惠、使用方便的网上信息传播工具。组织利用电子邮件既可以针对某一个人发送信息，也可以向多人发布信息。

组织可以通过邮件群发来传递公司产品或者服务的信息，让那些对组织感兴趣的公众可以充分认识和了解企业，在他们面前树立一个好的企业形象。比如通过电子邮件进行网络促销，就要了解受众的兴趣并在邮件中突出该产品的性能特点等。而对于那些老客户，可以通过电子邮件列表（电子邮件列表是在用户自愿加入的前提下，通过为用户提供有价值的信息，实现公关目标的）向他们提供公司的最新动态，比如新品介绍、产品促销、公司活动等方面的消息，使公司时刻和公众保持联络。通过 e-mail，组织还可以与目标顾客直接沟通和交流，了解顾客对产品的评价，及时调整和修正自己的行为，不断改进产品和服务的质量。e-mail 给企业和顾客意见提供了一个交流的平台，二者可以通过互发邮件的方式进行平等的信息交流与反馈，不仅加强了联系，还增进了相互间的感情。

4. 通过网络论坛

随着网络的发展，论坛已成为重要的网络传播工具，众多网民习惯于在论坛上对各种问题发表看法、交流信息，其中包括一些敏感的政治问题和社会问题，论坛给参与者提供了一个交流信息和感情的平台。组织可以通过建立论坛来跟其公众进行交流并对公众施加影响：论坛是一个可以发现并解决问题的好地方，在论坛上他们可以听到多种声音，或是赞扬的声音，或是批评的声音，甚至还有诋毁的声音。组织要对这些不同的声音纷纷回应，对于赞扬，组织要保持谦虚的态度，感谢公众的赞扬；对于批评，要虚心接受，努力改进；而对于诋毁要限制他们的发言，以免给组织带来不利的影响。此外，组织还可以在论坛中有针对性地进行市场调研，他们可以通过发起投票的方式，来了解公众的意见和需求。

5. 通过网络广告

网络广告是随着网络出现而诞生的一种新的广告形式。网络广告也可以作为网络公关的手段之一，它与传统的广告宣传相比有着自身的优势：网络广告一般是通过“点击量”（网络广告被打开、浏览的次数）来进行收费，这种收费方式相对来说要比在传统媒体做广告便宜得多，有利于组织节省成本。组织可以更有针对性地选择目标受众经常光顾的网站投放广告，这样更容易做到有的放矢，较容易取得预期的效果。网络广告在表现形式上一般采用多媒体的融合，这样能给受众留下更加深刻全面的印象，更容易促成购买行为的发生。由于广告的访问量是可以计量的，组织可以更容易地对广告效果进行分析。

6. 通过博客

博客，最显著的特点就是“时新性”和“互动性”。博客网站会经常更新和发布信息，它类似于日记，几乎每天都有新的内容，它满足了人们不断求新的心理，这也是博客最吸引人的地方。博客另一大特点是博客与博客之间、博客与读者之间、读者与读者之间可以进行多种交互的沟通，通过这种沟通，实现了博客作者和读者之间的交流。组织可以利用博客来实现与公众之间的快速的、互动的交流。

7. 通过网络社区

在社区中应该着重强调产品能给消费者带来的好处，并把有共同利益、兴趣的公众集中到社区中来。例如一家生产轮动器械的厂商，它的公关对象就是那些喜欢体育运动、健美、休闲娱乐等活动的人，网站根据这些提供相应的网页内容，撰写不同的主题文章，采访不同领域的体育明星，赞助社区成员之间的联谊活动，通过这些策略将巨大的消费者群体包括到他的网络社区中。

四、分类市场营销

市场营销的原则是组织必须为顾客提供最好或最佳的服务，使他们的需求获得最大的满足，然而组织无论规模有多大，它的产品不可能满足全部消费需求，要想使市场营销达到好的效果，首先应该对顾客的基本情况进行分析，找出组织产品或服务的目标客户，确立自己的目标市场，从而为这些人提供最优质的服务，最大限度地满足目标客户的需求。因此，能否满足公众的需求是能否实现营销目标的关键，能否找到目标受众是组织进行市场营销活动的前提。

1. 从“推出”到“拉取”的营销策略

传统上，企业组织会根据自己的生产经营情况采用“推出”信息的方式来开展其营销策略，这种不管消费者喜欢与否的盲目“推销”战略没有考虑到消费者的个性需求，所以很难获得理想的效果。在网络中，公众采用“拉取”的方式获得信息，他们一般只关心自己感兴趣的信息，所以对企业来说应该改变以往的营销方式根据公众的需求来制定营销策略，使他们的营销策略能吸引更多的有效公众，实现销售目标。

网络中的公众有着各自的特点，他们对产品要求的差异性很大，有的讲究实用，有的讲究外观，有的讲究价格，企业面对千差万别的消费者，不可能满足他们所有的需求，这就要求组织根据人们喜好、习惯、购买行为的不同对市场进行分类。

对市场进行分类，了解不同消费者的不同需求，可以使组织确定他们的目标公众，并根据自身情况，通过为目标公众提供恰当的产品和服务，把目标消费者吸引到自己所提供的商品或服务中来，这样可以使自己的产品取得较高的市场占有率；通过对目标公众的分类，组织在市场营销中可以做到有的放矢，他们可以集中有线的资源针对目标消费者进行市场营销，这样不仅可以避免力量的分散、减少营销费用，也可以降低营销风险，提高经济效益，从而提高企业的生存和发展能力。

2. 分类营销市场的模式创新

纵观近几年的网络营销模式创新，我们发现有几个关键词是贯穿其中的：

（1）互动参与。与以往相比，“互动”在成功的分类市场营销案例中所占的分量越来越重。从2006年以来，各大网络媒体都在通过各种手段调动用户的互动参与，从而达到网络营销效果的最大化。“互动参与”越来越成为网络分类营销成败的关键因素。

（2）精准定向。面向目标对象的定向营销同样是网络分类营销的优势。当然，首先这取决于实现的技术手段在多大程度上提供支持。随着网络搜索能力的提高和网络数据库的完善，“精准”必然会成为网络分类营销向前迈进的重要支撑点。

（3）媒介整合。这里所说的整合不是我们简单理解的在有线的互联网上对多个平台上的资源进行挖掘、合理配置。这种整合，是对无线和有线的结合，包括对手机媒体的营销平台价值的挖掘，即以互联网为基点的跨媒体的整合营销。整合，将获得不同平台的资源创新，从而使得网络分类营销迸发更大的能量。

第七章　网络公共关系传播领域

【本章提要】传播（communication）是人类的基本能力。传播的内容不仅仅包括人与人之间的关系，还包括政治、经济、社会等上层建筑的构建。正因为有了传播，人类才得以交流思想、发表言论；正因为有了传播，社会作为一个大的信息系统才能够有序地全方位地运行。网络公共关系作为公关传播活动的一种，不可避免地涉及许多传播领域的内容。

本章就网络公共关系的传播领域展开探讨。从网络危机公关、网络品牌传播、网络广告传播、企业形象传播和整合营销传播五个方面入手，系统地论述了网络公关的现实意义、涉及范围和实际操作，展示了网络公共关系本身在传播过程中的真实状态。

第一节　网络危机公关

网络作为媒介工具，在营销过程中发挥了重要的作用。网络危机公关要从细处着手，关注网络动态，了解危机成因，方能防患于未然。本节从危机公关与网络危机公关的内涵入手，对网络危机公关的相关内容进行了介绍，帮助读者详细了解网络危机公关的作用、步骤和原则，并附有成功的网络危机公关案例供读者赏析。

一、危机公关与网络危机公关的内涵

1. 危机公关内涵

（1）危机公关定义

危机公关，顾名思义就是处理危机的公共关系活动。危机公关指的是当企业遇上信任、形象危机或者某项工作产生了失误时，企业通过一系列的活动来获得

社会公众的原谅理解，进而挽回影响的一项工作。[①]

由于管理问题、行业竞争甚至遭遇恶意破坏或者是突发事件的影响，对企业或品牌造成信任危机，企业针对危机所采取的一系列自救行动，包括消除影响、恢复形象，就是危机公关。危机公关属于危机管理系统的危机处理部分。

（2）危机公关意义

深圳华为老总任正非说，“十多年来我天天思考的都是失败，对成功视而不见，也没有什么荣誉感、自豪感，而是只有危机感。也许是这样才存活了十年。”海尔老总张瑞敏说：“我每天的心情都是如履薄冰，如临深渊。”危机可能无处不在，只是还没有被发现，无论企业的规模与实力如何，从上到下都应该重视危机管理，主动进行危机防范。

随着社会经济的发展，各行各业的竞争都日趋白热化。尤其是企业，不仅要满足市场经济中不断变换的社会需求，还要面对来自本土对手和外资企业的激烈竞争。企业在运营中难免会遇到各种各样的危机，有的来自媒体、市场或社会风波，有的来自自然灾害，有的来自企业内部的运营和产品问题，一旦出现危机，就会有损企业形象危及企业发展，危机的及时有效处理对企业的应变能力是一个很大的考验。如何处理突如其来的危机，让企业在危难中立于不败之地，是很多企业必备的功课之一。于是危机公关应运而生。可以说，危机公关是最能体现企业社会操控力和应变能力的方式之一。

2. 网络危机公关的内涵

（1）网络危机公关定义

网络危机公关可以有两种理解：网络/危机公关和网络危机/公关。前者的意思是危机不一定来自网络，可以是普遍意义上的危机公关，但是限定了条件——利用网络进行，也就是指，企业或组织利用上网的方式来处理危机的一系列公关活动。网络危机/公关的意思是危机来自网络，是出现了网络危机，针对这样的危机应该采取什么公关措施应对。这里，我们谈的是后者，即处理网络危机的公关。

网络危机公关就是为了解决因为网络负面报道而给企业或产品造成的信任危机的一系列公关活动，目的在于挽回原有信任度，重树形象，重振声誉。

网络危机公关是新时代对危机公关提出的新要求，运用各种公共关系活动帮助企业摆脱网上负面信息的损害、重振声誉，在今天看来还是一个全新的命题。

---

① 引自网上搜索引擎：百度—知道

（2）网络危机公关意义

网络作为一种新媒介已经登上了世界历史的舞台，并且大放异彩。1994 年 3 月，中国终于获准加入互联网，并在同年 5 月完成全部中国联网工作。1995 年 5 月，张树新创立第一家互联网服务供应商——瀛海威，中国的普通百姓开始进入互联网络。

企业学会利用网络树立良好的企业形象和产品声望，是新时代给予企业的新任务。所以网络危机的处理，对企业有至关重要的作用，甚至关乎企业的兴衰成败。它的具体作用后面还会详细阐述。

二、网络危机的详解

网络的特殊性，造成网络危机的特殊性，使得网络危机公关有异于其他危机公关，这种不同正是网络这一特殊媒介所造成的。所以谈到网络危机公关的作用，有必要先理清有关网络和网络危机的诸多概念。

1. 网络危机的出现形式

网络危机正开始得到越来越多的重视。越来越多的影响力巨大的危机完全是以出乎意料的方式爆发——不是中央电视台的调查披露，也不是主流媒体的深入揭发，而是很多以个人名义张贴的小帖子、短文或博客文章，使得某些事件迅速成为关注的焦点，然后致使很多传统媒体竞相报道，使得事态一发不可收拾，成为社会焦点。

2. 网络危机的种类

台湾大叶大学徐志豪先生在他的硕士论文中就网络危机划分了四种类型：网络谣言（internet rumor），网络黑客（net hackers）及电脑病毒（virus）、讽刺、模仿攻击性网站（spoof，copy-cat or attack site），垃圾邮件（garbage mail）。这里，我们主要谈三种网络危机：

（1）网络攻击

攻击的内容无论是什么，真实或不真实，一旦内容扩散都会有损企业形象。利用负面报道进行正面攻击，对企业的杀伤力很大。曾经流传的一段视频录像，令肯德基顿时陷入危机之中。镜头中显示是一个养鸡场，成群的鸡挤在一起，灯光昏暗，工作人员正在粗鲁地把鸡抓起、扔出去。报道称这种缺乏人道的饲养环境无法提供合格的鸡肉，虐待动物问题为肯德基的形象蒙上了阴影。

（2）网络诋毁

诋毁通常是一种恶性信息，无中生有或者添油加醋。诋毁一旦出现，企业很难避开而且处理起来非常棘手。网络诋毁一般是以帖子的形式登载在论坛或新闻组中，题目通常比较夸张，以吸引阅读。企业遇到这类信息必须第一时间澄清事实，还原事件真实面目。如果是有人恶意散布虚假信息，找到信息源头也就找到了真相；如果帖子是在事实基础上的炒作，企业应该首先调查事件的缘由。

（3）网络病毒

病毒会侵蚀人体正常的细胞，破坏身体机能。网络病毒对企业的杀伤力更甚。病毒从外表看起来都伪装得很好，甚至仅仅是 Word 格式的文件。一旦企业遭受网络病毒袭击，会出现几种恶劣后果：企业网络瘫痪，信息资料被毁，整个企业的电脑系统无法正常运行，致使企业难以运作。

3. 网络危机的特点

（1）危机的四个特点

资深危机管理专家、公共关系专家游昌乔先生总结的危机的四个特点①：

a. 意外性；

b. 聚焦性；

c. 破坏性；

d. 紧迫性。

（2）网络危机的特点

正是由于网络传播的诸多特点，使得信息难以“把关”，信息质量难以控制。例如，在 2007 年，非正规的网络信息正成为企业危机的最主要来源。重视网络信息的传递，对企业来讲至关重要，只有有效地控制与企业相关的信息流，才能及早发现网络上出现的对企业不利的负面信息，从而及时处理网络危机。根据网络传播的特点归纳网络危机的特点，有如下三个方面。

——负面信息传播迅速，难以约束。

俗话说“好事不出门，坏事传千里”，一旦网上出现有关企业或产品的负面报道，不出 24 小时，全球人就都知道了。即使信息发布源找到了，信息也已经无法收回。每一个电脑终端前的受众都相当于一个信息“把关人”，他们可以随心所欲地转载、转贴负面报道，直到有相关措施出台，问题得以解决。以日本“东芝事件”为例，一位顾客购买东芝录像机时，因销售人员对他言辞欠妥，结果被顾客录下来并贴到网上，引得五百万人次去听，最后东芝社长不得不亲自出面道歉，但这件事仍对组织产生极为不利的影响。

——连锁反应影响恶劣，殃及池鱼。

网络危机一旦产生，对企业和产品的影响是连锁性的。再加上消费者的维权意识高涨，网络危机往往会催生出一场消费者的维权大战。比如网上出现关于某

---

① 游昌乔：《危机公关》，北京大学出版社 2006 年版

款型汽车制动性能差，危及乘用人员安全的报道，此车的购买者作为直接利益人肯定更为关心这则报道，如果不及时处理，消费者就会成为危机产生的直接发动者。网上的负面评论铺天盖地而来，不仅影响此款车型的销售，还会辐射到其他款型车辆的销售，使受众对这个造车企业所生产的所有的车型都产生不信任，甚至对企业都有负面印象。

三、网络危机公关的作用

网络危机公关有异于其他危机公关，这种不同正是网络这一特殊媒介所造成的。在了解了网络和网络危机的特点之后，网络危机公关的作用就很明确了。简而言之，网络危机公关的作用就是为了解决网络危机，树立企业形象，重振企业声誉。

1. 快速找到信息源，及时控制负面影响

网络危机公关的第一作用，就是能在第一时间找到是哪个网站、哪个论坛传出的信息，控制这个源头或者消灭这个源头，将已经产生的负面影响控制住，不要再蔓延。

2. 帮助企业利用网络资源，建立危机预警系统

帮助企业了解网络，掌握网络，才能让网络资源为我所用，变被动为主动，防患于未然。危机公关是事后补救，无论处理得如何，都是对错误的一种弥补。网络的复杂性使得网络危机的处理有异于传统危机的处理。虽然上网的人很多，但真正会利用网络为自己服务的人还是少数，不见得所有企业尤其是中小企业都具备网络知识。网络危机公关重在帮助企业建立危机预警系统，这样才能真正杜绝危机，使企业跟得上网络时代的步伐。

3. 帮助企业树立良好的网络形象

利用网络树立品牌、建立企业形象已经不是新鲜的话题，网络危机会暴露出企业的不足和漏洞，危及企业的产品销售和整体形象。网络危机公关可以帮助企业整合网络资源，在网络世界里打造产品品牌，树立企业威望。

四、网络危机公关的“五步走”

当网络危机成为一种不能忽视的灾难，任何一名企业领导都必须转变危机管理思维，居安思危，洞察一切可能出现问题的新现象。在这个信息活跃、是非难分的网络时代，危机可谓无处不在。因此，有备无患。

1. 找到源头，及时控制

第一步至关重要，当网络负面报道发生并引起一定关注时，企业应该立即启动网络危机应对方案，派出危机处理小组，找到发出负面信息的源头网站进行沟

通，及时控制住信息源，争取第一时间撤下该负面信息，以防止二次传播，抑制住负面影响。如果源头是一个弱势阶层，就采取强压政策；如果源头是强势阶层，则可采取亲和政策。

2. 分析危机，制订方案

制订的方案包括如何安抚相关的受众、如何澄清负面信息、如何与跟进的网站做好沟通、如何挽回原有声誉等。在制订方案时要做到从平面媒体、门户网站、专业网站向下级网页中 BBS、论坛、热点博客的延伸，从而覆盖到整个网络传播渠道。

3. 权威出马，真诚沟通

在处理危机时有个大忌：片面强调自身理由，不断解释开脱罪责。这往往会起到相反作用，造成更大的负面影响，给人留下不够真诚、逃避责任的印象。例如，2007 年网上出现有关 LG 公司在华有翻新工厂的帖子，文章中附有图片及具体细节的描写。LG 公司的态度一直含混不清，一开始极力否认，继而称是被裁员工恶意报复，最终又承认自身管理存在问题。这种变化不定的态度与行为，使得外界对 LG 翻新事件有了更强的怀疑理由。① 所以，态度的不诚恳可以在一定程度上加重危机。

4. 上通下达，信息畅通

畅通的渠道是信息流通的保证。在危机处理方案实施的时候，上至公司的领导决策层，下至每一位接收到负面信息的受众，都必须能够通过处理小组了解到对方最新的发展动态。决策层的处理意见可以传达到下面，让关注危机的人能够理解到；受众的反馈意见能够传达到上面去，让决策层可以了解到。就是说，决策层的态度第一时间在网上出现，网民的呼声第一时间通过网络到达，危机在信息的来回传递中可以逐渐明朗化。

5. 行动迅速，转危为安

在百事可乐瓶中曾经发现了针筒。危机出现后，百事可乐很快制作了一辑关于自身工厂生产线的实时录像，详细介绍了其生产线的严格操作流程，明确向公众说明，如果按百事的操作工序，是不可能在可乐瓶中出现针筒的，从而暗指此次危机事件的发生存在幕后黑手。这就有效地解除了公众对百事可乐的信任危机，迅速的行动使其转危为安。

五、网络危机公关的原则

资深危机管理专家、公共关系专家游昌乔先生独创危机公关的“5S”原则：

① 林景新：《从 LG 翻新事件看企业网络危机》，《中国经济信息》2007 年第 11 期

承担责任原则（Shoulder the Matter）、真诚沟通原则（Sincerity）、速度第一原则（Speed）、系统运行原则（System）和权威正式的原则（Standard）。[①]

我们认为，“5S”原则应用到网络危机中也同样适用。但是由于网络毕竟是有异于其他传统媒介的新媒体，所以还需要补充说明一下。

（1）原则1：利用网络力量解决网络危机

网络平台上媒体话语权平等，所以要重视每一网络媒体，他们不仅仅是负面信息的转载和评论者，也是处理危机的最先发布平台。比如新浪，当出现问题时可以做到第一时间致电事件所牵涉到的企业、组织，或相关主管部门、第三方组织、专家等，询问看法。同时多会邀请所牵涉到企业的相关负责人前来做在线聊天或对话。

在重大专题报道中，网络的另一个趋势是将优秀的网友评论加以整理突出。记得新浪网总编辑陈彤说过这么一句话：真正的行家在网友中。不少网友评论往往见智见慧，闪烁着真知灼见，这也成为越来越重要的资源之一。[②] 所以，在危机处理中要对网民的评论有足够的重视。网络评论和网民意见都能为危机的解决起到很好的辅助和推动作用。

（2）原则2：加大回应力度，保证信息到达

网络是流动的，信息的流行很难控制。如果是在传统媒体上刊登危机始末和后续进展，可以保证文字的严肃性，阅读观看人数容易掌握。在网络上不是这样，网络文章一出现，有转帖的，有跟帖的，有灌水的，还有恶搞的，反应会多种多样，难以掌握。所以网络危机处理起来，要更多地注重网民的心态和反应，加大回应力度，将危机的处理进程加大强度刊登在网上，保证受众得到的信息是原始的、真实的、诚恳的。

【案例链接】

2006年中国电子商务的创新发展和突破研究[③]

危机公关能力是中国企业亟待增强的一种跨国经营能力，也是中国电子商务发展进程中的一种战略应急能力！

2006年，国人第一次感受到这种能力的必要和重要。尽管近年来，广本、亨氏、宝洁、卡夫、肯德基、强生等名声显赫、有着强大品牌影响力的跨国企业

---

① 游昌乔：《危机公关》，北京大学出版社2006年版，第4-12页

② 徐志斌：《网络危机公关随想：截断与回应，和补缺》，新浪博客

③ 王汝林：《2006年中国电子商务的创新发展和突破研究》，《机械工业信息与网络》第2期，总第24期

演绎了了一场又一场陷入危机事件之中的鲜活案例，并被中国的网站广泛转载，但是，危机攻关的概念、危机攻关的意识并没有引起中国网络群雄的警觉和重视。然而，网络经济发展的现实，急迫地敲开了中国网人的危机之门。事情是由于淘宝网推出的“招财进宝”竞价排名服务引发的。

“招财进宝”是淘宝网历时半年时间研发的一种竞价排名服务，是通过付费推广，为希望尽快成交的卖家提供的一种增值服务。该项目自2006年5月10日推出后，一直遭到了网民的非议和反对。由于按规定，所有付费的商品都排在前面，不付费的商品将会排在后面，为了不让自己的商品淹没在淘宝铺天盖地的商品中，永无出头之日，卖家只有选择“招财进宝”的付费服务。为了抢夺排名，大家就会不断抬高“招财进宝”价格，这样恶性循环的后果是不可想象的。为此，引起了众多网店店主的责问，特别是引起了中小网店店主的反对。在一片责问声中，网站开始运用手中的管理权：删帖！封店！到5月23日，卖家们发现400多页帖子一夜间被淘宝网删除。

这样一来，矛盾进一步激化。“淘宝上有40万店铺，我们不能允许淘宝拿着40万人的利益一意孤行”。这时，马云试图说服网友。但是，被激怒了的网民已经听不进去马云的说服和规劝，反对和建议修改招财进宝的声音占据了主流。

酝酿网上罢市的力量在凝聚，数量在倍增。民意在伸张。正是为了取得“野百合也要有春天”的合法地位和合法利益，在很短的时间里39326家店主参加了网上罢市，并发誓将权益维护到底！这是中国电子商务发展进程中，一次以中小网商为主体的维权行动。也是中国电子商务发展进程中，网商第一次应对群体性网上风险。从竞争战略讲，此时淘宝已经处在“腹背受敌”的状态，一面是卖家对招财进宝的反击；一面是竞争对手开门迎客的诱惑。然而，事件初期沟通不利，又使淘宝网丢掉了“花最低的成本来消除危机”的机遇。事情的发展把淘宝推到了风口浪尖。

惊涛拍岸：危机正在考量着一个电子商务网站的风险控制能力；危机处理正在对一个网络企业决策层风险应对的能力进行考评。

正如著名管理学家迈克尔·里杰斯特在《危机公关》中所指出的：“当企业面对出现的危机和灾难时，应考虑到最坏的可能，以最快的速度……了解组织的公众，倾听他们的意见，并确保组织能把握公众的抱怨情绪，设法使受到危机影响的公众站到组织的一边……”

淘宝放弃了半年的心血，做出了一个超乎人们意料之外的决定，把招财进宝去留的决策权交给了网民进行“公决”。2006年6月12日中午，在网民公开投票下，“招财进宝”问世仅一个月的竞价排名服务悄然下线。淘宝网公告称，“招财进宝”推出期间所产生的所有服务费将在6月21日24时之前，全额退回至卖家的支付宝账户。淘宝网还表示会继续不断地进行创新，一如既往地尊重淘宝会员的意见，为广大会员提供优质服务。

"招财进宝"应网民的要求退回收费的决定，得到用户的支持与拥护，不仅展示了中国网商人格的魅力、应对危机的能力，更锻造了淘宝的品牌含金量，展现了阿里团队战略的闪光点。

这次危机的化解不仅成为中国电子商务发展进程中浓墨重彩的一笔，而且为网络经济发展进程中的危机攻关积累了经验。

第二节　网络公共关系与网络品牌传播

传统媒介塑造的品牌，和网络媒介塑造出来的品牌相比，没有实质的不同。关键在于借用的手段和工具不同，因此策略和方法各异。谈网络品牌的传播，首先要理清网络品牌的内涵，借助对品牌传播要素的分析来理解网络品牌的独特之处，可以帮助读者对网络品牌树立清晰的认知。网络公关是网络品牌传播的有效策略之一，在推动网络品牌的塑造、传播过程中，发挥了重要作用。

一、什么是网络品牌

1. 品牌和网络品牌

(1) 品牌的定义

品牌的定义有很多种版本，随着时代的变化，含义也在变，从国际到国内，许多学者都提出了自己的见解。

美国营销学家菲利普·科特勒（Philip Kotler）为品牌下的定义是：品牌就是一个名字、称谓、符号或设计，或是上述的总和，其目的是要使自己的产品或服务有别于其他竞争者。另一位美国学者 Lynn B. Upshaw 在《塑造品牌特征》一书中将品牌定义为：名称、标识和其他可展示的标记，使某种产品或服务区别于其他产品和服务。[①] 这两位西方学者表述的意思大致是一样的，品牌就是用以树立特有形象的独特的外在视觉识别，是外在化的标识。

世界著名广告大师、奥美创始人奥格威 1955 年对品牌作了如下定义：品牌是一种错综复杂的象征，它是品牌的属性、名称、包装、价格、历史、声誉、广

---

① 余明阳主编：《品牌学》，安徽人民出版社，第1–2页

告风格的无形组合。品牌同时也因消费者对其使用的印象及自身的经验而有所界定。[①] 这个定义扩展了品牌的内涵和外延，不仅仅把品牌局限于外在，而是融入了消费者的认知。这是一种更为成熟的思想。

中国学者王海涛等在《品牌竞争时代》中说："严格说来，广泛意义上的品牌包括三个层次的内涵：首先，品牌是一种商标，这是从其法律意义上说的；其次，品牌是一种牌子，是金字招牌，这是从其经济或市场意义上说的；再次，品牌是一种口碑、一种品味、一种格调，这是从其文化或心理意义上说的。"

李光斗提出，一个完整的品牌定义应从两个不同角度来阐释。从消费者角度来讲，品牌是消费者对一个企业、一个产品所有期望的总结；从企业的角度来讲，品牌是企业向目标市场传递企业形象、企业文化、产品理念等有效要素，并和目标群体建立稳固关系的一种载体、一种产品品质的担保及履行职责的承诺。[②] 这两个定义更具有时代的特色，品牌一词有了市场意义和文化心理意义，不仅包括消费者角度，还包括企业角度。

（2）网络品牌的定义

什么是网络品牌呢？有人认为企业品牌在互联网上的存在即网络品牌，这只是一个方面。网络品牌包含两个方面：一是通过互联网技术建立起来的依赖于网络、成长于网络的网站，如阿里巴巴、亚马逊网上书店；二是网下实体企业注册了官方网站并致力于塑造良好的网上企业形象，如 DELL。两者对品牌建设和推广方式和侧重点有所不同，但目标是一致的，都是为了企业整体形象的创建和提升。

2. 网络品牌特点

相对于传统意义上的企业品牌，网络品牌具有下列特点：

（1）网络品牌是依赖网络技术和网络传播力量而生存的

网络信息具有传播迅速、复制便捷、网民众多、不可控等传播特点，这些特点影响着网络品牌的建立。网络广告、电子邮件和网络论坛等各种网络营销方法等是维系网络品牌的重要手段。网络品牌建设和维护存在于网络营销的各个环节，从网站策划、网站建设，到网站推广、顾客关系和在线销售，都与网络品牌相关。

（2）网络品牌重在找准目标客户

马云建立阿里巴巴时，中国的 B2B 并不发达，他清楚地意识到，大企业有专门信息渠道和巨额广告费，小企业却什么都没有，它们才是最需要互联网的

---

① 余明阳主编：《品牌学》，安徽人民出版社，第 2 页

② 李光斗：《品牌竞争力》，中国人民大学出版社，第 122 页

人。他说“在现在的经济世界，大企业是鲸鱼，它们靠吃虾米为生。小虾米又以吃大鲸鱼的剩餐为生，互相依赖。而互联网的世界则是个性化独立的世界，小企业通过互联网组成独立的世界，产品更加丰富多彩，这才是互联网真正的革命性所在。”① 网络品牌的价值最终体现在客户的身上。正如科特勒在《营销管理》一书中所言，“每一个强有力的品牌实际上代表了一组忠诚的顾客”。

（3）网络品牌更要重视服务功能

百度是成功的网络品牌之一，作为著名的搜索引擎，当我们想到百度这个品牌时，就会想到那个简单的红蓝相间的字样，百度下的百度新闻、百度网站、百度 MP3、百度知道都有鲜明的服务特色，分类齐全，搜索方便。可见有价值的信息和服务才是网络品牌的核心内容。

图 7－1　资料来源：百度搜索引擎

（4）网络品牌建设是一个长期的过程

品牌的建立像盖楼，前期要有准备工作，实施的过程中需要监督、完善，建成之后更要维护，以防出现漏洞，造成危机，另外还要有一套完整的维护方案，在维护过程中可以使品牌越来越坚固。网络品牌可以说是建立在水上，因为网络和水一样是流动的。所以网络品牌的稳定成长更需要长久的规划和有效的维护。欲速则不达，为了良好的知名度、美誉度、可信度，网站推广、信息发布、在线调研等网络营销活动不能指望获得立竿见影的效果。

① 胡雅清、方玮：《解析马云和阿里巴巴成功记》，《IT 时代周刊》

二、网络品牌传播要素分析

1. 产品性质

网络是虚拟的，但网络提供的服务内容是实在的。网络品牌的最终目的是为了获得忠诚顾客并达到增加销售的目的，获得客户和增加销售是网络品牌价值的终极体现。网络品牌所提供的产品，主要是一种服务。比如 Google 是搜索引擎，提供的产品就是搜索服务；阿里巴巴是电子商务网站，提供 B2B、C2C 的服务平台；网易、新浪是门户网站，提供各种信息搭建网络平台，让更多的网民能在门户网站中找到需求的信息。网络品牌所提供的服务，主要是帮助性服务，帮助每一位光顾网站的人可以获其所需。

2. 传播方式

传播方式是指品牌的推广方式。有效的推广能够提升网络品牌的知名度、吸引访问量。现实世界的品牌推广方式与网络品牌推广差别很大，在网上，主要有两种推广方式：

（1）搜索引擎

光顾一个网站需要键入网站地址或者点击链接才能进行。在多如牛毛的网站中，绝大部分是用户根本不知道的。只有提高自己在相关网站搜索中的排名，才能提高用户点击率。大致来说，搜索的展开主要有四种类型。

——分类目标服务。这类搜索方式是将网页系统地分类，用目录的方式提供给访问者。所以一个需要推广的网络品牌，应该有意识地到各个“目录服务”网站登记，加入自己的网址。

——使用“检索软件”搜索。这类搜索引擎使用的是“自动巡游”的软件，会自动地在网上搜索，将得到的页面放入数据库。如果想被这类引擎查到，设定网站的关键词是非常重要的。

——元搜索引擎。这类搜索会同时向多个搜索引擎发出搜索请求，对输入的查询关键词在各个搜索引擎所得到的反馈结果进行排序整合。所以，要想在此类引擎中提高排名，必须在所有关联的搜索引擎中登记。

——设定关键词。设定关键词能够提高网站被搜索到的机会。关键词一定要恰当，保证“文题相对”，还要能涵盖与网站密切相关的特殊关键词。设定关键词首先要明确网站的核心竞争力，即最突出的优势在哪里，然后尽可能全面地涵盖网络用户的查询范围，并且要对相关竞争对手的关键词设定有充分了解。

（2）友情链接

在很多网站中都能看到友情链接。利用友情链接互相推广彼此的网站，既是一种合作，也是一种服务，最大的受益者是网络用户。链接也是有讲究的，关键在于链接的网站要与本网站有紧密的相关性，如院校网站的友情链接一般也是院校或相关科研机构，游戏网站的友情链接是游戏软件下载网站，网上书店的友情链接是作者的博客或者出版社网站等。只有相关网站的链接才能起到服务用户的作用，另外还给相关网站作了广告。

3. 受众

在网络环境下，一方面受众的个性化需求将得到更大的满足，另一方面他们的需求直接影响了网络品牌传播。他们会通过网络来充分了解各网络品牌，在进行过比较之后选择自己想要的网络品牌来为自己服务。

由于网络消费是在一种虚拟的环境中进行的，与现实世界的实物性购物相比，消费时的乐趣会有所削减，网络品牌要想提高关注度，使消费者更愿意选择自己，就需要提供更人性化的服务、更具吸引力的方式来弥补这种遗憾。

4. 到达

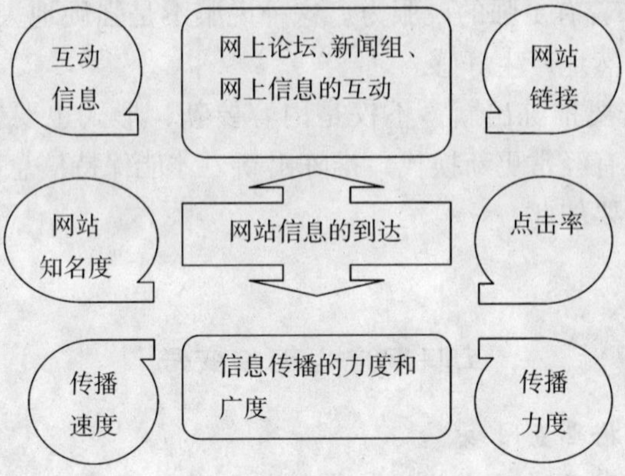

图 7－2　网站信息顺利到达的几个要素

5. 影响力

宝洁公司为旗下拥有的品牌注册了 80 多个网站，但网站的目的并不单纯是销售产品，而是给家庭主妇传授如何去除衬衫上的污渍，给女孩子传授什么护肤方法更适合干性皮肤等等，于是宝洁公司的网站成了女性生活中的好帮手。当这些女性经常访问宝洁公司的网站寻求生活难题解答时，“宝洁”这一品牌就成为她们可以信赖的好帮手，影响着她们的购买选择。

三、网络品牌传播的助手

1. 网络广告

从 1997 年 3 月，Intel 和 IBM 在天极网推出中国的第一个商业性的网络广告至今，我国的互联网广告已经运营了十二年。在这十二年里，中国网络广告产业成为中国互联网生存的重要手段之一，门户网站、搜索引擎、电子商务等无一不是以网络广告为基础。网络广告产业的规模已经从十年前的毛头小伙，长成了今天的伟岸青年。据统计，在这十余年里，我国网络营销市场规模年均增长率达到了40%以上，其规模也从零上升到了今年的近百亿元人民币。①

能够承载丰富信息的网络广告已经成为网络品牌传播的最佳方式。利用网络广告传播网络品牌，应该做好这几个方面：

（1）广告信息以用户喜好为准。网络中的用户更趋于彰显个性，网络的广阔性给予他们足够大的空间去发挥潜能；网络的隐蔽性、匿名性又给每一位网民撑开一顶大伞，给予他们足够的自由和信任空间。所以网上的用户更有条件凸显个性。网络广告应该围绕个性做文章，吸引用户浏览。

（2）网络广告不仅仅是平面广告，网络的特殊性要求网络广告有更强的“拉力”，也就意味着有更强的说服力。这种说服不是强硬地去“拉”，而是要产生共鸣，令用户自然地产生好感。

（3）网络广告要推陈出新，不仅是内容要新，形式也要新。网络信息本身生命周期就短，只有经常更新换代，推陈出新，才能保持信息的高新鲜度和高点击量。网络广告也要如此。

【案例链接】

互联网广告面临变局②

新趋势一：争抢垂直网站

对于一直在中国互联网“长尾”上精耕细作的百度而言，品牌广告市场的潜力毋庸置疑，其针对品牌广告市场的布局也正在展开。

近日，百度宣布了大幅调整其联盟伙伴的分成结构的计划。基于之前推出的百度大联盟认证计划，垂直行业伙伴及认证伙伴将得到更多鼓励，其百度主题推广的收入分成比例最高将增至84%，与之前的70%的上限相比有了大幅提高。

“网站的内容质量、大联盟认证等级、流量等因素都将作为其获得分成的标准。目前，行业里内容精、质量高的网站大多集中于IT、汽车、金融等垂直行业，他们此番也将成为百度提高分成比例的最大赢家。”百度联盟发展部相关负责人告诉记者。

---

① 黄沙：《互联网广告面临变局》，《财经时报》，2007年09月28日，http：//www. chinabusinesspost. net/
② 同上

业内普遍认为，百度此举的醉翁之意在于瓜分IT、汽车、金融等品牌广告的重要市场。据全球最大的市场调查公司AC尼尔森公布的数据显示，2006年国内电视广告市场约为404亿元，同时互联网品牌广告的年复合增长率是57%，百度显然希望通过旗下众多的垂直网站在品牌广告上分一杯羹。

9月14日，“百度TV”的推出让其战略意图显得更加明晰。百度与随视传媒宣布，共同推出名为“百度TV”的网络视频广告战略。这项服务将允许广告商在其联盟的160000个网站上投放视频广告，而此前百度只为上述网站提供文字广告。

“百度TV能让联盟伙伴的网站成为‘电视墙’，在最合适的墙面上安上显示屏。”百度CFO王湛生俨然已将百度视为了互联网行业的江南春。

随视传媒CEO段嘉瑞告诉《财经时报》，“百度TV”采用的是按效果计费的收费模式，用户浏览广告超过5秒的才被视为有效阅读而计费，而由于带宽不足等种种原因没有看到“百度TV”的用户都不会被计费。

“相比传统的CPM（每千人访问广告收费）和包月制，我们的收费模式更科学。此外我们的监播平台做得十分开放，广告商甚至可以看见观看自己所投放广告的每一个用户的IP地址，此外我们也支持用户使用第三方机构AC尼尔森监测到的数据。”段嘉瑞告诉记者。

易观国际互联网分析师黄涌涛认为，相比门户网站靠单打独斗来销售网络广告，现在百度以自己的垂直搜索资源再联合16万家网站的广告联盟，共同播放网络视频广告，主要争夺的就是传统电视广告市场，对门户网站的品牌广告也会有相当冲击。

新趋势二：试水博客分成

正当百度在垂直领域大举扩张的同时，它的最大竞争对手新浪网也在悄悄试水新的广告模式。近日，新浪博客中最有人气的3000位博主都同时收到了新浪的一份服务协议书。该协议书的主要内容是，新浪将从今年10月起在博客页面中内嵌广告，并根据该博客所产生的流量与博主分享广告收入。而目前新浪博客的广告位置，仅限于在博主左上角个人照片的下方嵌入的一个“我的2008”广告框。

新浪网副总编辑侯小强向《财经时报》透露，在经过一段时间的试水之后，新浪网还将升级自己的博客服务，向所有用户开放此计划，自愿加入该计划的用户在接受用户协议后，其博客页面上将出现新浪所提供的广告。

“新浪推出的博客广告联盟，希望藉此从博客这一新型网络应用中获利，并向百度的广告联盟发起挑战。”市场研究公司弘亚世代的分析师保罗·维德评论道。

在新浪博客上拥有428万浏览量的易凯资本有限公司CEO王冉对新浪博客分成的商业模式表示担忧。他认为，新浪在博主页面上放广告，有可能会损害博主的公众形象，没有太多人会愿意冒着让自己的公众形象受损的风险挣那50%的分成。

新浪网总编辑陈彤承认，博客的巨大吸引力超出了新浪的预料，而新浪推行的博客广告联盟计划无疑会带来不菲的收入。他表示，新浪本身每天的博客流量有2亿，如果将流量转化成广告收入，可以每天创造40万元。有分析人士估计，如果此次博客商业化顺利，新浪网可能每年获得上亿元的收入。

尽管百度与新浪的广告大战刚刚拉开序幕，但可以预见的是，随着互联网广告市场的竞争日趋激烈，巨头们正在团结一切可以团结的力量，而互联网上曾被忽视的草根们也必将因此受惠。

2. 网站建设——重在突出独特地风格和完善的功能

（1）弘扬文化，彰显个性，建立统一标识

一个有文化内涵的网站，能让用户感觉到：这个网站值得关注。因为现今网络信息的同质化倾向日益严重，音乐网、购物网、新闻网比比皆是，能在数以万计的网站中脱颖而出，需要下一番功夫。雅虎（Yahoo!）标志，几个英文字母加一个叹号，颜色鲜艳、排列跳动，传达出了雅虎品牌“有趣、友善、亲和、富有人性和信赖可靠”的个性，深得青年人的喜爱。方正集团对新品牌视觉管理十分重视，不管是什么企业，只要可以用方正的标志，就必须采用下面这个简明的品牌符号，这就实现了方正品牌以统一形象对外展示，简明、清晰的标志代表了品牌个性。

图7-3

图7-4

（2）内容丰富，吸引用户查找

网站的最大价值就是服务，服务的最高宗旨就是人性化。一些著名的门户网站不仅仅在网页中陈列出种种类别的服务项目，在每个项目中还链接了更丰富的资源。

以宝洁网站为例，大中华宝洁网（www.pg.com.cn）上，设有“关于宝洁”，“产品介绍”，“新闻中心”，“宝洁招聘”，“如何联系宝洁”等栏目，同时还有关于世界各地宝洁网站的链接。在导航结构中，我们可以清楚地了解到到各栏目下的具体内容。在产品介绍中，设有洗发护发产品、健康用品、织物家居用品、婴儿护理产品、妇女保健产品等栏目，这些栏目均贯彻了“一张纸”原则，以“一帧屏，一幅画，一段文”为基本表达手法。以宝洁的拳头产品之一玉兰油为例，自1989年以“给您青春肌肤”的口号进入中国市场以来，玉兰油一直受到爱美女性的喜爱。在对玉兰油介绍的网页中，不仅可以了解各款玉兰油护肤品的不同功效，还可以了解到玉兰油进入中国以来的发展过程。[①] 许多用户都感慨：上网的时间怎么过得这么快！是的，因为网页中链接了太多内容，会吸引你一页一页打开网页，阅读内容。这就是网站的魅力。

四、网络公关对网络品牌传播的影响

1. 网络公关的优势对网络品牌传播的影响

（1）增强品牌传播的可控性

网络公关突破了传统公关的时空限制和传统媒体的限制，使公关主体拥有更多的主导权。网络媒体犹如无数个信息发射站和接收站，可以与公众“面对面”地直接交流，网络媒体即时性、互动性、信息化、全球化、低成本、全方位传播等多重特性，使组织能够即时发布信息而不必借助传统媒体，从而绕开新闻媒体严格的审查以免贻误商机。网络提供了一条捷径——掌握它的人可以如鱼得水地利用它，强大的信息网足以构建坚实的品牌基础。

另外，网络公关可以充当网站的代言人，成为媒体获知组织最新信息的新闻源。公关活动可以为品牌造势，有效的公关活动等于发布无形的广告，为品牌做宣传。

（2）加强品牌的宣传效果

——网络与客户的互动性

网络与客户的互动过程中，客户不只是单一的信息接收器，同时也成了信息传播源，公众可以对网络信息自由选择、编辑、加工等。当公众收到值得传播的信息时，会帮助网站进行二次传播，正面信息的广泛传播促成知名度的提升。

——低成本产生大效应

传统公共关系策略在实施过程中，需要大量的财力物力，场地的租赁、pop的摆放、人员的安排都要面面俱到，才能保证公关活动的有效性。而网络公关的开展却相当方便，定期向用户发送产品信息邮件、在用户生日时送上电子贺卡、与竞争者进行电子交流、和网络媒介保持电邮联系等等，只需要动动手指头就能完成。

而且网络公关的收效比传统公关更直接、更快速。以易趣为例，易趣针对注

① 《宝洁公司网络营销策略分析》，合肥工业大学“网络创意营销”研究团队，2008年1月3日

册者的性别、年龄、爱好等信息，不定期向用户邮箱发送迎合用户兴趣的最新产品动态，图文并茂的邮件中还包括可以直接链接进入的地址，用户一旦被吸引就可以立即点击进入。

【案例链接】

芭比娃娃的网络营销①

Barbie. com 并不是单纯的网站，这是一个“品牌门户网站”（企业利用网站多媒体的特性提供多元化的产品信息），就和其他类型的入口网站一样（譬如雅虎这样的信息入口网站），品牌入口网站也需要网友的参与，其中包括新闻、游戏、电子邮件、意见调查、聊天室、电子商务、个人化的网页以及布告栏等，把这些元素加入公司的网站当中，人气指数和产品形象可以立刻大获提升；更棒的是，你甚至于不用自己亲自动手。

这种品牌入口网站的效果相当惊人。譬如 Barbie. com 这个网站每个月可以吸引高达四百万人次的访问，女孩子平均在网站上停留二十七分钟。根据 Media Metrix 针对两岁到十一岁之间的女孩子进行调查发现，Barbie. com 网站是儿童娱乐项目中人气指数最高的网站，在同年龄层儿童玩具零售项目中也高居第五位。

Mattel 玩具公司副总裁克里斯廷娜·迪罗萨（Christina DeRosa）表示，芭比娃娃的主要客层都是小女孩，因此公司在重新塑造这个网站的时候，决定完全以小女孩的喜好为依归，而非成人或是父母亲。因此他们的网站里头设立了各种程度不同的游戏，在设计上也以简单好用为主。克里斯廷娜·迪罗萨表示，“除了网站之外，我们还有更多更好的行销管道；不过网络却让我们有了和人们沟通的机会，不但接触的层面扩大，也有助于情感的交流，这对提升消费者忠诚度的贡献是前所未见的。”

只要公司做好研究和分析的工作，那么网站维护其实并不会耗费巨额的资金；以 Mattel 为例，他们的八个网站只用了二十名员工来维持。

2. 网络公关的劣势对网络品牌传播的影响

（1）网络的虚拟性难以产生信任感

网络的“虚拟性”容易引发信任危机。信任是网络品牌赢得客户的重要砝码之一。但网络固有的匿名性、虚拟性，使网络难以成为播种信任、培育信任的

---

① 芭比娃娃：品牌门户网站打造企业形象．中国网络营销联盟 http：//www. ziiy. com/Html/wlyxal/14244997_ 2. html

良好土壤。[1]

随着网络逐渐成为人们工作、生活不可或缺的辅助工具，人们必然会采取各种方式来增强其可靠性。无论是对于网络公关，还是传统的公关，要提高企业的认知度、美誉度与和谐度，必须坚持诚信的根本原则，才是网络品牌的制胜之道。

（2）网络信息良莠不齐

良莠不齐，一方面是指不健康信息太多。暴力、色情、歧视等信息泛滥，破坏了网络空间的洁净，所以至今很多长辈对网络的成见非常大，认为会把小孩子带坏。这种想法也无可厚非，实在是因为网上的不健康信息太多，污染了对信息抵御能力低的群体，比如儿童、青少年。

另一方面是指虚假信息太多。由于网络法律不健全，散布虚假信息的人容易逃脱法律的追究，虚假信息不能从源头遏制住，降低了网络信息的整体可信度，容易导致不信任。

网络是一种服务工具，信息的丰富性使大多数人将网络视为百科全书，能有问必答。相信大多数网民都是善意地接触网络、利用网络，所以才能够看到在“百度—知道”里的众多真诚的提问和回答。所以，尽管网络信息存在这样或那样的问题，网络的价值依旧没有降低，网络仍是查找资料、获取信息的好帮手。

（3）网络隐私难以保证

比如电子邮件，作为网上最常用的交流工具之一，也是网络公关的手段之一，像普通书信一样也是隐私的一部分。但实际上，一些掌握了特定技术的人可以获得他人电子邮件的内容，窃取机密。还有其他网络公关的方式，像论坛、新闻组，其中的个人信息也可以通过相应技术解析出来，网络用户的真实信息的暴露可能会造成现实世界里的麻烦。

五、推动网络品牌扩张的网络公关活动

具体来说网络公关有电子邮件、网络论坛、新闻组和信息发送 4 种形式。利用网络公关扩大网络品牌知名度，不失为一种恰当的方法。

1. 电子邮件

据统计，目前在网络上大概每天都有超过 2500 万人次通过电子邮件互相传递信息、提供资料、交流思想、进行广泛的合作。这是网站品牌推广的基本工具之一。

---

① 陈先红：《新媒介推动下公关理论范式的创新》，《国际关系学院学报》2006 年第 4 期

2. 网络论坛

网络论坛的舆论力量越来越大，很多网络危机都源自于论坛上的小帖子。利用好论坛力量树立网站的良好品牌，是最省力的方法之一。

3. 网上信息浏览

网上信息浏览是最基本的信息传播方式，它给每一个网站提供契机，以争取用户注意，从而提高网站浏览率。

（1）视觉吸引力

视觉吸引力最关键之处就是“和谐”。版式的布局、色彩的搭配、文字与图片的处理位置、页面风格等，以和谐为美。让用户产生审美愉悦会增加点击率。

（2）查找方便性

以淘宝为例，因为做的是网上购物服务，产品分类相当细致，查找方式也很全面。比如查找服装可以有N种方式：性别、年龄、价格、品牌、服装类型、色彩、材质、产地、商家等等。

第三节 网络公共关系与网络广告传播

作为被经常使用的营销工具，网络广告在任何网站中均可见到，它以多变的形式和丰富的信息量著称，成为众多商家营销策略的首选，网络广告的重要性由此可见一斑。本节将详细介绍网络广告的形式、特点、功能、效果，并就网络公关与网络广告的关系问题进行阐释。公关和广告作为两种重要的营销手段，在网络世界里如何配合使用，这个问题也具有很强的现实意义。

一、网络广告概述

1. 概念

网络广告是通过超文本链接实现的，和传统广告的功能一样，但使用的技术手法不同。从技术层面考察，网络广告是以数字代码为载体，采用先进的电子多媒体技术设计制作，通过因特网广泛传播，具有良好交互功能的广告形式。简而言之，网络广告就是以互联网为媒介，向网络受众传达信息的一种广告形式。

2. 发展趋势

2006年后，中国互联网又进入一个快速发展期。2008年网民人数、上网计算机数分别达到了13700万人、5940万台，与去年同期相比分别增长了23.4%和20.0%，中国网站总数达到了843000个，互联网正快速把自己的触角伸入我们的生活。随着网络技术的发展和电子商务的普及，网络广告作为网络营销的强有力的手段之一，得到了极大的发展。根据 iResearch 的调研数据，2005 年中国网络广告费用支出达到了 31.3 亿元，增长了 77.1%，超过了杂志广告的 24.9 亿元。5 年间，网络广告费用增长了近 7 倍，用新兴媒体或辅助媒体来定义网络显然已不合时宜。预计到 2010 年，这一数字还将扩大至 157 亿元。①

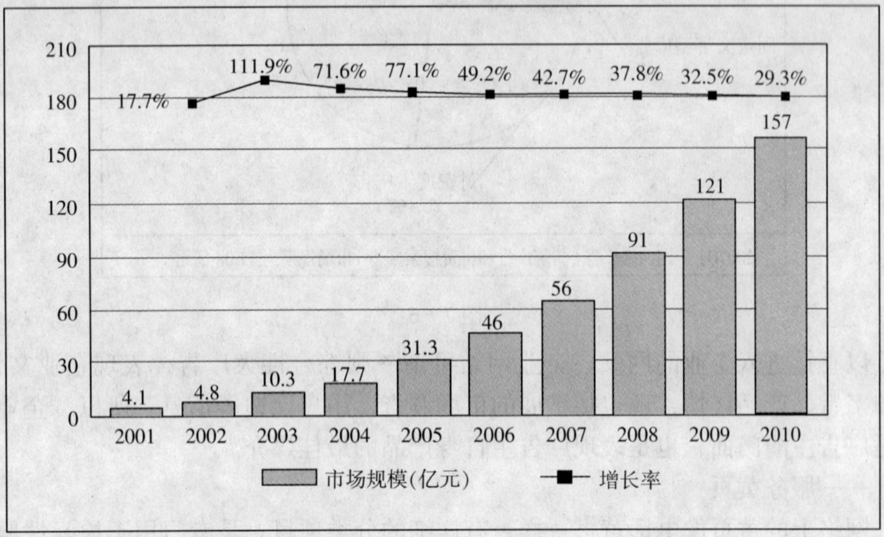

图 7-5　2001—2010 年中国网络广告市场规模及增长率（单位：亿元人民币）

二、网络广告形式和特点

1. 网络广告的形式

网络广告的形式可以从两个方面来看，一是指广告主发布的广告形式，二是指广告的表现形式。

(1) 广告主利用网络发布广告

——企业网站

在互联网上做广告，最根本的就是建立企业网站。企业网站不仅仅只是刊登广告的平台，更多的是为树立企业形象、提高企业知名度服务。其他形式的网络广告，无论篇幅多大、出现频率多高，也只是一种链接方式，每当用户点击之后

① 江志强：《中国网络广告的拐点及营销突破点》，艾瑞网

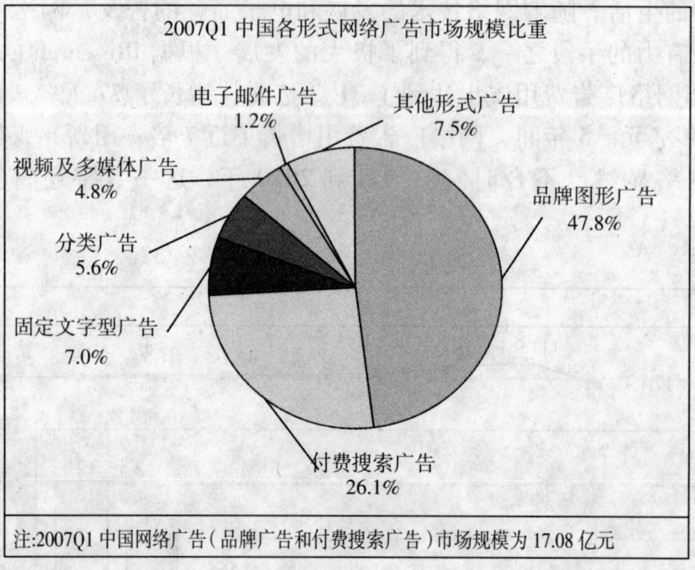

图 7－6

就可以直接进入企业的网站。企业网站可谓一则综合性大广告，表现企业文化、服务宗旨、产品详情，还包括扩展的市场调查、用户反馈等信息。所以，企业网站是广告主的门面，也是表现广告主自身产品的最佳媒介。

——服务黄页

网络上的黄页像电话黄页一样，有详细的分类项目，是专门用于检索性服务的。在网络黄页上会有空白的区域留出来给广告主刊登广告之用。搜索时是按照关键词进行的，很有针对性。在用户浏览网页时，鲜艳的广告区域很引人注目，再配合相关产品类别的检索，广告效果会很好。

——电子邮件

利用电子邮件发送广告，是广告主常用的有效手法之一。具体方法之一是利用邮件列表直接邮寄。每个邮件列表都有特定的用户群。广告主按照邮件列表以电子邮件方式直接发送到用户的邮箱里，有很强的目标性。这类广告一定要做得图文并茂，吸引阅读。如果被用户当做“垃圾邮件”删掉，广告的效果就为零。方法之二是利用电子邮件论坛和电子邮件简报。在论坛中有参与讨论某一问题的成员的电子邮箱，这些成员既可以将自己的文章通过论坛系统发给其他成员，同时也能通过邮箱接收他人的文章。电子邮件简报的订阅者也是有着相同爱好的群体，利用这种电子出版物刊登同类产品的广告，等于是搭上了顺风船。

——网络报纸

主要是指在网络报刊刊登广告，就像在传统报纸上登载广告一样，如果广告制作精美、宣传得当，就会增加点击率。

这类报刊分为两种：随着网络技术的发展，很多传统报刊不甘落后，纷纷建立网络主页，如《中国青年报》、《中国日报》；还有一些网络媒体抛弃了纸质出版物的形式，建立单纯的网络电子报纸。这两类网络报纸的信息承载量都很大。在传统报纸领域做得比较好的南方报业集团，纸质媒体和电子媒体都追求新闻的高质量、时效性、深刻性。一般来讲，传统媒介的网络版一般会比较丰富，不完全等同于纸质媒介的内容。网络报纸可以开设论坛，用来和受众互动，还能够扩大报纸的知名度。

网络报纸将网络承载的丰富信息量和传统报纸的知名度有效融合起来，不失为一种有效的广告发布平台。

（2）网络广告表现形式

——按网页大小分类

一是旗帜广告，也叫网幅广告、横幅广告，是最常见的网络广告形式。旗帜广告主要有两种类型：静态的和动态的。静态的旗帜广告一般位于网页的两侧或边角，已经很难产生良好的广告效果。现在更流行的是多媒体广告形式，也叫富媒体网络广告，顾名思义，就是综合运用多种媒介的广告形式。多媒体网络广告可以融合音频和视频技术，所以吸引力更大，互动性更强。比如真维斯在网上推出过一款多媒体广告——闯关游戏，每一关会出现一个生活场景，在这个场景里隐含了几件真维斯最新推出的T-shirt，因为T-shirt花色和场景颜色很接近，所以并不容易被看到，在规定时间内点出隐藏的T-shirt，就能进入下一关，否则失败要从头再来。7关全过者有机会获得奖品。在玩游戏的同时就能让参与者记住这些花色缤纷的新款T-shirt，广告效果不言而喻。旗帜广告的发展趋势是尺寸的扩大，从标准扩大到巨幅，再扩大到全屏，目的只有一个，就是增强视觉冲击力，吸引用户购买。

二是按钮广告，也叫图标广告，比旗帜广告尺寸小很多，制作方法也简单。按钮只是一个链接，点击之后可以打开一个广告页面。因为按钮的尺寸小容易安插，所以位置比较灵活。

三是文字链接广告。表现方式很像按钮广告，几个文字形成一个超链接，当鼠标点击的时候可以链接到更多的网页上。在网易上就能看得到很多，如“一块钱让你成为百万富翁”、“根治×××的秘方”，等等，虽然字数不多，但是吸引力大，容易使网络用户产生兴趣，点击浏览。

——按出现方式分类

一是飘移式广告，就是一个小图标按照一定轨道飘来飘去，图标的内容是广告信息。值得注意的是，如果飘移广告阻碍了用户正常浏览信息，反而会引起反感，所以飘移广告应在规定范围内移动，切勿阻挡网页信息。

二是弹出式广告，弹出式广告具有一定的强迫性，一般是不经过用户同意就自动跳出的网页。如果弹出式广告不断出现迫使用户不停的关闭，会令用户对网络广告产生抵触情绪。所以广告的内容和出现的时机必须把握好，不能引起阅读者厌恶。弹出式广告有三种方式：一种是在网站被打开之前插入一个新页面播放广告，然后很快消失；一种是过渡式的，在一个链接被打开之前总会一定的等待时间，在这期间出现广告页面，广告内容一般很吸引人，会诱导用户点击查看；还有一种智能插播广告，将广告植入浏览器缓存中，当用户要打开一个新页面时，该广告从缓存中调出，因此可以节约用户下载的时间。

——其他表现形式

一是赞助广告。广告主根据自身需要赞助与推销产品相关的网站，可以赞助一个栏目，也可以赞助一个页面。赞助式广告没有严格的尺寸限制，播放时间也比较长。

二是游戏广告。游戏广告是一种典型的嵌入式广告，利用互动游戏技术将嵌入其中的广告信息传达给受众。利用形式的趣味性吸引用户关注。

三是声音广告。广告只有声音没有图像，类似于传统广播广告。利用声音吸引用户关注的难度比较大，要求声音绝对要有特色。网络游戏“征途”的广告虽然有图像，但图像并没有任何特色，反倒是声音极具特色，成为吸引关注的绝对因素。听过征途广告的人都不会忘记那高挑、圆润的京剧女腔喊出的“征途”这两个音调。这则广告应被归类为声音广告。

2. 网络广告的特点

（1）传播信息海量，表现形式灵活

在传统媒体上刊登广告会受到篇幅、版面的限制，内容的把关也更加严格。网络是建立在多媒体技术上的新型交互式工具，集合了报纸、广播、电视的传播特点，信息的发布没有任何空间时间限制，只要信息量不超过网络承载上限，整个网络就会保持畅通，任何信息都可顺利到达。

网络广告的形式多样化、技术综合化，可看可听可参与，篇幅可大可小，播出方式灵活。因为网络广告具备了声音、文字、图形、色彩、电影、动画、游戏等多种形式，所以制作要求也会更高，技术成本增加。网络广告所反映的不仅仅是产品的功能和属性，还表现出企业的理念和利用新技术的能力。

（2）广告效果显著，互动增进沟通

网络广告的效果和网络技术的使用成正比，越高的技术产生越强的吸引力。互动性的广告明显要比弹出式广告更能激发参与的热情。网络广告的效果表现在两个方面：

一是广告的吸引力增强，因为多种技术的融合增加了广告的创意性和趣味性，也增强了受众的选择性记忆。

二是广告的购买力增强。传统电视广告和平面广告都无法和网络广告的互动性、真实感相抗衡，用户甚至可以自己选择想了解的项目，网络技术可以实现模拟环境让每一位用户身临其境地感受产品。

网络广告突破了传统广告的单向性，实现了信息传递的互动性，销售商和用户处在平等的位置上进行双向沟通。一方面受众具有选择网络广告的权利，不需要像接受电视广告一样被动，另一方面受众和广告主能够进行及时交流。由于点击率的可计算性，使得网络广告的阅读次数容易掌握，广告主可以随时了解到广告的到达率，根据网络广告的效果进行实时反馈，及时变更网络广告的内容，增加网民感兴趣的信息。特别是当网络广告采用电子邮件发送广告，使发送有一定的方向性时，回复率较高，可达5%～15%。①

(3) 受到条件限制，范围、效果难测

技术要求高也是网络广告的局限性。网络不像电视报纸广播一样普及，城市中的网民数量占了网民总量中的绝大多数。更多的地方难以安接网线，所以网络广告的到达率整体依旧不高。这也是很多广告主不愿意选择网络投放广告的原因。

此外，虽然网络广告的点击率可以计算，但是一些计量方法是否有效仍然得不到验证。数据是否公正准确，关乎广告主的实际利益，所以网络广告是否比传统广告有效还存在争议。

三、网络广告功能和效果

1. 网络广告的新功能

网络广告在信息社会中的最重要作用，就是改变了人们的消费方式。网络广告的接受依靠两样东西——鼠标和屏幕，因此，网络广告的新功能也依靠这两样东西实现。

(1) 消费内容的改变

广告主销售的产品不仅仅是实物性的，还有虚拟性的。像著名的腾讯网站，QQ 形象深入人心，每一个申请了 QQ 号的消费者都可以在腾讯的网上商城里购买道具，来装饰自己的 QQ 形象。即使你暂时没想买，你也会情不自禁的试穿那些漂亮的衣服，把它们加入自己的收藏夹。网络游戏中的道具买卖就更普遍了，

---

① 杨坚争等编著：《网络广告学》，电子工业出版社 2008 年版，第 23 页

用现实社会里通行的人民币购买虚拟社会里闯关升级用的道具，是网络玩家们的家常便饭。网络广告主会不断地推出新的道具吸引你关注，低廉的价格和满意的效果，会不断诱导消费者，促使其购买。

人们甚至可以在网上建立自己的家，选择想要的背景、家具、组合方式和生活方式，在现实社会里需要花几十万、上百万才能得到的房子，在网络中，动动鼠标就能买到。网络消费的虚拟性大大满足了人们在现实社会中的很难实现的愿望，也加速了网络消费的繁荣。

（2）消费方式的改变

DELL 的直销依靠的就是网络广告的力量，因为采取网络直销，同等性能的电脑 DELL 可以以更优惠的价格出售，与其说 DELL 是电脑销售商不如说 DELL 是电脑组装商，网络的力量帮助 DELL 按照每一位客户的要求定制电脑，并送货上门，没有仓储费没有柜台费，降低了成本开支。

购买服装也可以这样，网上商城提供试穿服务，屏幕上显示的一切就等于现实生活中的效果。例如，美国服饰销售网点 Lands’End，大胆运用科技工具把逛街情境在网上“虚拟实境”化。为了让网上消费者减少不能实地试穿衣物的疑虑，Lands’End 网站利用 3D 科技推出虚拟“试衣”服务。网友只要上网登录自己的各项信息，包括身材、尺寸、脸形、发色，甚至眼珠颜色，Lands’End 网站就会根据这些信息，帮客户在网上建构一个巨细无遗的“3D 试衣模特儿”。往后只要到访这个网站，客户都可以利用这个模特儿试穿在网上逛街时看中的衣服。结果，网友利用这个网上软件制作的 3D 模特儿，两年来至今竟超过 200 万个。尽管这些产品可能比其他同类型服饰贵 20 美元，由于服务贴心，自 2002 年 8 月推出后就有不少人上网选购。因此，Lands’End 再接再厉，准备推出泳装、西装、衬衫等服饰网上定做服务。网络广告所提供的不是产品，而是使用。任何消费者都会喜欢先用后买的广告主。

（3）消费价格的低廉

网上购物的价格通常会比传统购物更低。淘宝、易趣的品牌箱包，比商场里的明码标价低了好几折。卓越网的图书不仅比书店里便宜，还送货上门，书费加送货费也比原价要低，种类多不说，还能根据需要订书。只要消费者想买，网站会让你买得称心、买得便宜。相关的网络广告不停地打出“五折”、“买一赠一”、“一元起拍”的牌子，吸引消费者转向网络购物。

2. 网络广告的效果测定简介

网络广告的效果测定技术性较强，一般受众作为常识性知识了解即可，能够帮助受众理解网络广告的特殊之处。

（1）计算访问人数

访问人数包括被动接受和主动点击两类。主要依靠专门的计算软件，将之放于服务器上，能生成详细的报表。报表中会显示访问时间、访问人数、访问何种网络广告等信息。有一类访问者尽管看到该广告，但是并没有点击，仅是浏览也算作访问人数。

公式如下：

浏览率=浏览人数/N

点击率=点击人数/N

交互率（点击后与广告主进一步联系）=交互人数/N

N=一段时间内访客对该网络广告所有页面的综合浏览量

（2）利用软件测定

目前出现了很多网络广告管理软件，既能评估网络广告报价，又能评估网络广告效果。如康赛广告监测系统。但值得注意的是，软件虽然提高了测定的准确度和效率，但并不能完全依赖数据。

还可以请第三方测定效果，网站本身要与提供这种服务的网站签订协议，第三方网站按照协议要求定期测定效果。

（3）通过反馈进行测定

这种测定方法主要针对短期促销性的广告。测定指标包括：受众向广告主提供的个人信息、索要的相关资料，有多少人参与到活动中来，有多少受众接受调查、提出意见和建议，有多少受众产生购买行为，有多少人点击进入了但没有购买。

【案例链接】

网易不断实现新突破

2005年网易的网络广告收入实现突破，增长率为41%，高于其他门户网站，品牌客户保持了相当可观的成长。广大客户和代理商对网易的认可和支持，是获得这些成功的基石。

除了广告营收之外，网易在客户的行业分布和质量上，也有了突破性的提升。除了在原有的IT、网络服务行业网易继续保持客户优势外，在快速消费品、汽车等行业，也都有了长足发展。

以快速消费品为例，食品饮料类客户如百事可乐、统一、康师傅、麦当劳、肯德基等，化妆品类客户如妮维雅、迪奥、DHC、高丝、香奈尔、薇姿、兰皙欧、兰芝等，都把网易视为不可或缺的品牌告知平台。

汽车客户如宝马、丰田、广州本田、帕萨特领驭、东风本田、东风雪铁龙、萨博、双龙等，都选择在网易进行广告投放。

2005年网易在富媒体广告领域不断取得突破。网易继续加强与互动通(iCast)、Eyeblaster、United Virtualities等著名富媒体广告技术提供商的合作，并且在国内门户网站中，成为首个能提供全部内容频道页面富媒体广告服务的网站。竞争激烈的手机市场，三星、索爱、MOTO、诺基亚等品牌推出的新品手机大都采用网易的富媒体广告进行推广。

非常讲求网络广告效果的客户，如eBay易趣、韩国社区网站赛我网、阿里巴巴的支付宝等都与网易进行了重点合作，这些客户的品牌形象在获得了快速提升的同时，更带来了目标用户群的巨量增长。

四、网络公关与网络广告

1. 网络公关与网络广告的关系

就像探讨公关和广告的关系一样，网络公关和网络广告既有联系又有区别。事实上，广告和公关的特色是很明显的：广告专注的是诉求，公关借助的是沟通。营销大师里斯的著作《公关第一广告第二》中讲到，用公共关系创建品牌，用广告维护品牌，明确阐述了两者的不同。

在推销产品和树立形象两方面，网络公关与网络广告这两种不同的网络营销行为，都发挥了重要作用。二者无论从营销目标还是从实行方式上讲，都是密切联系的。

(1) 都是为了将组织形象、产品信息传达给受众，用以搭建沟通的桥梁。

(2) 都以网络为传播手段，利用网络特性组织有效的表达方式，获得信息的反馈，赢得网络用户的好感和关注。

(3) 都有一套健全的实施方案，遵循市场规律、了解网络受众心理。

(4) 网络广告与网络公关相互作用，在网络世界里共同拥有网络整合营销功能。

但是两者还是存在差异，在实际执行的过程中要加以区分。

(1) 网络广告重在推销产品，广告主的最终目的是利用广告效果达到销售目的，增加营业额。网络公关追求更高层的效果，是为了建立企业良好的整体形象，建立美誉度、知名度、可信度，而不仅仅是以增加销售量为目标。

(2) 尽管都以网络受众为中心，但是网络广告的受众面较之网络公关的受众面狭窄一些。网络广告侧重发掘潜在客户、抓住目标客户，网络公关则面向所有接受者，期望在全社会领域获得好评。

（3）因为受众的范围不同，效果的层次不同，受众的认同感也不同。网络广告使受众对产品产生认同，接受产品并且给予好评。而网络公关是为了在社会范围内为企业赢得好评而进行的一系列组织活动，受众的认同感会上升到与企业相关的所有方面，效果也更持久。

2. 网络公关与网络广告的结合

这几年的市场发展表明，单一的广告很难受到公众的关注和认同，如果没有整合公关去营造一个大的氛围，获得的关注度不会太高。现代营销中的公关与广告表现是，无论国外还是国内，比较高效的营销是公关先导，广告去配合。①

两者的结合是一种趋势，也是发展的必要。网络以其特有的魅力吸引了全中国一亿多人加入网民行列，网络营销手段的多样化发展是时代发展的要求，网络广告和网络公关的结合自然应运而生。

（1）公益事业

随着社会进步，企业社会责任的内涵也越来越丰富，投资人和企业家已经不可能将企业的责任单纯定位于“盈利”或“守法经营，照章纳税”了。更多企业意识到取之社会、回报社会的重要性，积极参与一些公益事业。公益事业往往与企业形象联系在一起，企业形象本身便是广告。

在1998年以宣传下岗不失志及1999年以科教兴国为主要选题的公益类网络广告中，政府、企业和媒介争相成为宣传其主题的主人，并以此赢得了良好的声誉，赢得了广泛的市场。②

因为公益事业的时间周期较长，影响力相对较大较持久，因此投资也比较大，企业需要多方面整合资源，量力而行。“每天一斤奶，强壮中国人”的大型饮奶普及工程由中国奶业协会、中国教育发展基金会、国家学生奶办公室、国家发改委公众营养与发展中心、中央电视台、《人民日报》和蒙牛乳业多家单位共同发起，并由蒙牛乳业负责为该计划提供全面的产品和物流服务。蒙牛借助公益的快车，自2006年下半年起，在之后的一年时间内，向全国500所小学按照每人每天一包的标准，向学生免费供应一年蒙牛牛奶。同时，蒙牛在平面媒体、网络媒体上做足了广告，来配合公益活动的宣传。双管齐下的营销策略为蒙牛赢得受众认同和社会声望。

---

① 陈晓莉、陈文章：《破解整合传播下的公关广告之争》，《沟通与传播》2004年8月

② 袁媛：《试论网络公关与网络广告的共存与融合》，《山东行政学院、山东省经济管理干部学院学报》2004年第4期

（2）赞助活动

赞助活动不仅是公关的手法之一，也是推出广告的好机会。搜狐网的体育赛事直播一直是球迷的最爱，体育用品赞助体育赛事可以起到事半功倍的效果，如：争取体育赛事的冠名权和一些球队的冠名权，在赛场内打出企业或产品的广告，在赛事直播前或中场休息的时间段内播出广告，可以采用飘移或弹出的方式，将广告做得醒目突出，吸引点击。

【案例链接】

三星赞助活动案例①

三星以奥运会 TOP 计划为中心的多种体育赞助活动

1986 年赞助汉城亚运会

1988 年首次赞助冬奥会，成为冬季奥运会在无线通信设备领域的世界级伙伴

1990 年赞助北京亚运会

1994 年赞助广岛亚运会

1996 年赞助亚特兰大奥运会期间的展示会

1998 年赞助曼谷亚运会；赞助长野冬季奥运会

2000 年三星成为悉尼夏季奥运会的顶级赞助商

2002 年赞助盐城冬季奥运会；赞助釜山亚运会

2003 年赞助第 22 届世界大学生运动会

2004 年赞助雅典奥运会

2006 年赞助都灵冬奥会

2008 年将赞助北京奥运会

三星电子的体育营销并不仅仅局限于体育赞助这一形式，他们还结合广告、公关活动等多种手段进行整合营销。例如：在 2000 年悉尼奥运会上，三星推出了与三星的奥林匹克之约计划——在奥林匹克公园内建造了一座名为“相约奥林匹克”的运动员活动中心，利用三星尖端的通信产品和因特网、卫星及无线技术为运动员提供与家人和朋友交流的场所。另外，三星还推出了“共享三星快乐时刻”的特别服务，即为运动员和观众提供最新的三星手机，他们可以给他们在世界各地的家人和朋友打 3 分钟的免费电话来分享他们的奥运经历和感受。

① 何佳讯、杨清云：《三星品牌重塑之道》，《上海国资》2006 年第 8 期

第四节 网络公共关系与企业形象传播

随着中国经济的不断发展，企业已经成长为经济社会的中坚力量，企业不再仅仅是交易主体，也在成为法人公民。特别是在践行科学发展观、构建和谐社会大背景下，企业将面临更大的挑战和承担更多的责任。近年来频频发生的产品安全、劳工权益、公司治理等方面的重大事件，更是将企业形象问题集中展现于大庭广众之下。在中国，企业正在受到政府、工商界、学术界和传媒界前所未有的广泛关注。

一、企业形象与交互沟通

企业形象是一个复杂的系统。指社会公众和全体员工心目中对企业的整体印象和评价，是企业理念和企业行为在视觉和精神层面的客观反映。

交互沟通意味着沟通的动态交互性。交互性是有效沟通的前提，无论企业还是个人，有效的沟通都是建立联系的基本条件。

企业形象的塑造过程，本质上就是企业与受众之间不断沟通的过程。形象的沟通应该是全方位的，企业应营造丰富的完整的信息环境，通过理念、行为、视觉等传达一致的信息。

1. 企业形象的有机组成

视觉形象——包括企业的基本标识及应用标识、产品外观包装、厂房建设、机器设备等。其中，基本标识包括企业名称、标志、商标、标准字、标准色，应用标识指旗帜、服装、口号、吉祥物、办公用品等实用型用具，产品外观包装指包装用料、用量、包装方式，厂房建设指企业自然环境、店铺、橱窗、办公室、车间及其设计和布置，还包括企业的运输车辆的统一标识。

行为形象——包括企业组织及成员在生产经营管理、营销培训活动等组织行为中表现出来的员工素质、企业制度、行为规范等。内部行为具体包括员工招聘、培训、管理、考核、奖惩，各项企业规章制度的制定和执行，等等；外部行为包括采购、销售、广告、公关等企业行为。

理念形象——包括企业文化、企业宗旨、企业精神、发展理念、道德风尚等精神层面的形象。理念是一个抽象概念，在企业形象的三个子系统里是最根本、最重要的一部分，同时也是最难塑造的一个方面。理念的坚定程度决定了企业的发展力度和速度，理念也决定了企业形象的地位和层次。

可以这样形容，视觉形象代表了企业的脸面，令企业看上去赏心悦目；行为形象代表了企业的四肢，直接表现了企业的一举一动；理念形象代表了企业的心脑，控制了企业的发展和形象的建立，也表达出企业的思想内涵。

2. 沟通管理：企业形象的经脉

（1）沟通管理的意义

如果把企业比做一个有生命的有机体，那么沟通则是机体内的血管，通过流动来给组织系统提供养分，实现机体的良性循环。企业精神文化的培育与塑造，实质是一种思想、观点、情感和灵魂的沟通。没有沟通，就没有对企业精神和企业文化的理解与共识，更不可能认同整个企业系统。

如果一个企业不重视沟通管理，大家都消极地对待沟通，那么长期下去这个企业就会形成一种无所谓的企业文化。任何企业中都有可能存在无所谓文化，员工对什么都无所谓，既不找领导，也不去消除心中的愤恨；管理者也对什么都无所谓，不去主动地发现问题和解决问题，因此大家共同造就了企业内部的“无所谓文化”的企业文化。[①] 无论是中国移动的“沟通从心开始”还是摩托罗拉的“沟通无限”，从许多企业的商业运作中，我们可以看到，越来越多的企业意识到沟通对于企业的重要意义。沟通是无时无刻的，沟通也是一种全方位的价值创造过程。

（2）建立企业的内部沟通管理

没有沟通，就没有认同感，就无法建立成功的企业。企业内部良好的沟通文化可以使所有员工真实地感受到沟通的快乐和绩效。加强企业内部的沟通管理，既可以使管理层工作更加轻松，也可以使普通员工大幅度提高工作绩效，同时还可以增强企业的凝聚力和竞争力。[②]

——精简组织层次。多数企业管理层级很多，信息在传达过程中容易失真，还浪费时间。减少沟通层次，缩短沟通距离，能够减低沟通成本，提高沟通效率。

——畅通沟通渠道。沟通渠道的畅通能够保证沟通有更快的速度、更大的信息容量、更宽的覆盖面积、更高的准确性和成功率。比如公司会议系统的健全，有利于信息的上下传达和部门的相互协调。通过周会、月会、座谈会等形式，确保信息的快速传达，增强执行力和目标性，提高工作效率。

——建立沟通反馈机制。沟通管理需要健全反馈机制，这是达成有效沟通的基本措施之一。反馈是双向的，上级经常向下级提供信息，同时接受下级的信息；下级经常给上级提供信息，同时对上级提供的信息进行反馈，从而形成一种

① 徐剑：《从墨子用人看企业沟通管理》，www. shu1000. com

② 同上

信息环。通过反馈，既可以提高信息的目标性，提高信息使用率；又可以加强上下级之间的沟通，增强管理者和员工之间的理解、相互尊重。①

（3）建立企业的外部沟通管理

企业与外部的沟通，主要包括与客户、供应商、媒体、业界、社区、政府部门等。外部沟通的主要目的是希望与对方达成共识，取得一个双赢的结果。

企业的外部沟通中，最主要的是与客户的沟通，与客户的关系对企业有着至关重要的作用。怎样说服客户，让客户信任企业，沟通的技巧很重要，对于供应商和客户，最主要的目的是建立长期互信的关系。所以沟通的方式，必须考核如何双赢，通过沟通消除对方疑虑，获取信任基础。②

——主要依靠公共关系的方式，综合利用大众传媒、内部刊物等途径，与客户、政府职能部门、周边社区、金融机构等，建立良好关系，争取社会各界支持，创造好的发展氛围。

——企业导入 CIS 企业形象识别系统，把理念系统、行为系统、视觉系统进行有效整合，进行科学合理的传播，树立良好企业形象，提高企业的知名度、美誉度、资信度，为企业腾飞和持续发展提供好的环境。③

（4）沟通中的注意事项

——建立沟通小组。企业需要一个相对长期的内部沟通管理组织来完成一系列的沟通功能。因此，一个长期的内部沟通小组是必要的。比如建立项目管理小组。

——明确沟通目的。信息从何处来，到何处去，最终是为了达成何种效果，真正的目的是什么，都要明确之后才能确保沟通的有效性。

——重视培训教育。员工培训是企业内部沟通的一种有效工具，循序渐进、形式多样的员工培训对于正确理解与掌握新技术及新的工作标准是至关重要的。提高企业员工对变革理解的最好方式就是进行定期的员工培训，授课、拓展训练、有奖竞赛、论坛或研讨会等都可以起到非常好的培训效果。

——利用庆典活动。利用企业自身纪念日或是利用年会、销售会等时机，以庆典的方式与企业员工进行沟通，同样可以起到非常好的效果。④

——主动进行沟通。企业所有员工相互之间应主动沟通，上级领导主动了解基层情况，基层员工主动反馈，只有这样才能在整个企业内达成有效的沟通。

---

① 刘美芬：《管理沟通再造企业凝聚力》，四川新闻网-经营管理者报

② 郝汝椿：《乔家大商道》，新华出版社 2006 年版

③ 董栗序：《管理沟通企业组织的生命线》，中国管理传播网

④ 曹秀华：《沟通决定企业 IT 价值》，《经理人》2004 年 11 期

——交互沟通最有效。无论是企业的内部沟通还是外部沟通，交互性都是基本原则。双方的沟通地位应该平等，否则很难达到真正的沟通。

二、企业公众形象认知与公共关系

1. 企业公众形象

2005 年，国务院发展研究中心企业研究所、搜狐财经、北京大学中国信用研究中心和北京光华文化传媒有限公司联合发起了中国企业公众形象年活动，首次系统地提出了“企业公众形象”的概念，将企业公众形象定义为社会公众对一个企业的产品和服务的性价比、企业可靠性、企业承诺力和社会责任的综合认知和总体反映。该定义以公众为对象，以企业为本体，以社会为范畴，全面立体地界定了企业公众形象的概念。

（1）企业公众形象的建立

中国企业对自身公众形象的建立始终保持热情，普遍希望自己成长为具有良好企业公众形象、有良好的公众口碑的负责任的有道德竞争力的企业，并以此获得更多的进入市场机会的门票。[①] 作为一个企业，不仅要有良好的道德水准，要有好的产品，要有公众意识，还要尊重员工，勇于承担责任，才能赢得社会的认可和尊重。

【案例链接】

蒙牛的企业公民形象[②]

2001：赞助中国“申奥”成功——掷地有声

“好风凭借力，送我上青云”，借势升天贵在抢占时机。2001 年炎热的夏季，众人的目光都聚焦在“申奥”事件上，奥运会历来是商机无限，刚刚起步仅两年的蒙牛瞄准了这一千载难逢的时机，打算借助“申奥”的东风为“奥组委”捐助 1000 万，打响在全国市场的第一炮。经过慎重推敲，蒙牛将捐款日定在了 2001 年 7 月 10 日，此时“奥组委”即将成立，并且距离“申奥”成功的 7 月 13 日仅仅提前 3 天，正是万众瞩目、翘首以待的时候，蒙牛此时出招，可将传播效果最大化。

蒙牛当时想了一个恰到好处的捐款理由：内蒙古和林格尔盛乐经济园是蒙牛的大本营，在 1999 年蒙牛成立之初是一片荒地，是北京市西城区对口帮扶捐资

① 刘京：《2006 年中国企业公众形象报告》，最佳企业公众形象评委会

② 李光斗：《蒙牛的企业公民形象》，《商业文化》2007 年第 1 期

100 万元，启动了盛乐经济园区，可以说蒙牛与盛乐经济园区是同步发展起来的，蒙牛正是借助这个渊源，喊出了“北京援我 100 万，我助北京 1000 万!”的口号。滴水之恩，涌泉相报！蒙牛在这个时候捐款，让人们感觉到了中华民族“知恩图报”的传统美德。

同时，蒙牛打出了“一厘钱精神，千万元奉献”的旗帜，意思是蒙牛在每袋牛奶、每根雪糕的销售收入中各提取一厘钱，累计提取 1000 万元，分期分批捐给“奥组委”，这样，蒙牛的公益行为就天衣无缝的与消费者联系在了一起，让每个购买蒙牛产品的消费者感觉到为“申奥”做了贡献，既体现了消费者的个人价值，又升华了蒙牛品牌形象，可谓一箭双雕。

2003：与国家共同抗击“非典”——要做最好

2003 年的春天“非典”肆虐，引起了大家的极度恐慌，“非典”的阴霾笼罩了神州大地。人们开始意识到身体健康的重要性，而牛奶作为增强体质、提高免疫力的营养食品一下子成了紧俏货，北京的乳品市场抢购成风。如果此时提升牛奶价格，人们不会计较，对看重销售量和利润增长的乳品企业无疑是绝好的机会。蒙牛抓住了机会，但超出了人们常规思维。蒙牛不是提升价格，而是禁止经销商涨价，并且严厉规定违者开除或者终止其经销权。

蒙牛在非典期间，反而加大投放量，增大了公益广告的力度，提醒大众关注健康。于 2003 年 4 月 21 日，向国家卫生部率先捐款 100 万元，成为卫生部红榜上中国首家捐款抗击“非典”的企业。此后，蒙牛陆续向全国 30 个城市为医务工作者和消费大众捐款 900 万元，捐奶约折合 300 万元；“非典”后期，蒙牛又发出了“向人民教师送健康”的倡议，向全国 17 个城市的 125 万名教师，每人赠送牛奶一箱，总价值达 3000 万。

正是蒙牛的这些举动将蒙牛品牌与消费大众紧密地联系在一起。蒙牛在“非典”期间的公益行为，在社会上引起巨大的反响，蒙牛再一次成为媒体竞相追逐的焦点。

2003：搭乘“神五”一起腾飞——垄断资源

2003 年 4 月，蒙牛被确定为“中国航天员专用牛奶”，但是有条件限制的：这一信息在“神舟五号”载人飞船成功发射直到航天员顺利返回地面之前，不得对外宣传。对蒙牛来说“不鸣则已，一鸣惊人”，等限制解除的那一刻，就是“爆炸式”信息传播之时，对消费者来说更具冲击力。

蒙牛将口号定为“蒙牛牛奶，强壮中国人”，即体现蒙牛作为民族品牌为中国航天事业尽心尽力的表率，又为蒙牛牛奶作为“航天员专用牛奶”做宣传；另一口号“举起你的右手，为中国喝彩”同“蒙牛牛奶，强壮中国人”的品牌信息紧密结合，由此树立起一个具有民族内涵的品牌形象，从而提升蒙牛的品牌魅力，扩大了品牌的知名度，升华了品牌的美誉度。

2003年10月16日早上7点“神舟五号”一落地，门户网站第一时间出现了蒙牛的广告，9点左右蒙牛在中央电视台的广告成功启动。蒙牛的所有户外广告作了四个版本：女性版、男性版、儿童版、老人版，同时，印有“中国航天员专用牛奶”标志的蒙牛牛奶相继出现在全国的各大卖场。“蒙牛牛奶，强壮中国人”和“蒙牛牛奶，航天员专用牛奶”的口号，仿佛一夜间充斥着整个城市的大街小巷；杨利伟和蒙牛都吸引了所有媒体的注意，可以说蒙牛这一次赚足了社会公众的眼球。从2004年1月起，蒙牛液体奶销量已经连续30个月居全国奶类销量之冠。

2004：蒙牛为奥运健儿“加奶”——竞争升华

蒙牛在2004年春天又牵手奥运冠军。在蒙牛的努力下，国家体育总局训练局选定蒙牛乳品为“国家体育总局训练局运动员”的特供食品，蒙牛利用奥运冠军又进一步提升了蒙牛品牌的形象。

2005年4月12日，奥运冠军张军、李娜、张怡宁、罗玉通等出席了新闻发布会，会议现场将配置的“牛奶套餐”送到了每一位国家运动员的手中，大家一起喝下蒙牛牛奶。蒙牛老总牛根生现场作了《平时加杯奶，赛时更精彩》的主题演讲。蒙牛的这些行为是从消费者的心智出发，让运动员多喝牛奶，为中国夺得更好的成绩；更深层次的目的是提醒消费大众多喝牛奶，强健身体。此后，上百家媒体陆续刊登了奥运冠军与世界杯冠军“示饮”蒙牛牛奶的场面。

从此，蒙牛产品成为中国运动员每天必不可少的食品，其宣传成为其拉动销售的有力武器。让消费者对蒙牛产品品质产生信赖感，从心底对蒙牛产生了一种崇敬，“支持奥运、支持奥运健儿就选蒙牛”的心理暗示为蒙牛带来了可观的销售量并赢得了消费者的好感。

2006：响应总理号召全国捐奶——持续升级

2006年4月份，温家宝总理在重庆考察时说：“我有一个梦想，让每个中国人，首先是孩子，每天都能喝上一斤奶。”这实际体现了温总理对全国人民身体健康状况的关心，希望中国人的饮奶习惯普及化，让人们更多地摄取牛奶、增加营养，强壮人们的身体素质。

蒙牛首先响应国家领导号召，提出“每天一斤奶强壮中国人”的口号，在全国范围内进行了有史以来最大的一次捐奶助学工程，蒙牛给全国为500所贫困学校的贫困学生免费提供一年的牛奶，折合人民币上亿元。蒙牛连同政府部门、科研机构、行业协会一起创造一个中国健康史的里程碑。

蒙牛从诞生开始就把自己定位为西北最大的造饭碗机器，而非赚钱的机器。蒙牛拥有员工6000多人，辐射百万农民，影响着上亿消费者，目光深邃的蒙牛正是基于公益行为之上，才得以使企业形象在消费者心中如此的根深蒂固。拥有与人类精神文明相符合的企业宗旨，企业才能左右逢源，在公益营销平台上所向披靡，使企业常青不衰。（笔者有删节）

蒙牛集团从创建以来，一直努力践行着中国当代民族企业的使命和义务，一直致力于建立与社会、公众的良好的互动关系，将企业的公众形象树立在品德与责任感之上，扎根于社会、服务社会公众，赢得了公众的信任和社会的认可。

（2）企业公众形象的问题

尽管许多优秀的企业一直致力于建立良好的公众形象，承担起社会责任和民族使命，努力提升企业的竞争力和信任度，我们的企业仍然存在着一些这样或那样的问题，需要提高警惕，加强危机意识，以自省的态度去面对问题、解决问题。

——中国企业缺乏社会责任意识，漠视商业精神。

以自给自足的农业经济为基础的中国社会将中国的传统文化与商业文明从根本上隔离。“家庭就是中国人的社会”，这种传统文化的根深蒂固的影响使得中国的经济伦理思想缺失根本的商业精神。①

——宏观管理体制不健全，难以约束企业的经济行为。

由于整个市场化体制改革尚不完善，缺乏法律和制度约束，导致企业在生产和经营过程中会出现一些无视社会责任的行为，如浪费资源、污染环境等。

——微观制度不健全，企业社会责任难以履行。

由于目前国内大多数企业仍处于发展生产、追求利润的阶段，这就使得企业在生产经营过程中仍将生产和销售环节作为重点。很多企业认为只要能纳税就是尽到了责任，而忽略了企业社会责任的重要方面。因为认识不够，造成了很多企业的社会责任问题层出不穷，普遍存在着的劳动合同不规范、工作环境恶劣、生产假冒伪劣产品、污染环境等问题。产生这些问题的深层次原因，都与企业改革特别是产权制度改革不彻底，自我约束能力和自主创新能力不强，以及管理体制落后有关。

——企业公众形象缺乏有力监督。

政府部门普遍存在多头管理的体制，导致工作效率低下，管理成本高。而且增加部门之间的协调成本，从而影响最终的监管效力。作为行业协会和业界权威机构，也缺乏合理合法的规章制度对企业进行监管。

---

① 刘京：《2006年中国企业公众形象报告》，最佳企业公众形象评委会

——法律体系不健全，使企业公众形象建设缺乏保障。

西方国家已经出台了一些关于企业树立公众形象方面的法律规章以及对企业应负责任的一些规范，如ISO9000、ISO14000这些制度都是规范企业经营管理的一些标准。我国目前也有规范企业社会责任的标准，但是还没有进入法律程序，还没有进入到绝对规范的地步。①

2. 企业公众形象认知与公共关系

企业公众形象建立与企业公共关系能力是紧密相关的。管理学理论认为，现代企业公众形象建设最突出的趋势就是企业社会责任在全社会的兴起与关注。这从本质上讲，就是企业公共关系能力的构建。②

我们可以这样理解：建立现代企业形象必须依靠公共关系来实现。通过企业公众形象的建立，提升企业公共关系能力是未来企业发展的重要方面。

两者的联系在于：企业公众形象注重的是公众对企业的评价；企业公关注重的是企业行为的整合，目的在于组织有效的活动形式来塑造企业公众形象。

（1）企业公众形象是企业公关的目标，良好的公众形象是使企业取得良好的公关效果的基础。

（2）企业公关是企业公众形象的外在表现，企业公关处处体现着企业形象核心——企业的价值观念。“企业公关”与“企业形象”就是在企业价值观的指导下统一的。

企业公众形象的建立与企业公共关系的不同点：

（1）层次不同。企业公共关系属管理实践范畴，强调的是行为的有机组合和有效实施，操作性强。企业公众形象认知属思想理念范畴，要在公众心智中培养出对企业的认同和好感，要求层次更高，操作系统复杂。

（2）实施者不同。企业公关的实施者主要是专门负责公关的职能部门和公关专业人员。企业公众形象的实施者是企业全体人员，不仅仅是公关人员，也包括普通工人，每一个人都代表了企业的形象，甚至是没有生命的车间厂房。

（3）对象不同。企业公关的对象是企业内部、外部的各类公众，企业公众形象的唯一对象就是消费者，企业所服务的对象。

（4）重点不同。企业公关的重点是企业外部的公共关系，比较注重信誉、企业形象、双向信息交流以及各类公众关系的和谐发展。企业公众形象注重的是社会公众对一个企业的产品和服务的性价比、企业可靠性、企业承诺力和社会责任的综合认知和总体反应。

---

① 刘京：《2006年中国企业公众形象报告》，最佳企业公众形象评委会

② 丁家永：《从企业公众形象看公共关系能力的构建》，中国管理传播网

三、企业形象与网络传播

利用网络手段塑造良好的企业形象已经成为众多国内优秀企业采用的发展策略。今天，互联网带来新的商业模式，新的组织和新的服务。在国际上，通行的网络应用模式有许多种：

【资料链接】

国际通行的网络应用模式

（1）依靠网站广告获得收入——早期的互联网时代主要模式之一，要求网站访问量达到一定规模，人均访问量至少要在万级以上，如三大门户网站。

（2）与传统媒体行业的合作，通过网站的增值服务进行收费，例如：凤凰网提供的时事节目收费下载，互联星空的电影、电视节目收费。

（3）电子商务网站，B2C、B2B。网上销售，会员收费制，或交易额提成，如：当当网上书店、易趣网、阿里巴巴。

（4）互联网与电信行业的结合，提供短信、彩铃下载等服务。

（5）网络游戏，2003 年的中国互联网盈利增长点。

（6）搜索竞排、产品招商、分类网址和信息整合，付费推荐和抽成盈利。

（7）注册会员收费，提供与免费会员差异化的服务。

（8）使用即时消息发布广告，与短信结合收费，如：腾讯的 QQ。

（9）企业信息化服务：a. 帮助企业建设维护推广网站；b. 代理销售大公司的网络产品；c. 网络基础服务提供；d. 网络营销策划和搜索引擎优化的专业公司。

现在普遍存在的问题是，许多企业认为只要在因特网上建个网站，就算是走进了网络时代、信息社会。事实上这离真正的企业信息化还相差甚远。企业信息化的真正含义是“企业利用现代信息技术，有效地开发、利用和管理信息资源的过程”。美国有 60% 的小企业、80% 的中型企业、90% 以上的大企业已借助互联网广泛开展商务活动。①

国内企业要想利用网络传播建立企业形象，仅仅建立企业网站是不够的。在这个瞬息万变的信息时代，网络的力量不容忽视，利用网络塑造企业形象的最佳方法之一就是建立企业电子商务。

---

① 《入世催火企业上网，门户及域名注册商“乘虚而入”》［J/OL］. http：//tech. sina. com. cn/oldnews/2002-03-04. shtml

1. 建立企业电子商务

企业电子商务能够利用互联网建立企业在行业中的形象，可以满足企业在网上发布企业动态、行业信息的需求，还能够方便用户检索企业产品和浏览信息。企业电子商务网站有利于树立和提高企业形象，增强企业与客户之间的亲和力，提高企业对客户的服务水平及服务效率，同时大幅提高企业的信息化水平。

（1）企业电子商务有利于提升企业形象

——提供交互沟通的平台：提供在线沟通方式，交互性的提升极大地改善企业的办事效率和形象。

——提供宣传企业的空间：提供良好的实用的宣传功能，使企业能够自主发布信息树立良好的舆论形象。

——提供服务的窗口：以顾客为上帝，时刻为顾客服务。让顾客产生认同感是企业树立良好形象的立足点和归宿。

——提供实用性信息：电子商务网站要真正能够为用户带来实惠。不能为了建立企业形象把网站建得华丽而空泛，这样会适得其反。

（2）企业利用电子商务建立形象工程的几个原则

注重视觉效果的美观、简约，使网站的视觉形象定位更符合企业的形象定位要求，这一点非常重要。精美的视觉设计往往会起到吸引注意力的效果。网站的版位布置、色彩搭配、信息分类等都代表了企业的风格，第一印象至关重要。

保证网站的安全和运行效率，提供高质量的网络服务。网络传播的技术性要求比传统媒介要高，网站的运行畅通需要技术保证，如果无法提供令顾客满意的网络服务，会有损企业形象。

操作系统的设计以便捷为宗旨。要想展示企业的形象，并不意味着要依靠信息的大量堆积才能做到，关键在于用户能否在网站上轻松地找到想要的信息。方便快捷的操作能令用户产生好印象。

整个系统的功能要符合网上交易的实际需要。产品咨询、技术支持功能、信息检索功能、互动交流功能等功能要齐全。

（3）企业电子商务网站的版块

——信息发布功能

——信息采集

——信息处理：所有的操作都有权限控制，必须经过事先处理和授权，权限可以由管理员修改

——企业架构信息，主要是各分支机构的职能介绍、办公地址等

——完整的后台系统管理①

2. 利用网络建立企业形象识别系统

企业形象识别系统是英文“Corporate ldentity System”的中文翻译，简称CIS，包括三部分即MI（理念识别）、BI（行为识别）、VI（视觉识别）。上世纪50年代中期，美国IBM公司在其设计顾问：“透过一些设计来传达IBM的优点和特点，并使公司的设计在应用统一化”的倡导下，首先推行了CI设计。60年代初，美国一些大中型企业纷纷将能够完整树立和代表形象的具体要素作为一种企业经营战略，并希望它成为企业形象传播的有效手段。70年代CI理论引入日本，少数有远见的企业先行导入CI，并逐渐起到了效果。进入80年代，中国南方一些企业也开始了CI尝试。广东太阳神集团被认为是中国最早导入CIS的企业，通过视觉元素的展现，较好地体现了企业经营理念和经营风格。

企业形象识别系统包含了企业形象向各个领域渗透的整个宣传策略与措施，这种完整的规划与设计在经过相当长的一段时间后被人们广泛认知并正式冠以企业形象识别系统的名称。

企业形象识别系统为企业形象的塑造提供了科学的实施步骤和组织方案。因为企业形象已经成为企业不可或缺的重要的无形资产，建立企业形象识别系统也成为许多企业的长期战略。

以宏碁集团acer为例，介绍一下如何利用网络建立企业的形象识别系统。

【案例链接】

宏碁集团acer网络形象识别系统②

宏碁集团acer在发布全新的企业形象时，就充分运用了网络手段来推广新商标，建立企业新形象。首先，宏碁集团acer根据新企业形象的设计精神，对企业集团的网站进行了全面的改版，由于宏碁集团acer机构庞大，分支公司众多，企业网站数不胜数，因此，第一阶段以集团网站www. acer. com为主要的新CI推广核心，而后在半年内将集团旗下各个公司的网站按照集团网站www. acer. com的形象架构进行了全面的升级。新设立的集团网站www. acer. com作为集团的企业门户网站，充分体现了新CI的设计精髓，采用标准色墨绿色为主要色彩，采用与新acer字体造型一致的弧形为Web页面的基本架构，同时，在内容规划上专设了新CI的频道，放置了关于新CI的各种信息，关于新CI的背景、集团的CI

---

① 方可：《电子商务解决方案》，http：//www. hzcan. com

② 《如何运用网络发布新CI企业形象》，西部广告网，http：//www. caichen. net/ad

历史、有关集团新CI的问答新闻稿等等应有尽有，此外，宏碁新商标网站除了影像特区有丰富的新Logo相关图像之外，还包含动画制作的屏幕保护程序、桌布，以及董事长施振荣中英文演说内容，均可下载。

其次，在新商标的推广上，宏碁相继在全球据点举办新商标发布的活动，各类现场活动的照片以及新商标在世界各地各种场合的使用状况，很快地就通过网络汇总到集团新网站中集中发布，宏碁全球各地的员工、供应商及客户均可通过宏碁的集团网站了解到新商标在世界各地的推广情况，与世界同步分享宏碁的揭布。现场实地活动与虚拟网络结合，使企业新CI的发布更加深入人心，激起企业员工的无限创新激情。

其三，宏碁积极展开网络行销，运用各种网络传播技巧传达企业导入新CI更新LOGO的信息。在新商标发布之前8天，宏碁企业网站首页即出现倒数计时图像，点选后跳出一个新窗口，预告3月8日将有新的讯息与各界分享，以引起大众的注意。8日当天，宏碁旗下的所有企业网站宏科、宏碁戏谷等均发布横幅广告，点选连接新商标网站，正式对外宣告宏碁新商标诞生。除企业自有网站外，宏碁也在访问量大的奇摩、番薯藤、中时网站与PC Home等主要门户网站刊登横幅广告，广而告知新商标。新商标正式发布后，3月15日到4月底宏碁集团旗下的宏碁科技公司在自身网站以宏碁新商标为主题，针对各网络族群，设计不同的有奖问答活动，并以发电子报的方式，将活动讯息告知宏碁俱乐部将近40万会员，为宏碁新商标造势。

在经历了集团形象更新的网络行销战役后，宏碁最近推广“微巨服务”电子化服务的新业务上就显得得心应手。同样的，这次“微巨服务”的推出也是宏碁新CI旗下一个重要的品牌塑造。

第五节 网络公共关系与整合营销传播

本节将对整合营销传播含义的演变、意义、模式、步骤进行阐释，并对整合营销传播与公共关系、网络整合营销传播作初步探讨。

一、整合营销传播概述

1. 整合营销传播的含义

整合营销传播（Integrated Marketing Communications，IMC）这一观点是在20世纪80年代中期由美国营销大师唐·舒尔茨提出和发展的。IMC的核心思想是：以整合企业内外部所有资源为手段，再造企业的生产行为与市场行为，充分调动一切积极因素以实现企业统一的传播目标。IMC 从广告心理学入手，强调与顾客进行多方面的接触，并通过接触点向消费者传播一致的清晰的企业形象。①

整合营销传播是指企业在经营活动过程中，以由外而内（Outside-in）战略观点为基础，为了与利害关系者（Stakeholders & Interest Groups）进行有效的沟通，以营销传播管理者为主体所展开的传播战略。即为了对消费者、员工、投资者、竞争对手等直接利害关系者（Interest Groups）和社区、大众媒体、政府、各种社会团体等间接利害关系者（Stakeholders）进行密切、有机的传播活动，营销传播管理者应该了解他们的需求，并反映到企业经营战略中，持续、一贯地提出合适的对策。为此，应首先决定符合企业实情的各种传播手段和方法的优先次序，通过计划、调整、控制等管理过程，有效地、阶段性地整合诸多企业传播活动。

整合营销理论创始人之一、美国学者舒尔茨早期对整合营销传播的定义是："整合营销传播是一个业务战略过程，它是指制定、优化、执行并评价协调的、可测度的、有说服力的品牌传播计划，这些活动的受众包括消费者、顾客、潜在顾客、内部和外部受众及其他目标。"强调整合营销是"以消费者为核心重组企业行为和市场行为，综合协调地使用各种形式的传播方式，以统一的目标和统一的传播形象，传递一致的产品信息，实现与消费者的双向沟通，迅速树立产品品牌在消费者心目中的地位，建立产品品牌与消费者长期密切的关系，更有效地达到广告传播和产品行销的目的"。

在早期对整合营销传播界定的基础上，近年来舒尔茨又对整合营销的含义做了进一步的完善和发展，提出"整合营销就是一种适合于所有企业中信息传播及内部沟通的管理体制，而这种传播与沟通就是尽可能与其潜在的客户和其他一些公共群体（如雇员、立法者、媒体和金融团体）保持一种良好的、积极的关系。"② 整合营销传播，简而言之，就是"用一种声音说话"。

2. 整合营销传播的意义

整合营销传播的含义一直在演变，但始终保持着"用一种声音说话"的原则。剖析整合营销传播的演变史，我们可以发现：

第一，整合营销是企业发展战略的重要部分，不仅是在新时代提出的管理思想和管理理念，代表着企业真正地从生产为核心向以营销为核心的方向转变，也是一种管理体制和管理手段。

---

① 冯智杰：《互联网整合营销传播实施战略浅析》，网络营销教学网站 www. wm23. com

② 董雅丽、陶李：《整合营销传播的含义及其演变》，网络营销教学网站 www. wm23. com

第二，整合营销归根结底是一种营销理念和营销模式，是一种将企业的一切营销和传播活动，如广告、公关、促销等手段统一整合，发挥不同传播工具的优势，以顾客价值为导向进行交互沟通的营销方式。“用一种声音说话”的整合方式增强了企业形象的一致性和完整性。

整合营销传播对企业、社会和消费者都带来了深远的影响，这种综合化的营销理念改变了市场营销的固有观念和陈旧模式，为企业和相关对象带来新生。

第一，有利于建立企业形象。整合营销传播使企业的发布信息更为协调一致。整合各种传播手段表达同一种观念，体现一致的企业宗旨和理念，有利于建立有影响力的企业形象。

第二，有利于提升企业的销售额。整合营销从根本上改变了旧有的销售模式，将分散的资源整合起来统一利用，提升了企业的整体效益。这一方面能够保证向消费者传达的信息都真实而且一致，使消费者对企业的多种营销手段产生认同；另一方面能够保证阶段性的销售效果不断积累，从而长期保持销售额的稳定积累。

第三，有利于提升企业的综合管理能力。实行整合营销传播需要企业调整内部组织机构和管理机构，通过这些调整不仅提升了工作效率和员工之间的协调性，更有利于提升企业的综合管理能力，协调企业的营销行为。

第四，有利于提升消费者的认同感。企业不仅要满足消费者的物质需求还要满足其心理需求。在这个产品同质化倾向日益严重的消费环境中，消费者对产品的认同取决于对产品信息的衡量。整合营销传播能够向消费者传递丰富的产品信息，包括企业信息，保证了企业和消费者之间的信息沟通，有利于消费者对产品和企业产生认同感。

第五，有利于服务水平的提高。整合营销传播的实施对企业的公关关系活动、广告活动都会产生影响，进而影响企业的公众形象和服务水平。

3. 整合营销的模式

传统的营销模式就是4P：以价格（Price）为核心的营销模式、以产品（Product）为核心的营销模式、以渠道（Place）为核心的营销模式、以促销（Promotion）为核心的营销模式。整合营销的模式可以从横向和纵向两个方面进行划分。

（1）横向整合

——信息整合

所有媒体传达的信息都将发送给消费者，媒体信息的多样性易导致产品信息的复杂性。采用何种媒体、以什么样的形式传递都需要企业来进行一元化整合，才能达成一致的传播效果。

——传播工具整合

广告、公关、促销、人员推销等都借助媒体向消费者传递信息。将传播工具整合重组，充分发挥各种宣传媒体的优势，能够产生“1+1>2”的效果。

——对消费者目标群体的整合

舒尔茨主张用“忠诚度”把消费者区分为本品牌的忠诚者、其他品牌的忠诚者和游离群。每一类受众都有消费需求，企业要针对不同的目标客户制定不同策略，就是细分消费者市场，来满足这些小团体的需求。这才是真正的整合策略。

——接触管理

舒尔茨认为“接触”是能够将品牌、产品类别和任何与市场相关的信息传递给消费者或潜在消费者的过程与经验。他认为，每个接触都是传播工具。接触管理就是使可控的有利传播得到强化，从而使消费者建立、强化对产品的认知。

（2）纵向整合

——营销中不同阶段的整合

营销是一个动态的过程，一直在变化、在运动。从一开始制定营销策略、组合营销方案到后来的树立品牌、维护品牌，需要的是持续性的投资和战略。整合营销传播贯穿于产品品牌与消费者的整个接触过程，要使消费者无论何时何地遇到这个品牌，都能将其与企业形象重合到一起。

——与消费者和潜在消费者的发展关系的整合

与消费者的关系就是指消费者对品牌的忠诚度的问题。随着消费者对产品品牌的认可，消费者的忠诚度也会随之上升。在不同的阶段要采取不同的策略，目的就是稳定消费者的心态，增加他们对产品的信任。

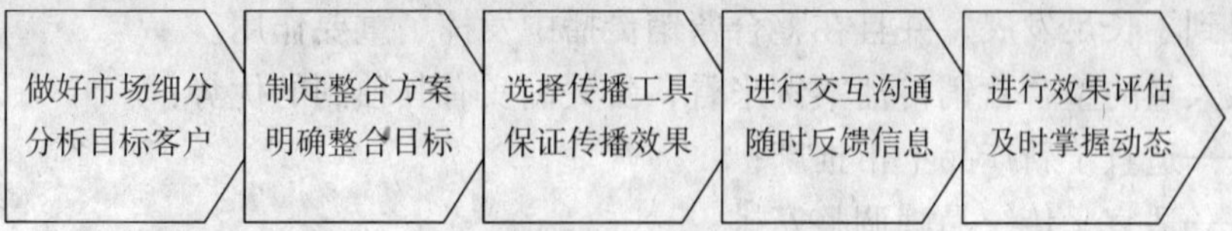

图7-7

4. 整合营销传播的实施

第一步，做好市场细分，分析目标客户。顾客总是多种多样的，俗话说“一千个读者就有一千个哈姆雷特”，不同顾客对产品的态度也不会完全一致。掌握用户心理是一切营销工作的前提。作为整合营销传播策略的关键环节，目标客户对企业的认识基本上来源于广告等传播工作的宣传，像电子邮件广告或者网络营销活动等。通过对传播效果的分析可以了解不同目标用户的偏好和关注程度。

第二步，制定整合方案，明确整合目标。这是关键性一步，确保整合营销传播策略的清晰统一可以保证营销效果。在信息爆炸的网络时代，同时传递过多的信息，会削弱到达效果。制定目标明确的统一的整合方案，对企业来讲意义重大。

第三步，选择传播工具，保证传播效果。选择适合企业营销策略的传播工具，保证针对性强，宣传力度大。如开发化妆品市场，主要针对年轻的爱美女士，适宜在时尚杂志、女性杂志、美容网站多做宣传。传播受众比较集中，传播的范围比较小，传播的效果也比较显著。

第四步，进行交互沟通，随时反馈信息。沟通是传播活动的基础，交互性沟通尤为重要。与客户保持联系，将得到的客户反映保存到数据库，对顾客的疑问及时解答，有利于整合营销的成功。

第五步，进行效果评估，及时掌握动态。尽管以点击率的计算来评估效果还无法得到绝对的认可，但仍不失为一种可以参考的数据。随着整合营销的进程推移，效果需要时时测定用来取得下一步方案的依据，并且要有前瞻性和全局性。

二、整合营销传播与公共关系

1. 公关在整合营销传播中的作用

国际营销大师里斯（Al Ries）阐述了他对于公关在整合营销传播中的看法——“任何新的整合营销方案应该从宣传着手，唯有在达成公关活动目标后，才能转向广告等其他传播活动；公关宣传能够提供信誉，进而在广告中创造可信度；在效果上公关着重逐步加强，信息传递充分，费用合适，而且影响深远。”在他的《广告已死公关崛起》一书中，他强调了公关的重要作用，把公关排在了广告之前。且不论他的个人观点是否会引起质疑，公共关系的作用在当今社会确实得到了长足发展，并且在整合营销传播中发挥了重要作用。

从大量的整合营销传播案例来看，公关确实有其独到的优势：

——适宜于新产品上市推广；

——适宜于传统品牌调整安排；

——适宜于深入传播理性层面的消费品。

这些优势关键在于公关在传播上的客观权威、新闻效应和传播隐蔽性的特点，以及与目标消费者达到良好互动沟通将带来令人欣悦的厚报。[①]

2. 公关在整合营销传播中的现实地位

某国内著名家电企业的市场总监表示：“我们内部已经不再争论终端沟通在家电行业的核心地位，当然，公关也是非常重要的手段，但我们认为它是贯穿整

① 叶建南：《整合营销传播环境中公关的递进》，品牌几何网站

合营销中的，并不是一项单独的工作。事实上，整个营销工作的各个环节，包括：品牌的定位识别、广告传播、终端沟通等工作均应该贯穿公关的意识，只有这样才能将公关策略更好地融入到营销过程中。”①

目前的业内情况是，国内的公关行业尚待成熟，难以取代国际 4A 广告公司承担整合营销的策略中心角色。尽管公共关系的重要性贯穿到企业行为的各个方面，但仍旧没有在整合营销传播中占据重要地位。

对此，上海君策公关公司总经理屈红林认为：在国外，公关公司更多扮演媒介与企业之间的桥梁角色，通过公关公司的专业服务，企业可以比较放心地和媒体互动，而媒体也有了高质量的素材来源，这种互为依托的关系与本土公关公司有很大的不同。大部分国际公关公司有一个强大的控股机构，这些机构还拥有市场研究公司、广告公司、媒介管理公司等专业公司，形成了完善的专业服务体系，这使他们不仅比较擅长高端业务，也比较容易与国际大客户沟通。另一方面，本土公关公司的创办者很多都来自新闻界，这使他们拥有天然的媒介资源，媒介的优势和对本土消费者的了解是本土公关公司经常强调的优势。也许正是因为拥有这些“优势”，不少本土公关公司在自身专业服务能力的战略思考上明显不足。比如，在制定营销公关方案时，对客户的品牌策略、媒介投资组合、线下终端支持系统缺乏研究，很难将公关策略提升到整体营销策略的层面来讨论。在企业传播领域，不少财经公关公司对企业的战略、价值链定位、财务绩效等基础问题缺乏策略咨询能力，导致其逐渐沦为对高端客户与高端业务领域都缺乏管理能力的活动发布与执行机构。

据此可见，公关不是单纯的营销活动，也不是剥离出来的整合营销传播的一个环节，它一直贯穿于整个营销过程，只有将公关与其他营销手段结合起来，才能发挥整合的优势。

三、网络整合营销传播

1. 含义

伴随网络广告、Web2.0、博客等网络资源的日益丰富，很多传统的产业和名词都纷纷试水网络世界，冠上网络前缀。网络整合营销是一个新名词，整合营销传播冠上前缀“网络”，代表了这个新名词的范畴是“网络中”，性质是“网络的”。网络整合营销传播可以理解为“网络/整合营销”，就是指利用网络进行的营销手段的整合。网易市场销售高级副总裁胡智琴指出，“网络媒体的真正价

① 上海君策公关公司：《任重道远——公关在整合营销传播中地位的提高》，品牌几何网站．http：//swordi. com/brandvista/pr/prjunce. htm

值，在于它不仅提供了一个全新的市场营销渠道，而且这个渠道细分后，又可以形成更多不同的营销途径，让今天已经难以突破的传统市场营销格局有了崭新的组合方式。”

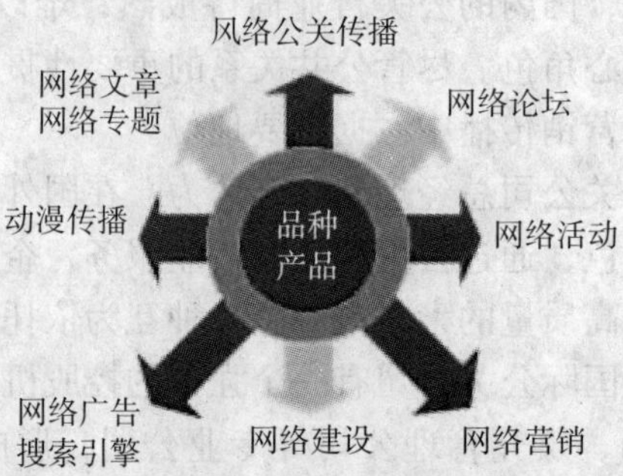

图7-8 网络整合营销体系的五大策略

（资料来源：有效营销网 http：//www.em-cn.com/）

2. 网络整合营销体系五大策略

——网络广告

网络整合营销策略之首。大多数企业对此已经运用得非常频繁，网络广告作为吸引眼球、提升销售的有效工具之一，在网络整合营销中也发挥着重要作用。

——网络公关传播

网络公关传播涉及了网络新闻发布、网络信息控制、网络活动策划等多方面内容。为了获得受众群体的高关注度，企业应该加大在策划选题上的力度。网络新闻的持续发布能保证传播效果，网络专题活动的推行能提升企业知名度，还可以利用论坛、新闻组的传播力量来维护企业形象。网络公关是网络整合营销的重要一环。

——网络营销

网络营销方法对企业来说，普遍适用，投入大小皆宜，而且效果显著。网络营销的内容包括网站推广、网络品牌、信息发布、在线调研、顾客服务、销售渠道等。通过网络营销建立快速、畅通的营销渠道，有利于搭建企业的网络整合营销平台。例如利用网上商城进行商品交易已经成为众多商家认可的方式，这种零库存的销售方式，没有店面费用，没有物流费用，所产生的价值和意义随着网络的应用，会越来越广泛。

——网络动漫传播

作为网络整合营销的有效传播方式，动漫传播因其娱乐性和趣味性而深受大众的喜爱，这种传播方式在对企业的信息传播中容易让受众接受，让他们在娱乐的同时自觉地接受了产品的信息。目前已经被越来越多的企业所使用。

——网络活动

形形色色的网络活动已经被各个企业广泛应用，例如网络选秀、网络抽奖、网络征文。因为网络活动涉及营销、公关领域的全过程，因此需要建立长远的规划和详细的实施方案。①

3. 在互联网上实施整合营销传播策略的优劣分析

(1) 网络整合营销对企业的正面影响

a. 有利于了解消费者。网络用户的注册信息都能够被企业掌握，方便企业对消费者有更直观的了解。网络点击率可以通过软件轻松计算。利用网络进行交易的相关数据都可以在记录中保存。得益于网络技术，企业有条件对消费者信息掌握得更全面、更客观。

b. 有利于吸引潜在消费者关注。网络信息的丰富和快捷能够吸引很多有消费能力的潜在用户。网络营销手段的多样性可以满足不同消费群体的需求，使潜在用户上升为忠诚用户。

c. 有利于实施一对一营销。利用电子邮件发送网络广告，利用网络论坛进行网络推销，网络的富媒体技术帮助企业建立一对一的营销模式，使营销更有针对性，减少盲目性。

d. 有利于综合利用网络传播工具。电子报纸、网络广告、电子商务都具有互动性强、传播范围广、成本低、效率高、受众数量易统计的优点，都是非常好的网络营销传播工具。

e. 有利于节约成本，达到事半功倍的效果。网络信息的“二次传播”性为企业的宣传节约了成本，网络信息的复制性帮助企业做了免费推广，有利于整合营销传播战略的成功实施。

由此可见，在互联网上运用整合营销传播所具有的优势很大，但是，利用网络进行整合营销也不是稳赚不赔的方式，毕竟网络不同于传统媒体，还需要进一步探索。

(2) 网络整合营销对企业的负面影响

网络信息的诚信度不高，容易产生网络信任危机。网络受众自主选择的空间比传统受众要大，受众可以选择点击浏览也可以选择略过，网络整合营销更需要下功夫了解网络用户心理，才能赢得用户的青睐，从而主动关注。这也对企业的产品口碑和服务质量提出了更高的要求。

网络传播技术性要求高，只有充分了解网络特性才能充分利用网络优势。

① 《朝华数码网络整合营销传播》，中国咨询策划网

第八章 网络公共关系策略领域

【本章提要】现代公共关系诞生已有百年历史，在此期间，伴随着社会的进步，经济的发展和科技的日新月异，公共关系在社会生活中发挥着越来越重要的作用，成为社会组织和谐运转的“润滑剂”，甚至作为一种意识和社会文化深入到社会生活的各个层面。

公共关系在促进社会进步的同时，自身也在不断地发展丰富，公共关系的应用范围和策略领域不断拓展，传统的公共关系（指通过报纸、广播、电视等传统的大众传播媒介所进行的公共关系传播）逐渐与网络公共关系整合，呈现出一系列新的特点。本章节将从实践角度介绍现代公共关系的主要策略领域，及网络时代下公共关系策略的新发展。

第一节 现代公共关系的策略领域

一、公共关系出版物策略

公共关系出版物指的是以塑造企业形象，提高企业的知名度、美誉度与和谐度为目标，在组织的控制下编辑制作的，以传播沟通为手段的书面或视听的公共关系传播媒体出版物。

自从现代公共关系诞生以来，最传统和最有力的公共关系手段便是利用公关出版物为组织宣扬观点，促进了解，争取支持。早期典型的案例是美国哈佛大学成立五周年时，为了解决经费拮据的问题，派了三个牧师外出进行游说活动。为了使游说便于开展，就印制了一本名为《新英格兰的第一个成果》的宣传册散发，所以时至今日还有人把公共关系人员说成是“带回哈佛回音的人”。

早期的公共关系出版物以报纸、杂志为主要形式，随着现代技术的发展，公共关系宣传可采用的手段越来越多，组织出版物的形式也日趋多样化。其主要类型有组织内部刊物、组织外部刊物、公关手册和书籍、视听出版物和电子出版物等等。

1. 公共关系出版物的类型

(1) 组织刊物

组织刊物是指组织定期或不定期发行的印刷品传播媒介。由于组织刊物具有轻便性和可保存性，可以带到各处去阅读和传阅，因而有其特殊的宣传优势，是最常见的公共关系出版物，按其目标受众可分为：一是针对内部员工和支持者的组织内部刊物；二是针对组织外部公众的对外刊物；三是既可对内又可对外的刊物。其表现形式多样，主要有以下几种：

组织报纸是最常见的组织公关刊物，类似于一张小型报纸，通常由组织新闻报道、内外部消息、与组织利益相关的信息、问题阐释、读者互动版块和图片组成。一般定期出版，向内外部公众传递组织最新的动态信息，传达组织的观点、引导公众对组织的正确理解，在促进企业构建内外部和谐环境方面发挥重要作用。我国大型企业和机关团体一般都拥有自己的组织报纸，例如奇瑞汽车公司的《奇瑞人》，万科房地产开发有限公司的《万科周刊》等等。

组织杂志是组织公关刊物中成本较高的一种媒介，但是由于杂志媒介较高的印刷质量和更为美观的视觉效果，其表现力更为丰富，更能体现组织的实力和形象，也被众多大型企业采用。它的出版周期较长，有月刊、双月刊和季刊等。内容多为综合性的，增加了娱乐性，吸引受众阅读，一般采取定向投递或在特定场合免费借阅的形式。

业务通讯是一种成本低廉、出版迅速、编辑方便的组织公关刊物，由于其可以针对组织运营过程中出现的问题和重要事件，及时地与各种利益相关人联络沟通，成为企业内外部信息沟通网络的重要组成部分，而被广泛采用。

(2) 公关手册和书籍

为了便于公共关系活动的开展，组织经常编辑出版一系列的公关手册，包括：针对全部公众的组织综合性宣传手册，针对外部公众的产品及使用手册，针对内部公众的企业运营年度报表手册，针对新近员工的企业培训手册等等。一些非盈利性组织还会出版一些科普性质的宣传手册，如环保组织的绿色节能手册等。

书籍一般是介绍组织历史、组织文化、经营管理经验、组织传奇人物传记等，例如《麦当劳大学》、《沃尔玛打造“零售帝国”的44个奥秘》、《再靠近一点看宝洁》等。

但是由于书籍和手册的出版周期较长，内容相对固定，成本较高，不能取代组织报纸杂志这类具有时效性、灵活性、便利性的公关传播方式。

（3）视听出版物

由于视听媒介弥补了传统印刷媒介冲击力、表现力不足的缺憾，以身临其境的现场感打动各类受众，近年来，越来越多的企业开始采用视听媒介作为企业公关宣传的手段。

最常见的视听出版物形式有：幻灯片、组织宣传片、专题纪录片、影视艺术片和组织宣传歌曲。幻灯片是最早的视听宣传工具，它成本低廉、制作简便、使用方便、灵活多变，可配合各种公关演讲、社区宣传、知识普及等公关活动，是一种久用不衰的宣传辅助工具。

组织宣传片、专题纪录片和影视艺术片公关宣传效果显著但价格高昂，需请专业人士根据主题要求摄制，拍摄成本和人力成本都是所有公关出版物中最高的，但其直观的表现形式、强烈的视觉冲击力、不可抵挡的传播魅力和多种使用途径，使得许多企业依然趋之若骛，成为流行的公关传播形式。

企业宣传歌曲通过优美的音乐展示组织的文化和风采，可以增强组织内部公众的自豪感和荣誉感，增强组织的内聚力，同时在对外宣传中以柔性的音乐加强外部公众对企业的印象，提升公众的好感度，因而也是公关传播有力的形式之一。

（4）电子出版物

电子出版物指的是集文本、视频、声频、图形、图像于一体的大容量的多媒体电子出版物。电子出版物是将文字、声音、图形、图像等信息以数字代码方式存储在各种介质上，通过计算机或类似功能的设备“阅读”、使用并公开出版发行的大众传播媒体。一般电子出版物具有丰富的文字、图形、图像、动画等生动表现和快速检索及查询方式，小体积、大容量的信息保存，信息内容更新快、获取快、传播快、质量高。

互联网的普及催生出新传播方式，组织通过互联网络可以有效地建立起新的信息交流沟通平台，整合传统的公关传播手段，使公共关系的传播更加具备系统性、整合性、双向互动性。组织可以拥有自己的网站，发布电子出版物，如电子邮件、电子论坛、博客等等，为受众深入了解组织提供了更为畅通的渠道，电子出版物以其个性化、容量无限、“声色俱佳”、双向互动的特质成为公关宣传的新宠，标志着网络公共关系时代到来。如何充分利用电子出版物，在本章第二节中将更为详尽地介绍。

2. 公共关系出版物的特点

与其他公关传播手段相比，公共关系出版物的特点如下：

——公共关系出版物是组织自行控制的传播工具。

其他公关传播工具或多或少要受到组织以外力量的影响，如新闻信息传播必须借助新闻媒介的力量，而公共关系出版物从传播主题到内容形式的选择完全由组织决定，传播的主动权掌控在组织手里，因而它能有效地配合组织各阶段的公关目标，进行系统的、有序的、自主的公关信息传播。

——公共关系出版物是一种经常性的传播组织信息的工具。

公关出版物一般为经常性的传播沟通媒介，能持续不断的发布组织信息，而且组织能自行控制公关出版物的版面和发行时间，有充足的版面和时间来全面深入地介绍组织的各方面信息，是组织不可缺少的日常性公关传播工具。

——公共关系出版物受众明确。

公共关系出版物的受众明确，具有很强的针对性，如针对内部公众或外部公众，股东或供应商等等，甚至可以根据特定人群定向投递，以达到最好的传播效果。

二、公共关系新闻策略

对于新近发生事实的报道，我们都可以称之为“新闻”。具体说来，新闻传播活动指的是专业记者将新近发生的具有新闻价值的事实，编写成规范的新闻稿件并通过具有新闻发布资格的大众传播媒介传播出去，满足受众的信息需求。而公共关系新闻，顾名思义，是具有公共关系价值的新闻传播活动，即与特定社会组织相关的具有公关价值和新闻价值的新近发生的事实。

1. 公共关系新闻的主要内容和类型

一则公共关系事件希望引起新闻媒介的关注，成为有利于社会组织形象塑造的公共关系新闻，就必须具备一定的新闻价值，其新闻价值的体现主要有以下几个方面：

——社会组织自身的突破性事件。社会组织的新发展、新发明、新技术的应用，重大人事变动、新的福利政策、创新性产品和服务的推出等等。

——社会组织机构的特别活动。如，举办各种展览会议、新品推介会、开放参观、对外交流、纪念活动、文体活动等。

——与公众利益相关的活动。涉及公众利益才能吸引社会公众的兴趣，从而具有新闻价值。如组织参与的公益慈善事业、社会捐助、社会服务项目等。介绍社会组织的产品和服务，使得社会公众能够更好地利用这些产品和服务，获取更优质的生活。

——社会组织的启示或声明。在社会组织公共关系状态良好的时候，发布对组织的运营有利的信息，使公众尽可能地了解组织的正面信息，争取政府部门及社会各界对组织发展的支持。在遭遇公关危机时，发出组织正面的声音，消除误解，表明态度，以期顺利度过危机。

关于组织的新闻，按其产生的不同，可以分为两大类：

第一种是自然发生的可以吸引新闻媒介报道的新闻。

这一类的新闻有时候对社会组织有利，如社会组织的新发明、新突破，组织有社会影响力的重大正面事件的发生等，新闻媒介的报道会宣扬正面信息，提升社会组织的知名度、美誉度；在社会组织发生重大事故、纠纷的危急时刻，负面新闻也会雪上加霜，在此时，公共关系人员要密切关注新闻报道，提供权威的信息发布渠道，避免小道消息和谣言的产生与扩散，尽量挽回组织声誉，平息风波。

第二种是社会组织为达到特定目标而策划的新闻事件。

新闻资源对于组织来说是珍贵的稀缺资源，社会组织凭借自然发生的事件很难经常性地出现在新闻版面上。如何争取权威客观的新闻媒介宣传本组织的新闻呢？公共关系人员有时会以创造性思维精心策划并有意促成某类具有新闻价值的事件的发生，使组织成为新闻报道中的主角，如举办社会公益活动，发起某项倡议，举办竞赛或文体活动，社会赞助，借助名人效应，热点移用等等，以达到提升组织知名度、美誉度、和谐度的目的。

2. 公共关系新闻的主要特点和职能

公共关系新闻和其他公关活动相比较，有以下突出的特点：

——客观性：公共关系新闻传播活动所传播的内容是经过第三者——新闻媒介所公布出来的。这种由第三者站在更为客观的立场上进行的报道，比本组织自己发出的声音更让人信服，因而具有更好的传播效果。

——新鲜性：新鲜性是新闻传播的必然要求，只有组织新近发生的事实才能引起新闻界的关注，企业的“旧闻”不能形成公关新闻的事实来源。公共关系人员要在第一时间把组织的新举措、新发展、新活动、新政策、新业绩等信息传递给新闻媒介。

——权威性：新闻媒体作为人民的喉舌，具有地位赋予的特殊功能，会在无形中强化新闻信息的权威性。新闻媒体的影响力巨大，甚至在某些情况下可能决定一个企业的兴衰，这从媒体报道上海冠生园事件中可见一斑。由于媒体披露了冠生园陈馅月饼事件后，企业又没有采取有效的危机公关策略挽回影响，致使百年老企业的信誉毁于一旦。公关新闻因此具有其他公关手段不可比拟的权威性。

——广泛性：具有新闻价值的公共关系新闻在大众媒介上发布，造成广泛的社会影响，与此同时，其他新闻媒体的转载，又会造成更广泛的影响，如同水面涟漪一层层荡开。公关新闻这种广泛的、持续影响的传播优势，其他公关传播手段难以企及。

——经济性：在新闻媒介上出现有利于本组织的报道，无异于是一种免费的宣传，可以有效地提高企业的知名度和美誉度，公共关系新闻是最经济的公关手段。在媒体上出现组织的正面报道越多，媒体越权威，对于组织的宣传效果也越好。

——不可控性：是否能得到新闻媒介关于本企业的正面报道，对于社会组织来说，是不可控的。组织只有通过自身的努力，创造新业绩，以创造性的思维指导公关工作，以博得社会公众和新闻媒体关注，同时与新闻界加强沟通合作，增进相互理解和支持，从而保证在新闻媒体上尽可能多地出现关于组织的有利报道。

3. 公共关系新闻策划应遵循的原则

所谓新闻策划是指在特定组织目标的主导下，公共关系人员通过创造性思维活动谋划或有意促成某类具有新闻价值的事件的发生，吸引新闻媒介的关注并发布关于组织的正面新闻报道，从而取得良好的公关传播效果。新闻策划是公共关系新闻传播活动中重要的传播手段之一，在从事此种公共关系新闻策划时应遵循以下一些原则：

——真实性原则

真实性是新闻的生命，公关人员策划的新闻也必须符合真实性原则，要能如实地反映组织的真实情况，不能欺骗公众、弄虚作假，这也是公共关系基本原则的体现。

——互利性原则

此类活动在有利于本组织的利益的同时，也必须是符合公众利益的，为公众服务，在为公众带来实实在在的利益的同时获得本组织的声誉，不能以牺牲公众利益和社会效益来换取本组织的利益，这是公共关系的首要原则。

——适当性原则

在策划公关新闻时，必须对组织的发展情况和社会环境有清楚的认识，选择最恰当的时机策划最恰当的事件。如，在2008奥运年到来之际，策划与奥运相关的主题活动，展示企业的社会形象和社会责任感，往往会事半功倍，取得出乎意料的效果。如果在企业形象不佳的时候，逆舆论而行，反而会招致恶名远扬的下场。如何选择最佳的宣传契机，则需要建立在公关人员准确的市场调查和敏锐的洞察力上。

——创新性原则

没有了新鲜性，新闻便成了旧闻，不再具有吸引眼球的魅力了。公共关系新闻的策划也要注意创新，与众不同，超越常规，才能取得良好的传播效果。在奥运年，每个企业都会搭乘奥运的顺风车做自己的宣传，众多的企业面临同样的命题，只有富于创造力的策划才能出奇制胜。

——周密性原则

公共关系活动的顺利展开并取得预期的效果，离不开事前周密的安排。策划必须考虑到每一个环节，精心准备好各项资料，并处理好与新闻界人士的接洽，保证新闻稿件的质量和公关事件的成功。

由于公共关系新闻具有以上特点，因而是公共关系实务中是运用最广泛和最有效的手段，在公共关系实践活动中占有重要位置。公共关系新闻的成功运作离不开新闻媒体的支持，如何与新闻媒介建立良好的合作关系，是现代公共关系另一个重要的策略领域。

三、媒介支持策略

媒介支持即组织通过与大众传播媒介及其工作人员建立良好的沟通合作关系，取得信任和支持，创造有利的媒介环境，以便组织公共关系传播活动的开展。

帮助组织建立有利于组织生存、发展的良好的内外部环境是公共关系活动的重要目标，有利的舆论可以给组织发展提供良机，不利的舆论可能给企业的发展带来严重的威胁。舆论环境的好坏与媒介的舆论导向有很大的关系，获取媒介支持是建立良好舆论环境的最主要环节。

搞好媒介关系对于社会组织具有两重意义：一方面大众媒介是组织与公众交流沟通的桥梁，公共关系传播活动要借助媒介的力量去扩大影响，引导舆论；另一方面，大众传播媒介又是公共关系的工作对象之一，搞好媒介关系，真诚地与媒介人员沟通合作，也是公共关系人员的重要工作。

良好的媒介关系对于媒介自身也具有重要意义：大众传播媒介只有与社会各界保持密切的联系，才能保证信息渠道的畅通，媒介与社会各界良好、和谐的关系有助于媒介组织发现大量有价值的信息。据调查，美国报纸的信息有30%来源于公共关系人员。

在公共关系媒介支持策略中，新闻媒介关系最为重要，获取新闻界支持必须首先加强与新闻界的交流沟通，下面介绍与新闻界沟通的几种方式和原则。

1. 与新闻界联系沟通的方式

对公共关系人员来说，搞好与新闻界的关系的前提是掌握必备的新闻传播知识，不断地提高自身的新闻素养，加强与新闻界的联络。

——及时向新闻媒介提供组织的各种新闻素材

组织公共关系人员应及时地把组织新近发生的重要事件或新发展、新业绩、新突破、新活动等有利于组织的消息传递给新闻界人士，并且尽可能提供合乎新闻规范且有较高水平的消息、专稿、新闻图片及电视报道等，积极争取新闻界发表对组织有利的报道。在组织遭遇突发事件和危机事件时，应与新闻界保持密切联系，及时提供相关事件的解释、处理结果等信息，避免小道消息和谣言的扩散对组织造成不良影响。因此，公共关系从业人员也要努力提高自身素质和新闻素养，做好新闻界朋友可靠的“消息来源”，在互相合作中获得双赢的成果。

——邀请并招待新闻界人士

公共关系人员要主动与新闻界人士保持联系，并邀请他们参观组织机构，对本组织进行专访或系列采访，举办工作餐会，定期或不定期会晤，举办记者招待会等。其主要目的是加深新闻界人士对组织的了解，培养感情，把组织的重要成就和信息传达给他们，这是组织搞好与新闻界关系的重要途径。

——访问新闻媒介

良好的关系建立在互相了解和经常交往的基础上，在邀请新闻界朋友作客的同时，也要时常访问媒介组织，表达祝贺或感谢之情，特别是在媒介组织的特殊时期，如获得某项奖励，成功举办某项活动，新领导走马上任等时期。利用访问机会，公共关系人员还可以借机对各媒介的组织建构情况、性质特点、主事人员有更直观清晰的认识和感受。值得注意的是：应提前预约，注意访问时间是否恰当，避免干扰媒介组织的正常工作。

——举办各种联谊活动

定期开展多种形式的联谊活动，如，文艺活动、体育活动、答谢活动、节日慰问活动等，为组织和新闻界人士的交往创造轻松、融洽的氛围，以增加双方友谊、加深感情。

——积极参与新闻媒介举办的具有社会影响力的活动

社会组织要积极参与新闻媒介倡议发动的具有影响力的，并且和企业有一定关系的活动，为新闻媒介提供帮助的同时借助新闻界的影响力宣传自身。或者与新闻媒介合作举办有利于组织形象提升的活动，如，公益活动、慈善活动、文体活动等。

2. 寻求新闻媒介支持应遵循的原则

对于公共关系人员来说，与新闻界交往是一件富于挑战的工作，由于新闻媒介对于组织和谐舆论环境的建构有不可替代的作用，与新闻界的关系只能交好不能交恶，在与新闻界的交往过程中，应注意遵循以下原则：

——实事求是，诚实公正

真实是新闻的生命，记者的职业使命就是帮助公众获取真实的新闻，在与新闻界交往时，首要原则就是要诚实，无论是提供消息、撰写新闻稿件还是说明情况时都要开诚布公，不能隐瞒或歪曲事实以谋取眼前的短期效益，即使在企业发生危机情况时，也不能妄图蒙混过关，这对组织生存与发展是极其危险的事，只有坦诚说明情况，积极配合新闻记者说明原委，才能博得新闻媒介长久的支持与信任。对于某些组织不便说明的问题，如商业机密等，也应说明理由，争取谅解。

——互相支持，谨慎行事

媒介组织手中掌握着影响舆论的工具，媒介公众对于公共关系人员来说是极其特殊的公众，必须小心谨慎地对待。但是，良好的媒介关系建筑在双方相互理解、相互合作的基础上，媒介组织也需要社会组织提供多种渠道的新闻来源，组织与媒介交往时不能一味讨好，也不能对报道百般挑剔，而是寻求建立合作的良性互动关系。对于所刊登的对组织有利的报道表示感谢；对有偏差、有出入的报道，应陈述事件真实情况，耐心地与其沟通，通过多方努力，尽量争取一个圆满的解决方法。

——主动联络，提高自身

新闻资源对于公共关系人员来说是稀缺资源，不能坐等记者找上门，新闻的时效性决定了新闻工作应追求高效率，机会稍纵即逝，公共关系人员要主动出击，积极地向媒介提供各种新鲜的消息和新闻素材，平时也要与新闻记者保持亲近的关系，主动结交新闻界朋友。只有不断地向新闻记者提供有质量的新闻素材和稿件，才是获取媒介尊敬和好感的最佳途径，这就要求公共关系人员不断提高从事新闻传播工作的专业水平和自身新闻素养，既做优秀的公关人员，又做优秀的媒体人员。

——正确引导，道德为先

公共关系人员应该自觉按照职业规范和职业道德来约束自己的行为，把公众利益放在第一位，以为媒介和公众提供服务来获取自身的经济利益和社会利益。不得利用各种手段来干涉新闻媒介的正常新闻活动，如利用广告投放来威胁记者取消不利报道或利用金钱、权力等手段贿赂记者发布不实报道等。这些不正当的做法不但不会为组织取得更多的利益，反而会招致媒介和民众的反感，不利于企业的长远利益，不利于企业美誉度的建立。

——尊重对方，一视同仁

要尊重新闻记者的人格和尊严，尊重新闻工作人员的工作习惯和工作方式，尊重新闻从业人员采编新闻的合法权利，尽量提供尽可能多的支持和帮助。同时，对于各个媒体的工作人员应该一视同仁、不偏不倚、以礼相待，不能厚此薄彼，亲一家远一家，以免使被疏离媒体产生不必要的误解，招致怨言，给日后的公关工作带来麻烦。

四、社区关系策略

社区是一种客观存在，主要指包括环境和资源在内的利益相关人群共同生产、生活的地理区域。在信息时代，利益相关的人群由于新技术手段的应用，将跨越地理局限，建立某种虚拟社区，如网络社区、手机社区等，此种社区更多的是心理区域的联系。

社区公众指的是在组织所处的社区环境内，与组织有着某种利益关系的社会成员和社会组织，一般说来，包括组织机构所在地的各级政府、企事业单位、公益团体及当地的各类居民。

社区关系指的就是社会组织与其所在社区公众的睦邻关系。社区是组织生存、发展的根基所在，良好的社区环境为组织的发展壮大提供各种条件。社区还为社会组织提供高素质的劳动力、水、电、交通等各种资源条件。社会组织的发展也为社区的繁荣发展贡献自己的力量，如创造大量就业机会，上缴税金，丰富社区公众生活，举办慈善公益活动等。

1. 处理社区关系时遵循的原则

——组织要转变观念，树立“自家人”意识

想要组织真正地融入社区，就必须首先从自身做起，转变观念，树立“自家人”意识，组织领导要高度重视社区公共关系，制定专门的社区公共关系政策和工作制度，使社区公共关系工作正规化、专业化。组织应积极参与社区内各项活动，关心社区各方面的发展，以自己的诚恳态度和实际行动拉近与社区公众之间的距离，以情动人，以事感人，使社区公众从心底接纳组织，为组织的各项发展提供支持和帮助，真正实现和谐共荣，共同发展。

——开诚布公，与社区公众建立畅通的双向沟通渠道

建立与社区公众双向沟通的渠道，及时沟通双方的意见和想法，是联结组织与社区公众感情的纽带。组织应利用各种渠道告知社区公众组织的发展情况，听取社区公众的意见和建议，了解社区公众的心声，帮助他们解决实际问题。感情是在不断的交流沟通的基础上建立起来的，随着交流的深入，彼此增加相互理解，组织在社区内逐步提升认同感，通过社区公众的“口碑”，扩大影响，提升组织在更大范围的知名度和美誉度。

——尊重当地风俗习惯与宗教信仰

由于不同地区风俗习惯与宗教信仰各有不同，组织在当地发展理应入乡随俗，至少也要尊重当地的风俗传统，不能触犯社区公众的禁忌，以免招致社区公众的反感，使组织在当地的发展遭遇重重阻挠。尊重社区风俗习惯的前提是了解当地民情，这是公共关系人员开展社区公关前首先要做的工作。

2. 社区关系策略的主要方法

建立良好的社区关系应从以下两个方面做起：

(1) 加强与社区公众的双向沟通

组织进行社区沟通时常采用的手段有：

——通过社区的信息传播媒介进行沟通。社区的信息传播媒介包括报纸、电视、杂志、广播等大众传播媒介，宣传单页、DM 单页等投递媒体及社区广播等区域媒体。组织可以将自己的公共关系出版物发放给社区公众，通过这些媒介及时且不断地把组织的发展情况、最近开展的活动、对社区所做的贡献等信息传播出去。在发生矛盾、误解时，及时向社区公众解释清楚，寻求解决。通过社区的信息传播媒介，为组织建立良好的社区舆论环境。

——举办社区座谈会。这是一种常见的社区沟通方法。组织可以针对社区某一特殊事件、组织的发展或社区的建设拟定某一主题，邀请社区内的政府领导、舆论领袖、社区公众代表和其他社会组织代表举办座谈会，征询各方意见，寻求满意解答。在节日喜庆时，也可以以增进感情、促进了解为目的举办茶话会、联欢会，树立积极的、亲切的社区成员形象。

——开放参观。定期或不定期举办组织参观活动，邀请社区公众近距离地了解组织的机构设置、组织环境等各方面情况，以参观、观看资料片、示范表演、亲自参与等手段，加深社区公众对组织的了解，纠正各种误解和偏见，达到增进双方感情沟通为目的。

——主动拜访社区机构。在诸如节日等特殊时期，组织公共关系人员应主动拜访社区主要机构，如政府机关、新闻媒介、文化机构等，对他们的支持和合作表示感谢之情，体现出组织对于本社区的重视。

(2) 为社区多做实事

所有的沟通不落实到实际行动中，就成了空谈，久而久之，组织会给社区公众造成华而不实的印象。只有多为社区做好事、做实事，才能博得社区公众长久的支持，在付出的同时获得回报。

——参与或赞助社区的公益事业。关注社会问题，做出组织力所能及的努力，是组织社会责任感的体现，表达组织回报社区的理念，如，为社区修建休闲设施，帮助失学儿童，倡导环保理念，美化社区环境等行为，都会赢得社区公众的称赞，树立良好的企业形象。

——参与或赞助社区的各项活动。如，积极响应各项倡议，举办或参与社区文化娱乐活动、参与各种社区竞赛、发展社区教育事业等。

——协助有关部门搞好环境保护，维护社区正常秩序，净化社会风气，倡导积极健康的社会风气。

——协助推行社区发展计划。组织的各项工作都要承担繁荣社区、发展社区的责任，为社区成员提供就业岗位、发展机会，实现组织与社区的共同发展。

五、游说策略

“游说”，顾名思义，就是根据组织的目标，通过言语传播活动使目标公众的态度和行动转向有利于组织的一方。游说策略在中国具有悠久的历史，在春秋战国时代，各路诸侯纷争称霸，需要寻求同盟支持，便派出大批使者、说客在各国间游说策动，纵横捭阖。时至现代，游说活动在美国也十分盛行，有专业的游说公司为社会组织提供服务，美国法律一直视之为合法行为。美国国会会议期间，一些受到各利益组织控制的专业说客，为了他们所代表的利益集团能够争取有利的政策，抵制不利的政策，在政府官员间进行游说活动。游说已经成为各个大型社会组织惯用的公共关系策略。

现代游说策略的主要领域在社会组织与政府公众之间，游说的主要目的是影响政府决策和立法，促成有利于组织生存和发展的政策和法规的出台。现代公共关系游说活动主要是社会组织出于自身的需要，有求于目标公众的一种活动，因而相关人员需要掌握必备的策略技巧和游说方法，保证游说活动的圆满成功。

在进行游说时，需注意以下几点：

（1）做好准备工作

由于游说对象一般说来都掌握着某种特殊权利，拥有较高的社会地位，没有太多的时间接待每一位来访者，所以，公共关系人员必须事先做好准备工作，以保证谈话时切中核心，在短时间内达到预期的说服目标。

——对所要讨论的问题做充分研究。根据组织的需求和所要达到的目标，拟定出主要议题，邀请组织领导、管理人员、有关专家对这些问题进行充分讨论，得出完整的论点和有力的论据，并事先预备好游说说辞。

——了解游说对象的相关资料。应了解游说对象的职位、背景、代表团体、个人爱好和所持政见等资料，根据不同对象的特点来制定游说策略的目标、诉求重点和使用技巧。

——准备所讨论议题的书面文字材料。由于游说的时间短暂，不能充分展示组织的全部观点和论据，在短暂的时间里，游说对象也不一定能完全记住议题的内容。事先准备好书面的研究报告和资料，在游说活动进行后留给游说对象，有利于游说对象充分考虑组织的建议，为他们的最后决策提供参考意见。

（2）掌握沟通技巧

必要的沟通技巧可以博得游说对象的好感，在最短时间里取得事半功倍的效果。

在向有关人员说明自己的观点时，应表达清晰，论点明确，措辞严谨，不能长篇大论、前后矛盾、不着边际，让人摸不着头脑，话语应集中在核心观点，以及最有力的论据或有争议的问题上。

采取两面说服方法，即在说明自己观点的同时，还要提到问题的对立面观点，从正反两方面说明问题。此种方法类似于心理学上的“接种免疫”效果，可以显得客观公正，更有说服力，同时，游说对象以后在接触到相反观点后也不易动摇原先观点。但值得注意的是，公共关系游说人员一定要掌握好尺度，免得弄巧成拙，替对立方做宣传。

在进行游说活动后，要密切关注游说对象的反应，还应继续寄送相关的补充材料和各种新的报告，以促使游说对象持续关注本组织的意见，进一步加深其印象。

（3）塑造良好的形象

无论游说对象最后是否采取组织的观点，他们都是组织公共关系的重要公众，今后或多或少会对组织的长远发展产生影响，因此在游说过程中，要注意礼节，保持风度，争取以独特的个人魅力给游说对象留下良好的印象。

——争取树立良好的形象

当公共关系人员初次接触游说对象时，游说对象对于组织的认识还处于空白状态，公共关系人员的穿着、举止、气质和言语都将影响着游说对象对于组织的认识，都将成为今后游说对象做出决策时的参考依据。俗话说：“好的开始是成功的一半。”第一印象至关重要。公共关系人员要注重每一个细节，争取给游说对象留下良好的印象。

——扭转不良印象

公共关系人员可能会碰上对组织抱有偏见，或留有以前的不良印象的游说对象，往往此时，公共关系人员的工作开展将遇到很大的麻烦。公共关系人员要努力扭转游说对象的不良印象，避免与游说对象正面冲突，而是要以情动人，发掘与游说对象的共同之处，利用“共鸣策略”，逐步消除对方的负面印象。诚恳的态度、有力的论据和感情共鸣将有助于公共关系游说目标的达成。

六、社会理念营销策略

麦克卢汉认为：任何一个国家、社会组织和个人都不可能脱离地球这个大环境而生存，人们之间是相互联系、相互影响、不可分割的。随着信息时代的到来，人们之间的相互联系日益紧密，任何一个社会组织都不能只关注自身的发展而无视诸如环境恶化、资源短缺、贫富差距加大、艾滋病蔓延、电子垃圾泛滥等各种各样的社会问题。人们开始尝试以新的思维方法来解决这些问题，社会理念营销开始为具有远见和社会责任感的社会组织所重视。

随着社会营销理念的不断发展，其涵盖范围日益扩大，但最终目标始终是：变革公众的观念和行为，并最终实现个人（组织）和社会利益的最大化，创造和谐的社会氛围以促进社会的可持续发展。

在现代公共关系活动中，贯彻社会营销的理念，通过一系列公益性质的公共关系活动，体现组织的社会责任感，塑造良好的社会形象，已被越来越多的社会组织所认可并广泛采纳。正如现代公关之父艾维·李所说："一个组织所做的有益于社会和公众的事情，最终必将有益于该组织自身。"

公益性公关活动应该是现代公共关系策略领域中最能体现社会营销理念的，下面以公益公关为例介绍社会理念营销策略。

1. 公益公关的含义和作用

公益公关是以关心人类生存发展和社会长远利益为出发点，利用公益活动与公众沟通，凭借公益事业的运作和传播，在产生公共效益的同时，提升组织在公众心目中的形象，为组织创造经济效益和社会效益。以此可见，公益性公关活动既利己又利他，在增加社会效益的同时获得组织的效益，是一种对社会有益、对组织有利的"双赢"行为。

公益性公关活动，作为一种通过赞助、捐赠等公益手段开展的组织公共关系活动，在提升组织形象方面发挥了独特的优越性，可以拉近组织与公众的距离，建立起信任的纽带，提升组织品牌形象，赢得长久的经济效益，提高组织的社会声望。近年来，人们对公益活动越来越关注，赞助公益事业这一活动本身已经成为了"活广告"，在为组织建立起"负责任的公民形象"方面起了重要的作用。

2. 案例比较

虽然公益公关具有诸多优势，但在实践中也需要一定的操作技巧，否则可能取得"对社会有益，对组织无益"的事与愿违的效果。

流沙集团是一家民营企业，曾投入200万元与省内一家著名的医院合作，免费为家庭贫困的白内障患者做手术。[①] 由于第一次操作公共赞助活动，没有相关经验，在与医院签订合作协议之后，便全程交由医院操作。活动结束后企业领导发现，虽然此次活动吸引了多家媒体的关注、报道，但只报道了医院方的善行，而出资方流沙集团却只字未提，没有取得预期的宣传效果，此次公益赞助活动对于企业来说是失败的。

流沙集团在公益赞助中遇到的问题，在中国企业中不是个案。而跨国公司在

① 案例选自《M3.0时代，中国企业如何公益营销》，《成功营销》2007年9月，第48页

这方面则具有丰富的经验，值得我国企业学习。早在1952年，宝洁公司就建立了“宝洁基金”。今天，每年在全世界范围内宝洁公司和宝洁基金的捐款都超过了5000万美元。依靠这种积极、主动、持续的公益赞助，宝洁在全世界建立起了良好的品牌美誉度和强大的影响力。在中国的公益赞助项目中，宝洁尤其支持教育事业。宝洁在教育上的公益赞助，遵循以下三项思维逻辑：第一，通过赞助，影响中国最高端的知识人才。宝洁的教育赞助项目多集中于中国科学院、北大、清华等中国最优秀的研究机构和大学，那里聚集着中国最顶尖的也是宝洁公司最希望吸引到的知识人才。第二，跟随政府关注的重点，赢得政府的认同。宝洁不断投入资金支持中国希望工程，赢得了中国政府的高度赞许。第三，关注中国下一代，将品牌影响力对准未来消费者。宝洁投入巨资启动“春蕾计划”，支持中国少年儿童的教育工程。

在宝洁等跨国巨头企业看来，公益赞助既是体现企业责任感的最好方式，也是赢得政府认同、打造企业品牌影响力的有力途径。而出色的商业化运作则使公益赞助变成一种社会受益、企业获利的双赢行为，并使企业有动力不断投入。

3. 公益公关应遵循的原则

从以上案例看来，不遵循一定的操作原则，公益公关效果往往大打折扣，要避免出现“对社会有益，对企业无利”的结果，就应遵循以下原则：

——相关性原则。公益公关所赞助的活动必须符合组织的核心价值和主要目标公众的关注、喜好。如农夫山泉举办的“饮水思源，保护环境”的公益活动与其公司主营业务具有相关性，易建立起联想性思维活动，对企业形象、品牌价值的提升有所助益。

——时机性原则。当社会出现重大事件或事故时，社会、媒体、公众会对事件高度关注，如果组织及时采取公益行动，必将引起更多的关注，取得更好的效果。如在遭遇洪水灾害时，一些企业捐助物品前往灾区，在运送救灾物品的运输过程中，货车上标明的企业名称会引起沿途民众的关注和记忆，企业公益捐助将会取得良好的宣传效果。

——商业化运作原则。公益公关需策略先行，做好事前计划，如赞助时机，赞助对象、具体操作步骤、新闻宣传事宜、媒体配合宣传计划等相关准备。只有运作得当，公益赞助才不会让企业成为“无名英雄”。

——长期性原则。社会组织应该把公益性公关活动视为组织的长期性战略而不是短期的战术行为。长期的公益行为可以获得持续的回报，从而有条件进行长期投入，如同宝洁公司的公益活动已经持续了将近60年。

七、公共关系事件策略

公共关系事件策略是指公共关系工作人员通过策划、组织和利用具有新闻价值、社会影响的事件，吸引媒体和广大公众的兴趣和关注，并展开一系列相关的公关活动来提高组织的知名度和美誉度，树立组织良好的社会形象。

1936年，被称为公共关系第一人的爱德华·伯内斯策划举行了一次经典的、影响巨大的公共关系事件——为“电灯发明50周年纪念”举办大型庆祝活动。活动内容是：由电灯发明者爱迪生，在美国白宫为美国总统胡佛及在场的众多宾客，用当年发明电灯泡的简单设备，重新演示发明的全过程。之后，有美国国家广播公司播音员发令，全世界各大电力公司停电一分钟，然后同时开启电灯，表示庆祝。这一次国际性的公共关系事件，在全球取得了轰动效应，反响热烈。

在如今信息爆炸的时代，海量的信息包围着社会公众，一方面公众有更多的选择，另一方面社会组织想要社会公众注意自己的信息，也遇到了前所未有的困难。诺贝尔经济学奖获得者赫特说：“信息时代有价值的不是信息，而是你的注意力。”公共关系事件策略在注意力稀缺的时代具有特殊的优势和作用：

1. 公共关系事件策略的优势

（1）迅速吸引广大媒体和公众的注意力，关注度和记忆率高。在信息爆炸的时代，对于传统的大众媒介信息宣传，公众的关注度已大大降低，巨额的宣传费用往往打了水漂。公共关系事件利用具有名人效应、新闻价值的重大事件吸引公众的眼球，并把公众的注意力与社会组织的知名度和美誉度紧密结合起来，往往会取得良好的传播效果。

（2）迅速获得社会效益和经济效益。公共关系事件的目的不仅仅是吸引公众的注意力，它更关注的是通过事件将组织与公众联系起来，达到某种统一，使公众对社会组织产生认同感，在提升社会组织的知名度的同时提升美誉度。而事件一般借社会责任、环保、艺术、文化等之名从事公益活动，由于有非商业的性质和改善社会成员生活品质的功能，易吸引新闻媒介传播而迅速建立良好的社会形象，赢得公众的信任，这是宝贵的无形资产，对组织长远发展具有重要意义。良好的组织形象往往会带来实际的经济效益，如蒙牛航天事件营销的巨大成功，不仅迅速提升了企业形象，也在非常短的事件里获得了巨大的经济效益。

（3）效果显著，成本低廉。公共关系事件着眼于吸引公众注意的具有社会效应的重大事件，就避免了一般宣传导致的排斥心理，一般说来，公共关系事件活动是有效的整合资源的活动，通过对某一事件的宣传和一系列运作活动，使事件成为新闻媒体的关注焦点，成为人们喜闻乐道的话题，这就增加了二次传播效果，与其他公关传播手段比起来，具有成本低、效果好的特点。

虽然公共关系事件具有独特的优势，但是许多企业由于事件选择不当或运作不当，又或者错误地认为公共关系事件是炒作，于是往往提升了企业的知名度，却降低了美誉度，落得“臭名远扬”的下场。例如，在印度洋海啸期间，我国某企业曾许诺捐款50万元帮助灾民，炒作之后，捐款没有了下文，遭到了社会公众的强烈的批评。

2. 公共关系事件策略遵循的原则

公共关系事件策略的操作方法有“借势”和“造势”两种，所谓“借势”指的是组织根据自身需要选择社会热点事件展开一系列公共关系活动；所谓“造势”指的是组织根据特定目标策划、组织和制造吸引媒介和公众关注的事件。无论是借势还是造势，在应用公共关系事件策略时，应注意以下原则：

——创新性原则

公共关系事件策略的精髓之处是吸引广大媒体和公众的关注，怎么才能成功地把公众的视线转移到社会组织身上来呢？关键是创造性地运用事件，做别人之未做，想别人之未想，以独特的、与众不同的事件吸引眼球。如，富亚涂料的老总为了证明该公司生产的涂料是安全、环保的，当众喝涂料，这一前所未有的举动使社会公众十分震惊，迅速建立起社会大众对该涂料厂家的深刻印象，富亚老总的这一创新性举动为他的企业赢得了公众的关注和信任。但如果其他涂料厂家纷纷效仿，往往只能给人以东施效颦之感，没有了轰动效应，起不到任何效果了。所以，无论是“借”还是“造”事件，都要把创新性原则放在首位。

——关联性原则

公共关系事件策略不能脱离社会组织的核心理念和主要业务方向，必须坚持关联性原则，只有事件与社会组织的核心理念联结流畅，事件的运用才不显得生硬，公众才能把对事件的关注转移到对组织的关注上，在心理和情感层面上产生共鸣，发生移情效应。在公共关系事件策略的应用过程中，必须始终把组织的诉求点、公众的关注点和事件的核心点结合在一起，这三点的统一才能保证公关活动不偏离主题，获得预想的成功。例如，蒙牛企业通过“蒙牛的中国航天情结”和“中国航天员的蒙牛情结”，使蒙牛和航天员食品建立了自然而有效的联系，一方面给蒙牛注入了新的民族个性——爱国、公益、责任感，同时向消费者传达了蒙牛产品质量可以信赖的品牌信息，用等同于航空食品的严格标准来表明蒙牛产品的健康和营养，从而有力地推动了销售。

——整合性原则

公共关系事件的成功运作要求公共关系、新闻传播、广告活动、组织形象传播、客户关系管理、促销活动等各种手段的整体配合，发挥整合资源的优势，使事件成为一次轰动的、立体的、富有成效的宣传攻势，同时，必须与组织的整体营销计划的其他活动保持步调一致。

——文化性原则

在公共关系事件策略中体现文化性原则，是新的时代条件下的一种新趋势。在物质产品极大丰富，物质需求基本满足的今天，精神需求日益被人们重视，人们对于品牌文化的认同更胜于实物产品。组织把自身的文化内涵或所代表的文化注入到事件中去，组织文化与事件文化相交融，提升事件策略的境界，往往也会取得很好的传播效果。如中国移动通信的动感地带品牌定位于崇尚时尚文化的青年人，它以周杰伦为形象代言人所举办的一切活动都体现了动感地带品牌的时尚、动感的特征，获得了广大喜欢流行文化的年轻人的追捧，这是贯彻文化性原则的成功案例之一。

八、体验式营销策略

1. 从案例看体验式营销的发展[①]

2001 年 8 月 21 日，联想推出了全新的商用电脑——开天系列。联想副总裁陈绍鹏宣称：这一产品系列体现了联想对产业的思考和对客户的理解，是联想运用“全面客户体验”理念打造的“全三维品质”精品。联想认为，在全面客户体验时代，不仅需要对用户进行深入和全方位的了解，而且还应把对使用者的全方位体验和尊重凝结在产品层面，让用户感受到被尊重、被理解和被体贴。

2001 年 9 月 4 日，惠普公司与康柏公司达成 250 亿美元的并购交易，成为 IT 业的新老大。消息传来，举世震惊。惠普公司总裁费奥利娜（Carly Fiorina）提出了构造“全面客户服务模式”（Total Customer Experience），带领新惠普由传统的产品经济、服务经济全面转向体验经济。

2001 年 10 月 25 日，被微软公司形容为设计最佳和性能最可靠的新一代操作系统 Windows XP 面市，比尔·盖茨宣称该新操作系统为人们“重新定义了人、软件和网络之间的体验关系”。“XP”来自“Experience”，其中文意思即体验。

2001 年 12 月 2 日，美国未来学家阿尔文·托夫勒来到中央电视台《对话》节目现场。这位曾经预测了“第三次浪潮”到来的学者再次向大家预言：服务经济的下一步是走向体验经济，人们会创造越来越多的跟体验有关的经济活动，商家将靠提供体验服务取胜。

一时间，体验这个词被广泛关注，不仅在 IT 领域，其他各种类型的社会组织也纷纷开始关注和尝试体验式营销。

---

① 案例来源：http：//baike. baidu. com/view/1215391. htm

2. 体验式营销的定义

伯德·施密特博士（Bernd H. Schmitt）在《体验式营销》一书中指出，体验式营销（Experiential Marketing）站在消费者的感官（Sense）、情感（Feel）、思考（Think）、行动（Act）、关联（Relate）五个方面，重新定义、设计营销的思考方式。此种思考方式突破传统上“理性消费者”的假设，认为消费者消费时是理性与感性兼具的，消费者在消费前、消费时、消费后的体验，才是研究消费者行为与企业品牌经营的关键。比如当咖啡被当成“货物”贩卖时，一磅卖300元；当咖啡被包装为商品时，一杯就可以卖25元；当其加入了服务，在咖啡店中贩卖，一杯最少要35～100元；但如能让顾客体验咖啡的香醇与生活方式，一杯就可以卖到150元甚至好几百元。星巴克（Starbucks）真正的利润所在就是“体验”。在施密特博士（Bernd H. Schmit）所提出的理论中，营销工作就是通过各种媒介，包括沟通（广告为其之一）、识别、产品、共同建立品牌、环境、网站和消费者，刺激消费者的感官和情感，引发消费者的思考、联想，并使其行动和体验，并通过消费体验，不断地传递品牌或产品的好处。

3. 体验式营销的原则

——关注顾客体验

体验的产生是与顾客的个人经历、文化背景、心理特点或是经历过的一些特殊境遇有关。企业应注重与顾客之间的沟通，发掘他们内心的渴望，站在顾客体验的角度，去审视自己的产品和服务。

——以体验为导向

如前文中所说，当咖啡被当成“货物”贩卖时，一磅可卖三百元；当咖啡被包装为“商品”时，一杯就可以卖一二十块钱；当其加入了“服务”，在咖啡店中出售，一杯最少要几十块至一百块；如果再让咖啡成为一种香醇与美好的“体验”，一杯就可以卖到上百块甚至是好几百块钱。增加产品的“体验”含量，不但可以满足顾客更高层次的需求，更能为企业带来可观的经济效益。

——建构体验情景

营销人员不能再孤立地去思考产品质量、包装、功能等特性，而是要通过各种方法和途径来创造一种体验环境，此种体验环境的设计要综合考虑企业与产品特点、消费者心理、消费体验之间的联系，不仅如此，还要综合考虑社会文化消费趋势，挖掘消费所表达的内在的文化价值。消费者购物前、中、后的体验已成为增加顾客满意度和品牌忠诚度的决定因素之一。

——体验要有“主题”

体验式营销首先要确定一个主题，所有的体验活动和服务都围绕这主题。这些“体验”和“主题”并非随意制定的，而是体验式营销人员根据特定目的精心设计出来的，并在此基础上严格地计划、实施和控制体验营销活动的开展。

——体验方法多种多样

体验是丰富多彩的，因此可采用的体验式营销的方法和工具也多种多样，企业要结合自身的特点，以敏锐的观察力和创造性思维寻找和开发适合自己的体验方法和工具，在创新中获得消费者的关注和企业的发展。

4. 公关活动运用体验式营销策略

目标受众的亲身体验往往胜过千言万语，社会组织的公关活动应当运用体验式营销，在生动逼真的情境氛围中增进与目标公众的相互理解。如何在公关活动中巧妙运用“体验”呢?

——在活动中附加体验

比起单方面的公关宣传灌输，目标公关对象的亲身体验更能赢得公众的信任和好感。在公关传播活动中更多地引进体验式公关，如邀请参观社会组织公关活动，主题公关旅游活动、主题联谊公关活动、组织体验开放日等等活动都是体验式营销策略的体现。

——用服务传递体验

在服务过程中，社会组织除了完成基本服务外，还应强化自己所传递的服务体验。例如海尔在这方面就做得很好，海尔的维修人员在服务结束时，会用自带的抹布将门口的地面很细心地擦一遍，即使是根本没有弄脏，这个看似无足轻重的服务细节，却能给消费者带来美好而难忘的体验，每一个组织成员的服务细节同时也是组织公关精神的完美贯彻。

——借品牌凝聚体验

品牌是组织或服务的标志。在体验营销者看来，品牌就是“公众对一种产品或服务的总体体验”。创造一种强调体验的品牌形象，实际上把企业的公关活动上升到组织品牌体验的高度，把独特的公关活动与社会组织品牌紧密联系起来，对公众形成强烈的双重感召。

——创造全新的公关体验

公关人员需要结合组织自身的特点，以敏锐的观察力和创造性思维寻找和开发适合组织的体验方法和工具，创造出全新的公关体验活动，以满足人们不断上升的体验需求。同时公关体验活动比起商业体验活动要更多地承担社会责任，从有利于人类的长远发展和美好生活的角度出发，创造正面的积极的美好体验。从这种意义上说，组织的公关体验活动不仅是一种商业行为，也为实现人类社会的美好生活起着不可估量的作用。

随着经济和社会的不断进步，体验消费时代已经到来。社会组织应密切关注这种变化，并且认真研究和把握体验消费的特点和规律，通过恰当的策略和手段在公关活动中贯彻体验精神，满足社会公众的体验需求。

【案例链接】

中国式体验营销助企业冲出困局①

景居家私是一家中型家具生产企业，主营软床、床垫、沙发、实木卧室配套家具等。景居软床、床垫属区域品牌，市场定位中、高端，凭借优良的产品品质取得了不错的市场业绩。到了2006年，受宏观因素，行业丑闻频传，原材料价格持续上涨等因素影响，导致H市一直高速发展的家具行业陷入低迷，“黑心棉”、“锯末板”、“锈弹簧”等被曝光的负面事件使整个行业陷入了严重的信任危机。此时国外一些品牌产品开始大举进入当地市场，高端消费者宁可花高价去买进口品牌产品，图个放心；低端消费者则更愿意购买价格便宜的低质量小厂家产品。上有国外大品牌打压，下有地产小品牌抽薪，行业大环境不利，原材料价格上涨，“景居”四面受伏，遇到了前所未有的危机。

景居营销人员在研究了市场情况后发现，当我国大众满足了基本温饱需要后，继而转向更高的精神层面需求的时候，体验式营销便随之大行其道。因为体验营销销售的不仅是产品与服务，更是一种精神层面的愉悦体验，客户愿意花高出产品或服务本身价值几倍甚至几十倍的价钱去购买一种喜欢的感觉，淡化了价格因素。顾客在购买前、购买中、购买后，实际感知产品、服务的品质或性能及其带来的愉悦的情感体验，同时产生超越对产品或服务本身的好感与深刻印象，从而使顾客认知、喜好产品及品牌并促成购买及重复购买，甚至非某某品牌产品不买的一种营销方式，正符合现在“景居”的情况：忽略价格因素，以体验带动消费，以体验塑造品牌。

世界睡眠日当天开始推出“体验优质睡眠环境，拥抱快乐健康生活”的主题活动，活动内容为在本市6个展场各摆放3张软床，一张为该厂产品，另两张为劣质产品，去除上面的所有商标、名称等。该厂导购人员现场讲解劣质床对健康的危害、鉴别方法、优质软床的标准及该厂产品的特点等，而后请顾客参与互动，根据刚刚获得的鉴别常识亲自试躺三张软床，如果测评出哪一张软床为该厂产品，哪张软床最舒适，最符合健康标准，即送特制沙发靠垫一对，顾客在体验中亲自感受到了优质床与劣质床的区别并得到了实惠，同时加深了对该厂产品的印象及好感度。获得刺绣有该厂标识及“景居”字样靠垫的消费

---

① 史光起：《中国式体验营销助企业冲出困局》，全球品牌网，2007年8月21日

者也将是该厂很好的推广宣传员及潜在消费者。参加完体验而决定购买的消费者占20%以上。

同时在当地晚报、家装报上开辟专栏，主题不是宣传产品，而是主要讲授如何鉴别软床的优劣、劣质软床对健康的危害等。主旨塑造一个以维护消费者健康为己任的健康睡眠专家形象。后在各卖场各层扶梯位置摆放同样内容的展架，派发宣传品等。空中、地面结合，虽未做过多的产品宣传活动，但终端却火爆异常，不仅扭转了消费者对该厂品牌不良的印象，更促销了产品。改变终端产品展示的形式，改以往单纯以展示软床为目的的大视角全方位展台式展示方法，以营造一个美好、舒适、充满温馨的卧室环境为终端布置特点——每款床都有它独特的气质与内涵，或新颖活泼，或安静内敛，或成熟大气，或简约明快，不同的类型由符合其内在、外在特征的家庭环境来搭配，相配的墙壁颜色、灯光、音乐、地板，甚至是床头的一个小饰品都与产品相协调，使顾客产生一种对家庭、对卧室美好的憧憬与感觉，同时为产品添色不少。试想一下，一张摆在展台上的冰冷冷的睡床和一张摆在温馨卧室中的睡床，你会选择哪个？一定是后者，因为后者不仅卖你的是一张软床，更是将家庭的温馨，休息空间的舒适、惬意一并打包卖给了你。同样的软床摆放在这种布置温馨的样品展示间内，销量增加40%以上，后来在各示范店推广。见体验式营销策略取得初步成功，该厂又推出“体验空间服务”。消费者在选购家具时虽看中某件家具，但总担心摆在自己家中整体效果是否会好，影响消费者购买的主要因素也在于此，因此该企业推出了“体验空间”服务——即通过本企业各产品的电脑三维模型制图与模拟消费者卧室空间的组合，让顾客提前看到家具摆放在自己家中的效果。整合上、下游商家，与装修公司、地产公司合作，把产品摆到新楼盘的样板间中，配合产品风格，分为6个不同特色的样板间，如温馨舒适型，浪漫华美型，简约大方型等。消费者看房时亲身体验，选择到喜欢的类型后买房的同时可以找这家装修公司装修并购买此厂家的家具。经过采取一系列的体验式营销活动，景居家私厂第二季度销售额在行业整体销售下滑的大背景下，增长近90%。

第二节 网络公共关系策略

公共关系策略的有效施行，可以帮助社会组织建立和保持与社会各界的联系与沟通，向社会公众传递企业信息，争取组织各类公众的理解和支持，扩大组织的知名度，提升组织的美誉度与和谐度，为企业的长远发展创造有利的社会环境。在上一节中我们介绍了现代公共关系传统的策略领域有出版物、公关新闻、媒体支持、游说及公关关系事件等，从中可以看出，公共关系工作与信息传播有着密不可分的联系，公共关系工作处于动态的、开放的发展变化中，应当积极采取一切新的手段来拓展公共关系的策略领域，以更好地实现公共关系目标。

网络信息传播集个人传播、组织传播和大众传播的特点于一体，网络公关策略则在网络技术的基础上对传统的策略领域进行了创新、整合，为公共关系策略领域开辟了一片新的领域，在公共关系这棵“老树”上开出了异常鲜艳的“新花”。

一、充分利用网络出版物策略

网络出版物，从一般意义上理解，指的是互联网信息服务提供者将自己创作或他人创作的作品经过选择和编辑加工，登载在互联网上或者通过互联网发送到用户端，供公众浏览、阅读、使用或者下载的在线传播出版物。产品数字化和流通网络化是网络出版物的两个主要特点。网络出版物是网络公共关系策略中不可缺少的一环，是与网络公众进行信息传播和及时沟通的桥梁。

1. 网络出版物的传播优势

网络出版物与传统媒介出版物相比，有其独特的优势：

（1）成本低廉，发布便捷

与纸质媒介出版物相比，网络出版物采用了电子排版、阅读系统，大大简化了采编、录入、制版、印刷、发行的过程，缩短了出版周期。还有，由于电子报纸告别了纸张，以数据形式在网络空间传输，这样，资金紧张、劳力不足、运输不便等一系列困扰组织公共关系人员的问题便可迎刃而解。与广播、电视等大众传播出版物相比，使用网络这个免费的发布平台，节省了高昂的版面时段费用，成本相对低廉。网络发布信息，由于没有了中间媒介，组织可以自己掌握主动权，根据自己的需要发布并修改信息内容。

（2）信息全面，资料丰富

在传统的公共关系信息发布实践中，由于信息容量有限，组织只能选择最重要的信息发布，删减了很多次重要的信息。在网络中则没有容量限制，可以将组织需要发布的各方面信息通过网络发布出去，还可以将组织公关资料链接到其他相关信息上，“超链接”功能使网络公关资料大大超过了现实中传统出版物的静态资料。例如：美国著名的运动品牌 Reebok 公司的站点上，不但提供了有关企业的资料，还提供了有关当下流行的多功能体育训练的丰富信息，包括气功、体操、太极等女性在健美中心经常参加的体育训练。网站中对各种体育训练的专题报道，对著名教练的采访等信息，在当地报纸上是找不到的，网站因此吸引了大批女性网民，为 Reebok 公司带来了良好的社会宣传效应。

(3) 新颖独特，方式创新

网络出版物形式多样，不断创新，不仅能够向受众显示文本，还融合了多种媒体技术，综合运用图片、视频、音响、动画等手段，富于生动性和感染力。某些企业大胆创新，利用网络多媒体特性创建网络虚拟社区，公众可以在这个虚拟社区里聊天、看新闻甚至购物，企业在一种模拟真实环境的、轻松的、生活化的氛围中传递企业文化、品牌信息，加强了传统公共关系的“软性”宣传性，吸引公众主动参与其中，建立了即时的双向沟通交流，获得了良好的体验式传播效果。

(4) 24×7 模式，即时反馈

网络出版物全天 24 小时、一周 7 天不停顿传播最新的公共关系信息，公众在任何时间只需登录互联网便能查阅了解组织相关信息，同时网络的双向交流特性使得即时的信息反馈成为可能，公众可以针对自己所关心、疑惑的问题向组织提出自己的意见和建议，寻求解答、表扬或批评，这些公众反馈信息对于组织公共关系人员来说，是宝贵的财富，他们可以根据这些反馈资料，检查、反省组织的公关活动，发现组织的问题，了解目标公众的心理和需求，建立并完善网络数据库等。这是传统出版物不能比拟的独特优势。

2. 公共关系网络出版物策略

网络出版物形式众多，且在不断创新发展，比如电子杂志、电子书籍、网络音频视频节目等，这类出版物带有明显的网络特征，互动性比较强、传播快速、受众面宽，也是比较好的网络公共关系媒体。

我们选择网络公共关系使用中需要特别重视的几种网络出版物策略详细介绍：

(1) 电子邮件（e-mail）策略

在网络普及的今天，电子邮件已经成为绝大多数组织不可缺少的交流工具，无论是针对内部公众，还是外部公众，通过电子邮件传递含有公关信息的资料的数量和频次都极为惊人，电子邮件也成了重要的网络公共关系出版物之一。一方面，我们享受了电子邮件带来的交流的便捷性和互动性；另一方面，垃圾邮件也给我们带来了很多烦恼，在运用电子邮件策略时，需注意以下问题：

① 发送电子邮件需征求公众许可

即使在网络这个开放、自由的平台上，公共关系人员也要时刻把公众的利益放在第一位，尊重公众的隐私权。在向公众发送公共关系宣传资料或游说资料前，应征求目标公众的许可，事先询问他们是否愿意定期或不定期收到此类资料，如果客户不同意，应放弃发送，否则被视为骚扰的垃圾邮件，会对组织形象产生不良影响。

② 注意与电子邮件相关的网络礼仪

在网络信息交流中，由于不能与公众面对面交流，只能通过电子邮件来展示组织形象：记住公众名称并尊称公众，注意语法、拼写正确，在标题中说明主要内容以节省目标公众的时间，署名真实以表达诚意。

③ 创建网络邮件列表

给那些统一定期接收特定主题邮件的公众创建专门的邮件列表，通过邮件列表，公共关系人员可以放心地发送目标公众关心的组织信息，而不用担心违反网络礼仪。

利用电子邮件与组织公众进行互动交流，对于组织而言，可能营造与公众的良好关系，提升组织在公众心目中的形象，也可能对组织形象造成伤害。公共关系人员应该时刻谨记，每次与公众的电子邮件接触都会对组织形象产生影响。

（2）网络公关新闻策略①

网络新闻稿是公共关系网络出版物的重要组成部分，其传播速度快、传播范围广、传播时间无限制的特点，在传递组织新近信息、保持与社会公众的紧密联系方面具有独特的优势。网络的互动性使得网络新闻的制作与传统新闻稿件的制作有所区别，网络的超链接功能使得网上互动性质的新闻信息远超过传统媒体中的静态新闻稿。虽然网络让组织的新闻发布在一定程度上掌握了主动权，可以通过新闻线、网络论坛或自己的站点发布新闻，但是新闻媒体对组织社会形象的建立仍然具有举足轻重的作用，与新闻记者建立友好关系的重要途径是为其提供可靠的新闻信息来源和规范的新闻稿件。在制作网络新闻稿件时，应注意以下技巧：

——在新闻稿页面的顶部和底部添加联系链接和信息，使得网络公众或新闻媒介人员可以针对此新闻与组织相关人员取得联系，实现及时的双向互动。

——创建从新闻稿到相关图片的链接。图片的视觉冲击力和现场效果会吸引公众和记者的兴趣，此种链接可以帮助他们找到相关的图片资源。

——创建从新闻稿到本站点中过去的新闻稿及其他相关信息的链接，便于公众和记者了解事件的前因后果和相关资料。

——创建从新闻稿到其他站点中相关信息报道的链接。使得公众和记者可以了解来自不同视角的观点，从而更深刻地掌握关于事件的全方位信息。

公共关系人员制作好的网络新闻信息可以通过以下两种方式发布：

——通过新闻服务网发布新闻。

目前可供组织选择网络新闻线有三个国际有名的服务商：Buessiness Wire、

① 杨坚争主编：《网络营销教程》，中国人民大学出版社2002年版，第244页

PRNewswire、Canadian Corporate Newsnet，虽然这些服务商要根据新闻稿的字数收取一定的费用，但对于组织来说，仍然比打印、邮寄的费用便宜。

——通过网络论坛、新闻组或自己的站点发布新闻。

利用与组织有关的网络论坛、新闻组发布新闻时应首先争取论坛管理员的同意。现在许多社会组织已经建立起自己的网站，利用自己的站点发布新闻将成为组织网络新闻发布的主流策略。也有一些社会组织在自己的网站上开设媒体入口，专门提供组织相关资料供记者访问查阅，便于记者及时了解企业动态，这是一种很好的媒体公关方式。社会组织可根据自己的需求和预算选择合适的新闻发布及公关方案，向媒体、潜在客户群以及社会公众定向传播企业信息，并可对传播效果进行监测。

（3）新闻组和网上论坛策略

随着我国因特网用户的不断增加，网上论坛和新闻组正在逐渐成为网络上有影响力的社会舆论工具之一，网络公众针对社会热点问题，在论坛和讨论组里发表自己的看法，交流各种信息，甚至有些时候网上论坛的热点问题也会被社会大众和新闻媒体关注，反过来成为社会热点问题。

对于想要了解公众真实想法和观点，希望能与公众交流并施加影响的社会组织来说，网上论坛和新闻讨论组无疑提供了绝佳的工具。公共关系人员如何利用网络论坛工具来发布信息、树立组织形象呢?

① 市场调查研究：网上论坛和新闻组中聚集着对不同主题感兴趣的人们，他们在网络上就共同感兴趣的话题进行讨论、交流，公共关系人员通过阅读其中的文章、留言，可以从中发现市场热点、公众的想法，还可以根据自己的需求设计问题，以论坛成员的身份与网络公众们讨论，观察他们的反应，听取他们的看法和意见，使今后的网络公关活动有的放矢。

② 发布非商业消息：网络论坛和新闻组的用户们大多反感论坛中赤裸裸地商业推销，公共关系人员应注意遵守网络论坛礼节，以软营销的方式发布组织相关信息，以趣味性、新闻性、互动性、知识解答性信息为主，在满足论坛用户利益的基础上巧妙地宣传组织。

③ 与网络公众建立友好关系：公共关系人员以平等的身份活跃于论坛中，真诚地提供有益的信息，回答公众的提问，帮助他们解决问题，增强彼此的好感和信任。努力成为某领域的专家或意见领袖，从而树立组织的权威、专业的形象，以非商业的方式引导公众访问组织的站点，建立良好的互动关系。

④ 预防和控制危机：通过对论坛信息的监测，公共关系人员可以及时发现公众对组织的态度、观点的变化，在发现对组织形象不利的议论时，及时采取措施发布正面信息、提供解释，防止不利影响的扩散。

（4）博客策略

博客，热门的网络词语，诞生于1997年，源自英文weblog（简称为blog），意思是网络日志，其实质是一种新型的个人互联网出版物，为个人提供了一个信息发布和思想交流的网络传播平台，博客用户无需掌握高深的知识和技巧，只需通过文字、影音、图片和链接就可以建构起个性化的网络日志空间。

短短几年间，我国的博客人群已过千万，随着博客的发展，越来越多社会组织也开始尝试使用博客这一新工具。据调查，美国《财富》周刊榜上有名的500强企业中，有两成以上的企业高管人员拥有自己博客，IBM、Google、苹果等著名企业竞相开通自己的企业博客，博客正在成为社会组织与社会公众沟通的新平台，而不仅仅是记录个人生活的工具。根据中国互联网络信息中心（CNNIC）发布的《2006年中国博客调查报告》，2006年中国网民注册的博客空间达到3300万个，超过60%的用户希望通过博客“表达自己的观点”，而只有17.8%的用户表示“不希望太多的人看自己的博客”。艾瑞调查公司提供给《成功营销》的调查数据显示，64%的博客用户在知道有人关注时会产生坚持下去的动力。

表8-1 博客营销与传统营销的比较①

比较项目	博客营销	传统营销
营销理念	横向营销思维、顾客观念	纵向营销思维、消费者观念
顾客角色	生产-消费者、参与者	纯粹消费者
关系营销	建立关系的基础是志趣相投、友情链接、知识共享、互利互惠	分析顾客购买习惯、需求偏好，为顾客创造更大价值
目标市场选择	顾客选择企业，顾客主动	企业选择顾客，企业主动
整合沟通	双向互动，大众传播与分众传播结合，可度量的传播效果，针对性强	单向沟通，大众传播，传播效果难以度量，针对性不强

（资料来源：http://www.globrand.com/2007/09/28/20070928-164456-2.shtml）

从上表中可以看出，博客营销是企业在网络经济时代赢得顾客、获得超速增长的全新模式。相对于传统的网下营销活动而言，博客营销模式的创新特质主要表现在营销理念创新、顾客角色创新、关系营销创新、目标市场选择创新和整合沟通创新几方面。

博客对于公共关系人员来说，既是潜力无限的新型网络公关工具，又意味着

① 涂永式：《略论博客营销的创新特质》，全球品牌网，2007年9月28日

未知和挑战，不少企业的开创性的尝试中有成功，亦有失败。[①] 例如，通用汽车公司 2005 年开通的 FastLane 博客是最受欢迎的企业博客之一，由汽车业传奇人物 Bob Lutz 主笔，话题涉及汽车设计、新产品和企业战略等方面，因为博客内容深入、态度诚恳、对负面评价热切回应，赢得了受众的喜爱，日浏览量近 5000 人，对每个话题的评论都达 60 ~ 100 条。

戴尔公司则没有这么幸运，遭遇了博客危机，2005 年 6 月 Jeff Javis 在其博客上抱怨戴尔公司拒绝维修或更换损坏的笔记本电脑，并在 8 月 17 号发表了给戴尔负责人公开信，这封信被众多博客转载，反向链接次数全球排名第三。8 月 23 日，戴尔公司被迫做出回应，退款给 Jeff Javis，并承诺对博客投诉予以高度重视。

如何成功地运用博客公关？吸取成功企业博客的经验，总结如下：

① 搭建平台，主动公关。社会组织在建立自己的博客时，就要把博客视为组织在网上的虚拟形象代言人，需注意版面设计，发布有质量的、能够吸引网络公众兴趣的博客文章，对于网络公众的留言和评论谨慎对待，积极应对负面评价，努力塑造诚恳、亲切的博客形象。

② 借助意见领袖，影响舆论。在网络中意见领袖主要由组织的忠实拥护者、社会名人等组成。通过他们的影响力创造有利于组织的网络舆论氛围，往往会起到事半功倍的效果。同时企业家、企业的高层管理人员大都是意见领袖，他们的观点具有相当强的辐射力和渗透力，对大众舆论有重大的影响作用，潜移默化地改变人们的消费观念，影响人们的消费行为。例如 SOHO 总裁潘石屹的博客就拥有数以万计的点击量，对其自身和企业的传播都是一个良好的平台。博客营销可以有效地综合运用意见领袖的舆论影响力和博客自身的巨大影响力刺激需求，激发购买欲望。

③ 利用博客，监测环境。组织公共关系人员要善于倾听博客的声音，即使对于微小的反对声音，也要重视并做出反应，以免重蹈戴尔公司的覆辙。索尼爱立信公司甚至设置网络专员，24 小时不间断地监测网上关于索尼爱立信公司的信息。博客即时性和互动性强，可见度、可搜度高，影响力大以及无边界传播等特质特别适合于“病毒式”营销策略的应用。“企业博客可以利用搜索引擎、链接、RSS、引用通告、邮件通知、订阅等博客技术，设置竞赛、奖励、积分、赠品等刺激性措施，鼓励顾客发表评论，推荐、引用、转载博客内容等，让顾客主动为企业口口相传，激发口碑效应，将产品和服务的信息传播到互联网的每一个角落。”（globrand. com）

---

① 周裕琼：《博客对企业公关的机遇和挑战》，《国际公关》2006 年 3 月，第 68 页

注意预防博客危机：

博客用户使用频率最高的功能是“评论”，其次是“友情链接”，网友对于感兴趣的信息会很快在自己的博客上建立链接。在网络世界里，负面信息更容易受到关注，而且根据中国互联网调查中心的数据，绝大多数网民建博客是为了“记录自己的心情”，同时，超过60%的用户是为了“表达自己的观点”。

在博客上，对企业的评价能以比传统社会更快的速度传播。美国一网民曾发帖，讲述了一件怪事：Bic 圆珠笔能够轻而易举地撬开到处都在使用的 Kryptonite 牌 U 型锁。2 天后，很多博客转载了他的视频短片。7 天后，关注 Kryptonite 的人达到史无前例的 180 万，并引起传统媒体的注意。迫于压力，Kryptonite 公司免费发送了 10 万多把新锁，以更换出现问题的锁。Kryptonite 公司为此遭受了 1000 万美元的损失。

对博客上的信息传递问题，中国互联网络信息中心（CNNIC）的报告评价，“在博客领域，同样存在著名的‘二八法则’：80%（多数）的博客内容是由 20%（少数）的活跃博客作者创造的”。所以企业处理博客公关问题，应该关注活跃博客上的信息，如果在这些博客上出现不利信息，发现后应尽快妥善处理。

博客作为新兴的网络出版工具，发展潜力巨大，但其应用时间较短，经验不多，需要公共关系人员在实践中进一步探索、总结。

【案例链接】

博客：公共关系新游戏

Web 2.0 时代，成型的应用元素包括有 blog（博客）、rss（简易聚合）、wiki（维客）、tags（分类分众标签）、sn（社会网络）等，其中又以博客最具有代表性，数字媒体的兴起已经悄然改变了舆论产生和传播的规则并越来越受到关注。博客也成为了公共关系关注的焦点。

2006 年中国流行的词汇一是超女，二是博客。《公关世界》2006 年第 9 期刊登了题为《博客如蝴蝶带来的风暴——博客公关传播，一场正在发生的革命》文章。作者提出，作为一种新兴媒体样式，博客的端对端、无障碍特点不仅颠覆了传统的信源—信道—受众的传播模式，而且也给公共关系这门有关沟通的理论提出了新的挑战，博客正在成为商业世界不可忽视的一种力量。那么，如何将博客运用到公共关系的传播中？应该注意哪些问题？

世界上最大的独立公关公司爱德曼曾在为沃尔玛提供服务中开设了“环美沃尔玛购物记”（Walmarking Across America）的博客，内容是一对自驾车爱好者的中年夫妇讲述他们转战各地沃尔玛购物的经历和体验。但是很快有人揭发这对夫妇是由爱德曼付费安排的，这一消息一经传播，引来许多人斥责这是“假博客”

(flog)，最后爱德曼的 CDO 不得不出面为公司的操作不透明道歉。事实上，爱德曼公司的“假博客”并非是公共关系领域遭遇“博客门”的孤立事件，七喜也曾经在企业博客上栽过跟头。2003 年，七喜推出了一款新调味乳产品“狂牛”(raging cow)。为配合全美巡回营销活动，特开设了“狂牛博客”，请消费者以“狂牛”用户身份写博客分享体验，获得热烈响应。但不久就有人揭发博客中几位大力鼓吹“狂牛”的作者也是七喜安排的，这一消息在网络传播开来，引发了消费者的抵制活动。而这些事件，恰恰都发生在诚信机制已十分完备的美国。

爱德曼和七喜的问题在于，他们还没有意识到，以博客为代表的数字媒体社会的兴起已经改变了舆论产生和传播的规则，如果试图把传统公共关系的思维和操作模式套用到博客平台上，尴尬结果的发生就在所难免了。互联网和博客已经把大家带入了舆论民主时代，大众不仅仅是媒体的消费者，同时也是资讯和意见的创造者和发起者。今天，每一个消费者都可以通过互联网将自己的观点发表并迅速传播和放大。这些声音甚至对传统媒体产生重要影响，许多专业编辑、记者也开始把博客作为重要的新闻线索和信息来源。

百度在 2006 年 11 月发布的数据表明，全球中文博客有 5230 万，博客用户 1987 万人，到 2007 年底，中国博客就有 7282. 2 万个，博客作者数量也达 4698. 2 万人。或被动或主动，越来越多的企业和品牌被裹挟到博客意见流当中。这里，既有博客作者主动和不求报酬为情有独钟的品牌撰写博客、制作视频、表达自己的观点并与他人分享（例如苹果公司、宜家家居 fans 写的博客），更有遇到产品和服务不满即表达出来、挺身揭发企业弊端的（例如有博客揭发哈根达斯分销商存在严重的卫生问题，一位《娱乐周刊》主编抱怨戴尔服务博客引发的戴尔去死吧 Dell Hell 的信任危机）。2007 年北京奥美及奥美顾客关系行销公司在对一家公司博客圈的追踪中也发现，该公司中国员工有 100 多博客，这些博客又链接着朋友、供应商、客户的 7000 多个博客，内容从私人事务到新闻事件，从公司业务到竞争对手新信息等不一而足。

《博客营销》一书的作者杰里特·莱特指出，“博客会重新界定企业的运作方式”。早在 2005 年初，微软“首席博客”斯考伯就预见，“世界财富 1000 强”公司将组建全天候的博客班子，除了进行博客监测、预防危机，还有组织企业博客积极与受众沟通。越来越多的企业开始意识到博客的重要性，鼓励员工写博客甚至招募专职博客帮助企业增加人性化的色彩。2007 年 12 月中国知名应用软件产品和互联网服务商金山公司官方博客上线，总裁雷军说，“希望在这个博客平台上我们与用户之间距离缩短”；索尼爱立信公司设置了网络专员，负责 24 小时不间断监控网上关于索尼爱立信的信息。

【案例链接】

当葡萄酒遇上博客[①]

南非一家不知名的小葡萄酒厂 Stormhoek，他们给博客主们送出去了大约 100 瓶葡萄酒。结果在两个月时间里，估计有 30 万人通过 Blog 知道了这家公司。不到半年时间，在英国 5 英镑以上的瓶装酒市场，Stormhoek 占了南非葡萄酒销售量的 1/5 强。这件事情在去年被一中文博客报道，引起了很大反响。

内蒙汉森葡萄酒品牌顾问张建生随即在新浪网的时尚酒风博客举办了中国葡萄酒的第一场博客评酒活动。借鉴 Stormhoek 的经验，50 瓶汉森葡萄酒送到了博客主手里，20 多篇关于汉森葡萄酒的品评文字引起了 10000 人次的点击，将近百万人的关注。没有做过统计和调查，这次评酒是否直接影响了汉森葡萄酒的市场状况，但是这次活动，让汉森葡萄酒公司体验到了博客的力量和葡萄酒在博客中的魅力。

作为尝试，这次活动并没有将销售作为目的，而是根据了汉森老板的思路把这支产品免费送给大家品尝，希望能与博客们沟通、交流。与 Stormhoek 的情况相似，汉森所处的贺兰山东麓有好的葡萄原料，有先进的酿造工艺，汉森葡萄酒就是这两种优势的结合。他们是一个新企业，没有雄厚的资金在市场上投放广告，所以他们想尝试一种新方法，一种新的营销方式，看与博客们的互动会怎样影响公司的内部的交流、公司的文化，进而影响公司的销售。

活动的结果让他们兴奋不已，那些博客文章被打印出来在员工中间传阅。博客们的欢迎以及对汉森 100% 的赞扬与评论，优美的博客文字表现出的消费葡萄酒的心情，不但肯定了汉森员工本来就很自信的产品质量，还传递给了他们更多消费者与汉森葡萄酒交流与沟通的信息。特别是博客们流露出喜欢汉森并会购买汉森葡萄酒的信息，让汉森公司的上上下下都感到兴奋。他们对自己的产品更有信心了，他们对公司的未来更有信心了。

很多人认为“当葡萄酒遇上博客”说的是软广告，其实不是，软广告是以宣传或者提高产品对象的曝光率为目的的，而这里是为了提高大家的兴趣。很多博客从这次评酒当中了解了葡萄酒，学习了葡萄酒的基本常识，认识了葡萄酒甚至爱上了葡萄酒。

Blog 不是为那些品酒专家写的，而是向普通人士揭开葡萄酒的神秘面纱。写 Blog 的一个目的就是让那些对葡萄酒还知之不多的普通人谈论他们是如何开始了

---

① 张建生：《当葡萄酒遇上博客》，全球品牌网，2007 年 6 月 6 日

解这一产品的。

绕开市场调查和设计程序，在博客上与消费者建立对话，让他们共同参与到葡萄酒的推广中来，调动了网络的力量。Stormhoek 的老板 Jason Korman 说，当你听到了市场中的所有看法，你就会真正明白你要往哪走。葡萄酒营销必须改变，即便我们不这么做，别人也会这么做。我们会鼓励人们发表看法，让他们影响我们葡萄酒的风格和我们酿造的办法，这只是一个时间问题。Jason 最后总结说，Blog 让我们变得不再封闭。它让我们每天都变得丰富多彩，而且它最终将改变我们经营的方式以及我们对市场的看法。

这次活动有以下几点值得注意：传统的市场营销和广告直接影响的是销售，在博客营销中，销售不是直接目标，但它可能是被最终影响的一个目标；只有过得硬的心态和产品才可以利用博客；博客的营销成本仅仅来自于自己生产的葡萄酒，几十瓶或者几百瓶，比传统意义上的市场营销和广告宣传，几乎可以忽略不计；最重要的一点就是，它与传统广告的区别就在于：我出钱满大街告诉你，瞧，这是我的产品，这就是你要的东东；博客营销是，嘿，这是你我都感兴趣的东东，我们一起来关注它，谈论它吧；每一个博客都是一个自媒体，它的传播速度和影响面以及持久的影响力，是不可估量的。

(5) 其他网络出版物策略

电子杂志是一种新型出版物，它是集合了声音、图像、动画、视频等元素，综合而成的声像兼备、图文并茂的数字机读杂志，展示形式如传统杂志，具有翻页效果，故名电子杂志。电子杂志具有可视性、交互性、多样性、娱乐性、传播速度快、免费等特点。它是一种非常好的媒体表现形式，兼具了平面与互联网两大特点。公共关系人员可以创建组织的电子杂志或把传统公关杂志转换成电子杂志，但是需要注意的是，必须生动活泼，以独特的风格吸引网络受众订阅。

Webcast/Podcast：Webcast 即网络播放、在线直播。Podcast 可以解释为基于网络的，通过“订阅”收听音频、视频的网络媒体传输方式。Podcast 可以应用于组织网站的“媒体中心”或“新闻中心”中，新闻活动的图片、视频等都可以以 Podcasting 的形式发布，持有多媒体移动终端的公众可以根据需要下载资料。Podcast 还可以用于向客户发布产品演示手册等，是一种直接向目标公众传递多媒体信息的渠道，正在越来越多地被组织熟悉和应用。

二、策划并利用网络事件策略

网络事件策略实质上是公共关系事件营销策略的一个分支，指的是组织通过策划、组织和利用具有名人效应、新闻价值以及社会影响的人物或事件，通过网络媒体发布，吸引新闻媒体和社会公众的兴趣与关注，以期提高组织的知名度、美誉度，树立良好的组织形象。网络事件策略是近年来十分流行的一种公关传播与营销推广的手段，集新闻效应、广告效应、公共关系、形象传播于一体，形成一种快速提升组织的知名度与美誉度的策略手段，网络事件策略已成为公关传播过程中的一把利器。

网络上争论的沸沸扬扬的“周老虎事件”，曾经是2007年网络红极一时的著名网络事件，关于“周老虎事件”的帖子贴满了整个网络，不论是新浪、网易、搜狐等新闻门户，还是各种类型的小型网站，甚至国外媒体都给予了关注。其实问题的焦点就是两个，其一：陕西境内是否存在华南虎？其二：周正龙拍摄的照片是否就是真正的华南虎（或者是照片翻拍）？本来是一简单的问题，但是这一简单的问题由于涉及方方面面的利益，照片的真假扑朔迷离，引起了网民的高度关注，进而发展成为“全民参与”的网络舆论互动。在华南虎事件中，某年画厂家积存的华南虎年画成了抢手货，被抢购一空，“中国摄影家协会鉴定照片”、“国家林业局新闻发布会”也对其组织自身进行了恰当的形象展示，堪称2007网络事件公关的典型案例。

从以上的网络事件案例可以看出，网络事件与传统事件既有相似之处，又具有其特殊性：

1. 网络公关事件 VS 传统公关事件

网络事件的核心要素与传统的公共关系事件策略大致相同，包括三方面：

第一，事件的新闻性，新闻性是吸引眼球的必备要素，这要求公关人员在利用或策划事件的过程中富于发现力和创造力。

第二，事件发布媒体的聚集力，选择事件信息发布的网络媒体工具，要考虑其受众的范围和相关度，以及对目标受众的影响力。

第三，事件传播效果的扩散性，事件的信息和影响能够广泛的流传和流行，影响社会公众对于组织的观点、态度。

与传统的公关事件相比，由于网络环境的特殊性，网络事件具有不可控性、更强的互动性和参与性及信息的无限传播性等特点。

① 不可控性。网络不隶属于任何一个国家和社会团体，任何组织和个人都难以对网络进行全盘控制。网络是一个相对自由的空间，只要不违反法律和道德，任何观点的信息都被允许在网络上自由传播，组织对于来源于电子邮件、网上论坛、博客等的声音都是难以监控和左右舆论方向的。对于组织利用策划的事件将会如何发展，组织是难以预料的，因此要更加谨慎。

② 更强的互动性和参与性。传统的公关宣传就如我们看现成的影视广告片，没有互动参与性。而网络媒体具有其他媒体不可比拟的个性化和互动性，网络事件的公关宣传更强调公众能参与到整个过程当中，就如同参与影片的编辑、导

演、制作一般，每一个网络公众的参与都可以影响事件的走势，更易造成轰动性的宣传效应，但同时也需注意在此过程中小心谨慎、潜移默化地引导舆论。

③ 信息的无限传递性。传统公关宣传难免要借助大众媒体的宣传力，有时需要支出高额的媒体发布费用，而网络传递信息是免费的，如果事件引起网民的关注，事件信息将呈病毒式的扩散，产生不断辐射的宣传效果。

2. 网络公共关系事件策划技巧

网上的事件策略与传统的事件策略在本质上是共同的，绝不仅止于以下几种策略，网络这个庞大的信息世界，每天都在上演着各式各样的表演，新鲜的形式永远层出不穷，组织的公共关系人员要敏锐地观察、聪明地借鉴，不断地创造更新、更好的事件，为组织公关活动助力。

(1) “争做第一”的策略

里斯和特劳特在《定位》一书中指出：“进入人们大脑的捷径是：争当第一。”他们强调了创造“第一事件”、“第一说法”，争坐“第一位置”的在树立组织形象方面的重要性。在策划网络事件时，公共关系人员要注意选择借用或创造别人未想未做之事，把组织推到某个领域第一的位置，树立权威、专业的形象，使公众在提及某领域时便自然联想到组织。如富亚涂料老总喝涂料的公关事件就做了别人未想未做之事，造成了轰动效应，让公众看到了企业的责任感，萌生了对企业的好感和信任。

【案例链接】

在网络上创造“第一事件”

中国移动的“全球通”品牌，多年来通过不断在传播中创造第一，在竞争激烈的市场中，始终保持着领导者地位。以前广为人知的“关键时刻信赖全球通”、“专家品质信赖全球通”等，都是具有“第一说法”特点的品牌主张。

近年随着针对消费者大脑的争夺愈加激烈，创造出跃然而出的第一概念也越发困难。“全球通”根据人们普遍关注社会中领先人物的特点，推出“我能”系列传播运动，通过连续创造以人物为载体的“第一事件”，继续巩固了领导品牌形象。在2006年新年和春节前后，“全球通”与网易共同策划举办了“我们的精神”2005年度“我能”人物评选活动，在1亿多网民心中抢占了第一位置。领导品牌与领先网站的琴瑟共鸣对于全球通这样一个已经家喻户晓的领导品牌而言，现在进行传播的主要任务不是解决知名度的问题。围绕全球通“我能”的传播，则是将品牌提升到更高的一个境界，即通过创造第一事件，提高品牌尊崇度。从电视到平面，再到网络，为进一步诠释“我能”的精神内涵，2005年末，全球通开始将传播的重心从广域人群覆盖转向重点人群渗透。相对于以扩大知名度见长的电视媒体而言，网络不仅能更准确地覆盖全球通的核心青年用户群（有关数据显示，网络媒体的受众规模已突破1.1亿，18～50岁的网民占79.9%），而且网络用户的媒体粘性在所有媒体中也是最高的，有利于品牌与目标人群进行全方位的互动沟通。网易作为门户网站，拥有庞大的用户流量和众多行业领先的产品优势，而且在青年新富人群和广大年轻人中，具有媒体领袖的影响力和号召力。网易用户重视生活品质和事业成功、不断超越自我，恰好与全球通的主流目标人群相吻合，获得了与品牌契合的网络媒体，是网络营销获得成功的第一步。

“我能人物”是这个时代的影响力人物，而并非广告代言人。在“我能人物”评选活动中，所有的“我能人物”均来自于网易各频道资深编辑的提名，这些人物都曾出现在网易的新闻报道和亿万网民的视线之中。如环保卫士廖晓义、IT新锐李彦宏、频频挑战国际电影奖的导演陈凯歌等，是从企业、公益、文化等各个领域脱颖而出，并广受社会关注的热点人物，是跨行业、跨领域的人物评选，打破了以往评选只集中于经济人物或时尚明星等较狭窄的范围局限。这一候选人物推举模式带来的显著效果是，网易的“我能人物”评选活动成为了有着高度影响力的社会事件。加之没有品牌推广的功利色彩，极大地激发了网络用户的主动参与，达到了全球通希望在网上“打造第一事件”的目的。围绕“我能人物”评选活动，是一个以网易新闻频道为核心，由七大内容频道和网易首页、网易邮箱、网易泡泡等最优势资源组成的传播组合。在动态消息的传递上，网易的首页及新闻频道发挥了主渠道作用。

网易首页在中国门户网站的页面访问量高居第一位，进入网易首页相当于占据了央视的黄金时段。网易新闻频道流量大、更新快、以深度报道闻名，满足了用户对“我能人物”更深层了解的需要。通过国内使用人数最多的网易电子邮箱的宣传，有数千万的网络用户进入到“我能人物”评选活动中，并参与了“我能人物”评选。此外，网易还设计了我能人物投票、我能猜星、网络能人榜、我能人物视频专访等互动参与性强的活动环节，为用户创造了更多的互动乐趣，并满足了用户与心目中的我能人物近距离沟通的需要。在评选专题网站开辟的“精神论坛”里，点击数达到上万次的帖子比比皆是！“我能人物”受到了全国网民的广泛关注，而“我能”所创造的勇当第一的精神，也得到了社会的高度认同。

（2）“热点移用”策略

“热点”，即被社会公众广泛关注的事物或形象，认知度大和影响广泛是热点问题的主要特征，组织公共关系人员如果能巧妙地移用这些热点，把人们的视线通过热点转移到组织的身上来，对于组织公共关系活动的开展无疑有巨大的助益。社会热点问题为事件策划者提供了新的创意思路。

近年来，国内热点问题不断，如成功举办奥运会、中国加入WTO、神五、神六成功飞天等，许多企业也成功地借势热点，完成自身的飞跃。联想集团的发展轨迹与利用奥运这一热点营销紧密相关，2003年，联想集团启用新标识，并在全球范围内注册，开始了进军全球的国际化之路。2004年，联想集团与国际奥委会签约，成为了为2008北京奥运会提供技术和服务的“国际奥委会全球合作伙伴”。2006年，联想集团大力赞助都灵冬季奥运会，展开了铺天盖地的宣传攻势，把联想品质优越的产品和服务带到了全球人民的面前。自2006年开始，联想为2008北京奥运会做了一系列铺垫活动，联想围绕奥运的一系列事件营销令世界瞩目，增强了联想在行业内领导地位的确立，提升了品牌的知名度和美誉度，树立了良好的形象，成为中国企业的一面旗帜。

（3）“情感制胜”策略

在商业化的社会里人们更加需要情感的温暖，与其做大肆的商业化宣传，不如用实际行动和真情实感来打动公众，树立组织富有责任感和人情味的形象。在某些特殊时期，如遭遇洪灾、SARS疫情时，如果组织积极对受灾人群伸出援手，自然会赢得公众的好感，也会引来媒体的宣传报道。如SARS期间，传言板蓝根能预防SARS，市面上的板蓝根药剂受到抢购，某药厂在此时向社会宣称，他们将加班加点的生产板蓝根，并且承诺不会涨价，对困难人群进行免费赠药，此义举受到社会公众的一致称赞，博得了公众的好感。

【案例链接】

全球度假连锁集团 Club Med 创新网络营销

2007年5月11日~6月29日，Club Med与国内网站网易联手，发起“2007夏日家庭嘉年华——网络摄影大赛”，抢在暑期度假来临之前向潜在目标群体发起营销攻势。

“一价全包的完美假期”是Club Med此次营销推广的重要理念。Club Med设计的“迷你俱乐部”度假产品精心照顾到全家人度假的每一个细节，倡导自由、舒适、健康、轻松和友善的度假观念，为游客提供包括起居、美食、娱乐、健身等度假一条龙服务，各个年龄层的孩子都能得到专业照顾，而且可以参加多姿多彩的文体活动，一家人共同享受亲子假期的欢乐时光。

“普吉岛很美，特别漂亮，随便找个地方拍出来的照片就像明信片。这个海岛拥有一切迷人的热带风景：浓密的热带雨林，整齐的橡胶种植园，柔软细腻的沙滩，陡峭的山崖，使得这里的运动休闲节目多姿多彩……有‘世界的清晨’之称的巴厘岛更是令人心旷神怡。”一位网友在论坛中分享其度假感受。

一家三口免费飞往Club Med在普吉岛或巴厘岛的度假村欢度亲子假期，成为此次Club Med网络摄影大赛的头等大奖，这也是对Club Med“一价全包的完美假期”服务理念的阐释，吸引了众多网民跃跃欲试。

在活动主题网站中，以Club Med特有的极限运动、度假胜地风景、人物为素材，制作了“找不同”“空中飞人”等几款简单有趣的游戏。网民完成趣味游戏并回答Club Med亲子度假的相关问题后，就可以注册上传全家一起度假出游的照片。互动游戏和简单答题，让网民在快乐参与的同时，增强了对度假胜地的好感和对Club Med服务产品的认知。

那么，在上传照片的过程中等待网民的又是什么呢？照片上传后，会自动生成一张以海边度假休闲画面为背景的电子贺卡，网民一家快乐出游的照片镶嵌其中。Club Med的Logo和广告语“一价全包的完美假期”也被植入到画面中，与贺卡的海蓝色背景融为一体，精美的贺卡给人以无穷无尽的美妙幻想。在贺卡旁边轻松填写朋友的e-mail，即可与好友分享快乐的度假祝福。转发邮件后，网民会获得参与幸运抽奖的机会，有机会获得一家人免费度假大奖。

通过为网友提供自制电子贺卡并发送给朋友分享的参与体验，Club Med获得了网友自发传播Club Med品牌理念的加倍回报。网友之间一传十、十传百，快速形成了链式传播。活动举办的第一周，参与的人数就超过了5000人，转发邮件的数量则为参与人数的5倍。

3. 网络公关事件运用的网络形式

除了前面介绍的诸如电子邮件、新闻组和网络论坛等网络工具在事件策略里需要综合运用，网络公关事件中还有以下几种形式：

——网上沙龙：是一种典型的网上互动交流活动，常常由网上媒体组织，就某个热点主题展开讨论，或者由企业与媒体合作，就企业开展的某项业务或某个网友关注的某个热门问题进行讨论，活动往往邀请一些嘉宾（往往是与主题有关的人士）参与。这类活动的优点是，主题明确，网友可以有针对性地参与或浏览相关信息，主办者（企业）也可就某个主题层开深层次和多角度的讨论，并可与参与网友进行深入探讨与互动，是一种很好的网络公关形式。

——主题访谈：类似于广播电视节目里看到或听到的访谈节目，网上也有类似的主题访谈节目，比如针对网友普遍关心的某企业的大事件对该企业的管理层进行访谈，或者就某一时段的社会热点对相关人士的访问等等。网上访谈的形式为政府或公益事业应用比较多，比如新华网组织的“两会”网上特别访谈，媒体邀请“两会”代表通过网络访谈与网民即时交流，传递更多的“两会”信息，也有很多公益组织借助网络访谈向网友宣传某项工作或就某公益事业发出呼吁等等。访谈的形式较沙龙更为正式一些，可与新闻发布会结合进行，一般应用于企业对外界披露某个事情，或者发布企业的重要新闻等。

——主题活动的参与或赞助：一些主流的网上媒体也会在某个时段，推出一些吸引网民参与或关注的主题活动，例如新浪的在线名人访谈节目，就受到网民的欢迎，有很高的人气。也可能是就某些社会热点问题，在网络上组织相关活动，请广大网民积极参与。社会组织可选择性的参与或者赞助这些活动，借助这些活动增进网民对组织的了解，展示组织热心社会公益事业的形象。

——事件博客：利用博客作为发布平台，对组织的某一公共关系事件的前因后果、事件的过程等信息进行跟踪报道，与网民们实行互动交流。例如搜狐与柯达携手举办的“柯达数码相机神秘西藏之旅”活动，设立了关于此次活动报道的事件博客。还有博客网与福特合作的“福克斯拍档博客评选”活动的博客，都受到了网民的关注和积极参与。

——网上新闻发布会或网络路演：网上互动交流、新闻发布、音视频演示、专题报道等多手段的立体组合，适合于新产品上市、企业形象推广、招商引资、网上会议等。这种集合了多种宣传手段的活动形式，能够使组织与公众之间达成更深层次的交流与互动，使每一个参与公众都能得到更全面的关于组织各方面的信息。

三、站点宣传推广策略

站点宣传也称网站推广。其目的是通过对企业网络营销站点的宣传吸引用户访问，起到宣传和推广企业以及企业产品的效果。

建立组织网站是社会组织与网络结合的最佳契合点，通过网站，组织可以掌握信息传播的主动权，开展网上新闻发布、网上展览、组织形象展示，与各界公众进行及时沟通。组织网站是组织网络公关的重要载体和手段。

首先搭建一个组织与网络公众直接交流的平台，组织网站通过美观的设计、简洁方便的操作和不断更新的有趣内容，吸引更多的网络公众与组织进行互动交流，促进组织与公众相互理解和相互支持，为组织的发展创造良好的网络形象。拥有了自己的网站后，要让它发挥应有的宣传效果，不能默默无闻，组织公共关系人员需通过各种活动和渠道宣传推广自己的网站，使网络公众可以很方便地找到组织的站点。

一般来说，网站的推广方式有两种：一种是网下传播媒介宣传，一种是在互联网上利用各种网络资源进行宣传。利用网下传媒宣传组织的网站，首先可以利用广播、电视、报纸、杂志等大众传播媒介，针对目标公众的利益和兴趣，以富有个性的方式把组织的网站信息传递给他们。需要注意的是，不能一味追求知名度的提升，还要尽可能地传递目标公众关心的、感兴趣的、对目标公众最有价值的信息，提升组织网站的吸引力。除了在大众媒体上的宣传以外，还用利用一切可以利用的机会，宣传推广网站。关键是要让组织网址和网站名称在尽可能多的地方出现，如携程网从2001年开始，就在机场、火车站、宾馆门口发放制作精美的包括详细网址的会员卡，此举使得携程网成为我国最大的旅游服务网站之一。还可以举办一些活动来扩大网站的影响，如太平洋电脑网于2006年情人节期间，在各大高校发起“登录网站，赠送巧克力”的活动，这别出心裁的活动推广，受到大学生的欢迎。

表8-2 常见的网站推广方式

序号	推广方式	说 明
1	搜索引擎推广	同搜索引擎商合作，进行推广型网站登录
2	商务信息平台发布	同商务平台合作，使网站及其新产品及时有效的出现在广大客商眼前
3	行业链接	广泛寻求同行网站联盟，进行行业链接
4	邮件列表	利用电子邮件许可营销，将网站进行针对性、广泛性的电子邮件推广
5	有奖活动推广	策划开展系列有奖活动，在各大网站和平台宣传，推出网站和企业形象
6	商务软件推广	利用网络营销商务软件，将网站信息和产品信息发布到各大行业供需平台

利用线下媒体的宣传推广的同时，不能忽略了网站推广的另一块重要阵地——网上宣传，互联网作为具有海量信息和超快传播速度的优质媒体，利用互联网本身进行宣传也是一种有效的传播方式，下面详细介绍几种行之有效的站点宣传推广策略：

(1) 网络实名

组织在花了大力气建设好自己的网站后，还要花大力气去宣传自己的域名，这往往需要付出较多的时间和金钱，而拥有一个网络实名则方便多了，网络公众可以在地址栏直接输入公司的中文域名，就能够找到公司的网站。网络实名同时也方便了组织采取搜索引擎注册与排名来宣传自己的网站。

拥有网络实名对于组织来说，在操作中还存在一些问题。一些专业的公司，如中国最早的网络实名注册和网络实名搜索公司3721，可以帮助组织解决这一问题。组织通过3721把自己的组织名称或产品名称注册为网络实名后，公众无需登录任何网站，直接在地址栏输入名称，就能直接找到组织的网站。

在购买了实名搜索服务后，公众还能通过 3721 的联盟网站，如新浪、搜狐、网易等著名的搜索引擎和中国电信近 300 家信息港使用网络实名优先找到组织正在推广的信息，这给组织的网站推广带来了极其便利的条件和更多的受众接触机会。

（2）搜索引擎登录与排名

所谓搜索引擎登录，指的是社会组织为了扩大宣传，将自己网站的信息提交到搜索引擎数据库，以增加网络公众与组织网站建立联系的机会。

随着搜索引擎在网民中的使用频率越来越高，越来越多的企业发现了其中蕴含的巨大商业价值，开始采用搜索引擎来宣传自己的网站，取得了很好的效果。据 CNNIC 调查结果显示：83.4% 的网络用户是通过搜索引擎得知新闻网站的，但 85% 的网民往往在搜索结果页面的第一页选择他们所需的网站，排在第三页之后的网站被访问的概率不超过 4%。登录搜索引擎固然重要，但是更为重要的是搜索引擎排名，如果你的网站在搜索引擎的排名靠后，公众就很难发现你公司网站的存在，因此，在设计网站时就应该考虑到登录搜索引擎的需要，对网站设计进行优化，以确保我们的网站排名靠前，容易被网络公众发现。

目前国内网民最常用的几种搜索引擎是：Google（谷歌）、百度、新浪、搜狐、网易等，其中谷歌和百度占有搜索引擎 40% 的市场，社会组织和企业可以通过竞价排名和付费的方式，争取使自己的网址排名靠前，还可以通过搜索引擎竞价广告来占据较好的位置，但是由于搜索引擎竞价广告只在搜索结果页面展示，每个关键词都必须进行一次竞价，也存在着不足之处：竞争激烈且网民接触面有限。

（3）网站合作

组织网站可以通过与其他网站的交流、合作来扩大自己的影响，增加网络曝光率，提高知名度。首先，组织可以与同类组织网站建立良好的合作关系，互相交换链接，共享网络用户群；积极与新浪、搜狐等大型门户网站交流合作，参与他们举办的与组织相关的网络主题活动，借助门户网站稳定的客户群宣传自己，同时还要注意处理好与新闻媒体网站的关系，在网站专门开辟与新闻记者交流的版块，及时向他们反映组织最新的新闻消息，以提供有新闻价值的可靠的消息赢得新闻网站的信任和合作，对组织的长期宣传具有重要的意义。

组织还可以通过 B2B 电子商务平台开展网站宣传推广活动，在使用 B2B 电子商务平台时，要注意选择最合适的电子商务网站。既要横向选择，又要纵向选择。纵向选择就是选择大型化的门户电子商务网站，比如阿里巴巴网站；横向选择就是专业化、行业化的电子商务网站，如专业的汽车网站。此类电子商务网站的受众明确，目的性强，组织可以通过设立网上展厅，添加组织网站链接来宣传组织信息和组织网站的信息。值得注意的是，在此类电子商务平台上进行组织产品的宣传和网上销售，必须要及时更新和管理信息，配合组织网站相互宣传，才能起到更好的宣传效果。

（4）病毒式营销

所谓病毒式营销，用一句俗语来说明就是“让大家告诉大家”，即通过用户的口碑宣传，结合网络的快速复制和信息传递的无限性向数以万计的受众传播，达到信息像病毒一样传播和扩散的效果。病毒式营销是一种常用的网络营销方法，常用于进行网站推广、品牌推广等。病毒式营销利用的是用户口碑传播的原理，在互联网上，这种“口碑传播”更为方便，可以像病毒一样迅速蔓延，因此病毒性营销成为一种高效的站点信息传播方式。

病毒式营销方法在宣传推广网站上，与其他推广手段相比，有以下优点：一是低成本，高效果，组织只需花很少的代价，就能在短时间内产生大量的用户浏览和潜在收益。二是目标受众明确，比其他网络推广方法更能接近目标公众，因为对组织网站感兴趣的公众会将信息传递给和同有相同爱好的朋友们。

Ralph F. Wilson 认为，病毒式营销策略包含六个基本要素：①

——提供有价值的产品和服务。尤其是免费的产品更能吸引网络消费者。例如肯德基的中国网站，提供消费者免费打印优惠券的机会，享受到此优惠的消费者很可能会把此信息和肯德基网站的网址告诉其他感兴趣的朋友，这样不断辐射宣传，将会有更多的人来访问肯德基网站。

——提供容易操作的传递方式。组织应该在不降低信息质量的前提下来简化信息，使之易于传播。

——信息的传递范围容易扩大，Ralph F. Wilson 认为组织应有足够的能力来应付病毒式营销带来的业务的扩大，否则将招致失败。

——激发共同的动机和行为。运用现有的信息传递网络。

——组织应该将信息置入人们扩大了的网络关系中，使组织信息迅速地在网络中传播、扩散。

——有效利用他人资源。病毒性营销策略实质就是利用别人的资源将组织的信息传递出去。

实施病毒性营销的基本方式：②

——口碑传播

最普遍的口碑传播病毒营销方式是“告诉一个朋友”或“推荐给朋友”，这

① 宋伟、张颢：《病毒性营销策略在网络营销中的应用》，《价值工程》2004 年第 8 期，第 71 页

② 资料来源于 http：//www. globrand. com/2007/06/09/20070609-175228-1. shtml

也是大部分网站使用的方法。对这种方法，各种网站的使用率是不一样的。对于一些娱乐网站，“告诉一个朋友”的使用率可能会高一些。但对其他大型内容网站，这种方法是不够的。使用率主要取决于所推荐内容的类型和用户群特点。但这种病毒营销可以低成本并快速执行，其效果还可以通过引入竞赛和幸运抽签等方式得以增强。

——辐射传递

对大部分 e-mail 用户来说，这是一种很有效的传播方式。每当我们收到有趣的图片或很酷的 Flash 游戏的附件，我们通常把它发给朋友。而他们也顺次把该附件发给他们的联系者。这种滚雪球效果可以轻松创建起一个分销渠道，在几小时之内，到达成百上千的人们那里，而起始不过是一封电子邮件。比如用 Flash 创建一个有趣的游戏，按地址簿中的地址把它发出去。Flash 中要包括你的网站地址及邀请人们点击你的网站。同时，要让该游戏在你的网站上也可以下载。接下来这个游戏伴随网站网址会像病毒一般扩散出去。

——服务先行

最成功的以服务为基础的病毒营销先驱是 Hotmail。一开始他们很少促销活动，但在它们发出的每封邮件底端都使用一个收尾线，该收尾线包括一个短小的玩笑以及他们的网址。公司由此获得显著发展。每天发出去的海量的 e-mail，这些 e-mail 如何帮助 Hotmail 获得更多用户——这些用户又导致更多的 email 发出去。例如 Blue Mountain 的网络问候卡。当有人发出一封 Blue Mountain 的网络问候卡，接收者必须去 Blue Mountain 的网站才能收看，这就带来另一个发贺卡的潜在用户，而这个用户会又发出更多贺卡。这些网站首先通过为客户提供信息服务，使客户接受并喜欢此项服务，从而吸收很多的用户来使用此项服务，随着用户需求的满足，网站也在无形间获得了支持和发展。

Google 的 Gmail 就成功地运用了病毒式营销策略。[①] Gmail 是 Google 在全球率先推出的 1G 免费邮箱，测试中的 Gmail 不接受公开申请，而是通过 Google 员工、blogger. com 的活跃用户等首批注册成功的用户对外发出测试邀请，即每个用户拥有若干个 Gmail 发放的权限，以邀请的形式发给若干个朋友，幸运者加入后各自也将拥有几个邀请名额，发放给更多的朋友……不需要自己费时费力做推广，业务就像病毒蔓延一样由用户自由传播开去，每个参与者都在帮自己宣传。没有数据显示 Gmail 在采取病毒式传播策略后已经网罗了多少用户，但可以想象数量是巨大的，这就是病毒式营销的威力所在。稀缺使人们产生好奇，

① 孙鹏志、林升梁：《Google 的“病毒营销”策略》，《市场周刊·研究版》2005 年 5 月，第 91 页

邀请则使病毒营销充分发挥作用，同时，“邀请”机制使有共同兴趣爱好的用户聚成一个“圈子”，在这个圈子里用户能互相交流信息，为其他产品或服务推广埋下伏笔。

此外，MSN 和 Skype 也利用了强势的病毒营销，采取让用户“拉”用户的策略，在网站自身的推广工作之外，由现有用户通过电子邮件的方式，将网站或服务告诉他们的朋友，让用户的朋友也来注册使用，从而使他们能够在网上交流和通话。

尽管每个网站具体的病毒性营销方案可能千差万别，但在实施病毒性营销的过程中，一般都需要经过以下几个步骤，病毒性营销才能最终取得成功。

首先，应该拟定一套病毒性营销实施的整体规划方案，确认本次病毒式传播的信息和服务对用户是有价值的，并且能够吸引用户的兴趣，且易于被用户自行传播。

第二，以创造性的思维指导病毒式营销。病毒式营销之所以吸引人，就在于其创新性。在进行具体方案设计时，需要注意的是，必须将信息传播与营销目的结合起来。一方面，如果仅仅是为用户带来了娱乐价值或优惠服务而没有达到组织营销的目的，这样的病毒性营销计划对组织就没有多少价值，另一方面，如果商业宣传气息太重，而没有什么对客户有用的价值，不但病毒式营销不会成功，还可能会引起用户反感而影响组织的形象。

第三，预先设计信息源和信息传播渠道。虽然说病毒性营销信息是用户自行传播的，但是信息源和信息传递渠道需要预先进行设计，需要考虑病毒式营销所传递的信息渠道，如果主要目的是让更多的用户传递网址信息就考虑是在某个网站下载此类信息，或者仅仅是通过用户之间直接传递文件，如通过电子邮件等个人信息传播工具，又或者是这两种形式的结合，这就需要对信息源进行相应的安排和设计。

第四，原始信息的发布和推广。大范围信息传播是从比较小的范围内开始的，需要对原始信息的发布进行认真筹划，把原始信息发布在易被用户发现，并且用户乐于传递这些信息的地方，比如活跃的网络社区。在某些情况下，可以在较大的范围内辅助传播这些信息，等到自愿参与传播的用户数量比较大之后，才让其自然传播。

第五，对病毒性营销的效果进行跟踪和管理。当病毒性营销方案设计完成并开始实施之后，由于网络传播的不可控性，对于病毒性营销的最终效果实际上自己是无法控制的，但对于病毒性营销的效果分析仍是非常必要的，不仅可以及时掌握病毒式信息传播所带来的反应，也可以从中发现这项病毒性营销计划可能存在的问题，以及可能的改进思路，将这些经验积累为下一次病毒性营销计划提供参考。[①]

网站推广是一个系统工程，不单单是几种宣传手段的运用就能取得成功的，而是应从网站建设时期开始规划，详尽周密地考虑网站推广的系统性涉及的相关问题。首先要时刻铭记网站推广的目的是什么，不仅是让更多的公众记住网站的网址，而是为了获得更多潜在公众对组织的了解和支持，从而化为组织的实际利益。如果只有知名度，但组织从中没有任何获益，那网站的推广活动是毫无疑义的。网站的宣传推广策略要结合各种相关因素，根据组织内部资源和外部环境来制定，并且对网站推广的各个环节、各个阶段进行有效的管理和控制，选择适合组织自身的宣传推广方式进行灵活的组合，制定切合实际、行之有效的宣传推广策略方案，积极地开展多层次、多样化和立体的网站推广，让更多的网络公众认识并且喜欢组织的网站，为组织建立良好的网络形象而做出积极的努力。

【案例链接】

珍视明与腾讯战略携手掀起网络营销新高潮[②]

网络技术的发展和应用改变了经济体系中信息的分配和接受方式，改变了人们生活、工作和交流的环境，迫使企业必须相应地积极利用网络技术变革自己的经营理念和经营方式。因此，网络营销作为创新型营销手段，已成为新经济时代企业新的策略。6月10日，腾讯网与珍视明药业有限公司在杭州举行签约仪式，正式确立双方的战略合作伙伴关系。此次合作表明网络媒体的影响力在更多的传统行业中得到渗透，同时也为医药行业的新媒体营销拉开了序幕。

高度契合使传统行业在品牌战中脱颖而出

据悉，继2006男篮世锦赛的成功合作之后，珍视明、腾讯二者再度携手，腾讯将为珍视明提供专业的服务团队以及优质的网络解决方案。网上的活动更为丰富多彩，网络专题报道不局限于简单的新闻报道，更加注重引导受众的互动参与，并且能够利用体验式营销手法更加深入地将“珍视明”品牌渗透人心。快速消费品利用网络进行推广已经是常见的事情。但是，对于传统医药行业，珍视明为什么选择腾讯进行如此大规模的合作？珍视明的徐总告诉记者：“珍视明做营销不仅仅是在推广品牌，重要的是让更多的消费者拥有一双明亮的眼睛。腾讯的主要用户比较集中，而且与我们的目标客户非常吻合。同时腾讯有强有力的客户端，拥有占中国市场90%以上的互联网用户，能够在最短的时间内把我们的

① 冯英健：《成功实施病毒性营销的五个步骤》，2005年2月19日，www. marketingman. net

② 晓齐：《珍视明与腾讯战略携手掀起医药营销新高潮》，《广告大观》综合版，2007年7月

信息传递给消费者，这是珍视明需要的。”作为国内最大、最专业的眼科用药第一品牌，珍视明代表健康、安全有效；腾讯有着创新进取、健康的品牌形象。二者无论从受众群体，还是品牌内涵都高度契合。“双重回响”让业内人士对于此次推广的效果给予了高度期望。腾讯公司网络营销服务与企业品牌执行副总裁刘胜义在签约仪式上也表示：“腾讯作为新媒体领先企业所拥有的用户、技术价值能够帮助医药行业更加贴近用户，实现创新的体验式营销模式。相信，今后双方的战略合作不仅会给两家公司带来期望的效果，同时给予双方用户全新的互联网在线体验。”

整合资源优势为行业营销寻找“新处方”

最近几年，无论在快速消费品界，还是网络媒体涉及不多的传统行业；无论是高端财经活动，还是娱乐营销传播，腾讯都与不同的合作伙伴创造出新的推广热度。随着新一轮的IT、房产、饮料、汽车、服装等行业在网络广告营销上做出有效尝试后，腾讯的在线体验式营销逐渐释放出巨大的能量。越来越多的国内企业与腾讯合作，在腾讯平台上开始了自己的网络布局。例如森马广告在很短的时间内就占据了腾讯首页、QQ对对碰、QQ秀专区三个版块，每天的点击率达100多万次；奥康康龙在腾讯旗下的拍拍网上设立了网上商店；美特斯·邦威让QQ秀穿上了邦威的服装款式……通过腾讯平台的在线体验式营销模式展示个体化的品牌文化，第一次完成了自己网上网下的全方位营销整合。此次腾讯与珍视明之间的合作也充分利用了腾讯全方位的价值平台，增设多样互动方式和不同细分平台上的多重营销方式。通过大规模的推广，加深受众对于活动的关注，加强对于珍视明品牌文化的“感同身受”。在这次合作中，腾讯拿出了自己的独特资源：桌面窗口（Tips）推广——能够直接到达所有在线QQ用户桌面；首页核心区的“今日话题”，引发千万浏览用户关注内容；首页富媒体广告——以多种动画形式吸引眼球；日均曝光量2800万的ALL IN ONE富媒体推广——在用户登录QQ时自动弹出，集动画、视频、流媒体等丰富广告形式于一身；日均曝光量超过3500万的QQ窗口按钮广告……多元大规模推广方式，加上独到的创新营销细节，使得腾讯为珍视明活动打造了一个全方位的“体验式营销”。对于现代企业来讲，利用互联网进行营销传播，已经成为不可逆转的营销趋势。网络营销的多样化手段，对于厂商或经销商迅速打响自己品牌或进行产品销售有巨大的推动作用。作为新媒体的典型代表，腾讯网提供给营销行业一种全新的思路，通过用户价值、产品价值、产业价值的多元化整合形式，来促使用户、企业、行业中的产业链条更充分的展现各方利益。同时，也有利于为更多的行业、企业提供推广思路，并将促进现有网络营销模式的深度整合。

【案例链接】

工商银行的网络营销策略①

由于网络营销的受众主要是网民，这与电子银行尤其是网上银行客户的定位基本是一致的，并且具有更强的针对性，因此网络营销在电子银行的营销中发挥了重要作用。

网络广告营销

网络广告营销对于电子银行这一相对的新生事物来说具有更特殊的意义。因为只要具备上网条件，任何人，在任何地点都可以阅读网络广告，而且网络广告自身还有传播范围广、成本低、互动性强、效果好、集约化效果突出等许多特有的优势，彻底改变过去被动等客上门的传统服务行为，这是传统媒体广告无法达到的。2003 年之前，工行电子银行广告营销的主要方式是传统的平面、电视媒体。从 2003 年开始，工行逐渐把营销手段转向以网络广告营销为主。进人 2004 年以后，工行电子银行几乎每推出一项新业务，首先都会通过网络广告进行营销宣传，让广大客户在第一时间了解工行的各项业务情况。相继推出了“金融@家个人网上银行”、“网上银行国际业务”、“网上银行安全钥匙（客户证书)”、“手机银行（短信)”、“企业网上银行普及版”等数十项新产品和新业务的网络广告和网络新闻，并在全国各大知名网络媒体和专业网络媒体上进行有针对性的高频率投放，有力地配合了电子银行的快速发展。

合作开展网络营销

2004 年 7 ~ 9 月，工商银行发起以工行牵头，全国近 50 家知名电子商务网站共同参与让利客户的“工行金融@家，开户送礼、证书免年费、交易有奖”大型营销活动，为广大网民提供方便快捷的网上购物支付平台，并激活了我国个人网上银行和电子商务的市场。2004 年工行冠名协办了第一届“工行金融@家杯”全国电子竞技运动会（CEG）休闲类赛事活动。在赛事结束时，工行还以最能体现电子竞技特点的方式把奖金发放到每一位获奖选手手中—奖金通过中国工商银行网上银行实时转账到各个获奖选手的账户中。此外，工行还相继开展了“点一次鼠标，献一份爱心”为东南亚海啸地区网上募捐的活动(与红十字总会等慈善机构合作)，与联想共同推出宽带“一键上网银”家用电脑，还开展了“校园互动营”、“集团客户理财新时代”、“中小企业走进金融 e 通道”等多种活动。

---

① 王刚:《工商银行的网络营销案例》,《银行家》, 第 59 页

开辟客户论坛

除了投放网络广告和网络新闻外，工行还开辟了“工行论坛”以及回复电子邮件等多种形式的宣传营销渠道。工行在门户网站以及国内众多著名网站上均设立电子银行宣传专区，开辟专题论坛。通过论坛和专区网络渠道，工行安排专家级人员与网民交流有关网上银行的使用、操作等相关知识，在重点对电子银行业务进行全面系统的介绍的同时指导客户正确认识和使用工行网上银行。

善用自身门户网站

2004 年工行门户网站全年的总点击率达 2.5 亿次，已成为营销宣传电子银行等新业务的重要阵地。工行门户网站的内容涵盖工行各种业务介绍、办理程序、最新产品宣传以及工行最新动态等信息。同时，所有新业务的网络宣传和网络广告也都在工行门户网站上发布。在加强电子银行外部营销的同时，工行利用现成的行内网络资源，通过行内远程教育、行内 BBS 交流平台，加强对内部人员的培训和指导，首先让工行员工了解使用电子银行产品。另外，工行通过系统每天发布网银排行榜，使各分行清楚看到电子银行发展状况，有效增强了各分行营销的积极性。

第九章　网络公共关系的实施

【本章提要】公关调查—公关策划—公关实施—公关评估，这是线下公关在具体实施过程中最基本的四个步骤，网络公共关系虽然是借助网络媒介来实施公关过程，但同线下公关活动一样，也基本遵循这样的规律；但是，伴随着技术的进步，网络公关也表现出独特的传播特色，网络调查、网络搜索、网站推广、网络销售等都是过去所没有的。

本章从网络公共关系的目标入手，主要探讨网络公共关系在具体信息的传播与沟通当中的战术实施。将公关信息内容以最好的形式传播出去并达到最佳的传播效果，网络公共关系本身在传播过程中既表现出对文字传播的重视，也表现出对视觉传播的倚重。

第一节　网络公关关系的传播过程

网络公共关系的传播过程其实就是社会组织通过网络媒介进行的与网络公众之间的信息传播与沟通的动态过程。

首先，网络公关活动要确定自己的公关活动目标，是总体的宏观目标，如树立组织良好的公众形象，还是具体的微观目标，像政策新闻发布，加强与群众信息协调沟通，配合促销活动，完成销售任务等等。

其次，要根据已经确立好的目标来筛选、编辑网络公关信息的内容，并根据网络公共关系的原则来选择发布内容的工具载体。与传统媒介相比网络媒介有极大的拓展和选择余地，可以是传统媒体的电子版、新型媒体出版物，也可以是网络广播电视节目，更可以是新闻组论坛与BBS。

再次，网络公关的内容、工具确立好后，就要根据网络公共关系的目标来选择以什么样的方式来发布信息。常用的信息发布方式有：通过网络新闻线发布新闻，参加和主持网络论坛发布，创建新闻稿页面发布，举办网上新闻发布会，网上年会等。

最后要对前期的网络公关效果进行评估，测评组织的目标有没有达到，组织的形象有没有改善等。

一、确立网络公关活动目标

树立网络公共关系活动的目标是整个网络公关活动的前提，只有树立了明确的具体的工作目标，才能促使后期的整个信息传播和沟通过程高效地开展下去。

网络公关的活动目标主要包含两个层面，宏观的目标和微观的目标。

1. 塑造组织的良好形象

现代社会中，社会组织的形象尤其重要，对社会组织的生存发展有着至关重要的作用。组织的良好形象是一种无形资产，具有很强的凝聚力、战斗力和品牌资产贡献力。

例如：一个企业，如果它在公众中具有很好的口碑和声誉，那将不仅会增强企业的内部员工的荣誉感、责任心和凝聚力，还会招揽越来越多的顾客，吸引优秀人才加入到团队，获得更畅通的供销渠道，融资到更充沛的社会资金，能够和群众之间建立更为可信的关系。

网络公关传播相比传统公关传播有很多优势，如即时性、互动性、超越时空性、多媒体性和低成本性等，特别是网络公关活动能够建立起“一对一”的新型媒体互动传播模式，能根据受众的特性，使组织的信息以最快、最便捷的方式传递给受众，了解受众对企业产品的态度和意见，收集受众的各方信息，反馈给企业的决策层，从而以最快的速度来解决问题，实现企业对公众的个性化服务。

2007年11月19日到12月24日，宝洁旗下品牌舒蕾联合腾讯网、新浪网、百度网、网易娱乐、MSN等多家网络媒体联合推出“舒蕾10年，最美风尚电影秀”活动，邀请著名导演贾樟柯拍摄10部电影短片，由网易娱乐对整个开机仪式进行了全程的独家视频直播。后期由网民对这10部电影进行网上影评，并可参与评选活动。10部电影短片都以“健康最美”为主题，传递了健康美的理念和实质：拥有独立的精神和自然的生活态度。通过人物的心理刻画来传达独立与健康、智慧与美丽、坚强与乐观、善良与爱心、理解与包容等人类美好的心灵和品质。很多人通过这次活动对舒蕾品牌有了更高层次的理解，它不再仅仅是护理头发健康的洗发水，更是一种对人性心灵美的提倡与阐释，是健康美的代表。舒蕾品牌在公众心目中的形象更为丰富了。

2. 发布政策与新闻

企业是整个社会的一部分，企业生存离不开社会群体。企业要和社会保持动态联系，有义务将其企业生产情况、组织情况、产品情况、员工精神状态、经济收益、资金流通情况、公司运营状态、重大事件等公布给与之利益相关的群体。

对于企业利益相关的群体特别是忠实顾客或投资者来说，他们对企业的关注程度相当地高，一有风吹草动，反应就相当地灵敏。另外，顾客对企业新闻或事件等都有着提前知晓的心理欲望，他们会经常浏览企业网站的新闻中心，或者关注其他新闻线上的关于企业的报道等。如果企业能及时地将企业的重大政策新闻发布出去，特别是在官方网站上，不仅能够培养公众的信任度，满足了他们的知晓欲，而且有可能使他们成为企业的长期稳定的顾客。这其中也包括对企业负面消息的披露，如果企业仅从自身利益的角度去考虑，刻意隐瞒或者篡改事实真相，欺骗公众感情，不仅会使原有顾客群丧失信心和信赖感，而且也会在潜在顾客群或其他群体中引起不好的口碑评价。

网络公关活动是整合个人传播、组织传播与大众传播三种传播方式为一体的传播形式。通过网络新闻线、网络第三方媒体、网络论坛、电子邮件列表等方式发布新闻是最常用的方法手段。企业可以利用网络平台将公司最近的方针政策、生产调整状况、重大的消息事件等及时地公布于众，以便让公众能了解企业的概况和动态发展情况。财富100强中，有13%的公司建有自己的新闻中心，93%的公司发表新闻，87%允许非IT类的新闻记者进入他们公司的网站。①

应特别注意的是企业要和媒体界的新闻记者和网络论坛的管理员保持良好的公关合作。因为“信源”只是一个客观存在的事实，但是扩散“信源”的“信道”却有多种途径。企业除了通过自身的官方网站、官方刊物、官方活动等发表政策新闻外，其他新闻媒体也同样在关注着它的动态。新闻记者采用新闻素材的首要原则就是新闻的真实性，那么为了确认新闻的可靠性，新闻记者往往会进入企业的官方网站查实信息，另外还会和企业的负责人证实这些消息，并详细了解前因后果。那么企业应该做到和新闻记者的开诚布公，将真实信息告知记者，并对记者的提问、请求尽可能地满足并及时回复，为记者提供详细的企业和产品材料，和记者接触后也要通过e-mail、电话、即时通讯工具等保持良好的沟通关系。在记者的评论新闻稿发出之前，要仔细阅读新闻稿，以便对其中的不确实信

---

① 柯颖德：《因特网时代的整合营销传播》，《中国国际公关关系协会通讯》2002年第2期，第15页

息及时地更正、修改。因此，企业在自己的官方网站上发布新闻的同时，还要与其他网络媒体的记者保持沟通。企业和网络论坛的管理员也同样要保持友好关系，这样不仅可以更方便顺畅地进入论坛发布企业新闻，而且管理员能将网民的不负责任、挑衅、不满的情绪和评论及时地通告给企业负责人，以便于企业负责人和网民能及时沟通协调，避免事态的扩大化。

3. 促进产品销售，降低成本

首先，网络公关和广告不同，广告的直接目的是促进产品销售，获取经济利润；而网络公关的直接目的就是争取和公众之间的互动理解，树立良好形象。其次，网络公关也能实现广告达到的目标，包括向市场告知新产品的诞生，巩固原有市场份额，加深受众对产品的印象，强化记忆，开拓新市场和吸引潜在顾客群，树立企业和产品的形象，提高知名度、美誉度等，甚至比广告更出色，体现在网络具有即时传播和无时间地点空间限制传播的特性，能迅速传播信息并能解决危机事件等；并且网络公关具有很强的灵活性，可以根据企业的产品要求随时发布信息。再次，网络公关的费用低廉，信息内容制作速度快，利用网络公关来销售，就能大大地降低成本。

例如在企业新产品面市前，在各大网络线上举办新闻发布会，或者利用邮件列表将新产品的详细信息发给相关群体，提醒消费者关注新产品，这种方式不仅比广告制作速度快，而且传播速度也快，极大地提高了传播效率，降低了销售成本。利用网络展览也是一个非常好的方式。与传统的展览方式相比，网络产品展示具有费用低、全天候、空间大、无地域界限等优点，就拿广交会和中国小商品市场的摊位价格和交易时间来说，前者的费用是平均 10 万元/10 天，交易时间是 10 天×8 小时；后者是平均 15 万元/年，交易时间是 365 天×8 小时。① 而如果在自己的企业网站上进行产品展示，只需要每年几千块的域名注册费和空间费用就行了，而且企业还可以有很大的主动权，受众没有地点的限制，只需要有一台电脑，一根网线，输入正确的公司地址，就可以很清楚地查看产品具体信息了。

对于既没有直营店又没有人员推销的产品来说，如果要想让消费者清楚地知道他们的产品详细情况，最便捷省力的办法就是网络。产品种类多、流通变化快的企业一般都会利用自己公司网站，如日本化妆品 DHC 在中国的销售便是如此。DHC 在中国的直营店目前只有 9 家，分布在广州、成都、哈尔滨、无锡、南京、济南六所城市（截至 2008 年 2 月份统计数据），但是它的销售网络却遍布全国各

---

① 郑小兰：《网络公共关系的要素变化及模式构建》，《经济论坛》2004 年第 4 期

地，它又不像雅芳、安利具有众多的直销人员，那么它是怎样在中国架构起这样大的销售网络并且具有很高的美誉度呢？那就是利用网络平台。DHC 很少在大众媒体上做广告宣传，仅在个别的电视台做非常短的广告，出现频率也低，而且在广告上还强调："要想了解更多 DHC 产品信息，请登录 DHC 官方网站：www. dhc. net. cn。"DHC 的大部分产品信息和销售（包括促销活动）都是通过它的官方网站，网站上的内容包括产品说明（功能、特性、颜色、包装、大小、形状、使用说明、价格）、购买过程、送货过程、付款过程、服务承诺、售后服务及管理方式、退货政策及积分换礼、沟通渠道。更为贴心的是，DHC 针对不同客户的皮肤特点，配置了多种有针对性的使用套装（推荐用户试用他们的免费套装），更将顾客的使用心得附在上面，还有购买时使用信用卡或邮寄方式的过程展示等，所有要融合传统大众媒体才能表达的事情，一个网站就能全面轻易地解决，那么企业只需要有网络客服在线接受订单或解决帮助客户解答疑难问题就可以，极大了节约了店面成本和销售人员成本。而且，不会像有些网站的客服一样会产生产品或服务纠纷，DHC 的客服有着很好的美誉度，诚信度也非常高，并且具有很高的口碑相传率。

4. 解决危机公关

财富 500 强 IBM 公司，将危机公关的基本经验归结为六个字：说真话，赶快说。同样，英国危机公关专家里杰斯特提出了著名的三"T"，Tell your own tale（以我为主提供情况）；Tell it all（提供全部情况）；Tell it fast（尽快提供情况）。①

企业的危机事件一旦发生，公众就率先掌握了舆论权、信息传播的主动权和决定权，那么企业就处于一个很被动的地位。这时候企业就应该变被动为主动，处理危机公关最重要的就是反应灵敏，以速度取胜。当企业遇到危机公关时，最好的处理办法就是采取网络公关，以便在最短的时间内消除影响。

一方面，很多企业的危机都是从网络上引发的。特别是由于网络的开放性特点，很多网民都喜欢在网络论坛上对某个企业的产品发表看法和评论。如果是不好的消息，便会招致更多的有相同体验和经历的网民来跟帖，当事件扩大时，便会有很多的网络媒体争相报道，如果不及时解决，后果便不堪设想。

被称为是 2007 年公关危机第一事件的"LG 翻新事件"，事件的源头就是网上论坛里有个关于声讨 LG 在华翻新机的帖子，帖子上不仅有文字对翻新机的时间、地点、具体过程等进行了详细说明，而且还附上多张实地拍摄的图片。起

---

① 居延安：《公共关系学》（第二版），复旦大学出版社 2001 年版，第 371 页

先，LG公司对此并不关注，置之不理，而当网络上这一帖子相继引起了很多网络媒体和其他线下大众媒体的转引、报道时，企业才意识到危机的严重性，可是为时已晚，LG的在华形象大受攻击，并且销售量出现大滑坡，企业一度陷入了困境。而与LG公司一样，对待网络上存在的潜在的危机采取淡然态度的有很多企业，甚至是世界名牌企业，在这里不一一列举。

由于互联网有着惊人的传播速度，并且有着无与伦比的传播范围，因此，一旦公司的负面新闻传到网上，便会以迅雷不及掩耳之势无限范围地流传着。上面的列举的LG公司就是没有意识到网络的厉害性，导致了很严重的后果。但是，我们也能够利用互联网的优势来消除在突发情况下它带来的负面影响。

另外，企业应该有危机公关计划，建立网络危机预警系统，对可能发生的危机事件要有预测，并预先提出可行性的危机解决方案，有必要的话还可以进行演练。这样才能在关键时刻化险为夷。

总之，网络公关活动的目标就是为了能与企业的顾客群、媒体、政府、投资者、员工、社区、供销商、经营者等利益相关者之间形成良好的关系，提高企业的知名度和美誉度，追求企业的经济利益和社会利益的统一，使企业和外部环境之间协调相融，从而保证企业的生产经营活动能持续、健康、良性地发展。

二、选择网络公关信息内容与工具

根据网络公关的目标来确定公关信息的内容并选择正确有效的传播工具是网络公关传播过程的第二步骤。第一步明确的是“为什么说”的问题，第二步解决的也就是“说什么”和“怎么说”。

1. 选择网络公关信息的内容

网络公关信息的内容通常要根据网络公关的具体目标来筛选，包括以下几个方面，不过要区别对待，有所侧重。

(1) 介绍企业情况

企业在做网络公关关系的时候，首先要让公众知道企业的名称和主要经营产品，其次才深入到企业的视觉设计、经营理念、企业精神、产品的功能及市场、组织架构、售后服务等。尤其是在企业自己的网站上，关于企业及产品的介绍一定要清楚详细。因为企业在自己的网站上有着足够的版面和空间，更有自主权来分配版面和决定内容的取舍。企业在管理自己的网站时要注意的就是及时更新网站内容，这一点很多企业都没有做到，甚至一些知名的规模大的公司都忽略了这一点。另外，网站的内容要丰富、实用，对公众要有帮助，有保存的价值。

（2）公布新产品上市信息

网络的信息传播速度可以说是扩散式的，网络的普及使得网络信息的传播无所不在，网民的年龄层次和结构层次呈现出多样化的趋势。一直以来，网民以年轻人为主，尤其是上班族表现最为明显。2008 年 1 月 17 日，中国互联网络信息中心（CNNIC）在京发布《第 21 次中国互联网络发展状况统计报告》。数据显示，截至 2007 年 12 月 31 日，我国网民总人数达到 2.1 亿人，18 岁以下的网民和 30 岁以上年龄较大的网民增长较快。①

利用网络发布新产品上市信息有很多优势：首先，网络上存在着很多产品的潜在消费群体；其次，利用网络发布新产品上市信息成本低廉；再次，网络可以使新产品的上市信息发布形式存在着很多创意空间和自由度，音乐、图像、视频同时展现，能制作出令人意想不到的效果。

发布新产品上市信息的时候一定要提供全面、真实的信息，如新产品的名称、主要功能、价格、包装设计、颜色外观、上市时间和地点、供货渠道、新产品优惠信息等。通过新闻组、网络论坛、电子邮件等来发布新产品信息时，一定要发在相对应的板块，并尊重网络礼仪，不要让其他公众误认为是在促销产品，让他人产生厌烦心理和抵制情绪。

（3）产品促销信息

促销的信息包括促销的时间、地点、形式、参与促销活动的产品、促销的折扣价或幅度、促销奖品设置及图片展示等。

现在很多产品在销售时都采用网络公关的形式，一方面加深彼此的了解，另一方面维系情感和保持联系。定时向愿意得到产品信息的客户发送完全免费的消息，并在节日时送去祝福或者贺卡等，都是企业形象和素质的展示，并非强制客户购买促销产品，却使公众在长期的非面对面的“联系”后变得更加感情深厚，总有一天，他会成为这个产品的消费者。

这里要提的是，对促销的承诺一定要兑现，不要让公众产生受欺骗的感觉，否则，你就永远也别想让他成为你们的客户。

（4）宣告重大突发事件或重大消息

网络媒体具有传播迅速和传播范围广的特性，能随时随地将突发事件的有关信息无障碍地报道出去，从而让全世界的公众都能迅速地得到相关信息。

美国“9·11 事件”中，恐怖分子袭击世贸大楼几分钟后，就有一段记录这一惊人瞬间的文字和视频通过互联网传到全世界各地去。还有诸如 2005 年的伦

① 引自中国互联网信息中心：《第 21 次中国互联网络发展状况统计报告》

敦地铁爆炸案也是最先由网上的视频和文字传播出去的。

无论是消极悲伤的消息，还是令人振奋鼓舞的消息，网络的传播力量都是一样的。例如当中国申办2008奥运会成功的那一刻，就有无数条相关消息从网络上传播出去。

2. 选择和应用网络公关信息传播工具的应遵循原则

网络传播工具有很多种，特性和应用背景、范围各不相同，所传达的效果也不同，本书第一章第三节已经列举了多种网络公关的传播工具。那么怎样选择媒体工具才能使得传播的效果最大化呢？要根据以下原则来选择：

（1）达成目标的原则

要根据网络公共关系的宏观目标和具体目标来选择进行信息传播和沟通的媒介，用最适应目标的网络传播方法来达到目标，从而发挥网络公关的作用。

网络媒介有很多种，并非地毯式的网络轰炸就能达成目标，关键是选择有效的传播工具，将这几种媒介相整合，以“同样的声音”说话。

如果企业是为了提高声誉，树立良好的公众形象，可选择较有影响力的综合性的网络门户进行新闻专题或新闻稿的深度报道；如果是为了促销商品，提高销售量，则可以选择目标消费群较为集中的专业性网、论坛，或用邮件列表进行“一对一”的交流；如果是在有重大事件或活动发生的情况下，可利用网络广播电视节目进行现场直播。

（2）符合对象特性的原则

企业网络公关的对象包括消费者、政府、媒体、社区公众、内部员工、投资者、经销商等，不同的对象，他对网络工具传播的适应能力和接受能力是不同的。因此要根据公关活动对象的年龄、喜好、职业、经济水平、家庭成员、生活习惯、教育程度及等特性来选择网络媒介。特别要调查目标对象每周上网的次数、上网的目的、经常浏览的网站、有无注册电子邮箱、有无网络即时通讯工具等。选择适合目标对象的媒体工具进行活动，才能做到有的放矢，并非把所有信息都放到网络上就有效。

如对长期合作的伙伴或忠实消费者，可以利用电子邮件；如果是专家学者，就要在专业性的网站上进行深度报道；如果是年轻一族，可以利用BBS或博客；如果是年纪大的或者文化水平较低的群体可以用网络广播电视节目等。

（3）表现内容原则

即要根据网络公关传播的具体内容来选择和使用传播与沟通的工具，应该选择最能体现内容的网络传播工具，内容不同，选择不同工具传播的效果也不同。

如果内容较为复杂、丰富和具体，需要经过长时间的阅读和理解，应该选择新闻网页或电子邮件；如果内容需要讨论，则可选择网络论坛；如果是较为生动活泼，需要配合音乐、图像、文字、声音等来进行现场展示的内容，应该选择网络广播电视节目等。

(4) 经济效益原则

网络公关的传播一般是要受预算限制的，在选择网络公关传播工具时，力求以最少的投入获得最大的传播效果和经济效果。媒体、媒体版面位置、版面大小不同，所付出的成本也是不一样的。一般来说，选择网络门户或者网络媒体的费用比较高，点击率高和浏览人数多的网站比点击率低和浏览人数少的网站费用又要高；而选择企业自己的网站是最经济的，选择新闻组、BBS 等只需要经管理员同意，遵从网络礼仪；选择邮件列表只需要通过注册并获取一个邮件列表就可以了，一般来说都是免费的。

网络公关传播的费用从总体上来说要比传统公关传播费用低很多，但在分配时也要该投入的要投入，该投大量的要投大量，同时，该节约的还是要节约。总之，网络公关传播媒体的费用就是要控制在前期预算的范围之内，切记要量力而行。

(5) 易操作性原则

网络公关传播是在网络计算机技术的基础上操作的，随着网络技术和基础知识的普及，很多人已经掌握了计算机的基本操作技能，但对更深层次的技术知识却很难把握。因此易操作性的原则就是说不仅网络公关活动的实施者要容易操作，而且也要方便网络公关活动的对象观看、浏览、参与、反馈。

这对开展网络公关活动的组织者来说是一个很大考验，在选择媒体传播工具时，一方面要便于自己技术操作和信息的灵活变动；另一方面要在普通公众具备上网设备和条件的前提下，选择最容易接收信息的媒体工具。网络公关组织者应该考虑到实际情况和传播效果的问题，而不是一味地追求新、奇、特的手段和方法。

例如将一段网络视频传送到企业网站的主页上，这就需要企业网站要有足够的后台空间来支撑，否则网站主页打开需要很长的一段时间，这样就会使得公众产生焦急和厌烦的情绪，并有可能不会再次访问这个网站。同样如果采用网络广播电视节目时也要注意到这个问题，传送的视频文件或者声频文件占空间太大就可能使得视频图像和声音的传输不流畅，从而影响传播的效果。而选择新闻组、网络论坛、电子邮件等要简单容易得多。

3. 网络公关信息传播的常用工具

(1) 传统媒体电子版

传统媒体包括报纸、杂志、广播、电视等，将这些媒体内容经过数据处理和加工后通过计算机和网络传送到互联网上，就是他们的网络电子版了。这些媒体电子版在内容和风格上都保持和传统媒体一致的风格，只是换一种更便于传输的形式罢了。我们通常把这种现象理解为网上公关对网下公关活动的模仿和改造。①

将传统媒体制作成电子版，这是近年来很多媒体改变自身经营方式的流行做法。由于利用互联网进行阅读新闻、娱乐、交流的人数越来越多，并且呈现着递增的趋势。网络具有很强的传播性和自由度，特别是它的快速检索性，给很多人带来了无可比拟的便利，既省时又省力。而传统媒体相比网络来说，存在着异地异时购买和阅读的缺点，如广播就受地域限制；报纸基本上是日消费品，隔夜或想查看前几天的报纸却怎么找也找不到；杂志也存在着不易携带的特性，试想找一份关于某年某刊物的某篇文章，是不是要把一摞杂志从角落里搬出来一本一本地翻阅；电视更有有着线性传播的典型特性，不易保存；而网络媒体甚至是将所有这些都转为自己的优点。

据从网上的不完全统计，全国报刊电子版的综合类有《文汇报》、《北京青年报》、《环球时报》、《光明日报》、《南方日报》等，共计107份；经贸类的有《中国证券报》、《经济观察报》、《IT经理世界》等，共计55份；文摘类的有《青年文摘》、《中华文摘》、《中国地质文摘》等，共计30份；各地晨报、晚报类的有《扬子晚报》、《新民晚报》、《新安晚报》等，共计71份；科技信息类的有《汽车世界》、《中国计算机报》、《电脑爱好者》等，共计43份；体育类的有《体坛周报》、《中国足球报》、《球报》等，共计14份；文化生活类的有《小说月报》、《人民画报》、《女友》等，共计83份；国际中文报刊的有新加坡的《联合早报》、美国的《侨报》、日本的《东方早报》等，共计44份；国际综合类的有《泰晤士报》、《纽约时报》、《多伦多生活》等，共计143份；香港地区的有《大公报》、《香港文汇报》等，共计40份；澳门地区的有《澳门日报》、《澳门体育周报》等，共计7份。报纸杂志的电子版一般有两种形式，文字版和图形版，并且有Web网页直接浏览和下载PDF文件两种阅读方式，文字版的首页一般都是全文字，图片是附录在网页内，只有链接进去才可以见到图片，翻阅时是逐条进行；而图形版是对纸质文件的直观再现，图文并茂，一目了然，翻阅时是整张翻阅，并且可以灵活放大。如图9－1和9－2所示。

① 魏小兵：《网上公共关系初探》，西南师范大学2001年硕士论文，第49页

《人民日报》图形版

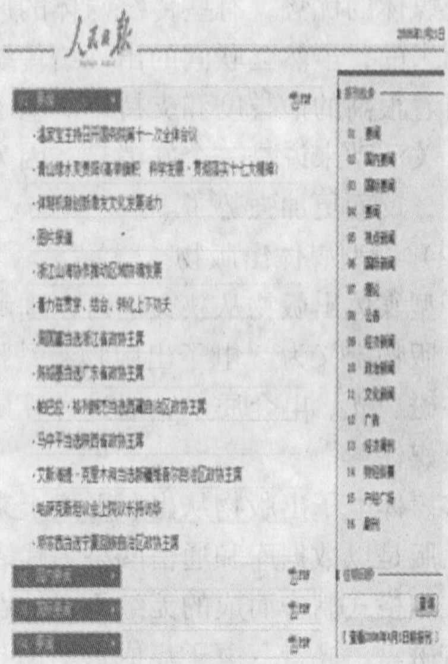

《人民日报》文字版

图9－1　来源：人民网

图形版的电子报分成了N个活动的区域，只要你鼠标点击上去，它立马出现个红色的框，意味着这是可以放大阅读的，一般在网页上，图形版的附近区域会有个诸如图形9-2的框栏，这是用来方便查看版面内容和检索信息用的，不仅快速而且方便。

图9－2　来源：人民网

不仅如此，有些报纸还推出了网络广播版。如合肥地区的报纸《合肥晚报》就和中科大讯飞合作开发了“有声报纸”，网民在打开文字版报纸的同时，就可以听到有播报员的读报声，并且声段具有选择性，只要用鼠标轻轻点击某段文字，声音就会跟随文字播报出来，市民很形象地称其为“随身听”。这种有感情流露的“有声报纸”不仅避免了看报纸的枯燥性和粗略性，而且还具有很强的趣味性，能够集中听报者的注意力，另外还节省了时间，避免了视觉疲劳，也不需要很高的文化水平，因此受到了很多日常工作繁忙的白领阶层和老年人的欢迎。

这些传统媒体电子版的出现为网络公关关系的开展开辟了很多的施展空间，虽然网络上存在着很多综合性和专业性的门户网站，但是在深度和风格积淀上没有传统媒体的优势，有些传统媒体的风格是经过几十年甚至上百年的传承和革新历练而来的，虽然互联网的出现给传统媒体带来了很大的压力，但这些媒体在群众中有着很高的信誉度和支持率。电子版的出现更是让这些群众喜出望外，这对网络公关活动来说是一个好消息，因为这么重要的媒体资源在互联网时代不仅没有消失，反而更加强势了。

（2）新型媒体出版物

新型媒体出版物从狭义上可以理解为多媒体电子出版物，国家新闻出版署将电子出版物定义为“电子出版物，是指以数字代码方式将图、文、声、像等信息存储在磁、光、电介质上，通过计算机或类似设备阅读使用，并可复制发行的大众传播媒体”。

多媒体电子出版物从出版形式上来说有电子网络出版和单行电子书刊。电子网络出版是以数据库和通信网络为代表的新型出版形式，主要向读者提供诸如利用超文本格式制作而成的无纸无盘的网络联机服务；而单行电子出版书刊的载体主要有磁盘、光盘、电子集成卡等。

新型媒体出版物从内容上来说有电子书、电子杂志等，甚至还有的将博客当做是“个人媒体出版物”。电子书和电子杂志与上面所说的传统媒体电子版可以说没多大区别，但是形态上和制作上要求更严格，要便于下载、便于保存、便于传播；而博客则更随意，由于在博客文章里可以插入图片、音响、视频等，经过作者的编辑和加工，供很多博友欣赏和阅读，因此也可以说成是“个人媒体出版物”。

多媒体电子出版物可以说是力量最强也是最具有发展潜力的，不仅成本低、无污染，而且易于保存和携带、易于检索，还有着内容丰富性和观赏性。这些特性都为网络公关传播提供了有利的条件，因为无论是联机出版物还是单行电子出版书刊，只要存在网络，就有着无可超越的传播力量。

（3）网络广播电视节目

网络广播电视节目不仅包括将地面媒体的音频、视频文件传输到网络上再现传播，而且还包括单纯的、个人或集体制作的非营利性的、仅供学习和娱乐之用的网络广播电视节目。

网络广播，极大地拓展了广播的传播范围，突破了地域限制，在国内也可以收听到美国或英国的广播节目，而且在网上还可以下载下来反复地收听、选择性地收听，无疑这种广播节目更加人性化。广播是一种轻松的获得信息的方式，人们往往边听广播边休息或边做其他的事，原有的广播节目有着很大的地域局限性和线性传播性，而很多广播出现了网络版后，这些缺点就不复存在了。现在网络广播基本上做到了同步传播，一点也不滞后于传统调频广播，只需要进入在线收听网站，就可以同步收听到地面信号塔上发送出来的广播信息了。如中青之声——中国青少年网络广播电台（http：//radio. youth. cn）主页上就有很多音频文件，标题明确，分类清晰，还有着每周的特色节目展示；合肥广播在线——网上广播（http：//www. hfol. com. cn）主页上按时间顺序详细地列出了每天24小时不同时段播出来的节目表，而且还提供以往播出的每期节目，网民可以选择在线直播，也可以选择往期节目回顾收听，有的还提供下载链接；加入新浪电台联盟的湖南卫星广播还开辟了节目互动平台（http：//fm930. sina. com. cn），很多新浪网友在收听节目的同时还可以参加节目互动，在网络平台上留言发表自己的意见和看法。

网络电视节目是借助IP宽带网络进行传播，它的拥护者更为众多，网络电视可以说是最受欢迎的一种信息传播方式，因为它是将文字、声音、图形图像、音乐、视频、Flash动画等多种元素集为一体，内容丰富、画面生动、色彩鲜艳、音乐动听，有着很强的直观性和形象性，更是易于下载和保存。但由于网络电视节目是对传统电视节目渠道的补充，素材仍是从传统电视节目中撷取，对这些视音频文件进行收录、编码和压缩后传送到网上的，这是网络电视节目的重要来源之一。如凤凰卫视——凤凰宽频（http：//itv. ifeng. com）上就有着很多网络电视资源；中央电视台网站上也提供了“视频直播”和“视频点播”等网络电视节目。

随着摄像技术、电视制作技术和网络技术的进步，出现了很多专门为网络电视播出而拍摄的节目，极大地丰富了网络电视的内容，也逐渐成为了网络电视的另一种来源渠道。时下很流行的个人或集体拍摄的供学习和娱乐之用的DV录像就是其中的一种；另外一些大的门户网站上为了丰富自己的信息资源，专门制作了很多诸如名人专访、专题片、精品购物指南等视频节目。

网络公共关系也以借助网络电视进行新闻发布会、产品展示、新闻专题、危机公关等，将详细的公关信息通过最迅速的网络电视传播出去，这是网络公关最典型的传播形式。这种形式对网络公关实施者的能力要求比较高，如果网络公关前期策划得好，准备充分，对各种突发事件都能预料得到并提出解决对策，那么就可以收到很好的公关传播效果。

（4）新闻讨论组和BBS

新闻讨论组和BBS最常用的两个功能就是资源共享和信息交流。论坛版面上会会根据论坛的特性和目标受众定位分门别类，综合性的论坛会开辟出诸如汽车、房产、体育、音乐、美容、读书、交友等版块，有的还开辟出专门的下载区、二手市场买卖区。另外，新闻组论坛里还可以插入图片、视频、音乐、Flash动画等，更加丰富了论坛里的内容，趣味性、吸引力更强。

在新闻讨论组或BBS里使用了多对多的传播交流模式，这与电子邮件使用的“一对一”的传播交流模式是不同的。只要网民经过注册成为会员后就可以自由发表帖子，当然是在遵守新闻组和论坛的规则基础上的。帖子一旦发表出来就会被其他的会员看到，如果有感兴趣的人就会在跟在后面留言，发表自己的看法和意见，所有这些都是公开的。同一个人在论坛里既可以是某个帖子的发起人，也可以是跟帖人，发言的次数不受限制。

新闻组讨论组或BBS把全球范围内兴趣相投的人联系了起来，突破了空间限制，可以自由交流和研讨。因此在新闻讨论组或BBS里发布公关信息，就能获得公众的具体态度和意见，从而收集信息，将信息反馈给组织或企业的决策层。当然，一般的新闻组或BBS都有管理员，企业或组织在发布信息前一定要和论坛管理员相互沟通，取得管理员的许可和支持。

新闻组讨论组或BBS的力量是强大的，这一点随着网民数量的增加表现得越来越明显。在新闻组讨论组或BBS里存在着很多隐形的团体，团体内成员会对某个问题或某个观点都持有一致的看法。当某个组织或企业以相反的观点或负面身份在论坛上出现的时候，这股强大的力量就显现出来了。如LG的翻新机危机事件就是最先从网络论坛上引起的。类似的还有，天涯社区上曾经有个论坛ID叫“四海一家99”的网民公开在天涯论坛经济版块上发表名为《给上海华普汽车总裁徐刚的一封信》，以激烈的言辞抨击华普汽车的外形和市场经营策略，帖子发表后，吸引了很多网民，点击率和回复率一路走高。当这种局面出现时，企业或组织就应该积极地面对，采取危机公关策略。一周以后，华普汽车老总以《给“四海一家99”网友的回信》为帖名积极正面回应，更加掀起了论坛热点，吸引了很多网民来关注。

另外，新闻组讨论组或BBS上还可以邀请著名专家、学者、企业高层管理员等来进入论坛参与信息交流与互动，还可以聘请他们作为论坛的名誉会员，以提高论坛的威望和知名度，同时也可以定期进入论坛为网民提供有价值的分析资料或意见。公关人员应当充分利用新闻讨论组或BBS的优点，来为网络公共关系信息的传播服务。

三、制作和发布信息

在网络公共关系的内容和传播工具选择好后，最重要的工作就是开始制作和发布信息。

1. 制作网络公共关系材料

网络公共关系人员通常是将网络公共关系的信息内容制作成新闻稿的形式。在传统媒体中，新闻稿一般不超过两页，这使得更为详尽的信息无法得到传播。

而在网络上没有这种限制，甚至可以将新闻链接到其他信息上，公众在搜索信息时，可以通过这些链接寻找更多有用的信息。这使得网上互动性新闻稿的信息量远远超过传统媒体中的新闻稿。

在制作互动性新闻稿时要注意到以下几点：

（1）在新闻稿页面的添加信息链接，使网上公众特别是新闻记者能够和企业的有关人员快速取得联系，实现新闻界与企业公关部门的即时沟通。

（2）创建新闻稿到本企业站点中过去的新闻稿及相关信息的链接，使网上公众能够获得事件发生过程的概貌及更多信息。

（3）创建新闻稿到其他站点中相关信息的链接，使本站点的信息能够有更多途径让网上公众接触到。

（4）创建新闻稿到相关图片的链接，使新闻对网上公众更具有吸引力，但切忌不要上传数据量太大的图片。

（5）创建新闻稿或图片链接时，不要出现无效链接，以免让访问的网络公众失去信心。

（6）在必要时可以设置门槛，只允许部分网上公众阅读新闻。因为网络空间有限，如果同时在线的网民越多，网页打开的速度就越慢，这时候通过设置密码或积分限制来允许实现注册、申请了密码或活跃程度高的人先进入网页浏览，以保证一部分人能够迅速阅读和下载相关新闻信息。

2. 发布网络公共关系的材料

制作好公关材料后就可以利用网络传播工具发布新闻。网上新闻发布完全不必像传统新闻发布那样花大量的人力、物力和财力进行筹划和安排，只需要较少的费用，以最快的速度将新闻传播出去。通过网络发布公共关系材料的方式有：

（1）网络新闻线发布新闻

——网络新闻服务商直接发送新闻

国际上有三个较有名的网络新闻服务商，但是要收取一定的费用才给发布新闻：Prnews Wire、Bussiness Wire、Canadian Corporate Newsnet，这些新闻服务商专门提供新闻发布、媒体监控等服务信息发布和公关平台。选择网络新闻服务商的优点就是信息发布速度快，传播范围广，成本花费少。

企业或组织的公关人员可以将新闻信息发给这些新闻服务商，然后新闻服务商再将企业新闻广泛发布到各个新闻网站、门户网站，这些新闻服务商发布新闻的很多站点都是重叠的，因此在选择新闻服务商的时候只要选择一家就可以了。

——网络门户或网络媒体发送新闻

网络门户分为综合性网络门户和行业性网络门户，综合性网络门户新闻分类多，信息量大，各行各业的新闻都集中发布在同一个网站上，比如新浪网、搜狐网、雅虎网、网易等。优点是网络的知名度都较为高，覆盖面广，访问量大，缺点就是不够专业，网民的流动性和随机性也较大，可能是从某个新闻链接上偶然访问到这些网站的。

行业性门户网站最大优点是所含信息集中在某个行业，访问其网站的网民特点和目的较为明显，可能是这个行业的专业人士或权威人士，也可能是进来查询相关资料或学习交流的。每个行业总有知名度非常高的网站，如IT类的天极网、太平洋电脑网；房产类的搜房网、焦点房地产网；金融证券类的和讯网、中国期货网等。

网络媒体如人民网、新华网、光明网等，这些网络媒体往往是经过很多年的发展，已经在公众中形成很高的威望，信誉较高，有着较多的忠实观众，新闻较有深度，有的还连续报道。缺点就是设置的门槛较高。

企业或组织公关部门将制作好的网络公关信息传播给门户网站或网络媒体，借助门户网站或网络媒体强大的客流平台来宣传公关信息。

（2）参加和主持网络论坛发布

通过在网络论坛上策划专题新闻的形式来发布网络公关材料。网络论坛上聚集着很多兴趣相投的公众，他们就某个问题或专题进行讨论与交流。在网络论坛上发布新闻稿时，事先要取得网络论坛管理员的允许，并保持良好的沟通关系，以便迅速地将企业的新闻稿发布在论坛上，另外，如果在论坛上出现对企业或组织声誉不好的帖子的时候，论坛管理员可以第一时间通知企业或组织公关人员。企业或组织的公共人员在论坛上的言辞要礼貌、客观、公正，遵守网络公关礼仪，并且要时刻维护企业或组织的利益和形象。这时候，个人并不仅仅是个人，他代表的是整个企业或组织的利益和形象，因为公众往往喜欢从个人的礼仪和言行来评判他所在的组织形象，个人形象好，企业的形象就好；反之，个人形象糟蹋，言辞偏激、恶劣，公众就会认为这个企业的形象也好不到哪去。

（3）创建新闻稿页面发布新闻

新闻稿是指公关人员提交给各大门户网站或网络媒体上的书面信息交流，通常是用来发布公司信息、产品信息、活动信息、任何评论见解等有价值的新闻信息。新闻稿页面也可以创建在自己的企业网站上，主要适用于产品更换频率高的企业。利用自己的企业网站发布新闻通常有着很多优势，如不需付费，版面空间大，想放什么位置都行，灵活性强，随时可以发布新闻稿。企业在自己的网站上发布新闻稿的时候要注意的是经常更新网页新闻的内容，并要开通新闻记者专用通道，以便记者能很方便地进入网站搜索和查看新闻稿，这是记者获得更多准确、真实的新闻稿的常用渠道，企业公关人员和网站管理员都要与记者保持良好的沟通关系，并保持联络。

（4）创办虚拟新闻办公室

公共刊物和网络使用者的存在，特别是越来越多的新闻记者通过网络途径接受信件、撰写新闻稿、捕捉新闻的现实状况，都为创建虚拟新闻办公室提供了可能。虚拟新闻办公室这一设施可以是独立运营的网站，也可以是主网站下的独立网站，或者是由代理商或咨询机构提供的主机。①

当然，随着网络技术的发展和新闻制作手段的进步，越来越多的企业公关部门选择多媒体电子技术来制作和发布新闻，如制作音频、视频文件，Flash 动画、图形图像等。

四、评价网络公关效果

网络公关效果评估既是对本次公关活动的总结，也是下次公关活动的前提，可以为以后的网络公关活动提供有价值的参考意见，不断改进网络公共关系的方法。由于网络公关活动是在网络上实施的，随着网络技术的进步，网络公关效果的评估能够得以实现。以下是评价网络公关效果的几个关键词：

1. 媒体覆盖率

是指网络公关宣传所覆盖的媒体占网络总媒体数量的比例。不同的网络媒体每天的流量是不同的，影响为大，知名度高的媒体的网民访问量比较大，如雅虎、搜狐网，受众人群广泛，媒体的特性和优势也不同。一般来说，网络公关活动的宣传都会选择几家适合信息内容传播的媒体进行投放，并非一定要选择影响力大的媒体。有的公关人员倾向于使用媒体轰炸的手法，在多家媒体进行集体强效的传播。媒体投放量多，网络公关宣传的媒体覆盖率就高；反之，媒体投放量少，网络公关宣传的媒体覆盖率就低。

2. 传阅率

传阅率是指一篇文章被阅读的次数，包括转载后被阅读的次数。由于网络是个信息相通和知识共享的载体，网络传播的全球性、快捷性使得信息传播的范围广为广阔，一些诸如 MSN、FTP 网络传输工具的出现让信息的传递更为快捷方便。

搜索引擎的强大功能可以使网络公关信息的传阅率统计变得更为省力。只需要将关键词输入到搜索引擎对话框里就能在几秒钟的时间内迅速查到网络上所有媒体相似的文章，有的网站在引用时会标注信息出处，信息发表时间等，或者附上原文的网站链接地址。

---

① ［英］大卫·菲利普斯著，陈刚、袁泉译：《网络公关》，北京大学出版社 2005 年版，第 215 页

从正面的公关活动角度来说，信息的传阅率越高，网络公关的效果越好，因为网络公关的初始目标就是要最大限度地传播信息，让更多的人来得知这一信息。而从危机公关来说，信息的传阅率越低，得到这一消息的人越少，媒体报道的数量越少，危机公关的效果就越好，危机公关发生时首要要做的就是迅速地消减网络媒体上负面消息的报道。

3. 点击率

是指信息在网站上被网民点击的次数，要统计点击率，只需要在网站上安装个计数器就可以。点击率是衡量信息到达受众的主要指标，一般来说，信息的点击率越高，信息被查看或观看的次数和人数就越多，网络公关的宣传效果越理想。但是在有的网站上，存在着被重复点击的情况，有的被计入点击总数，有的不计入点击总数。如在百度空间里，同一个 IP 地址点击十次，点击率就算一，而不同的 IP 点击十次，点击率就算十。

4. 下载量

是指网页、电子书、电子杂志、音视频文件等在网站或论坛上被下载的次数。网络公关制作的新闻稿、电子杂志、视频文件、网络广播电视节目等上传到网站上后供网民下载观看，这些信息一般都是免费下载的。如一些专门的视频网站或下载网站上会将这些下载数量公开在网站主页上，下载量和点击率一样是能准确统计出信息有效到达公众的衡量指标。

5. 销售量

企业实施的特定的网络公关活动的目标之一就是要介绍新产品，配合产品促销活动，那么销售量的提升与否是评估网络公关效果好坏的最明显的指标，因为销售量是客观的数据，产品销售量越高，网络公关的效果就好，公关活动期间，产品销售量增长得越快，网络公关的效果就越明显。

当然，产品销售量的提升不完全是网络公关所起作用的结果，还有诸如网络广告宣传等，但随着市场的发展和传播环境、营销环境的变化，公关对产品销售量提升的贡献率是越来越高，特别是网络公关所起的作用。

6. 公关指数的提升

网络公共关系的首要目的就是要加强组织和公众之间的了解与沟通，在公众面前树立良好的形象。

公关指数最重要的就是看知名度和美誉度，知名度高、美誉度高是属于最理想的结果，企业或组织的知名度高，不一定就有好的口碑，如果负面的报道或消息占据着公众的思想和头脑，企业或组织在公众面前的形象和信誉差，从而美誉度就低；如果公众对企业或组织的印象比较好，评价相当地高，美誉度自然就高；当然也存在着知名度低、美誉度高的情况，那么就说明企业或组织已经有两个好的基础，还需要大范围地进行网络公关；知名度和美誉度都很低的企业或组织就说明网络公关的效果不是很好，应该积极探寻新的网络公关对策。网络公关最终追求的目标是知名度和美誉度都要很高。

第二节　网络公共关系传播战术

网络公共关系在信息的传播与沟通当中也要运用一些战略战术，不仅包括在时下随着互联网发展而兴起的网络调查、网络搜索、网站推广、网络销售等新技术中利用网络公关关系策略来帮助实施，达到企业的目标；而且包括网络公共关系本身在传播过程中要注重对文字传播与视觉传播的信息处理，将公关信息内容以最好的形式传播出去，达到最佳的传播效果。

一、网络公共关系与新技术

网络调查、网络搜索、网站推广、网络销售等都是随着互联网全球化发展而发展起来的新技术，也是当下网络上很多专家、学者、业内人士深度研究的问题，各大网络调查公司、网站推广公司、网络销售公司不断出现，突破了传统的营销模式，渠道更加便利、快捷，效率更高。但是整个网络的主体并非是计算机本身，而是关系相联的人，这些个体人或群体人的形象和网络人际关系无疑成为影响网络营销的一种无形力量，网络公共关系在网络新技术的应用和推广中作用日益明显。

1. 网络调查

网络调查是传统调查在互联网技术上的应用，它是指在互联网上针对特定的问题进行的调查设计、收集资料和分析等活动。网络公关和网络调查之间是相辅相成的关系，网络调查是网络公关的基础，在网络公关实施前，一般都需要在网络上对目标受众群的特点、公众需求的信息等进行一次广泛而深度的调查，获得与企业相关的各种信息，使企业更加了解自身，更加了解自己所处的环境，更加了解自己的消费者和竞争对手，更加了解自己所在行业的信息，从而更有效地开展网络公关；网络调查是一个复杂的过程，在网络调查中使用网络公关的技巧能使被调查对象很容易地接受并配合调查，使调查工作能顺利地展开。

（1）网络调查的特点

互联网作为一种信息沟通渠道，利用互联网的进行网络调查和传统调查方法相比，有以下几种优势：

——成本低廉

传统调查方法要投入大量的人力、物力、财力，而网络调查只需要一台计算机就能完成，调查表在电脑上设计好后，无需大量印刷，只需要通过网络平台传给被调查对象就可以了；往往只需要一个人或几个人就完成数据的收集；利用计算机分析软件对数据进行统计与分析，费用远远低于传统调查，节约了成本。

——速度快

由于整个调查过程是在网上操作的，不像传统调查要面对面地交流，增加了很多环节，也存在着很多不确定因素，如天气原因使得户外调查无法进行，从而拖延了调查时间。同样网络数据的收集和分析整理也是非常快速的。

——隐匿性

网络调查实现的是“一对一”的调查方式，用户在收到和填写调查表内容的时候并无他人在场，在填写一些隐私问题时无需受他人干扰，并自由选择是否留下真实姓名与联系方式等个人信息，有效地保护了被调查人的隐私。

——真实性、客观性

正是由于网络调查的隐匿性使得被调查用户能够大胆、真实、客观地回答问卷内容，并且他们都是在自愿情形下参与调查，对问题都较感兴趣，因此为调查机构提供了很多真实客观有价值的信息。

（2）网络公关调查

所谓的网络公关调查“就是在各地建立办事处、信息站、分公司、连锁店，通过电脑联网或先进的通讯设备，随时反馈信息、获取资料的方法。”① 网络公关调查的手法主要有：

——网上问卷调查法

在网上将调查问卷发给被调查者，完成问卷后，由被调查者提交问卷。既可以在自己企业站点上，也可以通过其他站点将问卷传上去，另外还可以将问卷用电子邮件等方式发送给被调查者。这种网上问卷调查法可以收到比较形成规模的文本，有利于数据的整理和分析，但是存在着很多不确定性。

——网上讨论调查法

利用网络论坛、新闻组、即时聊天工具、网络会议等公布调查项目，邀请被调查者参与讨论，发表意见和观点。通常需要一个主持人，主持人要善于引导整个讨论进程，有必要的话要进行深入讨论，讨论后要对结果进行分析和总结。

——网上观察法

① 罗忠芳：《网络公关的魅力》，公关世界2003年版，第42页

利用检测工具软件对被调查者的上网行为进行观察和监测，如拥有智能监测功能的搜索引擎，这种调查方法技术含量比较高，一般是聘请专业的公司来完成调查。

【资料链接】

设计问卷调查表时要注意的事项

● 问卷内容设计结构要合理，难易要适度，答题数量不应太多，本着“先易后难”原则，以客观选择题为主，少出或尽量不出主观题为主，以节省问卷答题时间，避免被调查者的厌烦情绪。

● 问卷首页应该对调查的主题和用途、调查机构等有所说明，并致上欢迎词，用礼貌用语，结尾要注上调查机构名称，并表示感谢。

● 在实施网络讨论调查方法前，应该在论坛上模拟一个小规模的讨论会，测试问卷的内容是否合理，讨论时间的长短等。

● 尽可能为被调查者提供奖品，可以采取网上抽奖式。这一点可以在网络调查开始前公布出来，以便调动被调查者的兴趣和积极性。

2. 网站推广

很多企业的网络公关首选的就是在自己的企业网站上发布信息，那么怎样使自己的网站有更多的人来浏览呢？这就需要将网站推广出去。

很多网站建成后，首要的任务就是要将网站更好地推广出去，让更多的人知晓并访问这个网站，更能宣传企业形象、宣传产品和服务。很多网络公司首选的就是运用网上公关来进行网站推广，网络公关推广网站所具有的优势不仅费用低，更方便、快捷、高效，已成为全球首选的推广方式。

网站推广是个系统的工程，不仅仅是几种网络推广方法简单的运用，而是要讲究整体战略和策略手段，运用网络公关手段来推广就是其中的一种策略运用，重点表现在网站推广方法中。

（1）搜索引擎推广法

搜索引擎一般来说分网站分类数据库式搜索引擎和主动查找式搜索引擎。数据库式的搜索引擎就是将世界上比较重要的网站，包括网站名称、地址等收录到一个巨大的数据库中，数据库的管理员是不会主动将你的网站收录到他的数据库中，而是网站的负责人要主动向数据库提出申请，数据库管理员通过审核后才将你的网站收录进去。

主动式搜索引擎就是根据关键词主动查找相关的网页，那么这就完全靠网民的需求，某个网站被搜索出来的可能性就比较小，还有可能要翻阅很多页以后才能出现。

(2) 友情链接式推广法

友情链接实质就是一个“交换链”，网络上有很多网站群体，网站群体之间相互交换自己的网址，建立站内链接，使访问其他网站的网民能很容易地进入到自己的网站，通常这些交换链接地址的网站都是同一个行业或者相关行业的。

网站之间的链接是要由一方发出邀请，另一方网站同意后才能将其加入到他的网站主页，网站之间的友情链接很重要，特别是一些刚刚建立起来的网站或名气不大、影响较小的网站通常借助名气大、浏览量大的网站来推广自己。充分利用网站间的空间资源和人脉关系，同相关性的其他网站建立友情链接，实现资源共享，共同扩大收益。不仅如此，友情链接在网站上显示的是一个列表，越靠上方的位置就越能进入访问用户的视角，也最容易让人记住。

阿里巴巴旗下淘宝网上注册开店的有成千上万家，选择在淘宝网上购物的消费者是全国最多的。很多淘宝店主就在自己店内建立友情链接，同时将自己的网站加入到对方的友情链接栏中。由于很多消费者在淘宝网上购物都带有随机性，特别是女性购物者，购物的情感因素占主导因素，因此，即使一般的店主不会将同行竞争者的网店地址放置到自己的友情链接上，但购物者购物的随机性也会使消费者很好奇地关注链接栏，并且点击进去逛一逛。这一点问问有过网上购物体验的消费者就能得到证实。如专卖手机的网店通常不会卖手机配件手机饰品等商品，卖饰品的网店不会卖手机，因此如果两家店主如果能有个好的关系交往和沟通，就能建立长期的合作关系，互相将双方的网店地址加入到链接栏，往往达到双赢的结果。

不建立友情链接可能对自己没什么损失，但如果建立友情链接却能够给自己带来很多意外的惊喜。在选择合作伙伴的时候也不是饥不择食，要尽量选择那些网站访问量大、信誉好、口碑佳的网站，将别的网站加入到自己的网站中也同样如此，网民通常都有个“群体认同感”，群体中的一员如果口碑好，那么整个群体在公众心目中的地位自然会提升。利用网站相互之间的正面影响来充分提高自己网站的知名度，树立良好的网站形象。

(3) 电子邮件推广法

电子邮件已经不再是简单地收发信件，更发展成为公关维系的情感联络中间媒介，电子邮件能避免相互尴尬局面的出现，用微妙委婉的言辞来表达自己难以用口头表达出来的事件或请求。

将自己网站的名称、网址、网站性质、网站定位、网站内容等详细信息利用电子邮件发送给公众，特别是用在自己站内注册的邮箱地址发送给对方，就很容易让对方在收看邮件的第一眼注意到网站的部分信息。如邮箱由用户名和服务器地址两部分组成，如 abc@ dell. com. cn 这个邮箱，@ 后面的就显示出网站地址，而且还隐射出邮件就是从戴尔网站的服务器上发送出来的。

电子邮件内容也要显示出你的礼仪风范，很多公司发给客户的邮件通常都分为两个部分，第一部分就是网站已经设计好的格式和内容，包括信件开头、问候语、网站介绍、结尾语、时间、网站落款等，这一部分在写邮件的信纸上就会自动生成。第二个部分就是写件人自己所写的内容，那么在写信时要注意语气和态度，用礼貌用语，措辞严谨，要显示出企业或网站的形象，留给收件人好的印象。

（4）联盟推广法

网站的推广往往靠自身的影响和力量还是不够的，往往还是要靠多家网站来集体推广。那么怎样才能获得机会加入到这个联盟机构里面，是网站推广人员要对付的问题。如淘宝网上就成立了一个“消费者联盟计划”，很多店家都抓住了这个联盟来推广自己的网店，因为大多数消费者购物首选的就是有“消费者联盟保障”的店家，信誉高，买得放心。

（5）门户网站推广法

门户网站的一般都是某个领域的集大成者，信息权威、全面、及时，因此吸引了很多网民，有较大的浏览量，在搜索引擎上也比较容易搜索到。这时候网站推广人员就应该积极地争取到加入这个门户网站的机会，达到利用这个优秀的平台来推广自己的目的。

利用公共关系来推广网站的方法还有很多种，如网上各种公关活动推广，这里不再详细列举。总之，在网站推广过程中要充分利用公关手段，树立网站良好形象，塑造优质品牌形象。

3. 网络搜索

2008 年 1 月中国互联网信息中心发布的《中国互联网发展状况统计报告》显示：在中国 2. 1 亿的网民中，有 72. 4% 的网民使用搜索引擎，总用户有 15204 人，其中有 1. 52 亿人从搜索引擎中获益，位于网络应用中的第五位。

网络搜索引擎是当今网络信息检索的主要工具，也是当今网络信息检索研究的热点。互联网上的信息是海量的，利用搜索引擎来寻找自己需要的信息，既方便又快捷。搜索引擎最重要的功能就是检索信息，当用户提出查询要求后，每个搜索引擎都会以不同的检索方法，在其数据库中找出相关的记录，并按相关性顺序排列，把信息返还给用户，而这个过程只需要几秒钟，它的强大的搜索功能令人折服。

利用智能跟踪用户检索行为，记录用户在搜索时的行为，分析用户检索行为，建立用户消费模型；还可以使用相关度反馈机制，让用户告诉搜索引擎需要哪些相关的信息。了解了这些，就能更准确地将企业信息传递给这些用户。

网络公关人员将有关产品或服务的信息发布在不同的网络媒体、网络门户、网络论坛上，公众通过搜索引擎来寻找与企业产品或服务有关的信息，怎样才能成功地使信息到达公众呢？怎样才能使信息结果出现在检索页面上呢？这时候就要研究搜索引擎的应用领域了。

（1）选准搜索引擎发布信息

网络公关人员要熟悉市场上搜索引擎的种类和特性，以便更有效地利用搜索引擎来帮助发布信息。搜索引擎分为综合性搜索网站、门户搜索引擎网站和垂直型搜索网站，以下是中国网站排名网（www. chinarank. org. cn）2007 年通过其工具条软件及其他合作伙伴的数据平台进行网站流量的采集数据：

图 9－3 显示：百度以绝对的流量优势领跑搜索引擎市场，占全部搜索引擎类网站抽样总访问量的 57. 42%，谷歌和腾讯搜搜分别位于第二名和第三名。

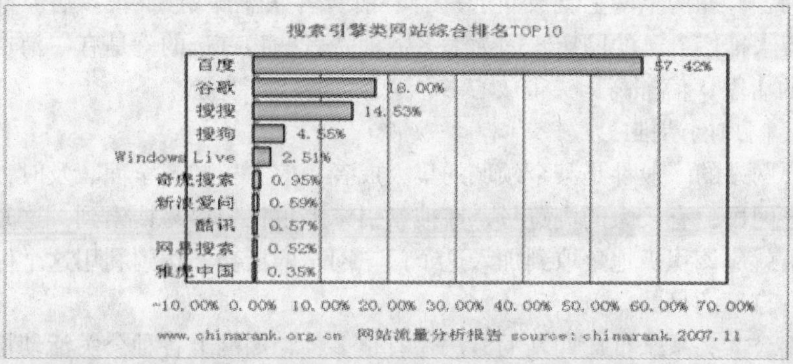

图 9－3 （资料来源：中国网站排名网《网站流量分析报告》）

报告统计指标	各项指标的市场均值	排名第一的网站	数据表现
同类网站访问率	77.38%	百度	29.00%
网站忠实访问率	13.63%	百度	31.11%
网站边缘访问率	74.57%	百度	51.90%
网站忠实访问量与边缘访问量的比例	11.57	百度	1.67
网站直接访问率	72.73%	奇虎搜索	92.40%
网站流量黏着率	76.64%	网易搜索	99.10%
网站流量依赖率	7.96%	网易搜索	0.19%
网站流量贡献率	6.70%	雅虎中国	22.25%

图 9－4 （资料来源：中国网站排名网《网站流量分析报告》）

搜索引擎同类网站访问率越低，表明网站在所属的行业中，独占用户的优势越明显；网站忠实访问率越高，网民访问该网站的行为越频繁，表明网站的内容和服务对网民的吸引力越强；网站直接访问率越高，体现网民对该网站品牌的认知度较高，同时也能体现网民对该网站内容的自主传播程度；流量黏着率越高，表明深入访问网站的用户越多，同时也表明网站相关内容的引导性越强。

企业在选择搜索引擎发布信息时，一定要注意搜索引擎网站的覆盖范围、访问率、网站流量等。

（2）搜索引擎与网络论坛、新闻讨论组的信息发布整合

网络论坛、新闻讨论组是网上聚集着相同话题的人的地方，他们对话题进行讨论、分析和评价，并且发布信息。网络论坛和新闻讨论组将有着共同兴趣的话题分门别类，吸引着有共同语言的群体来参与讨论，企业或组织可以在网络论坛和新闻讨论组里发布有关产品或服务的信息，并引导他人展开讨论。

网络论坛、新闻讨论组上结合搜索引擎的检索功能，能够使用户快速地找到自己感兴趣话题和需要的相关信息，查看信息并参与讨论，发表意见。搜索引擎的加入使得网络论坛和新闻组的地位上升不少，也吸引了更多网民前来参与。

有人说，2006 年是各个知名品牌的触网年。选择合适的网络媒体，充分利用网络论坛和新闻讨论组，立顿这一世界著名品牌就伴随门户网站新浪网（www. sina. com），以及网络社区天涯（www. tianyaclub. net）飘到了白领们的电脑旁，掀起了一场关于 OSS（offices stress syndrome，办公室压力症）的讨论。[①] 如图 9－5 所示，制造 OSS 话题，让受众认识到办公室环境的重要性，“最理想的办公室是随时有音乐飘扬的”，“最难以忍受的是办公室老板在你身边走来走去”，“最忙中偷闲的惬意是借泡茶的时候喘口气”……2006 年是立顿第一次触网，这第一次就让它在新浪网获得了 4. 5 亿次的曝光数，覆盖用户数达到 1500 万，其中通过点击硬广告只有 45 万人次，而进入“茶歇一刻”专题的就达到了 150 万人次，“茶歇一刻”论坛从 2006 年 11 月 16 活动开始共有注册会员 40319 人，日均注册达到 1000 多人（案例详情见本章后案例介绍）。

4. 网络销售

（1）利用网络公关进行网络销售的优势

网络公关是网络销售中不可忽视的一个重要环节，网上流行这样的一句话：“网络销售：先做公关，再做广告”，可见网络公关对实现网络销售的重要作用。

① 立顿茶歇一刻论坛　http：//www. liptontea. com. cn/bbs/languages/zh-CN/docs/faq. aspx

图9-5 立顿“茶歇一刻”活动（资料来源：www. lipton. com. cn）

图9-6 立顿“茶歇一刻”活动（资料来源：www. lipton. com. cn）

网络销售就是以互联网为基本手段进行现实产品或服务的交易，以获取利润。利用网络公共关系来进行网络销售有很多优势，互动性、快捷性、成本低、收效大、虚拟性等特点，特别是网络销售的虚拟性和非现场交易，使网络存在着很多不安全性，于是公司信誉和形象成为网络销售最重要的砝码，那么在网络销售之前就要进行网络公关。

（2）利用网络公关传递产品或服务信息

网络销售最重要的就是信息的流动，信息即经济，确保让消费者或者潜在消费者能收到企业的产品或服务信息是成功实现网络销售的第一步；其次是保持和客户的沟通，为客户提供尽可能全面的信息，消除疑虑；再次是销售成功实现后要保持关系维系，建立巩固、稳定的客户关系，以便再次合作。

将网络论坛、电子邮件、新闻讨论组、博客、即时聊天工具等转化为网络公关的工具，将企业产品或服务信息传递给有需求的消费者，并且树立良好的企业形象，赢得信任和支持，为成功实现网络销售做好准备。

(3) "一对一"公关，成功实现销售

网络公关能够实现信息的"一对一"沟通传播，切实了解客户的需求，为客户定制个性化服务这一点尤其重要。同时为客户解决问题，让客户在消费的过程中能够体验高质量的服务。

戴尔公司开发了一个在全球范围内直接面对市场的业务模式。戴尔在中国实现了网络销售，全国只有总部在厦门，没有铺设任何直营店，所有销售的电脑都是通过网络来实现的。消费者在购物之前可以向戴尔的业务负责人咨询，如果客户需要定制自己的电脑，则只需要进入网站内部个人电脑定制系统挑选电脑配件，定制完后就会出现一张报价单，客户同时也可以在网站上查询自己的电脑被订制及运输的整个流程的详细信息。电脑到达客户手中后，戴尔服务员还会用e-mail来询问客户对DELL电脑销售的满意如何，还有什么需要解决的问题等。整个销售过程都很贴心、人性化。

用网络公关了解客户的个性化需求，从而为客户提供个性化服务，同时可以利用多媒体技术，体现网络销售的创新服务功能。美国服饰销售网点Lands'End，大胆运用3D技术推出虚拟网上"试衣"服务，消费者只要在网站上输入自己的身材、脸型、身高、发色、眼珠颜色等，Lands'End网站就会根据这些信息设计模型，消费者就可以在网站上看到自己的"3D试衣模特儿"，真正为自己定做的形象，然后就可以利用这个模特儿试穿网站上所有看中的衣服。由于网站的贴心服务，使Lands'End的网上销售业绩从2000年的1.38亿美元增长到2002年的2.99亿美元，而且还被美国大名鼎鼎的《富比士》杂志评为"2002年最佳服饰网站"。

二、网络公共关系与视觉传播

世界著名的跨国广告公司DDB曾委托专业市场调查公司在中国对家电、通信、在线商店、日用品等12个行业知名企业的网站进行了大规模的效果调查研究，其中包括SONY 、DELL、IBM等企业的中文网站，也包括方正、长虹等等本土企业网站。调研结果显示：企业网站作为一种新的形象传播途径，对受众更具有亲和力与吸引力，但也同时也表明大部分的企业网站形象逊色于企业自身形象，两者的统一性与一致性也存在着差距；企业网站的实用性不高。①

1. 视觉传播的特点

网络上的视觉传播是用图形图像等可视符号来作用于人的眼睛、神经中枢来向公众传播一定的信息，它比语言传播和文字传播更生动、直观、形象，传递的信息更为准确。

（1）直观形象性

视觉传播是将抽象的语言化为具象的图形图像，将产品或物品表现出来，对物品的具体的尺寸大小、颜色、形状、厚度、高度等都一目了然，特别是在网络上进行产品展示的时候，这一点很重要，一定要尽量将所有的物品都拍摄成照片传上去，随着各种摄像摄影技术和图形图像处理技术的进步，这一点都很容易能够做到。用具象的图形图像来传递信息还能满足公众的求知欲望与好奇心，而且传递信息还非常的迅速，往往用读三分钟的文字叙述才能得到的信息花一秒钟时间看一眼图片就能完成。

（2）活泼生动性

生动活泼的文字叙述和图形图像的生动传神性表达的内涵和给人的精神享受感是不一样的，色彩鲜艳的图片、活灵活现的影像演示、丰富多彩的图像变化、时而舒缓、时而紧凑的背景音乐等都给受众一定的感官享受，在很短的时间内用各种活泼生动的表现手法来传递丰富的信息，并不会使人产生一种枯燥、厌烦的情绪。

（3）多样性

文字传播只能用一种符号——汉字或其他语言文字，这种表现手法比较单一。而视觉传播却能用多种视觉符号，可以用静态的图片，用色彩和图形的变化来丰富信息内涵；也可以用动态的影视图像或 Flash 动画来演示，再配上悦耳动听的音乐；也可以用多种拍摄手法来表达同一种主题，等等。用丰富多样的表现手法更能吸引受众的注意，让受众在轻松愉悦的环境中接受传递的信息。

视觉传播相比文字传播而言有着很明显的优势，但也有着自身的缺点：第一就是视觉传播的图形图像文件制作比较复杂，甚至需要高技术的设备来支撑，也需要很多人员来配合，因而制作的费用比较高，增加了投入成本；第二就是传递信息的深层次的内涵并不能被所有的人理解，一些抽象的影视影像表现手法所流露出来的精神内涵需要有一定理解能力和生活体验的人才能体会得到。

2. 视觉传播在网络公共关系中的运用

网络公共关系材料信息的发布通常会在自己企业网站或者其他网络媒体上，

① 王欢：《国内门户网站的品牌塑造及形象推广》，2007 年 4 月 20 日

或者在网络论坛上、新闻组里发布视频新闻信息。因此，充分利用视觉传播的优势来开展网络公关关系，很容易和公众进行沟通与交流。

（1）建立个性鲜明的企业网站

企业客户、媒体记者、政府人员、经销商、社区人员等一般在需要得到企业的信息时都会通过企业网站发布的新闻信息来获得，那么建立一个个性鲜明的企业网站就非常重要了。通常公众会将企业网站的形象认同于企业的形象，因此要让企业网站的形象服从于 CIS 系统的建设，以网站定位为基础，为网站设计一个合理鲜明的形象。

——个性化的公司主页

公司主页是网上公众进入网站的第一印象，一个设计独特、精良、优美的公司主页能吸引公众进一步浏览网站里的重要信息，并能清楚地引导公众的需求。主页设计要有一定的艺术性，并且能够和产品特性统一为一体，网站的整体设计水平往往代表了企业的形象，也反映了企业的一定经济实力和品牌力量。因为通常设计和制作有创意性、独特性的公司主页的成本比设计普通的公司主页要高。并不是所有的公司都愿意花费这样的成本。但是这也是一种长期投资，公众如果在第一次浏览公司主页时就留下了好的印象，他就会再次访问这个网站，并有可能告诉身边人也进去访问。

如果是制作包含有 Flash 的动态公司主页的时候，要注意不要使 Flash 文件下载打开的时间的太长，最好有下载的百分比显示，这样就不会浪费公众很长时间，使他们能够有耐心等待下去。

图 9－7　星巴克中文网（资料来源：http：//www. sharbucks. com. cn）

星巴克中文网站首页用的是星巴克的店铺实景图片，加上几幅 Flash 动画，很有意思，经常去星巴克喝咖啡的人对这场景并不陌生，星巴克的全球连锁店拥有统一的形象，没有去过的看了这个动画后，也会好奇地被门口探出头来的一个热情的服务生邀请进去。点击进去后显示的就是星巴克的店内设置，很真实，但也非同寻常。

——艺术性与实用性统一

企业的网站应该是实用性与艺术性的统一，企业网站不仅是对外宣传自身形象的窗口，加强与公众的信息交流，而且也可以是产品展示的平台。因此企业网站应该有充分丰富的内容，并且要不时地对信息进行更新。受众进入网站也不仅仅是看一些表明的动画表演等，而是想在企业网站里得到自己想要的信息，并且能够深深地记住公司的名称，以便下次再来访问。

如下图 9－8 是 361°运动网站。361°品牌主要是做运动服装，因此网站上放置了很多服装的图片，并将服装分为很多系列，根据季节和新产品的上市不断更新产品内容，用户只需要点击标题链接进去就可以见到衣服的实物图片和详细信息，而且更方便的是网站上塑造了一个 3D 模特儿，用户可以自由挑选，不断试穿搭配衣服款式等，为用户提供了方便。让用户每次在去 361°店铺购物之前都可以在网上提前试穿，而不需浪费很多时间和精力在实体店铺里试穿衣服了。

图 9－8　361°运动服装网站（资料来源：http：//www. 361sport. com. cn）

——色彩的协调统一

企业网站在色彩运用上应该注重主色调与辅色调的搭配，主色调应该与企业产品的属性或者组织的性质等协调统一，充分利用色彩的联想性，要有一种韵律感和视觉美，让人从色彩中很容易地与企业所从事的行业紧紧地联系在一起，并且能十分认可这种色彩搭配。如机械类行业和科技类产品一般用冷色调，如灰、蓝、黑；儿童网站用暖色调，如红、黄、橙等；食品类用鲜艳的色彩，如绿、黄、红，等等，而且一般主色调定下来后，不要轻易地改变，这样会破坏很不容易建立起来的视觉习惯。色彩搭配应该协调，不要出现过多的色彩，色彩的运用应该能体现网站的风格，凸显个性，营造一种和谐的气氛。

如下图9－9是河南人民政府网站，整个网页以红色为主色调，以少量的橙色为辅色调，政府是服从于党，服务于人民的机构，因而以似火的红色来表明其力量和决心。这与一般的政府机构以灰色调和蓝色调为主色调的网站不同，显得很有生机与活力，很容易让市民产生信赖感。

图9－9 （河南人民政府网站 http：//www. henan. gov. com. cn）

——布局要合理均衡

网站要讲究内容与形式的完美统一，网站是由网页组成的，在网页着手建立之前，要对网站的结构进行合理的规划，目录要清晰，板块编排要合理。主要内容要放在醒目的位置，导航和搜索栏也要放在浏览网页时很方便能看到的位置，能够使用户迅速地查找所需要的信息。将网站上的内容分为几个大类，用目录来表示，下面再设子目录，同一主题的内容放在一个子目录下，这样能够引导用户浏览信息。尽量建立一个图片和影视文件的下载区，既清晰又方便。

一个布局清晰合理的网站既能够方便企业发布新消息，如企业最新的新闻就可以发布在“新闻中心”栏目，最新产品就可以放在“产品展示”栏目等，这样也能使外部公众和新闻记者等很容易地寻找到自己需要的信息。

（2）用视听结合的立体传播方式，达到传播的最佳效果

无论是在企业网站上，还是在其他网络媒体、新闻组、网络论坛上，都可以综合运用图片、文字、声音、音乐、Flash 动画、影像等多种手段立体传播。

公众在上网的时候，有多种信息同时会作用于用户的视野和大脑，时间一长，用户就容易产生疲劳，对信息的接受、理解、记忆能力就逐渐下降，但如果能够在网页上添加悦耳的背景音乐，就能立马调动用户的视觉神经，消除疲劳，使大脑时刻保持着清醒的状态，和网站风格协调的音乐能让用户感受到这是一种莫大的享受。不仅如此，有些网站还在栏目导航上增加鼠标点击音效，只要鼠标点击菜单，“嗖”、“滋”“哦”等古怪好玩的音效就出来了，很多用户在遇到这种情况时，往往会反复地点击观看网站。

另外，Flash 动画运用到网络上后也吸引了大量网民的兴趣，动画表演生动形象，无论是实体的还是虚拟的，都可以用动画来展示，用不断变化的画面、动作等来演绎富有生命的东西，表达特殊的意义，富有内涵和意蕴。

影像具有真实再现的功能，能够将发生过的事件再次还原，具有很强的说服力，也能够将现场演示等拍摄记录下来，以便于再次播放。影像也具有艺术表现力和张力，能够将设计好的各种场景、主题内容塑造出来。

网络技术的发展，让图形、图像、文字、声音、动画等多种传播方法融合为一体，将信息更高效、生动地传播出去，弥补文字、图片单独传播所丢失的信息。在网络论坛或者新闻组上也可以上传视频文件，这就是所谓的图像新闻，将产品信息或者公司发言稿录制成视频文件，然后上传到网上，公众只需要点击观看就能获得信息，同时也可以下载保存这些信息文件。总之，用立体化的传播方式，能够使传播的效果达到最佳。

三、网络公共关系与文字传播

文字在人类的演变历史上有着重要的地位和作用，文字的出现是人类文明的标志，文字传播是人类社会信息交流的最重要的工具和手段。网络公共关系是在互联网上进行的，而现阶段的网络信息主要还是靠文字来传递与交流，因而利用好文字传播的技巧能够帮助网络公共关系活动更好地传递信息。

1. 文字传播的特点

文字传播是后于语言传播的，文字传播是用文字符号来记录和传递信息，更加丰富了人类传递的信息，并将信息永久地保存下来。文字传播有着它自身的特点：

（1）长久保存性

文字是可以记录在纸、木、皮等介质上的，它克服了早期语言传播时空局限

性的缺点，可以将记录下的信息永久地保存下来，并且能够散布传播出去。这是文字最大的特点，也是它的优点。利用文字传播可以将一些重要的信息记录并保存下来，以便日后需要时查找，也便于对外。

（2）抽象性

文字本身是抽象的符号，是用抽象的文字描述来表达具象的事物或事件，因而没有直观的实物或图片所反馈的信息实在、迅速，只能用一些字词句来描述事物或事件，也无法形象地显现人物的形态和情感。受众只能凭着想象力和生活经验对文字抽象的叙述进行理解和想象，这就造成每个人对文字传递出来的信息接受的程度有所不同。

（3）知识性

大多数的人都会用语言来交流与传递信息，但并不是每个人都可以用文字来传递信息，文字也是一种知识，是通过学习得来的，而那些没有受过教育，没有一定文化水平的人是无法利用文字来识别信息和传递信息的。信息存在着“解码”的过程，知识水平的高低对信息的理解深刻程度也不同，水平高、知识丰富的人能够很轻易地驾驭一些复杂的文字信息；但知识水平低的人可能无法理解信息的内容。

（4）深刻性

文字传播的节奏比较舒缓，语义丰富，对一些问题、思想的表达比较深刻，字、词、句的组合与变化可以表达丰富的思想内涵；它能通过对事件进行连续跟踪报道，逐步深入，而这也是视频传播无法达到的效果。而且文字传播不是线性传播，读者能够根据文化水平和理解能力不断反复阅读，这样也容易帮助正确理解其中的含义。正是因为此，大多数在表达一些复杂事件或深刻内涵的时候首先选择的就是文字传播的手段。

（5）单一性

文字的传播手段比较单一，虽然说它的语义是丰富的，但它只能用一种纯文本的形式来传播，不像视觉传播能给人同时以音乐、声音、画面等动态的感受，因而文字的传播容易使人产生疲劳，人们对文字信息的接受能力也比较差。但是现阶段网络信息的传播，大部分还是文字传播，随着网络技术的不断突破发展，视频图像的传播方式越来越流行起来。

2. 文字传播在网络公共关系中的运用

文字传播依然是网络公共关系信息传播的主要形式，文字传播除了上述的几个特性外，在应用于网络公关时更注重对信息的交流与反馈。人们在网页论坛上用文字来进行交流和讨论，避免了很多面对面传播的尴尬，也容易让公共关系传播搜集到很多真实有用的信息资料。以下是文字传播在网络公共关系中的运用。

(1) 新闻稿的写作

网络公共关系发布信息的主要形式是通过撰写新闻稿，企业在撰写新闻稿的时候一定要遵循真实、客观的原则，网络上公众在第一次通过观看新闻稿对企业或组织产生第一印象。

但是，现在网络上很多公关“软文”写作一味虚夸，追求文字效应。如某汽车公司在发布新产品信息的公关软文中这样写道：“采用浪漫流畅、豪放张扬的雕塑美感，勾勒矫健强劲的外形，大气而尊贵，透出年轻的活力和引领潮流的时尚……堪称经济类SUV车族最时尚、最尊贵、最靓丽、最具性价比的上乘之作”，“把某国外某民族对生活的理解、对浪漫的追求和对幸福快乐的向往发挥得淋漓尽致”，“全面满足消费者的需求”，“它将某国的技术与艺术相融合之美、机器与人类生活的相融合之美、人类智慧与天地万物相融合之美清晰地展现在我们面前”。[①]

这样的新闻稿很容易让人产生厌烦、华而不实的感觉，一篇新闻稿读下来以后还是不知所云，对科技产品特征的叙述过多地使用了形容词，而真正关注这类产品信息的人还是希望能够得到产品技术参数等有用信息。不仅公众懒得去读这些信息，而且一些网站和网络媒体也拒绝发布这类新闻稿。

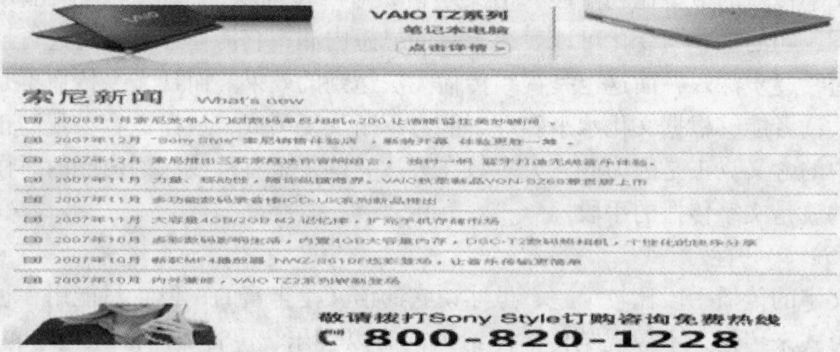

图9-10 Sony Style中国官网首页新闻（资料来源：www. sonystyle. com. cn）

实际上，我们是有很多方式可以避免这些缺憾的。比如，在创建新闻稿页面的同时也要提供相关信息的链接，如“历史回顾”等过去信息，便于让公众更准确、全面、客观地去认识企业或组织的形象。另外，还可以在新闻稿页面后面加上“评论”等栏目，让公众浏览过新闻稿以后能够发表评论，企业公关人员

① 引自新浪网《汽车公关新闻稿垃圾成灾》

要及时关注这些评论，对公众的疑问及时解决，对一些攻击性问题要能够使用公关技巧加以澄清和化解，要及时收集信息。事实上，这种方式已经被很多网站所采用。

当然，我们还要注意，文字叙述在必要时要用图片来强化所要表达的信息，图文并茂最容易将信息表达清楚。

网络上文字传播也可以通过字体、字号、颜色、粗细等的变化来强调信息，交代信息的重要性，引起公众对某部分信息的注意。

（2）电子邮件写作

电子邮件是互联网的基础应用部分，也是网络公共关系信息传播的主要策略之一。电子邮件是一对一的传播模式，传播的对象准确，回复率较高，电子邮件能否产生效果，很大程度上取决于它的写作。

收件人的地址一定要写清楚，这是电子邮件等否成功到达目标对象的关键．如果地址不准确或者书写错误，就很可能会发错对象或根本发不出去。

内容正文开头一定要用礼貌用语，将收信人的姓名和头衔、称号等最好也要写上去，这不仅是出于礼貌，也能够让收信人对你表示足够的重视和好感。

正文不宜太长，字体要清晰易识，每行字之间要有一定的空隙，以人眼所识的舒服程度为宜，段落要清晰，主题内容要明确，如果是请求类的信件，请求的提出要委婉但不能含糊，在信件最好要再次提出，让对方引起注意。如果是解释对方疑问类的信件，一定要给对方以实质性内容的回答，并兑现承诺。

将同一主题内容发给不同类别的公众的时候一定要注意内容重点的区分，如将某个新产品的信息发给目标消费者、经销商、股东的时候，最好不要使用一成不变的新闻稿，目标消费者最关心的是新产品上市的价格、销售点、产品功能；经销商关心的是总公司对新产品批量采货的优惠政策、产品利润；而股东关注的是产品的市场前景和总体盈利能力。而且最好提供完整产品信息的新闻网页地址。

如果有必要，最好是将发件人的联系方式或者组织的咨询电话等添加到信件中去，这就容易让收件人对信件内容的真实性再次加分。如果信件内附有图片，在主题上最好加以说明，因为含有图片的信件打开速度可能很慢，提醒收件人耐心等待。

需要收件人给予回复的信件，一定要将请求说清楚，并提供有效回信地址。

（3）网络论坛、新闻讨论组上写作

网络论坛和新闻讨论组也是网络公共关系信息传播的策略，网络论坛和新闻讨论组是公众交流沟通的场所，公关人员在发布信息时一定要注意网络礼仪。

网络论坛上或新闻讨论组上大多数人用的都不是自己的姓名和身份，企业公关人员发布信息前也可以用匿名形式在论坛上观察一段时间，必要时要公开自己的真实身份，代表企业或组织来讲话。

发布企业信息时最好是以企业或组织的名义发表，或者以员工的名义，这样能够增加信息的真实性。同时要争取论坛管理员的同意和帮助。信息篇幅不宜太长，可以将较长的信息分段或分几次来上传，并给每段做上段落标记，每段的衔接要自然，段落清晰。

信息内容要客观全面，不要一味地夸大自己，对自己的缺点要勇于承认，并争取得到公众的谅解，但也要注意技巧，尽量让自己占据话语的上风，维护自己的形象。

需要论坛里的公众进行讨论的一定要允许其公开自由讨论，交换意见，创造一个良好的网络环境；对一些发表恶劣言辞的发帖人要及时沟通，化解误会，争取谅解；引导其再次发言，让他主动地更正自己先前的看法。

网络论坛或者新闻组上的讨论中断时，发起讨论的公关人员要出来进行引导，鼓励公众自由讨论，并表示感谢。

总之，网络是个很有弹性的聚集地，网络虽然是虚拟的，但如果拥有很好的网络礼仪，个人或组织就能在网络上得到拥护，并能产生“从众效应”，形成良好的组织形象。

【案例链接】

没有淘不到的宝贝

淘宝网，顾名思义，就是没有淘不到的宝贝，也没有卖不出的宝贝。自2003年5月10日成立以来，从零做起，短短的半年时间内就迅速占领了国内个人交易市场的领先位置，创造了互联网企业的一个发展奇迹，真正成为有志于网上交易的个人的最佳网络创业平台。

淘宝发展时间很短，“里程碑”却难计其数。这家由全球最佳B2B公司阿里巴巴先后投资4.5亿元创办的C2C网站，是怎样从无到有成为行业翘楚的？

2003年5月10日，淘宝网上线。20天后，淘宝网迎来第一万名注册用户。

2003年7月7日，阿里巴巴正式在北京宣布投资1亿元人民币开办淘宝网。打破国内C2C的市场格局。

2003年8月17日，淘宝网诞生百日，已拥有会员50147人，上网展示商品达9万余件，日浏览量155万，每日新增产品7000余件，每日新增会员达2500人。淘宝网同时宣布：从8月18日起，前十万名经过身份认证，并在淘宝上有过一次买卖经历的会员，将享受3年之内不收取交易服务费的优惠。并同时推出同城交易服务，为同一城市的会员在网上建立虚拟的城市交易社区。

2004年4月2日，淘宝网和《天下无贼》合作，在影视作品衍生产品的网络合作开发和网络增值方面建立伙伴关系。明星道具拍卖成为个人电子商务的时尚亮点。

2004年4月5日，淘宝网与中国最新锐的互联网娱乐综合门户网站21CN结盟签约，宣布双方将强势联手，联手推出强力购物拍卖网站。双方的合作标志着淘宝网布下实现其抢占国内个人交易市场的领先位置目标的一个极为重要的棋子。双方此次将在频道、邮箱、短信、市场活动等四个方面全力合作。

2004年5月8日，在艾瑞咨询3月电子商务类网站月均网民覆盖数调查中，淘宝网首次超越国内外同行，跃居第一。淘宝网创造性地推出了"支付宝"产品，将网络交易的危险性降低到最小化，同时淘宝网积极完善中国个人网上交易的支付平台，与工商银行、招商银行等进行全方位的合作。

2004年5月16日，北京国际广播电视周，淘宝网合作举行影视经典道具拍卖暨明星见面会。独家拍卖包括《手机》里的摩托罗拉手机、《天地英雄》中姜文的宝刀、《铁齿铜牙纪晓岚》中纪晓岚的烟袋锅、《宰相刘罗锅》中的轿子、《少年天子》中的龙袍、《空镜子》中的梳妆台等道具。

2004年7月7日，淘宝网宣布自己成为国内C2C市场的领军企业，有效在线商品数量达到近200万件，交易成功率的增长速度是年初的3.57倍。另据ALEXA的排名显示，淘宝网在全球范围内已经升至18名。同时，淘宝宣布将免费继续进行下去，并呼吁同行在中国实行全面免费的措施。调查显示，目前淘宝网每天的用户增长数为19025名，超过了其在中国的竞争对手。2004年9月22日，淘宝网宣布在其220万用户和5000万浏览量基础上，淘宝网8月份的总交易额为1.2亿人民币，9月份单日交易额更是突破了700万人民币，这是淘宝网自2003年7月成立以来首次首度正式对外公布其具体交易数据。

2004年11月，淘宝网热卖《天下无贼》道具。从刘德华的数码摄像机、开机仪式上的藏式马靴和礼帽到李冰冰的数码相机，还有3000张电影海报，30件明星签名的组服，这些商品都是一元起价。淘宝网350万的用户，相当大一部分集中在青年时尚一族，该人群追星和追时尚的特点，极大地帮助了《天下无贼》在全国范围内的传播和推广。

2005年1月，为援助印尼洋海啸受灾国，上百名知名企业家和文艺界人士捐献物品在淘宝网上拍卖，所有物品一元起拍，此次拍卖共募资290万余元。

2005年1月20日，淘宝网正式进军香港电子商务市场，开通"香港街"。香港卖家将由此直接同内地400多万电子商务消费者进行网上交易，内地网民可以直接在香港网上店铺购物。

2005年2月2日，网络交易支付工具"支付宝"升级。"支付宝"推出"全额赔付"制度，主动全额赔付以保障用户利益，开创国内电子商务网站之先河。

2005 年 3 月 2 日，阿里巴巴公司与中国工商银行达成战略合作伙伴协议，根据该协议，中国工商银行和阿里巴巴公司将在原有合作基础之上，进一步加强和拓展双方在电子商务支付领域的合作力度和范围。淘宝首度披露支付宝产品经营数据：2005 年 2 月在淘宝网，每天仅通过“支付宝”达成交易的成交金额，平均即在 350 万元人民币；截止到 2 月 28 日，在淘宝网，目前已经有超过 400 万件商品可以选择使用支付宝进行交易。2005 年 4 月 12 日，淘宝网和搜狐宣布成为战略联盟。双方将共享各自活跃庞大的用户群体，线上线下共同合作，推动中国网上购物和网上拍卖的进步。

2005 年 4 月 25 日，淘宝网公布 2005 年第一季度经营业绩，第一季度商品交易金额超过 10 亿元人民币，稳居国内个人电子商务网站的第一位。这也是中国个人交易电子商务网站第一次单季度成交量突破 10 亿量级。注册会员数近 600 万，网站单天访问量达到 6000 万，是国内同类网站的 3 倍。淘宝网在线商品数更是一举突破 700 万件，占据了国内个人交易网上市场商品的大半壁江山。2005 年 4 月 29 日，摩托车世界锦标赛中国站在上海举行，淘宝网冠名。这是中国企业第一次成为 MotoGP 的冠名赞助商，也是 MotoGP 历史上第一个互联网企业出任赞助商。2004 年 4 月，互联网实验室发布个人交易网站增长幅度，淘宝网以 768% 的高增长率，遥遥领先国内其他网站。

2004 年 5 月 10 日，淘宝网同时在线人数达到 50 万，创造中国 C2C 网站同时在线人数最高纪录。2004 年 6 月 28 日，互联网实验室发布的电子商务 CSI 人气榜排行，淘宝继续超过国内同类网站，荣登榜首，继续领跑国内个人交易网站。2004 年 6 月 30 日，淘宝网 Alexa 排名全球网站第 18 位，位居中国电子商务网站第一。2004 年 7 月 10 日，淘宝网宣布已经在个人网上交易的众多关键指标上跃居中国第一。淘宝网的有效在线商品数量达到近 200 万件，两倍于居国内第二位个人交易网站的商品数量；淘宝网交易成功率的增长速度是年初的 3.57 倍，远高于同类网站。2004 年 8 月份，淘宝网第一次公布了成交数据，其 8 月份的成交商品总额达到 1.2 亿元人民币。在其 220 万用户和 5000 万浏览量的基础上，9 月份单日交易额更是突破了 700 万人民币。

2005 年第一季度，淘宝公布第一季度数据，淘宝有 800 万件在线商品和 630 余万注册用户，网站浏览量超过 7000 万/天，一季度成交商品总额超过 10 亿人民币。

iResearch 的数据显示，淘宝 2004 年交易额增长了 217%，达到 23 亿元，2006 年淘宝网全年成交额是 169 亿人民币，2007 年上半年的总成交额已经突破 157 亿人民币。

【案例链接】

立顿“茶歇一刻”的分享与减压[①]

立顿于1871年由英国人托马斯·立顿爵士在美国创办，现在立顿已经是全球最大茶叶品牌。和立顿品牌联系在一起的关键词汇有：茶叶饮品最高品质、国际、时尚和都市化生活。全球消费者选用最多的第三大非酒精饮品立顿于1992年进入中国并提出了“不断为中国消费者提供新鲜、美味、健康的茶饮料”的目标。

为进一步扩大市场份额，占领“办公室人群”，立顿在2006年11月发起了名为“茶歇一刻”的网络公关活动。这次活动以22~35岁办公室白领为目标消费群，希望通过人群的互动传递立顿办公室“茶歇文化”和让办公室更美好的愿景。

制造OSS话题，让受众认识到办公室环境的重要性，“最理想的办公室是随时有音乐飘扬的”，“最难以忍受的办公室老板在你身边走来走去”，“最忙中偷闲的惬意是借泡茶的时候喘口气”。在活动之前的市场调查中，立顿发现有“53%的茶包消费发生在办公室”，“60%的职员反映在办公室的生活压力较大”，立顿还了解到，在中国的4个主要城市北京、上海、广州和深圳有将近1500万的办公室工作者。于是，以“分享和减压”为关键词的“茶歇一刻”活动应运而生。

请来“立顿的心情绿洲”，通过与媒体策划公司和品牌网站制作公司的深入讨论，立顿明确了网络宣传的三大动向：新浪综合门户网站+天涯社区垂直网站（专注于某一领域或地域如IT、娱乐、体育，力求成为关心某一领域第一的网站，主要特征是专业）+立顿品牌自有网站。首先，立顿通过新浪门户建立活动知晓度，带动品牌网站流量；其次通过天涯等垂直网站吸引网络参与度高的人群积极参加品牌互动；最后，在立顿自己的品牌网站上建立三大互动平台，包括减压专辑、BBS互动和办公室情节剧专栏。

拓展办公室消费渠道，引导办公室生活方式，促进品牌曝光率，增加消费引用频率，实际的操作中，除了比较规范的广告形式通栏、文字链接外，立顿还战略性地选择了富媒体和栏目赞助。网站投放过程中还有意识地采用了几个版本轮流替换，避免了审美疲劳；配合进行网上调研为以后的网上活动奠定了基础；引入办公室白领人群兴趣的话题，从而强化了立顿与办公室的主题。

---

① 张佰明、崔积琨：《立顿随新浪流到白领电脑旁》，《现代广告》2006年12月

具体实施过程中，根据立顿的媒体目标，新浪也为立顿选择了目标受众最为集中的5个频道——“新闻中心”、“女性频道”、“娱乐频道”、“体育频道”和“博客频道”。目标受众与产品的高度契合，为立顿的第一次“触网”带来良好的效果——新浪4.5亿次总曝光数、覆盖用户1500万，其中点击硬广告的只有45万人次，而进入“茶歇一刻”专题的就达到了150万人次。“茶歇一刻”论坛从2006年11月16日活动开始共有注册会员40319人，日均注册达到1000多人，1000多位受众参与办公室投票活动。在活动宣传期间，50%的新浪用户看到了立顿的宣传内容。

为了更好地了解立顿的活动投放效果，新浪在活动结束后还策划了一次网络效果调查，结果显示，活动曝光针对目标受众的注意率达到77.2%。针对立顿品牌知名度的调研中，79.3%的受众知道立顿是一种茶饮料品牌。

第十章 网络公共关系的监控与管理

【本章提要】网络是自由的，网络又是隐蔽的。网络的匿名性、虚拟性和不可控性等也使得网络成为谎言、诽谤、任意涂改、剽窃或破坏他人信息发布、传播反动言论等行为滋生的乐土。这极大阻碍了网络空间的正常运转和发展。网络是公共关系传播的重要工具，也是最容易过分宣传、过度使用和被滥用的媒介。

因此，在看到网络公共关系价值的同时，有必要加强对其监控和管理。网络公共关系在运行中要遵守网络礼仪，尊重网络道德；同时，还要实施主动传播并加强对网络公共关系的常规监控，以及对网络舆论主体群体极化倾向等现象的非常规监测。本章将就网络公共关系实施监控的内容、原则、途径、手段等作全面介绍。我们认为，网络公关中倡导道德性原则、诚实守信原则和信誉原则，既是为了净化网络空间，也是为组织自身生存与发展创造有利环境。

第一节 网络公共关系的监控

一、网络监控分类

“监控”英文为“supervise & control”，即“监督和控制”的意思，网络监控是对网络公共关系的过程和效果等开展监控。监督是手段，通过监督来达到最终的控制管理才是终极目标。

网络上的信息，一经发布，会在最短的时间内传到相关受众的视野范围内，并且产生较为深刻的影响。因此，在公共关系活动的进行过程中，要想保证所传播的信息对自己组织或团体有利，就要对网络上实施的公共关系活动进行事先监控和管理。

当然，在网络一切运行都是处于正常状态时，所要进行的监控也是在普通情况之下进行的正常监控和正常管理，我们称之为“常规监控”；对于组织处于变化中、局势不稳定，特别是危机发生前后的监控和管理，我们称为“非常规监控”。

在网络公共关系中，实施“常规监控”和“非常规监控”同样重要。有了正常时期所进行的日常管理和监控，有了常态监控中每一步工作的认真到位，才能将日后可能因为防范不利而造成的重大危机扼杀在摇篮里。

二、网络监控目的

对于网络监控的目的，谢尔·霍兹认为主要是针对那些由别的组织开展的可能影响组织自身的活动监控。[①]

不管是对网络的监控还是对网络公关的监控，最终目的都是一致的，那就是通过监控而达到控制管理目的，进而实现网络和网络公共关系运行走向良性的发展轨道。

如今，网络对人们生活方式、价值观念和行为模式的渗透影响越来越大。公共关系的管理范围和视野自然也就渗透到了网络领域。因此，对网络的监控和对网络公关的监控就显得日益重要和紧迫。

三、网络公共关系监控的内容

1. 信息监控

随着信息技术尤其是网络技术的发展，信息的传播无论在时间上还是空间上都得到了很大改善。然而，人们在享受互联网带来的种种便利的同时，也不得不面对这样的事实：网络传播中的信息污染。信息污染主要体现在几个方面：（1）无信息。网上信息自由传播的同时往往伴随着一种“无信息”状态，这是造成信息泛滥的主要原因。无用信息消解了人们对有效信息的寻找、接收和消化。（2）虚假及雷同信息。信息网络的自由开放，任何人都可以在网上发表作品，于是网络中的虚假信息及剽窃、转载、抄袭的雷同信息大量存在也影响了人们对正常信息的利用。（3）过载信息。互联网的无限扩张导致了网络信息大大超过了人类有效利用信息的限度。（4）垃圾邮件等带来的信息污染。

对网络公共关系实施信息监控，一方面是信息过量和信息污染的大环境催生的需求，另一方面也是公共关系发挥在线信息收集功能的保证。由此，信息的监

① ［美］谢尔·霍兹：《网上公共关系》，复旦大学出版社 2001 年版，第 66 页

控也就主要是在两个重要方面开展，分别是：一是受众对组织公共关系传播活动的反馈意见；二是别有图谋的个人或组织散发的关于组织的信息，即错误信息或坏消息。

对信息进行监控，要从“源头”入手。对网络信息的真实性加以监控，要确保传播的信息具有可靠的消息来源，不会对受众造成误导。对网络中公共的信息话语的监控可以使道听途说的言论或者是不负责任的话语得到有效的遏制，将网络中可能出现的危机扼杀在襁褓中，或者是当危机出现时，将危机所带来的损失降到最低，使得网民能够放心地使用网络为自己的工作或生活服务。

2. 安全监控

互联网是网络传播的主要途径，但却存在着众多不安全因素。

（1）互联网是基于 TCP/IP 的通信协议进行传送的，这种以开放和共享为目的的网络传输是引起不安全因素的重要原因。

（2）网络黑客的攻击。黑客是那些未经许可就进入他人计算机系统的计算机罪犯。他们或者破坏操作系统，或释放病毒，使系统陷入瘫痪；或者修改网页，传播非法、反动信息；或者窃取商业秘密；或者转移账户资金等。

（3）计算机病毒的危害。

（4）对个人而言，使用网络中过程中，通过网络社区、BBS、E-mail、MSN 博客、新闻组、虚拟新闻办公室、聊天室等各种传播工具过程中所出现的隐私权问题，通过下载、转载、超链接等手段所造成的著作专利权问题和知识产权问题，网上诽谤对个人造成的名誉和精神损失问题等都是不安全的表现。

对组织团体或者公司而言，网络传播过程中所存在的安全隐患，特别是散布的流言和谣言等对组织的造成的舆论影响和压力是巨大的，一个公司或组织如果处理不好这样的不利言论，将会对组织造成极其不利的舆论环境，轻则影响组织的日常运营，重则会使企业或组织陷入极大的困境和危机之中，给相关的受众带来消极的影响，严重地影响着企业或组织的形象，造成不同程度的网络公关危机，给公共关系人员带来巨大挑战，使公共关系活动陷入被动。

不管是对个人还是对企业，如何才能够保证网络的健康运行，为个体服务，使网络公共关系沿着顺利的轨道进行，这是公关人员要考虑的主要问题。

针对以上问题，网络管理者要首先解决网络使用安全问题。对网络公共关系实施安全监控，主要是通过采用一系列网络安全技术来实现。

（1）防火墙技术。在计算机界，它是一种逻辑装置，主要用来保护内部的网络不受到来自外界的侵害。防火墙主要用来实现网络路由的安全性。

（2）加密技术。网络传播中的保密性、真实性和完整性可以通过加密来实现。如今比较流行的加密技术有数据传输加密技术、数据存储加密技术、数据完整性加密技术和密钥管理技术。

(3) 认证技术。信息认证是安全性很重要的一方面。信息认证的目的有两个，一是确认信息发送者的身份；二是验证信息的完整性。与认证有关的技术包括数字签名技术、身份识别技术和信息的完整性校验技术等。

(4) 安全协议。安全协议的建立是安全保密系统走上规范化、标准化道路的基本因素。目前，已经开发并使用的协议有加密协议、身份验证协议、密钥管理协议、数据验证协议、安全审计协议和防护协议等。

3. 媒介监控

媒介监控，不仅指互联网提供丰富多样的资源和工具监控组织的网络形象等，它还可以用来监控传统媒介对组织开展的报道等。

4. 法律监控

互联网的产生为人类的生产、生活带来了革命性的转变。在它全面渗透到人类生活的过程中，调整人们在网络社会生活中的相互关系已是一种现实需要。这种调整通常表现在两个方面：伦理和法律。法律所表现出来的是一种强制性的社会规范。

网络法律在产生和发展过程中，表现出了渐进性、复杂性和兼容性特点。各国在这个过程中都对本国实际状况和需求予以考虑，同时还兼顾了国际惯例问题。比如：信息标准、知识产权、网络通信、电子商务、信息服务等方面立法，而这些立法都是网络公共关系在实施对组织和公众之间沟通活动中需要注意的。比如，我国自2002年8月1日起实行的《互联网出版管理规定》第17条就确定互联网出版不得载有以下内容：反对宪法规定的基本原则；危害国家统一、主权和领土完整的；……侮辱和诽谤他人、侵害他人合法权益的；危害社会公德或者民族优秀文化传统的。

除此之外，网络法律中对网络隐私、网络侵权、网络交易和网络犯罪的有关界定也是在对公共关系实施法律监控要特别注意的。例如，网络隐私权就是指在网络交易过程中，公民享有私人生活安宁和私人信息依法受到保护，不被他人非法侵犯、知悉、搜集、利用或公开的一种人格权。针对此，网络公共关系在传播中就要尽量避免出现挑衅网络受众安全请求权、控制权（通过合理的途径访问个人资料，并针对错误的个人信息进行修改、补充、删除，以保证个人信息资料的准确、完整）、选择权和知悉权等问题。

5. 道德伦理监控

网络传播的发展，把人类社会极其复杂多样的各部分联合成了统一的网络世界。从道德角度考察网络传播，可以发现，网络不仅仅是媒体的简单增加，也不仅仅是一种比传统传播方式更强大的传播方式的诞生。网络，带来了强烈的震荡、提出了更多的挑战。网络在打破地域、空间、文化体系、历史传统、民族风俗、观念信仰等壁垒之后，也加剧了社会冲突。康德说过，“如果没有道德观念的发展，对于有修养准备的人是崇高的东西，对于无教养的人却是可怕的东西”。①

于是，以提倡对网络传播善意、正当地使用，赞同通过网络传播增进人与人之间的和睦、幸福，维护人类的尊严等网络伦理诞生了。

网络伦理具有自主性、开放性和多元性的特征。② 据此，对网络公共关系的传播实施道德伦理监控也就显得很必要了。对于网络公共关系自身传播来说，在具体的传播工具使用中，遵守既有的网络礼仪也是网络道德伦理的重要组成部分。

6. 网络言论监控

网络言论也是公共关系不能忽视的。与媒体的相对理性、客观性不同，网络言论常常从情感出发。他们关注的焦点往往不是组织处理方式的合理性，而是它在面对弱势群体———受众所表现出来的态度。网友言论的非理性凸显了“态度”在网络公共关系中重要性。在对网络言论监控中，我们必须铭记两点：第一，永远不要去和公众辩论谁对谁错。第二，切忌“孤芳自赏”。把组织形象放在首要地位，同时要站在公众角度考虑问题，才有可能在面对网络言论时不失自身形象。

另外，近年来网络言论中所表现出的民族主义情绪的张扬也需要网络公共关系重点去加以监控的言论形式。

由于网络言论不需要经过复杂的审批程序，一旦聚集起就很容易造成大量群情激奋、一呼百应的潜在公众出现。网络上的民族激情是长期存在，任何一个导火索，都会在最短时间内引爆巨大的能量，这一点已经被三菱帕杰罗、丰田霸道（PRADO）汽车等事件屡次证明。因此，组织需要对此类敏感问题特别谨慎，多方听取意见，注重网络传播中的每个细节。

7. 危机监控

当网络的使用和运行陷入到无序状态时，危机便会不可避免地出现，对于网络危机的处理要予以关注和注意，因为一旦危机处理不好就会使企业或组织陷入极大的被动发展中，不仅影响企业或组织的正常工作运作，严重的还会使公司陷入困境，无法从危机中解脱出来，直至瘫痪。对危机状态下的网络公关的监控和管理将是网络监控的重中之重，要特殊问题特殊对待，采取相应的措施和技巧化

---

① 康德：《批判力批判》，转引自朱光潜《西方美学史》下卷，人民文学出版社，第381页

② 杜骏飞：《网络传播概论》，福建人民出版社2005年版，第210-211页

解危机，化险为夷。

四、网络公共关系监控的原则

对网络公共关系实施监控与管理是一项复杂的工作，如何科学地实施监控，我们认为有几个原则是要遵守的：

1. 道德性原则

前面已提到，对网络公共关系道德的监控是重要的监控内容。互联网中的人们同样应当遵循既有行为准则和规范，这是网络空间共同利益体现的需要，也是网络空间正常、高效运转的有力保障。公共关系在网络中的行为同时也是组织的道德感和良心的表现，网络公共关系不仅要监控组织的道德表现，而自身也要在合乎网络规范的网络环境下良性发展。

2. 真诚求实原则

在公共关系发展的早期，公关大师艾维·李就提出公共关系要“说真话”的思想。这一点，在网络公共关系中同样适用。

互联网上高度自由、匿名、平等交互等特性使得现实世界中戴着面具生活的人得以在网络空间卸下伪装，与素不相识或远在天边的网友坦诚交流；但是，另一方面，一些别有用心的人却在肆意利用互联网的这些特性编造谎言（谣言），哗众取宠，满足自己或达到不可告人的目的，使得互联网信息的可信度大打折扣，面临信誉危机。

公共关系要想帮助组织获得良好的网上形象，有效地实施网络公关，就必须遵守真诚求实的原则。尤其在信息传播问题上，要杜绝传递任何虚假不实的消息，对组织不虚美、不隐恶。只考虑本组织而蒙蔽网众的行为，最终只会让组织网誉扫地。

3. 整体协调原则

整体协调，首先强调的是网络公共关系和传统公共关系（网下公关）保持整体协调。两个不能各自为政，相互矛盾，只有两者有效配合方能有高效、精准的组织沟通和形象的实现。

其次，整体协调强调网络公共关系自身工作内容的各个环节、各个步骤之间的合理、配合、互补和统一的状态。要形成全体网络公共关系人员思想意识上的共同认识以及信息传递等行为上的一致。没有了网络公关自身的同步与和谐，所有的沟通和关系建立也就无从谈起。

4. 合适性原则

互联网处于飞速发展中，组织在进行网络公共关系时候要认清适用的范围和条件，简单地弃置不用或是过分依赖网络公共关系都是不可取的。

对网络公共关系实施监控，也是一个对其发展的合理性的引导过程。从针对不同网络目标公众选择合适的网络渠道到采取适当的形式进行等都应纳入监控的范围。

五、网络公共关系监控的途径

1. 雇请他人来完成

“专业的人来做专业的事”，雇请他人来完成即寻找那些基本成型的或公司专门替别人做监控工作。他们有的擅长汇报互联网活动，有的善于分析并提供建议，还有一些公司能够帮助组织评估组织网络公共关系活动的有效性。选择这些公司的时候，要充分考虑其提供的服务是否符合自身的需要。

在国内，像艾瑞市场咨询（i-research）有限公司在提供互联网方面的数据支持就比较有影响力。中国网民调查、网络广告监测、网络媒体排名、网络广告推荐等内容，只要缴纳一定的费用就可以通过其网站（中文研究网站 www. iresearch. com. cn 和英文研究网站 english. iresearch. com. cn）进行了解。

在国外，根据谢尔·霍兹先生在《网上公共关系》中的介绍有像 E-watch 等公司。E-watch（www. ewatch. com），每天可以监控网上 4 万多个公开论坛上多达几十万条的信息。M3，这是米得堡公司的一项服务，它能够提供组织三位一体的服务，包括监控、分析和回应。The Delahaye group（www. delahaye. com），就可以根据网络讨论的内容提供组织的形象分析服务。

2. 自己来完成

在没有比内部人员更了解组织自身面临的问题，或者外部请来的公司可能会疏漏了一些内部人员才能察觉到的重要信息等情况下，组织可以考虑自己着手完成监控的工作。

【案例链接】

艾瑞市场咨询（i-research）调研方法与调研流程

2005 年，艾瑞市场咨询（i-research）曾经开展针对中国网络社区的调研报告，我们以此为例介绍一下该公司所采取的调研方法和调研流程。

1. 调研总体定义描述

i-research 根据用户所在地将其分为华北、华东、华南、西南、西北、东北、华中以及中心城市、一级城市和二级城市。

华北：北京、天津、河北、山西、内蒙古、山东

华东：上海、浙江、江苏、安徽

华南：广东、福建、广西、海南

西南：四川、重庆、云南、贵州、西藏

西北：陕西、甘肃、宁夏、青海、新疆

东北：吉林、辽宁、黑龙江

华中：湖北、湖南、江西、河南

中心城市：北京、上海、广州

一级城市：天津、重庆、深圳、哈尔滨、长春、沈阳、大连、石家庄、太原、济南、青岛、南京、合肥、福州、厦门、成都、昆明、贵阳、西安、兰州、长沙、武汉、南昌、郑州、南宁、包头、海口、拉萨、银川、乌鲁木齐、珠海

其他地区：除一级城市之外的其他城市或地区，包括县、镇和农村。

i-research 将用户的个人月收入分为高、中、低三类：低收入——1000 元以下/月；中收入——1001 ~4000 元/月；高收入 4000 元/月以上

i-research 将用户的家庭月收入分为高、中、低三类：低收入——2000 元以下；中收入——2000-6000 元；高收入——6000 元以上

i-research 将用户的学历分为高、低学历：高学历——大专及以上；低学历——高中及以下

i-research 根据用户的网龄将其分为以下三类网民：新网民——网龄 1 年以下；一般网民——网龄 1 ~5 年；老网民——网龄 5 年以上

i-research 根据每天用户上网时间将其分为以下三类：轻度网虫——每天上网时间 1 小时以下；中度网虫——每天上网时间 1-8 小时；重度网虫——每天上网时间为 8 小时以上

i-research 根据用户上网方式分为三类：宽带——含 FTTB/ADSL/有些宽频；窄带——含拨号上网/ISDN；其他——含无线上网/其他固线方式

i-research 根据用户年龄将其分为少年、青年、中年和老年类：少年——18 岁以下；青年——18-35 岁；中年——36 ~60 岁；老年——60 岁以上

2. 调研流程

步骤一：行业需求。立足于行业需求，通过业内专访和深入访谈的形式，确定调查方向和研究主体。

步骤二：问卷设计。细化调研项目与问卷内容，对各个环节子项与跳转规则进行文字设计与技术实现。

步骤三：媒体投放。整合艾瑞网站、知名网媒以及电子邮件的媒介功能，选择优质载体以投放问卷。

步骤四：甄别验证。通过艾瑞网络调研质量控制体系，对样本效益性进行全方位多层次的甄别验证。

步骤五：数据分析。针对受众群体特征，运用艾瑞行业数据分析模型，分析

样本数据与受众情况。

步骤六：报告编制。依据调研结果，归纳调研结论，按照调研报告规范撰写调研报告。

3. 艾瑞网络调研（行业企业）方法流程

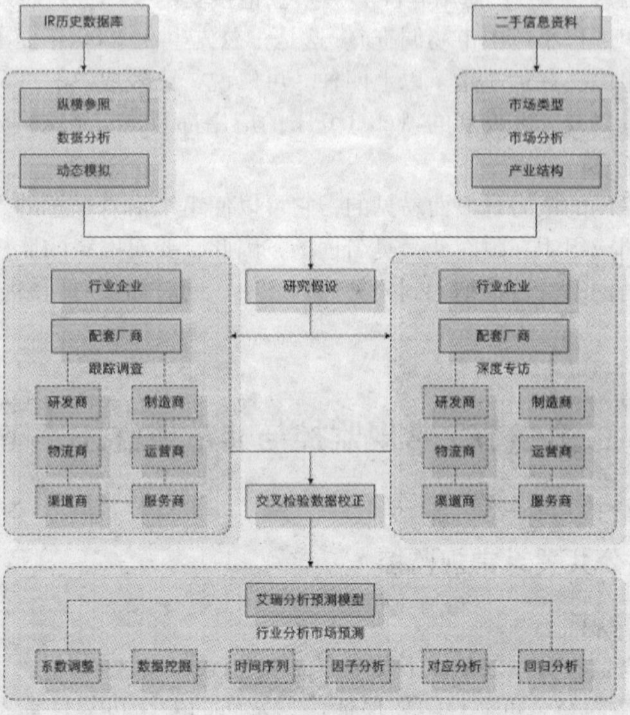

图 10－1　i-research 调研流程图（资料来源：艾瑞网站 www. iresearch. com. cn）

六、网络公共关系监控的手段

著名的爱德曼公关公司在为沃尔玛服务时，开设了一个名为“环美沃尔玛购物记（Walmarting Across America）”的博客，一对自驾车旅游的夫妇在博客上屡次提及沃尔玛美好的购物体验。但他们并没有说明，这次旅行的赞助商实际是沃尔玛。这一消息引起舆论的强烈指责，沃尔玛的公关服务商爱德曼也成为众矢之的，爱德曼的 CEO 最后出面道歉并申明事件的责任方并非沃尔玛，而是爱德曼。

这个案例敲响了网络公共关系的警钟，当组织想使用博客作为公关载体时，它必须先明确以博客为代表的数字社会媒体的规矩何在。这个案例也告诉我们对网络公共关系开展监控的手段依然是网络公共关系传播中最为常见的传播工具。

谢尔·霍兹先生在《网上公共关系》中提出网络监控的手段主要有以下四种:

(1)阅读新闻组。(2)使用搜索引擎和其他网络服务(搜索引擎和目录——可以找出一系列的相关信息或资料,还可以利用一系列的超级链接来不断地挖掘新的相关信息)。(3)使用软件。(4)登记接受电子邮件列表(在讨论组和电子邮件列表中进行小范围市场调查)。这是霍兹先生在2000年提出的建议。今天,网络监控手段已远远超越了以上四种。可以说,已经成熟的Web 2.0下的各种网络应用工具以及正在发展的Web 3.0下的应用都会是实施网络公共关系监控的好手段、好工具。

总之,互联网的威力是显而易见的,它可以使组织沿着顺意的方向前进,同样也可以使公司或组织在瞬间变得臭名远扬,因此,要对网络的监控寄予高度重视,有必要将对网络的监控纳入到公关计划之中,同时加强对网络公关自身的监控和管理。

第二节 常规监控与非常规监控

一、网络公共关系常规监控

1. 网络的常规监控

网络的常态监控,主要从以下几个方面来进行:

(1)信息源的安全可靠性。要保证信息发布的安全可靠,首先就要从源头抓起,使所发布的信息有真实可靠的信源,具有较高的可信度,这样才能保证受众接受信息的安全。

(2)对网络中所使用的文字进行监控。比照传播学理论中"把关人"理论,对网民在使用网络时所使用的文字进行监控,将一些有可能引起歧义或者"敏感"的文字在"把关"时过滤掉。

(3)对垃圾、病毒、黑客和一些其他的恶意攻击网站的抵御和防护。要时时更新网络的防火墙和杀毒预警系统,保证网络的使用安全,当然这点是从网络使用的技术层面上提出的措施。

(4)对网络舆论的监督和控制加以分析,建立危机预警监测系统,对信息的走向和发展趋势作出积极的反馈,并且作出快速的回应,这样可以使网络的信息沿着良性健康的轨道发展。

2. 网络公共关系的常规监控

以上是对于一般网络使用所进行的监控。对于网络公关的监控，则要针对不同组织和团体的特定受众群体进行。

监控与组织相关的公众的言论和态度倾向，公司或者组织的公关部门或公关人员要时刻关注自己组织网站的建设，时刻关注网站上受众所反映的意见，关注他们态度的变化，并及时作出回复，对肯定的意见要表明积极的态度，表达公司会继续为其所关注的受众提供更优质服务的信心和决心，以争取这部分顺意公众的一如既往的支持和关注；对于持有否定态度或者是不友好的意见的公众，要找出问题的症结之所在，提出相应的解决方案，消除受众对于本公司或者组织的不友好态度，以达到争取受众的目的；对于潜在受众则要了解他们的需求，“投其所好”，为其提供相应的他们感兴趣而且与其有较高关联度的信息，以争取这部分受众对公司的好感，加深他们对本公司或者组织的印象，争取将潜在受众转化为顺意的公众。

网络公关的日常监控并不复杂，概括起来其实就是：监控网络的使用安全，监控相关受众的态度和行为倾向，使网络公关能够正常地有秩序地按照公司或企业发展的目标良性运行，使公关活动达到预期的效果。

二、网络公共关系的非常规监控

非常规监控主要指组织处于变化中、局势不稳定，特别是危机发生前后的监控和管理。因此，非常规监控也可理解为危机监控。

中国网民数量正在随着网络普及而急剧地增长，网络使用者的显著特点是年轻化、知识性、有主见。他们关注社会事件，乐于发表评论，对和自己相关的事件津津乐道，发表自己意见和看法，以网络媒体为坚实的传播载体形成活跃的网络舆论。随着网络影响范围的日益扩大及其对人们生活方式、价值观念的不断渗透，这股力量越来越不能被忽视。回顾过去，国内外品牌的危机已经再也不是稀罕的事了，从光明的回炉奶到格兰仕的3C标志，肯德基的苏丹红到雀巢的碘超标，联合利华立顿速溶茶的氟化物到卡夫乐之饼干的转基因，到宝洁SKⅡ的腐蚀剂到高露洁的致癌物质，危机事件层出不穷，其解决或圆满、或有所缺憾。然而，共同的是这些企业都没能很好地运用网络这块阵地进行有效处理。

网络中的非常规监控与传统领域中的危机处理有相同之处，一般也应包括事前监控、事中损害控制、事后的学习和复原。网络为危机前的预警提供了法宝，因为网络检索工具能很快搜寻到各网站、论坛和BBS中与企业相关的信息，也可以利用电子邮件进行民意调查，从而了解公众正在关心以及感到疑惑的问题，以便及时处理，将危机扼杀在萌芽状态。至于在网络环境里对危机进行事中事后的处理，仍可以遵循传统领域中的一般思路———控制应对、清理转化和重建。

1. 控制应对

在监控危机发生的第一时间要态度鲜明地正面发布信息，迅速占领网络舆论制高点，遏制媒体的“想象空间”，控制和遏制恶意的负面报道。一方面要对已经造成的损害进行控制，调查问题出现的原因，及时作出积极而又迅速的反应，对网站上的相关信息持续监控，保证能够在第一时间内对所出现和反映的问题加以解决。另一方面要注重与其他相关媒体形式的配合，做到“多管齐下”，从而达到各方积极效果的相互配合，实现最大的效果合力。借助多种方式对网页澄清，加强与其他网站之间的配合与合作，使得网页的澄清实现一定程度的“彻底”，加大网页关于危机报道新闻标题的醒目性和易于接受性，使得受众最直接而又轻松地接受关于危机处理的信息。

2. 清理转化

清理转化，指有针对性地监控、处理网上负面信息。虽然控制策略会在一定程度上抵挡负面信息传播，但无法从根本上消除它。而清理则可以通过灵活运用网络所独有的点对点、多对多的沟通方式，从源头上遏制负面信息的传播。

点对点沟通，是指组织的公关人员在危机发生后及时寻找各论坛、BBS 中发布不利信息的意见领袖，与其建立起“一对一”式的即时互动的双向沟通，用真诚的态度赢得他们理解，改变他们的看法。

多对多的沟通，指企业的公关人员要长期活跃在各个主要的新闻组、BBS 中，树立专业人士形象，危机来临时，针对不利信息，提出相反观点，从而引发讨论，产生对冲效果，利用网络媒体将问题放大、深入和升华。这是令组织快速走出低谷并摆脱危机后续影响的重要一步。也许组织已经做出了公开道歉，发表了声明、澄清了事实并处理了负面信息，但危机公关并不应该到此结束，还要继续联系危机发生的行业及社会背景，挖掘事件的深刻根源，发现它的普遍意义，从而引导舆论站在一个更高的、更客观的视角来进一步讨论危机所暴露的问题，达到稀释危机不良影响的作用。

转化，即利用网络将危机转变为商机或契机。化“危”为“机”是危机管理的精髓所在，能否化腐朽为神奇就在于此。将危机转化为商机是指组织以强化危机中正面讯息的方式，突出组织形象中积极的一面，从而将组织在危机中后期的高知名度直接转化为高美誉度；化危机为契机指的是组织将危机带来的外在压力转化为内在动力，对危机中所暴露的问题进行深刻的反省和总结，并以此为突破口对组织内部进行大刀阔斧的整顿和改革。妙用网络，能将这两个“转化”进行得更加出色。

3. 重建

重建是一个企业形象的恢复和重塑的过程，在经历了一系列的危机过程后，企业对危机的应对和处理已经有了一定的经验，关键是要将以往出现过的危机作为学习的范本，不断地加强防范意识，加大监控的力度，建立危机管理的资料库，以备后来之用。同时还要及时公布企业最新的运营情况，及时监控网络的舆论环境，使多种不同的态度和声音都能得到最快的回复。

第三节 网络公共关系的管理

作为一种拥有众多优势的电子网络新媒体，给公共关系实践活动带来了深刻的影响：公共关系将越来越重要，对网络公共关系的管理也将更加重要。然而，这管理之中最重要的还是对使用网络和从事网络公关活动的人的管理。

一、完善和发展网络公共关系

作为一种新传播媒体，而且是拥有许多优势的网络新媒体的诞生，不仅会给人类生活的各方面带来质的变化，而且必将会给以传播为主要手段的公共关系实践活动带来深刻的影响，同时也给公关人员提出了更高的要求。

第一，公共关系工作将越来越凸显其重要性。

网络媒体的快捷性不仅体现在信息传播的速度上，还体现在网上舆论形成的速度上。如果这种舆论对组织不利，则危机形成和蔓延的速度也会大大加快。

例如，如果某消费者对其购买的某产品或服务不满意，在没有网络之前，他只能通过传统的传播媒介把他的不满意传达出去，而传统媒介不一定会帮他传达。即使帮他传达，也需要一定的时间，而且如果没有媒体的积极介入，则很难形成热点问题，从而难以对生产该产品的企业造成任何实质的影响。而有了网络，情况就大不相同了：不满意的消费者可以到网上发个帖子，那么其他有着同样不满的消费者自然会附和，而其他感兴趣的网友也会加入到讨论中来。如果该问题确实在消费者中有较大影响，那么网上很快就会形成一种舆论，甚至有些情绪激进的消费者还会通过网络联合起来，采取诸如抵制该企业的产品等行动，从而对该企业造成切实的威胁，危机于是形成了。如果企业不能对此采取迅速、恰当的行动，则企业的形象和现实利益都会遭到严重的损害。因此，在网络时代，以协调组织及其公众之间的关系而见长的公共关系的重要性，将逐渐被各组织认识到；而“议题管理”和“危机管理”将成为公共关系工作中的重中之重。

第二，网络媒体的“快速性”要求公共关系人员对任何事件都能作出更加快速的反应。

在网络时代，危机解决的计算应该以分钟为单位，或者是更加精确的时间概念。若等上十几个小时甚至二十多个小时，则网上早已充斥着各种各样的说法。而这些不同的说法或者观点有的可能是符合事实的，是客观的，但是有更多的是流言、谣言或者是一些不负责任的宣泄，与客观事实严重背离或不符。若任由它们在网上蔓延，则会损害组织的形象。因此危机发生后，组织应尽快让公众听到自己的声音。

第三，网络的出现使得公共关系人员作为传播专家处在更为有利的地位上。

以前，公共关系对公众的传播主要是通过传统的大众传媒来完成的。而传统的大众传媒对公共关系人员而言是不可控媒介——公共关系人员提供给媒介的信息都要经过记者和编辑的过滤和筛选，从而无法保证完全按组织的愿望传播信息。长期以来，为了尽可能按照组织的愿望传播信息，公共关系人员总是尽力建立和维护与媒介公众之间的良好关系。

有了网络之后，公共关系人员对记者和编辑的依赖性降低，公关人员在传播工作中有更大的主动性。组织建立自己的网站，可以不经过第三方的过滤和筛选，而完全按照自己的意愿来发布信息。这样一来，网络时代的公关人员一方面仍需向传统的大众传媒提供信息；另一方面，他们可以建立自己的网站与目标公众进行直接互动交流，从而在传播中处于更有利的地位。网络媒体克服了传统大众传媒“一对多”传播模式的局限，由于技术的突破而可以实现与受众“一对一”的双向沟通。有了网络技术和功能强大的数据库后，随时收集、更新受众的详细资料，并与他们“一对一”双向交流，已经成为一件轻而易举的事情。这样组织就能通过网络这一强有力的可控媒体，与其目标公众之间进行更加人性化、个性化的传播，使他们对组织更加了解，从而使组织与其公众处于一种良好的公共关系状态。

第四，网络的出现使经济全球化趋势更为明显，从而也使公共关系实践中的全球化趋势更为突出。这一方面要求公共关系从业人员的构成更加多元化——公关从业人员的队伍应该由来自不同种族、不同文化的人构成；另一方面要求公关人员的思维方式和知识结构更加符合全球化的要求——要求公关人员至少精通一门外语，了解其他民族的风俗习惯、文化背景等，同时还要有开放的思维、宽广的心胸，要有包容性。

第五，正在纷纷崛起的网络公司虽然给公共关系带来了更多的业务，但是另一方面也加剧了当前公共关系行业人才短缺的问题。

由于公共关系行业迅猛发展，许多国家和地区都存在公共关系人才短缺问题。新兴网络公司对公共关系人才有着很大需求，纷纷网罗有经验的公关人才。由于优厚的待遇和美好的创业前景，许多有经验、有能力的公关人才纷纷跳槽到网络公司，使得公共关系行业本已严峻的人才短缺问题更加雪上加霜。这一问题，已经成为公关业界许多有识之士亟待解决的课题之一。

对于公共关系人员来说，新技术、新媒体的出现，既意味着机遇，更意味着挑战。在网络时代，公共关系人员面临的首要任务是更加深入地了解网络，最大限度地发挥其优势，从而使我们的公共关系工作更加有效。

完善和发展网络公共关系的途径就是要培养复合型网络人才，现在众多的网站是纯电脑人员的程序化产物，严重缺乏既具有公共关系素质和企业管理经验，同时又精通网络技术的复合型人才。因此导致众多的企业网站没有清晰的经营思路，达不到通过网络来树立企业形象的目的。

由全球最有创意的4A广告公司和全球最大的传播公司之一DDB公司发布的《中国首次大规模企业网站效果调研综述》表明，大部分企业网站形象逊色于企业自身形象，二者的统一性和一致性也存在较大问题。以“网站形象与企业形象的差距”这个指标为例，针对Nokia、Motorola、Ericsson、Samsung、Epson、Sony、富士、Acer、Compaq、Dell、IBM、HP等知名企业的调查结果均是“差距较大”。这些差距的产生无疑与缺乏复合型的人才有着密切的联系。解决了这种复合型人才的问题，也从根本上解决了网络公关中的难题。

在培养复合型人才中，管理是核心，网络技术是手段。培养复合型的人才，要以企业现有的管理人员为出发点，先从理念上认识网络在这经济全球一体化趋势的重要性，再从行动上要为企业的管理人员和公共关系人员提供学习网络技术的条件和机会。

二、加强公共关系自身危机意识

网络的高速不仅有利于信息快速传播，也使得危机造成的负面影响快速扩散。正如亚马逊网上书店总裁贝索斯所说：“在网络上，顾客觉得受到了冷遇，那么他告诉的不是5个人，而会是5000个人”。正如在现实社会中一样，负面信息比正面信息更容易引起人们的注意和传播，这使得危机更容易产生、扩大。

科学决策需要信息的支持，在危机处理中，网络技术应用能改变信息少的弊端，却易造成信息过量。过量的信息使得危机处理小组在信息收集和分析变得困难，由此也加了决策者在取舍方案时的难度，同时，网络上会出现大量的带有个人倾向的公众反馈信息。这些意见有的甚至大相径庭，使危机处理小组同样疲于分辨。此类信息的过度出现干扰小组决策活动，导致决策者的贸然决策或产生差错，将更容易使危机升级，或出现公共关系自身深陷困境的情况。

如何应对这项新的要求？

1. 树立正确的网络公共关系理念

如果说在网络出现以前，组织还可以抱着侥幸心理，通过对公众反馈、愤怒等采取“鸵鸟态度”轻松躲过危机的话，那么现在，组织需要加倍警惕，面对周围环境和公众。任何一次不满，公众都可以掀起一场风波，有人把“家乐福事件”列为网络危机案例，不得不引起更多的组织和公关从业者的思考。

网络时代，组织唯有树立正确的理念才有可能顺利度过危机。用系统科学的方法建立一整套的应对危机的对策，做好事前预防、事中控制、事后快速反应。只有通过最真诚的态度、最科学的方法、最真实的信息，才能在网络中赢得公众的支持和信任，降低损失。

2. 培养具备网络素质的公共关系人员

公关人员是公关危机处理的主体。必须培养一批具有良好网络素质的公关人员。他们能迅速投入到公共关系任务中。具体的素质培养和技巧我们在本书第一章第三节已经详细介绍。

3. 建立公共关系信息系统

公共关系信息系统是信息时代组织的内在基础，也是组织战略的重要组成部分。例如，通过信息系统可以便捷有效地对信息进行分类和管理，提炼出有用的信息，同时辅之以公关决策支持系统，帮助决策人员更快制定出方案、争取时间。在必要的时候，还可以通过电子邮件等渠道收集反馈信息等，实现信息的循环再创新。

主要参考文献

1. 大卫·菲利普斯著. 陈刚，袁泉译. 网络公关. 北京大学出版社，2005

2. 唐·米德伯格著. 牛宇闳等译. 成功的公共关系——winning pr in the wired world. 机械工业出版社，2002

3. 桑德拉·奥利弗. 战略公关. 科学普及出版社，2004

4. 谢尔·霍兹. 吴白雪等译. 网上公共关系. 复旦大学出版社，2007

5. 弗兰·迈特拉，雷·阿尔提格. 欧阳旭东译. 公关造势与技巧. 中国人民大学出版，2006

6. 艾露斯·库佩. 时启亮译. 网络营销学. 上海人民出版社，2008

7. 尼葛洛庞帝. 胡泳等译. 数字化生存. 海南出版社，1997

8. 查尔斯·汉迪. 超越确定性——组织变革的观念. 华夏出版社，2000

9. ［台湾］黄深勋，郑自隆，孙秀蕙，王方平. 企业公共关系. 空中大学用书，1997

10. ［台湾］孙秀蕙. 因特网与公共关系：理论与实务运用模式的思考. 广告学研究，1997

11. ［台湾］徐志豪. 网络危机公关策略探讨. 2004

12. ［台湾］黄懿慧. 公共关系之关系策略模式初探：在地文化的观点. 新闻学研究第 79 期

13. ［台湾］杨忠川，廖秋燕，陈桂香，詹咏萍，彭彦绮，曾琼玉. 台湾 200 大企业因特网公关应用现状调查

14. 陈先红. 基于关系生态管理的公共关系理论研究. 2004 年博士论文

15. 李道平等. 公共关系学. 经济科学出版社，2000

16. 杜骏飞. 网络传播概论. 福建人民出版社，2004

17. 童晓渝，蔡佶，张磊. 第五媒体原理. 人民邮电出版社，2006

18. 张艳. 基于 web2.0 的整合营销传播策略探讨. 广告大观，2007（1）

19. 游昌乔. 危机公关. 北京大学出版社，2006

后　记

古语有言："入之愈深，其进愈难，而其见愈奇。"当《网络公共关系》书稿终于落笔的时刻，我们发现心中的忐忑不安远远超过了应有的兴奋和激动。

网络公共关系是传统公共关系的一个分支，虽然出现时间很短，发展却是突飞猛进。2006年开始构思本书的时候我们就有一个期盼，要尽可能地追随它发展的步伐；书成之时，却不得不面对这样的事实：网络公共关系的发展早已在"千里之外"，所能捕捉的或许只是它发展的一点痕迹。因此，选择这样的主体进行写作，无异于自找难题，为文也就难免浅薄粗糙。个中甘苦，略略知之。

对网络公共关系的关注，始于阅读2001年复旦大学出版社翻译出版的美国学者谢尔·霍兹的《网上公共关系》。本书的提纲设计较多借鉴了此著作和美国学者唐·米德伯格《成功的公共关系》以及北京大学陈刚教授译著、英国学者大卫·菲利普斯的《网络公关》。在具体内容安排上，本书力求理论和实务的齐头并进。对于近年来相关案例的梳理和链接，希望能给读者较多的感性体验。

衷心感谢华中科技大学陈先红博士，您在公共关系关系领域的前瞻性研究给了本书写作很大的启示！在本书的写作中，我们还邀请安徽师范大学传播学几位优秀的研究生许逸、王宗琦、肖旭、刘东阳、邢登科、顾娅、徐婷、李巾国和靳徐进，帮助完成了3~9章节大量资料收集和部分初稿撰写工作，他们中有的人是在2008年初大雪断水断电情况坚持完成工作的。深深感谢你们的付出！2007年，远在台湾的嘉祥先生给我们带来了许多台湾学者的论著，书中同时也大量引用了网络传播、网络营销等相关学者的研究成果，在此一并致谢！

最后，特别感谢安徽师范大学教材建设基金给予我们的大力支持！

作　者

2011年夏至，芜湖赭麓山下